海洋环境中的 POPs 污染
及其分析监测技术

王新红　郑金树　编著

海洋出版社

2011 年 · 北京

图书在版编目(CIP)数据

海洋环境中的 POPs 污染及其分析监测技术/王新红,郑金树编著.—北京:海洋出版社,2011.2

ISBN 978-7-5027-7343-4

Ⅰ.海… Ⅱ.①王… ②郑… Ⅲ.①海洋环境-环境污染 ②海洋环境-环境监测 Ⅳ.X55 X834

中国版本图书馆 CIP 数据核字(2009)第 108504 号

责任编辑:项 翔
责任印制:刘志恒
海洋出版社 出版发行
http://www.oceanpress.com.cn
北京市海淀区大慧寺路 8 号 邮编:100081
北京画中画印刷有限公司印刷 新华书店发行所经销
2011 年 2 月第 1 版 2011 年 2 月北京第 1 次印刷
开本:787mm×1092mm 1/16 印张:18.25
字数:387 千字 定价:66.00 元
发行部:62147016 邮购部:68038093 总编室:62114335

顾问委员会

序

海洋是地球生命的发源地，海洋环境是人类生存和发展的重要组成部分，然而，随着人们对陆地和海洋开发活动的加剧，海洋环境污染现象也日趋严重，海上溢油、赤潮等事件频发，给海洋生态环境带来巨大危害。近二十年来，持久性有机污染物（POPs）的污染问题尤其突显。由于环境中POPs具有长期残留性、生物蓄积性和高毒性，对生态环境和人体健康的不良影响具有长期性、隐蔽性和滞后性等特点，已受到各国政府的重视。2001年联合国环境署通过了《关于持久性有机污染物的斯德哥尔摩公约》，2004年5月17日正式实施执行，我国政府也签署了这项重要国际环境公约，并积极履约。当然，协定的实施需要科学的支持，因此，环境中POPs的研究已成为国际的前沿研究热点。

POPs可通过大气长距离传输，具有"全球蒸馏"及"蚱蜢跳"效应，在人类活动极少的北极地区、大洋中均发现POPs的存在，说明全球的海洋环境已不同程度上受到POPs的污染。由于海洋环境中POPs化学成分复杂、量微、测试难度大，长期以来人们对海洋POPs的污染来源及其毒害效应认识不足，因此加强海洋环境中POPs的污染研究势在必行。尽管在国家有关部门的大力支持下，我国POPs研究蓬勃发展起来，也取得了某些阶段性成果，但相对国际研究的前沿，特别是针对海洋环境中POPs的分析技术、生物地球化学过程及生态效应方面的研究还明显滞后，工作基础相当薄弱，许多方面仍然处于认识的起步阶段。

本书作者长期在我国东南沿海从事海洋POPs及其生态毒理的研究，在该领域已有比较高的学术造诣和丰富的实践经验。该书作为他们多年研究的结晶，内容丰富，理论与实践兼备，从POPs的基本概念、物理化学性质以及其在海洋环境中的生物地球化学过程做了较为全面的论述；对世界海洋环境POPs的污染现状、海洋环境中POPs的研究前沿作了总结，并汇集国际该领域研究的专家、学者提供的海洋环境中POPs的痕量分析先进技术，具有重要的学术和实用参考价值。这是开启海洋环境中POPs研究的一本重要教材，可为我国科研院所、环保部门的研究人员提供重要的参考，促进我国海洋环境中POPs研究的深入开展。

国际海洋科学委员会 副主席
中国海洋科学委员会 主席
近海海洋环境科学国家重点实验室(厦门大学)名誉主任
厦门大学海洋与环境学院 教授
洪华生
2009年5月

前　言

持久性有机污染物(POPs)的全球性污染已成为继全球变暖、臭氧层破坏之后的第三大污染事件。与常规污染物不同,POPs在自然环境中滞留时间长,很难降解,毒性极强,能导致全球性的传播,具有“蚱蜢跳效应”,因此,海洋环境也不可避免地受到POPs的污染。然而海洋环境中POPs的研究还存在许多关键科学问题,特别是在富集、测定、分析技术方面缺乏标准的测定方法体系,以及有效的质量保证和质量控制(QA/QC)系统。本书主要介绍了POPs的种类、性质、来源、危害以及前处理和仪器分析技术,初步总结了海洋环境中POPs的污染现状,并阐述了海洋环境中POPs的研究前沿。该书将主要提供给从事环境科学教学和科研的大学本科生、硕士、博士研究生参考,以了解海洋环境中POPs的研究前沿,帮助其完成相关研究课题,积极且深入地开展环境中POPs的研究。

第1至第4章主要由王新红整理、执笔编写,第5章主要由郑金树、王新红执笔编写,其中5.1由郑金树执笔编写,5.2,5.3由王新红、李永玉整理编写,5.4中POPs分析方法,有机氯农药和多氯联苯的分析方法主要由郑金树执笔撰写,多环芳烃主要参照美国罗得岛大学Games Kunin实验室标准参考方法、有机锡化合物主要参考了日本爱媛大学Tanabe实验室的标准参考方法、全氟辛烷磺酰基化合物和全氟辛酸主要参考了加拿大Saskatchewan大学毒理研究中心的John Gisey实验室标准方法,由郑金树、王新红协同翻译撰写。厦门大学的吴玉玲、方超、穆景利、叶翠杏、白艳艳、李猛、林小龙等参与了第3章、第4章资料的搜集与整理工作,香港浸会大学的黄椰青、文裕邦、Tu Binh minh,James S. Latimer参与第5章部分方法的整理、翻译撰写工作。

在此非常感谢厦门大学洪华生教授、香港城市大学Rudlf Wu(胡绍燊教授),Paul Lam(林群声教授)在此书出版方面给予的各种支持,同时感谢美国罗得岛大学的Games Kunin(库宁教授)、加拿大Saskatchewan大学John Gisey教授、日本爱媛大学 Tanabe(田边信介教授)提供了各自实验室相关 POPs 的标准分析方法。

本书在内容上还有很多不足及欠妥之处,敬请广大读者批评指正。

编者　王新红　郑金树

2009 年 3 月

目　　录

第1章　持久性有机污染物(POPs)

1.1　POPs的性质

持久性有机污染物(Persistent Organic Pollutants,简称POPs)是指在环境中持久存在,具有很长的半衰期,且能通过食物网富集,并对人类健康及环境造成不利影响的有机化学物质。目前世界上POPs物质大概有几千种,一般分成三类:杀虫剂、工业用化学药品及工业过程和固体废弃物燃烧过程中产生的副产物。POPs给人类和环境带来的危害已经成为全球性问题。为了解决这一问题,联合国环境规划署和瑞典政府于2001年5月23日在瑞典的斯德哥尔摩联合主持召开全权代表会议,包括中国在内的127个国家的代表签署了旨在禁止和/或限制使用12类POPs的《关于持久性有机污染物的斯德哥尔摩公约》,这是联合国环境规划署首批公布的目前迫切需要进行控制和治理的POPs物质。截止2006年6月底,已有151个国家或区域组织签署了POPs公约,公约已于2004年5月17日正式全球生效。POPs的性质可概括如下(余刚,2001)。

(1)持久性(长期残留性):POPs物质具有抗光解性、化学分解和生物降解性,一旦排放到环境,很难被分解,因此POPs可以在水体、土壤和底泥等环境介质中存留数年、甚至数十年或更长的时间。例如,二噁英系列物质在气相中的半衰期为8~400 d,水相中为166 d~21.9a,在土壤和沉积物中约17~273 a;PCBs系列物在大气中的半衰期约3~1.4 a,在水相中约60 d~27.3 a,在土壤和沉积物中约2.98~38 a,而其在人体内的半衰期约为7 a。

(2)生物蓄积性:分子结构中通常含有卤素原子,具有低水溶性、高脂溶性的特征,因而能够在脂肪组织中发生生物蓄积,从而导致从周围环境富集到生物体内,并通过食物链的生物放大作用达到中毒浓度。

(3)半挥发性和长距离迁移性:POPs物质一般是半挥发性物质,在室温下就能挥发进入大气层。因此,它们能从水体或土壤中以蒸气形式进入大气环境或者附在大气中的颗粒物上,由于其具持久性,所以能在大气环境中远距离迁移而不会全部被降解,但半挥发性又使得它们不会永久停留在大气层中,它们会在一定条件下又沉降下来,然后又在某些条件下再次挥发。这样的挥发和沉降重复多次就可以导致POPs分散到地球上各个地方。因为,这种性质使POPs容易从比较暖和的地方迁移到比较冷的地方,像北极圈这种远离污染源的地方都发现了POPs污染。

(4)高毒性:POPs能致生物体内分泌紊乱、生殖及免疫机能失调、神经行为紊乱以及癌症等严重疾病。POPs 物质在低浓度时也会对生物体造成伤害,例如,二噁英类物质中最毒物的毒性相当于氰化钾的 1 000 倍以上,号称是世界上最毒的化合物之一,每人每日能容忍的二噁英摄入量为每千克体重 1 pg,二噁英中的 2,3,7,8 - TCDD 只需几十皮克就足以使豚鼠毙命,连续数天施以每千克体重若干皮克的喂量能使孕猴流产。POPs 物质还具有生物放大效应,即使是低浓度的 POPs 也可以通过食物链逐渐富集成高浓度,从而造成更大的危害。

1.2 POPs 的种类及来源

2001 年 5 月 23 日,在瑞典首都斯德哥尔摩签署的《关于持久性有机污染物的斯德哥尔摩公约》公约中,12 种 POPs 被列入了被禁用黑名单:艾氏剂(aldrin),毒杀芬(toxephene),异狄氏剂(endrin),DDT(DDT),氯丹(chlordane),狄氏剂(dieldrin),灭蚁灵(mirex),六氯代苯(hexachlorbenzene),七氯(heptachlor),多氯联苯(PCBs),多氯代二苯并对二噁英和多氯代二苯并呋喃(PCDDs/PCDFs)。这 12 种 POPs 都是含氯的有机化合物,而且近期有研究表明,它们能够干扰哺乳动物和鸟类的内分泌系统,对它们的生殖发育会产生毒性效应,进而会影响生物群落的组成及自然界中物种的多样性(David O,2001;Bruno C,2001;史雅娟,2003)。

第一类——杀虫剂:(1)艾氏剂:施于土壤中,用于清除白蚁、蚱蜢、南瓜十二星叶甲和其他昆虫。(2)氯丹:控制白蚁和火蚁,作为广谱杀虫剂用于各种作物和居民区草坪中,1945 年开始生产。(3)DDT:曾用作农药杀虫剂,但目前用于防治蚊蝇传播的疾病,1942 年开始生产。(4)狄氏剂:用来控制白蚁、纺织品害虫,防治热带蚊蝇传播疾病,部分用于农业,产生于 1948 年。(5)异狄氏剂:喷洒棉花和谷物等作物叶片杀虫剂,也用于控制啮齿动物,1951 年开始生产。(6)七氯:用来杀灭火蚁、白蚁、蚱蜢、作物病虫害以及传播疾病的蚊蝇等带菌媒介,1948 年开始生产。(7)六氯代苯:首先用于处理种子,是粮食作物的杀真菌剂,1945 年开始生产。(8)灭蚁灵:用于杀灭火蚁、白蚁以及其他蚂蚁,1958 年开始生产。(9)毒杀芬:棉花、谷类、水果、坚果和蔬菜杀虫剂,1948 年开始生产。

第二类——工业化学品:(1)PCBs:用于电器设备如变压器、电容器、充液高压电缆和荧光照明整流以及油漆和塑料中,是一种热交流介质,1929 年开始生产,已被 1 个国家禁止,45 个国家限制。(2)HCB:化工生产的中间体,被 59 个国家禁止,9 个国家限制。

第三类——生产中的副产品:二噁英(Dioxins)和呋喃(Furans),其来源包括:(1)不完全燃烧与热解,包括城市垃圾、医院废弃物、木材及废家具的焚烧,汽车尾气,有色金属生产、铸造和炼焦、发电、水泥、石灰、砖、陶瓷、玻璃等工业及释放 PCBs 的事故。(2)含氯化合物的使用,如氯酚、PCBs、氯代苯醚类农药和菌螨酚。(3)氯碱工业。(4)纸浆漂白。(5)食品污染,食物链的生物富集、纸包装材料的迁移和意外事故引起食品污染。

POPs 清单是开放性的,按规定的筛选程序和标准将会不断扩充。斯德哥尔摩公约缔约方大会第四次会议于 2009 年 5 月 4—8 日在瑞士日内瓦国际会议中心召开。会议除了继续讨论资金机制、技术援助、成效评估、遵约机制等公约常规议题外,还将审议全氟辛烷磺酸及其盐类以及全氟辛烷磺酰氟、五氯苯、林丹、商用五溴二苯醚和商用八溴二苯醚等九种新增受控物质,并决定是否将其列入公约附件 A(消除类)、B(限制类)或 C(无意生产)。

1.3 POPs 的全球大气迁移机制

POPs 具有半挥发性,易于从各种介质中挥发到大气中,这一特性使得它们能够以蒸气形式存在或者吸附在大气颗粒物上,便于在大气环境中作远距离迁移,同时这一适度挥发性又使得它们不会永久停留在大气中,能重新沉降到地球上。所以它们会在大气环境中不断地挥发、沉降、再挥发,经过多次这样的过程,许多在热温带地区使用和排放的 POPs 物质便在较偏远的极地地区积累下来,极地成为了全球 POPs 的“汇”。

POPs 生产和使用主要集中在热温带地区,但研究却发现 POPs 已遍布世界的每个角落,即使在偏远的海洋、沙漠和南北极都可监测到 POPs 的存在,而更引起人们注意的是在基本上没有工农业生产、人类活动较少的高纬度地区和终年积雪的高海拔地区及极地生态系统中却监测到了较高浓度的 POPs 物质。POPs 是如何移形换位,出现在人类干扰小的地区呢?大气迁移是 POPs 迁移中最重要的途径。目前关于 POPs 全球大气迁移机制有两种理论:一是“全球蒸馏”(Global distillation);二是“蚱蜢效应”(grasshopper effect)(苏丽敏,等,2003)。

1.3.1 全球蒸馏

最早提出这个概念的是 Goldberg(1975),他用这个概念来解释 DDT 通过大气传播从陆地迁移到海洋的现象;后来,Wania 和 Mackay(1996)用“全球蒸馏”成功的解释了 POPs 从热温带地区向寒冷地区迁移的现象。从全球来看,由于温度的差异,地球就象一个蒸馏装置,在低、中纬度地区,由于温度相对高,具有半挥发性的 POPs 挥发速率大于沉积速率,使得它们不断进入到大气中,并随着大气运动不断迁移,当温度较低时,沉积速率大于挥发速率,POPs 最终在较冷的极地地区积累下来。

例如,对英国地面 PCDD/Fs 的沉积通量和向大气挥发的 PCDD/Fs 通量进行估算,可以得出 PCDD/Fs 的沉积通量估计为每年 0.5 kg 总毒性当量($\sum$TEQ),向大气挥发的 PCDD/Fs 的通量估计为每年 0.56 ~ 1.1 kg 总毒性当量($\sum$TEQ)。这表明英国每年有大部分的 PCDD/Fs 从地面挥发进入大气。气相中的 POPs 会随着大气运动迁移,当到达温度较低的地区时,沉积速率大于挥发速率,POPs 在较冷的地区积累下来,而吸附在大气颗粒物的那部分 POPs 也会随着干、湿沉降到达地面。最终的结果就是 POPs 在低纬度地区蒸发,在高纬度地区沉降。这样，在高纬度地区富集成了 POPs 全球迁移的一个重要特征。

POPs 的这一特征是由其自身的物理化学性质，即它的半挥发性（25℃时，蒸气压在 $10^{-4} \sim 10^{-11}$ 个大气压*之间），POPs 的排放源（主要在热带和温带地区），以及地球的气候条件（高纬度温度低，低纬度温度高）决定的。大气中 POPs 主要源于污染源区土壤和水体中 POPs 的挥发，挥发到大气中的 POPs 可能以气态存在，也可能吸附在大气悬浮颗粒物或气溶胶上，并且存在着气体与气溶胶、颗粒物之间受温度控制的动力学吸附、分离和转换的动态平衡（王东利，等，2003）。在热带和高温地区这些物质以较高的平均速率挥发，而在气候凉爽和多雨地区则沉积于地球表面。例如，释放到大气中的 PAH 总是和各种类型的固体颗粒物以及大气气溶胶结合在一起（戴树桂，2002）。这时 PAH 的分布、滞留、迁移就受颗粒物的粒径、大气物理和气象条件的支配。一般情况下，直径小于 1 μm 的颗粒滞留时间较长，迁移的距离就较长，最终 PAH 通过干、湿沉降进入土壤、水体或被植物吸收，进入食物链。

1.3.2 “蚱蜢效应”

POPs 的冷凝、沉积和蓄积的过程中的影响因素有很多，一些物理化学性质如蒸气压、溶解度等。由于 POPs 的中等挥发性，POPs 有可能在大气中以气相或者以冷凝的形式存在，或者吸附在气溶胶颗粒中。辛醇 - 气分配系数可以用来描述 POPs 在气相和颗粒相中的分配情况。环境温度越低，就更容易吸附在大气中的颗粒物质中，然后迅速沉降。温度越低越容易使其从气相中被吸收至地表的植被、土壤、水、雪、和冰中。

由于 POPs 的中等挥发性，POPs 会在热带和温带地区挥发，然后在温度较低的地方浓缩。在从热带迁移到两极地区的过程中，POPs 需要经过无数次的循环跳跃过程，这个过程被称作“蚱蜢效应”（Wania and Mackay，1996），即有机污染物在温度较高情况下挥发，在一定的气候条件下沉降，然后再挥发，再沉降，如此循环跳跃。这样的过程可能持续几十年，直至化合物完全降解或长久沉积下来。例如，一些在 20 世纪 50 年代被排放出的 DDT，现在可能还在全球迁移的过程中。Wania 和 Mackay（1996）认为化合物的物理化学特性以及一些与冷暖有关的环境因素对 POPs“全球分配”的影响甚至可能比 POPs 的排放地和传播途径更重要，尤其是 POPs 在向高纬度迁移的过程中会有一系列相对短的跳跃过程，因为在中纬度地区季节变化明显，在温度较高的夏季，POPs 易于挥发和迁移，而在温度较低的冬季，POPs 又易于沉降下来，总体表现出跳跃式跃迁。而且，由于不同的 POPs 挥发性不同，在迁移过程中存在一个类似石油分馏的效应即梯度性分流（Pilar，et al.，2003）。有些化合物挥发性太差，难以迁移；有些化合物又太易挥发，甚至难以在寒冷的地区沉积下来。每一种污染物都有其开始沉降的温度范围和气候带，最后导致不同的有机污染物按照纬度分离并沉积下来，就造成了梯度分流效应。一些模型和监测数据已为上面的假设提供了证据（Wania，et al.，1999），如 Muir 等在研

---

* 1 atm = 1.0×10^5 Pa。

究 OCPs 在北极湖泊沉积质中的空间和时间变化趋势时发现:HCB 挥发性中等,传输和沉积的速度快,而 DDT 的挥发性较差,迁移速度就慢。所以,HCB 会在较高纬度才沉积,而 DDT 在中纬度就可能沉积下来。

在中纬度地区,一些挥发性较差的 POPs 还会在高海拔地区沉积下来。因为高海拔地区的温度较低,对 POPs 也能起到冷凝的作用。对欧洲一些高海拔地区湖泊的调查表明,生活在湖中的鱼类肌肉组织和湖底沉积物中有机氯化合物随着湖泊海拔高度的变化,也有着不同的梯度分布。还有研究表明(Pilar,et al. ,2003),加拿大的落基山脉的雪和针叶林中有机氯化合物的含量也随海拔高度呈梯度分布。即挥发性较强的 HCB 或氯代程度较低的 PCBs,会优先沉降在温度在 -7 ~ -12℃的地区,正如大于 60°N 的地区和加拿大落基山脉地区。而挥发性较差的化合物在温度为 -3 ~5℃之间就冷凝下来,主要沉积在纬度较低的地区和海拔较低的地区。

POPs 的全球蒸馏和“蚱蜢效应”使得有机污染物不断向两极和高海拔地区输送。由于这些地区本身的气候特征:寒冷、生物活动性差、降雪频繁,POPs 很难再次迁移,且其降解速率慢,使这些地区成为 POPs 的一个“汇”。据研究表明,在靠近北冰洋的加拿大地区,因纽特妇女的乳汁中 PCBs 的含量达到了 $1\ 210 \times 10^{-6}$,相对而言,加拿大南部生活的妇女的乳汁中 PCBs 的含量只有 170×10^{-6}。生活在北极地区脂肪含量高的海洋动物(如鲸、鱼)和易受攻击的高级食肉类野生生物(如狼、极地熊)也可能暴露于高浓度的 POPs 下。这对极地及高山脆弱的生态系统来说是一个极大的危害。所以,我们必须清楚了解 POPs 的全球迁移机制和迁移过程,有利于我们控制 POPs 的污染和减少其对全球的危害。

1.3.3 POPs 全球归趋的其他影响因素(苏丽敏,等,2003)

(1)大气的稀释作用,能把 POPs 从释放源带到很少使用 POPs 的清洁地方。

(2)物理去除作用,如一部分 POPs 会埋于土壤、泥炭或沉积质中,这部分 POPs 不参与全球迁移和循环。

(3)在土壤或沉积质中,有键合的 POPs 物质,这部分 POPs 也不参与全球循环。

(4)POPs 的化学反应,尤其是和大气中的 OH 自由基的反应,不同地区,反应速率是不同的(余刚,等,2001)。

(5)POPs 在土壤、沉积质、水、食物链中也会发生一定的生物降解、光解等作用,使一小部分 POPs 也不参与全球循环。

(6)POPs 在大气与各介质表面进行交换时,影响交换速度的因素较复杂,有些还不十分清楚,这就增加了预测 POPs 在全球变化趋势的难度。

以上所述的因素会减少 POPs 在极地地区的积累,因此也需要更多的研究来阐明上述过程并监测变化趋势。

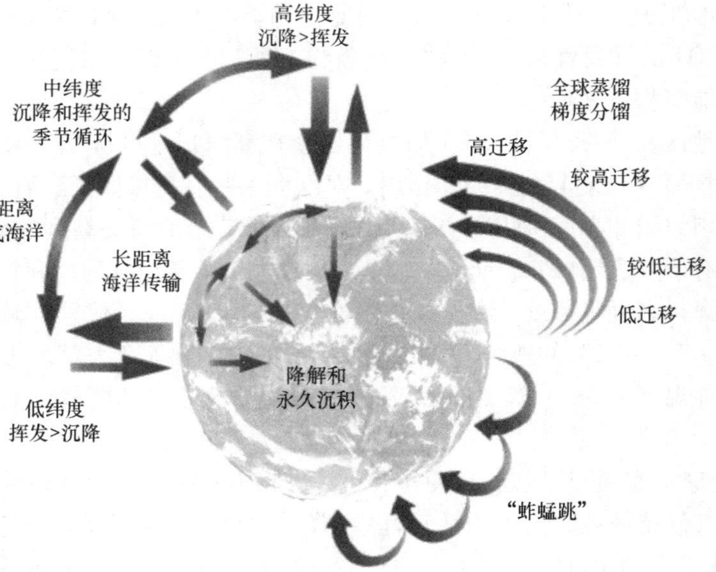

图 1.1　POPs 的全球迁移过程(Wania,et al.,1996)

1.3.4　描述 POPs 区域或全球归趋的参数及标准

(1)挥发性参数:挥发性一般用蒸气压度量。在 CLRTAP(Convention on Long Range Transboundary Air Pollution)POPs 草案中,认为蒸气压小于 1 000 Pa 的物质具有远距离传输的特性。除蒸气压外,还可用辛醇-气分配系数,辛醇-气分配系数通过辛醇-水和气-水分配系数的比率计算得到,它能很好地描述化合物在气相和气溶胶、土壤以及植物间的分配过程,这一概念目前正处在发展阶段。

(2)持久性参数:目前表征 POPs 持久性的参数是半衰期,CLRTAP POPs 草案对 POPs 提出的半衰期标准是:在大气中大于 2 d,在水中大于 2 个月,在土壤或沉积质中大于 6 个月。以半衰期来作为 POPs 的持久性标准,实施起来有一定的难度,因为其不同于放射性物质,POPs 的半衰期还与环境有关,如温度、氧化还原作用、光照强度等,对某种特定的 POPs,由于时间和空间的不同,会出现不同的半衰期,很难获得重现的结果。没有标准的确定化合物半衰期的实验,而且把实验结果外推到真实环境中也有一定困难。化学品在环境中的总持久性取决于它排放和迁移转化过程,这就使问题复杂化,如果一种物质不释放或不迁移到某种介质中,那么即使准确知道这种物质在该介质中的半衰期也毫无意义。要确定 POPs 在一种介质中的半衰期,所有的反应机理,包括生物降解、水解、光解等都应考虑进去,这也增加了研究问题的难度(余刚,等,2001)。

1.4 POPs对生态系统和生物的有害影响

POPs物质一旦通过各种途径进入生物体内就会在生物体内的脂肪组织、胚胎和肝脏等器官中积累下来。到一定程度后就会对生物体造成伤害。各种POPs的毒性作用机制现在并不是完全明确,POPs物质对人体造成伤害,一般并不是某一种或某一族POPs单独作用的结果,而是某几族POPs相互协同作用的结果。大部分POPs物质具有致癌性、致突变和致畸变作用。此外,POPs可以导致糖尿病、新生儿缺陷、阻碍儿童健康发展、男性雌性化和女性雄性化(苏丽敏,等,2003;谢武明,等,2004;王铁宇,等,2004)。

1.4.1 对免疫系统的毒性效应

POPs具有抑制生物体免疫系统的功能,其对免疫系统的影响包括抑制免疫系统正常反应的发生,影响巨噬细胞的活性,降低生物体对病毒的抵抗能力。研究人员通过测试佛罗里达州海岸宽吻海豚的肝血发现,海豚的T细胞淋巴球增殖能力的降低和体内富集的有机氯相关显著。Brouwer等(1999)通过研究也发现海豹食用了被PCBs污染的鱼会导致维生素A和甲状腺激素的缺乏,而这两种物质的缺乏使它们更易感染细菌。

由于POPs易于迁移到高纬度地区,POPs对于生活在极地地区的人和生物影响较大。生活在极地地区的因纽特人,由于日常食用鱼、鲸、海豹等海洋生物,而这些肉中的POPs通过生物放大和生物积累已达到很高的浓度,所以因纽特人的脂肪组织中含有大量的OCPs、PCBs和PCDDs。通过对加拿大因纽特人婴儿的研究发现,婴儿的健康T细胞和受感染T细胞的比率与母乳的喂养时间及母乳中有机氯的含量相关。

1.4.2 对内分泌系统的影响

研究表明,人和其他生物的许多健康问题都与各种人为或自然产生的内分泌干扰物质有关。通过体外实验已证实POPs中有几类物质是潜在的内分泌干扰物质。如果一种POPs能与雌激素受体有较强的结合能力,并影响受体的活动,进而改变基因组成,那么这种POPs被认为是内分泌干扰物质。此外,男性精子数量的减少,生殖系统的功能紊乱和畸形,睾丸癌及女性乳腺癌的发病率都与长期暴露于低水平的类激素物质有关。Falck等(1994)发现患恶性乳腺癌的女性要比患良性乳腺肿瘤的女性的乳腺组织中PCBs和DDE水平高。

1.4.3 对生殖和发育的影响

生物体暴露于POPs会产生生殖障碍、畸形,器官增大,机体死亡等现象。如鸟类暴露于POPs,会引起产卵率降低,进而使鸟的种群数目不断减少。实验研究发现,生活在荷兰西部瓦登海(Wadden Sea)地区的海豹生殖能力下降主要原因是由于这些海豹猎食的鱼受到了 PCBs 的污染,进而影响了它们生殖系统的功能。POPs 对鸡的毒性实验表明:PCBs 可诱发鸡胚的死亡和不同程度的水肿,使种蛋的死亡率明显升高。Peterson 等(1998)实验表明,当把子宫和乳腺暴露于 2,3,7,8 – TCDD 中会减轻性器官的重量,抑制精子的产生,甚至会使雌性个体雄性化。POPs 同样会影响人的生长发育,尤其会影响到孩子的智力发育。对 200 个孩子进行研究,其中有 34 个孩子的母亲在怀孕期间食用了受到有机氯污染的鱼,结果发现:这些孩子出生时体重轻、脑袋小;在 7 个月时,认知能力较一般孩子差;4 岁时,读写和记忆能力较差;在 11 岁时,测得他们 IQ 值较低,读、写、算和理解能力都较差。

二噁英可经胎盘和母乳对胎儿和婴儿产生危害。调查发现,母亲孕期食用含有 PCBs 的油或有机氯残留物的鱼,可致其后代发育和神经行为缺陷、流产或低体重,PCBs 在产妇围产期起着内分泌破坏剂的作用,能改变细胞生长、分化,影响处于发育阶段胎儿的免疫、神经行为、内分泌和生殖系统。TCDD 动物实验表明,实验动物出现生长迟缓、空间识别、记忆缺陷及淋巴细胞亚群改变的现象。雄性动物生精受抑制,精子数减少,生育力降低,雌性动物加剧子宫内膜异位,并见幼仔雄性雌性化和雌性雄性化的现象。TCDD 还能引起骨髓 T 前淋巴细胞枯竭而使胸腺萎缩,影响 T 细胞的应答,导致免疫细胞反应的改变。

目前,在世界各个国家的人体和生物体内都发现了二噁英、艾试剂、氯丹等 POPs,它们蓄积于体内脂肪组织中。北极因纽特人体内和北极熊、海豹体内这些 POPs 蓄集浓度最高。比如,在因纽特人的乳汁中发现了高浓度的 POPs,这些有毒物质也损害了雌性北极熊的生殖器官,使它们看起来像雌雄同体。由于人类所用的 POPs 最终排泄到海中,全球海洋中鲸类的体内脂肪中蓄积了成千上万吨 POPs,并通过鲸的游动性带到世界各地。

1.4.4 致癌致畸变作用

POPs 会促进肿瘤的生长。如在 209 种不同的 PCBs 中,13 种具有二噁英的毒性。它们的环境持久性取决于氯化的程度,其半衰期从 10 d ~ 1.5 a 不等。PCBs 对鱼类具有毒性,在大剂量时可导致其死亡,小剂量时可导致其产卵失败。PCBs 也可导致多种野生动物(如海豹与水貂等)生殖能力和免疫系统受损。PCBs 可以通过食品污染的途径影响人类生活。日本和中国台湾分别于 1968 年和 1979 年因米糠油受到 PCBs 的污染,导致人们出现指甲、黏膜色素沉着、眼睑浮肿,同时伴随疲劳、恶心与呕吐等疾病症状。台湾在这事件发生之后,由于 PCBs 在母亲体内的持续存在,致使其子女在 7 岁后表现出发育迟缓与行为障碍。同样在美国,由于母亲食用了密歇根湖内受污染的鱼,其子女表现出了短期性记忆功能障碍。同时,PCBs 能损害人类的免疫系统,所以被列为可能的致癌物质。

毒杀芬是用于棉花、谷物、水果、坚果和蔬菜的杀虫剂,也可用于控制寄生家畜的扁虱和螨虫。多达 50% 的毒杀芬可在土壤中持续存在 12 年。根据动物实验的结果,毒杀芬被列为一种可能的致癌物质。它对鱼类有很大的毒性,鲑鱼暴露在毒杀芬中 90 d 后可导致体重减轻

46%以及鱼卵发育能力下降，长期暴露在含毒杀芬0.5 μg/L浓度的水中，其卵的发育能力将降至0。

多环芳烃(PAHs)是环境中重要致癌物质之一。已证实，PAHs许多种类中具有致癌或致突变作用。如接触含PAHs较多的煤焦油和沥青的作业工人，可发生职业性致癌。致癌物有苯并芘、苯并蒽、蒽、二苯并蒽和二苯并芘等。还有多种是属助促癌剂，如荧蒽、芘、苯并芘等。此外，2,3,7,8－四氯代二苯并恶英(TCDD)是目前已发现的最毒的有机化合物之一，有“世纪之毒”之称。世界各国科学家们通过对动物的暴露实验一致认为：二噁英类化合物有很强的致癌、致畸、致突变效应和生殖毒性，已被列入干扰内分泌的环境激素类物质。

据对环境被二噁英污染严重的夏泊阳斯克市区居民的观察分析，其所致遗传学改变的特点是：先天形态学异常儿增多，发生的原因可能是基因突变或胚胎期细胞畸变造成的遗传损伤，细胞染色体畸变率增高。1970年，联合国奥尔斯艾会议上，越南学者报告了美国军队在越南化学战中使用除莠剂对人体的危害，分析了染色体畸变、原发性肝癌、新生儿畸形、妊娠异常之间的关系，认为这是美军在越南使用除莠剂的致突变、致癌、致畸的直接证据。同期的动物实验证实除莠剂2,4,5－T起致畸作用的主要原因是其中的二噁英。

农药的三致性问题早就被提出并已受到广泛的关注。虽然大量研究是在短期内大剂量下获得的，并不能真正代表环境中的农药在低浓度和长时间接触人体的效应，但具有三致性的农药毕竟对人类健康是一个潜在的危害。研究表明，DDT、敌百虫、敌敌畏、乐果对试验动物有致突变作用，内吸磷、西维因有致畸作用，还有些具有致癌作用。对酶的影响：许多OCPs可以诱导肝细胞微粒体氧化酶，从而改变某些生化过程。有机磷农药能与体内乙酰胆碱结合，使胆碱酯酶失去活性，丧失对乙酰胆碱的分解能力，导致体内乙酰胆碱的蓄积，使神经传导生理功能紊乱。

1.4.5　其他毒性

POPs还会引起一些其他器官组织的病变。如暴露TCDD下可引起慢性阻塞性肺病的发病率升高，也可以引起肝脏纤维化以及肝功能的改变，出现黄疸、精氨酶升高、高血脂，还可引起消化功能障碍。此外POPs对皮肤还表现一定的毒性，如表皮角化、色素沉着、多汗症和弹性组织病变等。POPs中的一些物质还可能引起精神心理疾患症状，如焦虑、疲劳、易怒、忧郁等。

1.5　POPs健康风险评价

1.5.1　健康风险评价

健康风险评价，对环境保护、轻化工产品、农药、医学管理、食品监督及职业安全等有着极重要的意义。据统计，目前常用的化学物质约 1 000 种，因此控制化学品的污染，保障人的健康已成为十分迫切的问题，健康风险评价是有效控制化学品风险的技术依据。风险评价需要毒理学作为基础材料（戴树桂，等，1991；王宏，等，2003；邢颖，等，2006）。

健康风险评价，首先是从致癌物的评价开始的，1976 年美国国家环保局（USEPA）首先公布了可疑致癌物的风险评价准则，提出了有毒化学品的致癌风险评价方法，这个方法为许多环境立法机构所接受，同时也引起了学术界更广泛深入的研究和讨论，使风险评价的方法日趋普遍和成熟。但由于没有规范化程序，不同研究室常采用不同的评价方法。基于这种情况，美国国家科学院（NAS）于 1983 年编制了有关风险评价的研究报告，明确了风险评价的程序，对一些技术术语做出了明确规定。这个报告得到了学术界的普遍认可。在此基础上，美国环保局对致畸物、生殖毒物、混合化学物质等有毒物质的风险评价相继问世。目前，风险评价方法已被法国、荷兰、日本、中国等许多国家和经济发展与合作组织（OECD）、欧洲经济共同体（EEC）等国际组织所采用。由于健康风险评价是从癌风险评价开始的，因而癌风险评价是研究最多、程序相对成熟的风险评价方法。此外，致诱变性、生殖毒性、发育毒性、神经毒性等风险评价程序也相继建立。风险评价的基本程序分为：危害鉴定、剂量反应评估、接触评估、风险评定等四个阶段。现有风险评估程序由于耗时较长，对于有些新化学品的评估花费较大，评估方法具有不统一及复杂性，而亟待改进。有关风险评价的研究主要包括四方面：风险辨识、剂量－反应关系、暴露评价和风险表征，针对生态和人类健康，将重点研究 POPs 对生殖能力的影响、改进暴露评价和混合物的效应。

1.5.2　POPs 的健康风险评价

POPs 对人类健康的影响具有受害人群的广泛性、作用的多样性和长期性、多种因素相互影响的复杂性等特点。因此，对人群健康影响的评价，除了样本要有代表性和样本数较大外，更重要的是尽可能采用敏感的指标，能够反映人体受危害的程度；另一方面，从预防医学的观点看，不能以人体是否出现疾病的临床症状来评价有无环境污染及其危害的严重程度，而应当观察各种环境因素对人体正常生理及生化功能的影响，及早地发现临床前期的变化，以防止疾病的发生。所以，在评价环境对人体的危害时，应全面考虑以下几个方面：是否引起急、慢性中毒或其他急、慢性损害，有无致畸、致突变、致癌作用，对生殖及后代的影响如何，是否影响寿命，是否引起生理和生化功能的异常变化。针对环境污染对人体的非特异性危害，常用评价指标为：免疫功能指标、细胞遗传学指标、流行病学调查指标，临床指标，环境指标。

参考文献

戴树桂，游道新．1991．有毒有机污染物环境风险性评价研究．环境化学，10：20－25．

胡家会，张永忠．2006．持久性有机污染物（POPs）的研究进展．科技导报，24（7）：27－29．

蒋可,李灵军,陈宗,等.1995.我国血吸虫疫区残留二噁英毒物的发现及其生态环境意义[J].科学通报,40:874.

刘志远.2005.持久性有机污染物控制方法的研究(硕士学位论文).华北电力大学.

史雅娟,吕永龙,任鸿昌,等,2003.持久性有机污染物研究的国际发展动态.世界科技研究与发展,25(2):73-78.

苏丽敏,袁星,赵建伟,等,2003.持久性有机污染物(POPs)及其归趋研究.环境科学与技术,26(5):61-64.

王东利,张晓鸣,刘小敏.2003.持久性有机污染物的环境行为对人体健康的危害.国外医学卫生学分册,30(3):169-173.

王宏,杨霓云,沈英娃,等.2003.海河流域几种典型有机污染物环境安全性评价.环境科学研究,16:35-36.

王铁宁,吕永龙,张红,等.2004.我国持久性有机污染物水况及宏观对策.环境污染治理技术与设备,5(11):21-26.

谢武明,胡勇有,刘焕彬,等.2004.持久性有机污染物(POPs)的环境问题与研究进展.中国环境监测,20:58-61.

邢颖,吕永龙,刘文彬,等.2006.中国部分水域沉积物中多氯联苯污染物的空间分布.污染评价及影响因素分析.环境科学,27:228-234.

徐科峰,李忠,何莼,等.2003.持久性有机污染物(POPs)对人类健康的危害及其治理技术进展.四川环境,22(4):29-34.

张国民.2001.有关POPs公约涉及产品、生产过程及在中国的使用情况//持久性有机污染物控制研讨会论文集.北京:国家环保局,76.

Brouwer A, Reijnders PJH, Koeman JH. 1989. Polychlorinated blphenyl(PCB)2contaminated fish induce vitam in A and thyroid hormone de ficiency in the common seal(*phoca vitulina*). Aquat. Toxicol., 15:99-105.

Bruno C, Raymond B. 2001. 环境中多氯联苯(PCBs)的管理//持久性有机污染物控制研讨会论文集.北京:国家环保局,64.

David O. 2001. 什么是持久性有机物染物//持久性有机污染物控制研讨会论文集.北京:国家环保局,9.

Goldberg ED. 1975. Synthetic orgonohalides in the Sea. Proc. Poyal Soc. Lond., 189:277-289.

Kinloch D, Kuhnlein H, Muir DCG. 1992. Inuit foods and diet: a preliminary assessment of benefits and risks. Sci. Tot. Environ., 122:247-278.

Lahvis GP, Wells RS, Gasper D, et al. 1993. In vitro lymphocyte response of bottlenose dolphins(*tursiopstruncates*): mitogen induced proliferation. Marine Environ. Res., 35:115-119.

Muir DCG, Grift NP, Lockcnt WL, et al. 1995. Spatial trends and historical profiles of organochlorine pesticides in Arctic lake sedinents. Sci. Tot. Env, (160/161):447-457.

Vallack HW, Bakker DJ, Brandt I, et al. 1998. Controlling persistent organic pollutants-what next [J]. Environmental Toxicology and Pharmacology, (6):143-175.

Wania F, Mackay D. 1993. Golbal fractionation and cold condensation of low volatitity organochlorice conpouncls in Polar Regions. Ambio, 22:10-18.

Wania F, Mackay D. 1999. The evolution of mass balence models of persistent organic pollutant fate in the Environ mental. Environ. Pollut., 100:223-240.

Weisglas Kuperus N, Sas TCJ, Koopman – Esseboom C, et al. 1995. Immunological effect of background prenatal and postnatal exposure to dioxins and polychlorinated biphenyls in Dutch infants. Pediatr. Res. , 38: 404 – 410.

Wonia F, Mackay D. 1996. Tacking the distribution of persistent organic pollutcmts. Environ. Sci. Technol. , (30): 377 – 392.

第 2 章　典型 POPs 的物理化学性质

2.1　多环芳烃(PAHs)

2.1.1　PAHs 的定义

多环芳烃(Polycyclic Aromatic Hydrocarbon,PAH)是指两个或两个以上苯环,以稠环的形式连接形成的一类芳族化合物以及它们的烷基取代化合物,是环境中广泛存在的一类重要的 POPs(Ruelle,et al. ,1997;周岩梅,等,2003)。PAHs 的种类多达数百种,它们的基本结构是芳香烃的多环同系物,具有相似的物理化学性质,稳定性随着环数的增加而降低。目前已经发现的 PAHs 及其衍生物已超过 400 种,且部分已被证实对人体具有致癌、致畸、致突变作用。1775 年,英国外科医生波特发现烟囱清扫工患阴囊癌。1915 年,经日本学者山极胜三郎和市川厚一用煤焦油多次涂抹兔耳,诱发皮肤癌成功。1933 年库克等人从煤焦油中分离出致癌的 PAHs。

PAHs 组分十分复杂,其苯环结构数有 2 ~ 7 环,按其物化性质可分为两类:① 2 ~ 3 个苯环的低分子量芳烃,它们易挥发,对水生生物有一定的毒性,如萘、芴、菲、蒽等;② 4 ~ 7 个苯环的高分子量芳烃,如芘、荧蒽、䓛、苯并(a)芘、晕苯等,这些化合物沸点高,不易挥发,其本身没有毒性,但具有致癌、致突变性(Chiou, et al. ,1979,1982,1998;Karickhoff, et al. ,1979;张军,2006)。鉴于 PAHs 危害的严重性及强烈的"三致"作用,美国环境保护署(USEPA)于 1979 年规定了 16 种 PAHs 作为优先控制污染物,这 16 种优控 PAHs 污染物的分子结构见表 2.1,我国环保部也已将某些 PAHs 作为环境污染指标的内容(GB. 4284 – 84)。

表 2.1　美国 EPA 指定的 16 种优控 PAHs 的分子结构、分子式、TEF 和 CAS 号

PAHs 中英文简称	分子结构	分子式	致癌性[a]	TEF[b]	CAS No.[c]
Naphthalene(Na 萘)	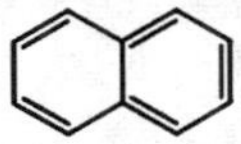	$C_{10}H_8$	–	0. 001	91 – 20 – 3
Acenaphthylene(Ace 苊)	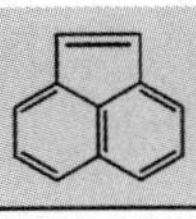	$C_{12}H_8$	–	0. 001	208 – 96 – 8

续表

PAHs 中英文简称	分子结构	分子式	致癌性[a]	TEF[b]	CAS No. [c]
Acenaphthene（Acen 二氢苊）	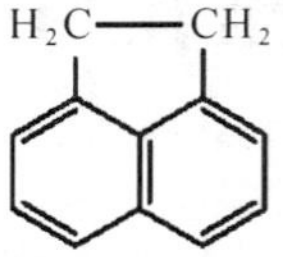	$C_{12}H_{10}$	–	0. 001	83 – 32 – 9
Fluorene（Flu 芴）	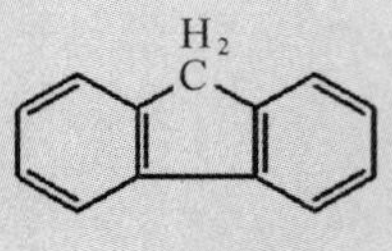	$C_{13}H_{10}$	–	0. 001	86 – 73 – 7
Phenanthrene（Phen 菲）	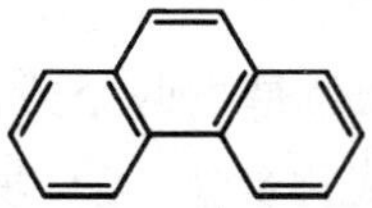	$C_{14}H_{10}$	–	0. 001	85 – 01 – 8
Anthracene（An 蒽）	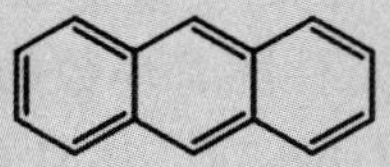	$C_{14}H_{10}$	–	0. 01	120 – 12 – 7
Fluoranthene（Fluo 荧蒽）	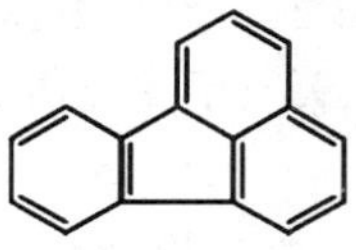	$C_{16}H_{10}$	–	0. 001	206 – 44 – 0
Pyrene（Py 芘）	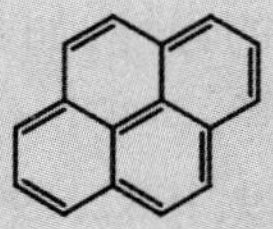	$C_{16}H_{10}$	–	0. 001	129 – 00 – 0
Benzo(a)anthracene （BaA 苯并(a)蒽）	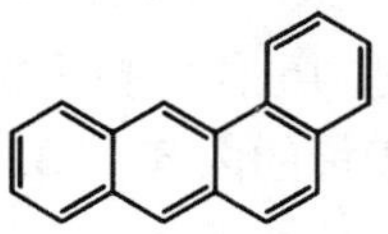	$C_{18}H_{12}$	+	0. 1	56 – 55 – 3
Chrysene（Chry 䓛）	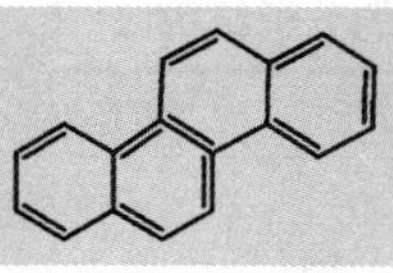	$C_{18}H_{12}$	±	0. 01	218 – 01 – 9
Benzo(b)fluoranthene （BbF 苯并(b)荧蒽）	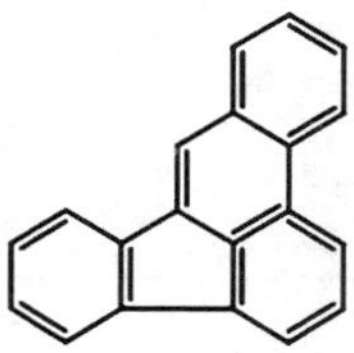	$C_{20}H_{12}$	+ +	0. 1	205 – 99 – 2

续表

PAHs 中英文简称	分子结构	分子式	致癌性[a]	TEF[b]	CAS No. [c]
Benzo(k)fluoranthene (BkF 苯并(k)荧蒽)	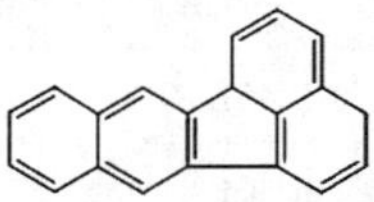	$C_{20}H_{12}$	-	0.1	207-08-9
Benzo(a)pyrene (BaP 苯并(a)芘)	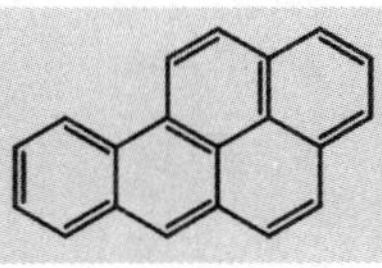	$C_{20}H_{12}$	+++	1	50-32-8
Indeno(1,2,3~cd)pyrene (Indeo 茚并(1,2,3-cd)芘)	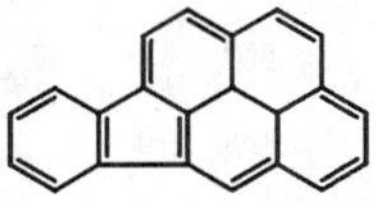	$C_{22}H_{12}$	+	0.1	193-39-5
Dibenz(a,h)anthtacene (DiBa 二苯并(a,h)蒽)	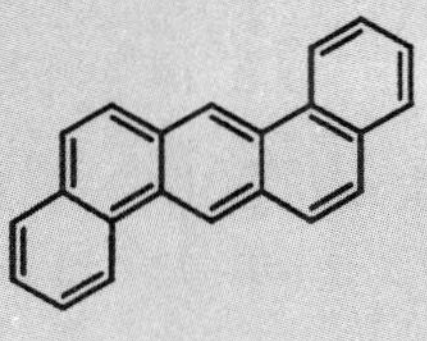	$C_{22}H_{14}$	+++	1	53-70-3
Benzo(ghi)perylene (BgP 苯并(ghi)苝)	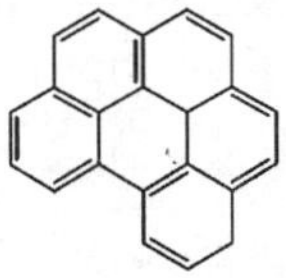	$C_{22}H_{12}$	-	0.01	191-24-2

a:致癌性,-不具致癌性、±未知或弱致癌性、+具致癌性、++和+++强致癌性(Nation Academy of Science,1972);
b:毒性等效因子,由 Nisbet 和 LaGoy(1992)提出;
c:化合物索引号。

2.1.2 PAHs 的物理化学性质

PAHs 作为纯化学物质,主要是一些无色、白色或者浅黄绿色(个别具深色)并有微弱芳香味的晶体物质(王波,2007)。在常温下,PAHs 混合物为黄色透明液体,熔沸点较高,饱和蒸气压低,正辛醇-水分配系数高,在水中的溶解度非常低($10^{-10}\sim10^{-7}$ mol/m^3),不易溶于水,性质稳定,极易附着在固体颗粒上,在环境中难降解。随着苯环数量的增加,其脂溶性越强,水溶性越小,在环境中存在时间越长,遗传毒性越高,其致癌性随着苯环数的增加而增强。PAHs 一般具有荧光,在光和氧的作用下很快分解变质,不仅物化性质发生改变,致癌力也有明显下降,所以必须保存在深棕色瓶中并放在暗处(Karickhoff,1984)。其理化性质详见表 2.2。

表 2.2　PAHs 的物理、化学性质参数表[a]

PAH	MW[b]	LogKow[c]	B. P.[d] /℃	M. P.[e] /℃	W. S[f] /(mg·L^{-1})	V. P.[g] /mmHg	KH[h] /atm(m^3·mol^{-1})	BioCF[i] 1E3	Koc[j] 1E3
Na	128	3.3	209	80	33.8	1.45E-01	8E-04	0.2	1.3
Ace	152	3.6	290	124	6.7	1.50E-04	5E-06	0.3	2.5
Acen	154	3.6	252	108	3	2.10E-04	2E-06	0.3	7.2
Flu	166	4.2	276	119	1.7	3.80E-04	5E-05	1	10
Phen	178	4.5	326	136	0.6	1.50E-06	6E-07	1.5	19
An	178	4.5	326	136	0.6	1.50E-06	6E-07	1.5	19
Fluo	202	5	369	166	0.1	2.60E-08	7E-08	3.4	55
Py	202	5	369	166	0.1	2.60E-08	7E-08	3.4	55
BaA	228	5.7	400	177	0.02	1.30E-09	3E-09	12	284
Chry	228	5.7	400	177	0.02	1.30E-09	3E-09	12	284
BbF	252	6.1	461	209	0.002	2.80E-12	4E-10	27	820
BkF	252	5.3	430	194	0.06	7.00E-11	4E-10	39	667
BaP	252	6.1	461	209	0.002	2.80E-12	4E-10	27	820
Indeo	276	6.6	498	233	0.006	6.20E-14	5E-11	59	2 370
DiBa	278	6.8	487	218	0.004	1.80E-13	2E-10	92	4 250
BgP	276	6.6	467	218	0.006	1.60E-12	1E-09	61	2 450

a:数据用 PCGEMS 估算得到(US. EPA,1988);
b:分子量(g·mol^{-1});
c:辛醇-水分配系数;
d:沸点;
e:熔点;
f:水溶解度(25℃);
g:蒸气压(25℃);
h:气体常数;
i:生物富集系数;
j:沉积物-水分配系数。

在自然界中 PAHs 一个分子中可能含有几个甚至十几个芳环,它们的结构特征明显不同,分子量也有很大的变化。PAHs 的水溶性随分子量的增加而减小。但是当溶液中存在其他有机化合物时,它们可与这些有机物形成胶体,使水溶性发生很大的变化。PAHs 在自然界中发生的化学反应可分为取代反应和加成反应,即分子中的不饱和化学键被破坏,生成较稳定的化合物。此外,PAHs 在自然环境中的反应大多是光氧化反应,在自然光或人造紫外线的照射下,PAHs 会与氧气、臭氧或其他氧化剂反应生成内环过氧化物。另一方面,蒽光化学氧化会生成二聚体,如双蒽。菲是蒽的角状同分异构体,它不能发生二聚合反应,但是会氧化生成 9,10 - 醌。臭氧也可与这类化合物发生剧烈反应,生成含有大羧酸基化合物和奎宁类化合物。PAHs 还可与氧化氮或稀硝酸反应,如苯并(a)芘在室温下与硝酸的稀乙酸苯溶液迅速发生硝化反应,生成单硝基衍生物。PAHs 还非常容易与大气(特别是气溶胶)中的二氧化硫、三氧化硫或硫酸反应,生成水溶性的磺酸、亚磺酸和双磺酸(李斌,2000)。

2.1.3 PAHs 的来源

环境中的 PAHs 是一种多来源的持久性有机污染,它在环境中有两种来源:天然源和人为源(表 2.3)。①天然来源:在人类活动出现以前自然界就已存在,如森林、草原的天然火灾、火山爆发、天然石油渗漏以及生物成因前驱物的后期沉积改造,这些天然来源的 PAHs 构成环境中 PAHs 的本底值。②人类活动来源:人为污染源很多,主要包括化石燃料(石油、煤、天然气)的不完全燃烧,植物以及其他含碳氢化合物的燃烧和石油的渗漏(Notar, et al. ,2001)。在现代社会中,PAHs 主要来源于人类活动,而通过人类活动人为产生的 PAHs 是陆地和近海环境中 PAHs 的主要来源(郝永梅,2004)。

表 2.3 环境中含 PAHs 的物质(王连生,2004)

环境物	含 PAHs 的物质
空气	一般大气,室内空气,汽车库内的空气,焦油和沥青处理厂、焦炭炉、煤气厂、隧道的空气
排烟	各种燃烧炉(窑、锅炉、焚烧炉等)、废弃物的炉外焚烧、火山
排气	汽油车、柴油车、液化丙烷车、飞机、木炭粉尘、石油粉尘、石墨炭黑
煤焦油类	煤焦油、柏油、沥青、杂酚油
石油类	汽油、煤油、轻油、柴油、页岩油、釜底油
土壤	城市土壤、沼泽、湖泊、河川和海底的沉积物
水	河川水、排放水
食品	熏制品(羊肉、鳟鱼和鳕鱼肉、松肉等)、海藻类、野菜类、麦类
其他	雪、石油、化学肥料

海洋环境中 PAHs 的来源主要有三种途径:生物代谢合成、地球化学作用合成以及人类活动的输入。前两者属于天然的 PAHs 来源,人类活动的输入是海洋环境中 PAHs 的主要来源(周晓,2006)。

在自然界,有些藻类、植物及细菌能通过生物合成产生 PAHs,但其合成量占环境中 PAHs 的比例是微不足道的。自然过程向环境散发的 PAHs,主要由火山喷发、森林及草原自然火灾等过程产生。据研究报道，全世界每年仅火山喷发散发在环境中的苯并(a)芘的总量就有12～14 t(Simoneit,1999)。

人类的生产、生活活动对海洋环境中PAHs的贡献更大。世界范围内每年有数十万吨石油产品和原油从炼油厂和石化厂的废弃物中排放到海洋环境中，这也是海洋环境中PAHs的主要来源之一。此外城市生活污水、工业废弃物、地表径流以及土壤浸析等，也是海洋环境中PAHs的主要来源(Dickhut, et al., 2000; Tsai, et al., 2002; Countway, et al., 2003)。海水中的PAHs含量很低，主要依靠扩散作用在海水中迁移。PAHs的含量分布与其来源有关，如表层海水中的PAHs多来自大气沉降，入海口PAHs则主要来自地表径流的注入，船舶用油的外泻是海上航线PAHs的主要来源。

人类燃煤等活动所产生PAHs在大气中积累，经过较长时间和较长距离的迁移后，通过雨雪作用进入地表或水体环境，大气颗粒物的干、湿沉降是大气中3～6环PAHs的主要迁移过程，也是表层水体中PAHs的重要来源(Kiss, et al., 2001)。世界海洋中PAHs的10%～18%来源于大气沉降(张俊海,2008)。

Neff统计了通过各种途径进入水体环境的PAHs总量，得出结论：每年进入水体环境的PAHs总量约为230 000 t左右(表2.4)。

表2.4　世界水环境中PAHs的来源(张俊海,2008)

来源	PAHs总量/($t \cdot a^{-1}$)
生物合成	2 700
溢油	170 000
内陆污染物	7 340
大气沉降	50 000
总计	230 040

由于燃料种类和燃烧条件的不同，生成的PAHs组成和相对含量也有所不同。因此不同环数PAHs的相对丰度、烷基化和母体PAHs的分布以及典型特征化合物之间的比值常用来辨析污染来源(表2.5)。

表2.5　PAHs来源的判断(宫敏娜,2006)

	菲/蒽	䓛/苯并(a)蒽	荧蒽/芘	荧蒽/(荧蒽+芘)	低分子量/高分子量
热解源	<10	<1	>1	>0.5	低
石油源	>15	>1	<1	<0.5	高
参考文献	Baumard, et al., 1998	Soclo, et al., 2000	Baumard, et al., 1998	Budzinski, et al., 1997	Budzinski, et al., 1997

由于 PAHs 具有组分复杂难辨，来源众多，危害性大等特点，如何区分来自不同污染源的 PAHs，合理评价工农业发展和人类活动对自然环境的影响，从而制定控制污染源、保护环境的策略，成为目前国际环境保护界高度重视的课题。目前，PAHs 的来源分析及环境生态风险评价逐渐从陆地向海洋等更深、更广的领域进行探究。

2.1.4 PAHs 的生物地球化学循环

PAHs 在环境中迁移转化与循环主要是由其物理、化学性质决定的，如辛醇－水分配系数反应了化学物质在水相和有机相间的迁移能力，水溶解度也与物质的吸附、迁移和富集行为密切相关，饱和蒸气压和亨利常数则反应了物质挥发性的大小。由于 PAHs 具有的这种疏水性和亲脂性以及半挥发性（王连生，等，1993），决定了它们在各种环境介质中迁移、转化及最终归宿等环境地球化学行为。

通过水－气交换，水体中的 PAHs 被蒸发到大气中，以气态和颗粒态（气溶胶）的形式存在，并优先与颗粒物结合，随后通过大气传输，再以干、湿沉降的形式返回到水体、土壤和沉积物中。在水体环境中，这些化合物主要吸附于悬浮颗粒物（矿物、生物碎屑、胶体物质和有机质）中，并随颗粒物一起迁移，最后在物理、化学及生物的作用下沉积在沉积物（底泥）中，因此，沉积物（底泥）是 PAHs 的主要接受体及储集库（郝永梅，2004）。

在不同的环境介质中，PAHs 的源汇机制并不一样（张俊海，2008）。大气中的 PAHs 大多吸附在大气微小颗粒物上，通过干湿沉降污染地表水和土壤（林承志，1997）。研究表明（李萍，1997），光降解速度常数随光强、温度和湿度的升高而增大。但光化学降解机理目前尚不很清楚，可能是 OH 自由基对 PAHs 分子的撞击导致。PAHs 也可与其他物质反应而转化，转化产物使毒性产生不同变化（有的可以使原来无致突变性的 PAHs 变为致突变性的，但有的转化具有相反的效应）。

进入土壤的 PAHs，从表面土壤污染可能迁移引发到下层土壤污染和进入地下水。由于土壤是矿物质和有机物复合体的团粒结构混合物，它可有效地吸附有机物，总吸附能力取决于土壤有机物的性质、矿物质含量、土壤含水率和存在的其他溶剂。除吸附作用外，PAHs 还会在土壤中产生化学反应，在矿物质的引发下产生转化。何耀武等（1995）研究了荧蒽与菲两种化合物在土壤上的吸附等温线，在所测试的浓度范围内为直线型。不同土壤的有机质－水分配系数的对数值基本相同，反映了 PAHs 类化合物在土壤上的吸附量主要取决于土壤有机质含量。

生物转化作用也是多环芳烃重要的环境行为（巩宗强，等，2001；张旭，等，2001）。沉积物和海水中的微生物可降解 PAHs，其反应机理是通过一个含有二氢醇的中间体把羟基结合到芳环上，经过酶解作用使 PAHs 发生转化，产生顺式的二氢醇中间体（王连生，1995）。而哺乳类生物体内的微粒体酶通过氧化物中间体产生反式异构体。这种中间体氧化产物显然对 PAHs 的致癌作用或诱变性起着生物转化作用。

水体的自净也是多环芳烃的重要迁移转化途径（李咏梅，等，1997）。研究表明，水环境中的 PAHs 挥发作用是其主要迁移过程。Southworth(1979)认为 PAHs 的挥发速率随蒸气压的降低而降低,其变化率与芳环的数目成相反关系。低环 PAHs 在水中存留时间较短,而 4 环以上的 PAHs 在没有光解作用下半衰期约在 200 d 以上。多环芳烃在天然水体中自净机理的研究表明,它在沉积物、悬浮物中的吸附是控制其迁移、转化及归宿的重要过程。由于固体效应的存在,吸附容易随着固体浓度的增加而降低。由于这种吸附沉淀作用,造成水体中 PAHs 的含量往往低于沉积物几个乃至十几个数量级(赵云英,等,1998)。

2.1.5 PAHs 的毒性

PAHs 的危害在于这些物质在环境中虽是微量的,但分布很广且往往难于降解,并具有生物积累性和“三致”的慢性作用,有的通过迁移、转化、富集,浓度水平可提高数倍甚至上百倍(Huang,et al.,1996;于晓丽,等,1996;王振刚,2000;杨发忠,等,2005)。另外,PAHs 被关注的一个更重要原因是 PAHs 在特定的燃烧条件下能形成二噁英(一种产生剧毒致癌的有机物)(莫里森,等,1992)。

PAHs 的毒性表现在以下 3 个方面(刘宗峰,2008)。

(1)强的致癌、致突变及致畸性(Menzie,et al.,1992)。人类及动物癌症病变有 70% ~ 90% 是环境中化学物质引起的,而 PAHs 则是环境致癌化学物质中最大的一类。许多研究表明,一些 PAHs 进入动物体后,对哺乳类动物及人类有致癌、致畸、致突变的作用,一些 PAHs 属于最强的致癌物质。长期暴露在含高浓度 PAHs 的烟气、石油馏分、沥青及煤产品等环境中,皮肤癌及肺癌发病率很高(莫里森,等,1992;王振刚,2000)。

其中苯并(a)芘[benzo(a)pyrene,BaP]是多环芳烃中毒性最大、致癌性最强的一种,BaP 通过皮肤、呼吸道、消化道等均可被人体吸收,因其亲脂性而易于在多脂肪的组织器官蓄积,产生蓄积毒性(朱文峰,2007)。在毒性研究中,致癌性方面研究的较为深入,动物实验及流行病学调查表明,BaP 有诱发皮肤癌、肺癌、直肠癌、胃癌、膀胱癌等作用(Saunders,et al.,2001)。

(2)对微生物生长有强抑制作用。PAHs 因水溶性差及稳定的环状结构而不易被生物利用,它们对细胞有破坏作用,也抑制普通微生物的生长。当用 PAHs 和淘米水为碳源驯化普通活性污泥时,常常发现活性污泥的量越来越少,这说明 PAHs 对微生物有抑制作用。

(3)PAHs 经紫外光照射后毒性更大。据报道,PAHs 吸收紫外光能后,被激发成单线态及三线态分子,被激发分子的能量可通过不同途径损失,其中一种途径为:被激发的 PAHs 分子,将能量传给氧气,从而产生出反应能力极强的单线态氧,它能损坏生物膜。当脂肪组织中积累的 PAHs 被激发后,生物体内也会含单线态及三线态氧,它们可直接引发体内的一系列链反应,从而产生毒性。

致癌的 PAHs 对癌的引发作用取决于外在和内在两种因素,一些学者针对 PAHs 的化学结构和致癌性从不同角度作了不少研究,结果证明,3 环以下,7 环以上的芳烃类母体不致癌,有致癌性的是 4 ~6 环母体。PAHs 及其衍生物的致癌性依赖于其结构特性,包括分子的形状、大小、厚度、位阻等都有影响。例如苯并(a)芘和苯并(e)芘,它们是同分异构体,但它们的毒性相差很大,前者是强致癌物,后者为非致癌物。

2.2 有机氯农药(OCPs)

2.2.1 OCPs 的理化性质

有机氯农药(Organochlorine pestcides,OCPs)是一类由人工合成的杀虫广谱、毒性较低、残效期长的化学杀虫剂,可分为以苯为原料和以环戊二烯为原料的两大类。以苯为原料的包括六六六、DDT 和六氯苯等;以环戊二烯为原料的包括七氯、艾氏剂、狄氏剂和异狄氏剂等。OCPs 的物理、化学性质稳定,是一种非常典型的 POPs,具有 POPs 的所有特征(中国 POPs 科技网)。在 2001 年通过的《斯德哥尔摩公约》所列的 12 种 POPs 中,有 9 种是 OCPs,包括过去曾大规模使用的 DDT、六六六、六氯苯、氯丹、毒杀芬、艾氏剂、狄氏剂、异狄氏剂、硫丹及其他制剂,其中使用量最广泛、用量最大的是 DDT 和六六六。除 DDT 和六六六外,我国曾经大量使用过的 OCPs 主要有六氯苯、氯丹和硫丹。表 2.6 列出了几种 OCPs 的名称及结构式,表 2.7 列出了几种 OCPs 的物理性质。

表 2.6 几种 OCPs 的结构式(江雨,2006)

化合物名称及 CAS 编号	化学名称	化学式	结构式
α-HCH 319-84-6	α-1,2,3,4,5,6-六氧环己烷	$C_6H_6Cl_6$	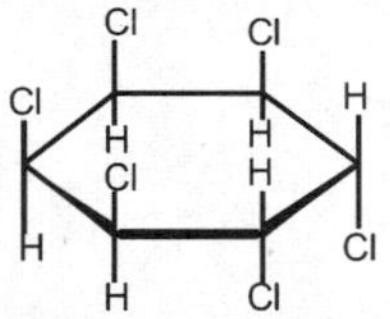
β-HCH 319-85-7	β-1,2,3,4,5,6-六氧环己烷	$C_6H_6Cl_6$	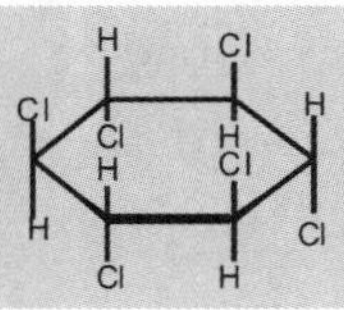
γ-HCH 58-89-9	γ-1,2,3,4,5,6-六氧环己烷	$C_6H_6Cl_6$	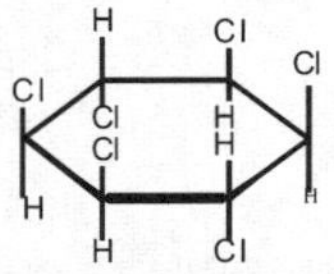
δ-HCH 319-86-8	δ-1,2,3,4,5,6-六氧环己烷	$C_6H_6Cl_6$	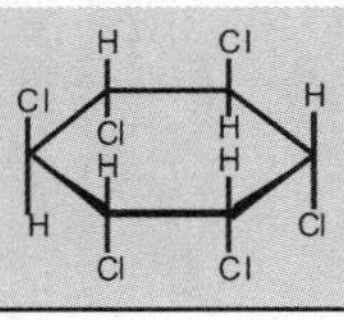

续表

化合物名称及 CAS 编号	化学名称	化学式	结构式
p,*p*' – DDT 50 – 29 – 3	对,对' – 二氯二苯基三氯乙烷	$C_{14}H_9Cl_5$	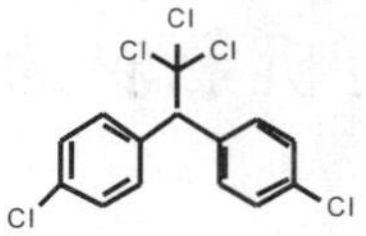
p,*p*' – DDE 72 – 55 – 9	对,对' – 二氯二苯基二氯乙烯	$C_{14}H_8Cl_4$	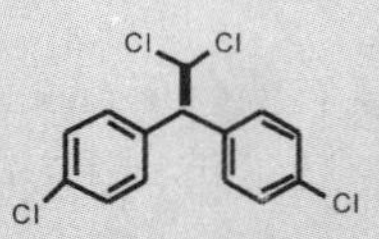
p,*p*' – DDD 72 – 54 – 8	对,对' – 二氯二苯基二氯乙烷	$C_{14}H_{10}Cl_4$	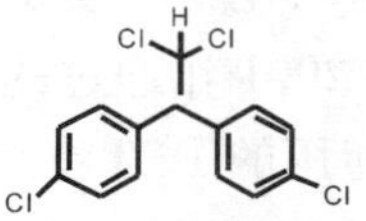
艾氏剂 309 – 00 – 2	1,2,3,4,10,10 – 六氯 – 1,4,4a,5,8,8a – 六氢化 – 1,4,5,8 – 二甲撑萘	$C_{12}H_8Cl_6$	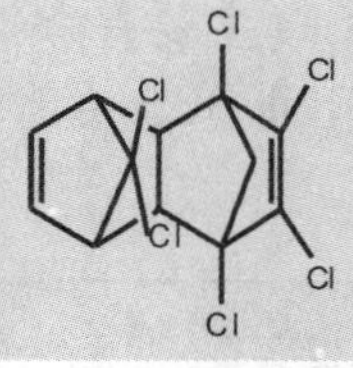
狄氏剂 60 – 57 – 1	艾氏剂的氧化产物	$C_{12}H_8Cl_6O$	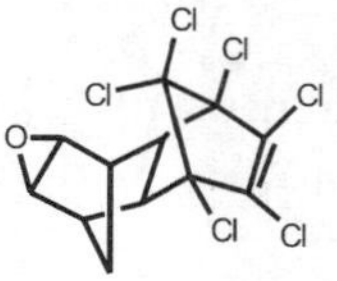
异狄氏剂 72 – 20 – 8	艾氏剂的氧化产物	$C_{12}H_8Cl_6O$	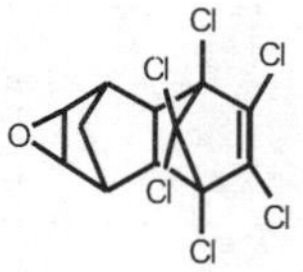
七氯 76 – 44 – 8	1,4,5,6,7,8,8 – 七氯 – 3a,4,7,7a – 四氢化 – 4,7 – 甲撑茚	$C_{10}H_5Cl_7$	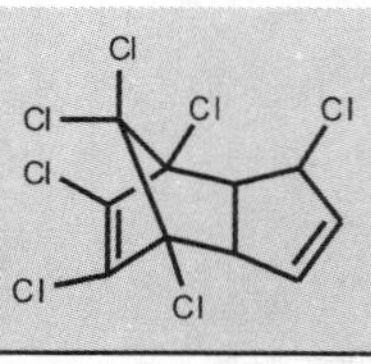

表 2.7　几种 OCPs 的物理性质(江雨,2006)

有机氯农药	熔点/℃	在水中溶解度 S /(mg/L)	蒸气压 Pv /KPa	辛醇－水分配系数 Kow	生物富集系数 BCF
α－六六六	159～160	2(25℃)	3.3×10^{-6}(20℃)	7.8×10^{3}	1.4×10^{4}
β－六六六	309～310	0.24(25℃)	3.3×10^{-7}(20℃)	7.8×10^{3}	1.4×10^{4}
γ－六六六	112～113	7.8(25℃)	2.1×10^{-5}(20℃)	7.8×10^{3}	1.4×10^{4}
δ－六六六	138～139	31.4(25℃)	2.3×10^{-6}(20℃)	1.4×10^{4}	2.3×10^{4}
p,p′－DDT	108～109	5×10^{-3}(25℃)	2.5×10^{-8}(25℃)	8.1×10^{6}	7.0×10^{6}
p,p′－DDE	89	0.04(20℃)	6.5×10^{-6}	9.1×10^{5}	9.8×10^{5}
p,p′－DDD	109.5	0.1(5℃)	1.0×10^{-6}	1.6×10^{5}	1.6×10^{5}
艾试剂	104	0.180(25℃)	6.5×10^{-6}(25℃)	2.0×10^{5}	2.5×10^{5}
狄试剂	175～176	0.195(25℃)	1.8×10^{-7}(20℃)	3.5×10^{3}	6.6×10^{3}
异狄试剂	245	0.25(25℃)	2.0×10^{-7}(25℃)	3.5×10^{3}	2.9×10^{3}
七氯	95～96	0.18(25℃)	3.0×10^{-4}(25℃)	2.6×10^{4}	3.9×10^{4}
六氯苯	226	6×10^{-3}(25℃)	1.5×10^{-6}(20℃)	2.6×10^{6}	2.5×10^{6}

2.2.2　OCPs 的来源

2.2.2.1　大气中残留农药的来源

大气中农药污染的主要来源有:①在农药施用过程中的损失,如农药微滴的飘移;②施用过程中的挥发;③施用农药后的植物和土壤表面残留农药的挥发;④施用农药的土壤粉尘的风蚀;⑤农药生产、加工过程的损失,如农药成品的挥发,废气、烟雾、粉尘的排放等。大气中的残留农药漂浮或被大气中的飘尘所吸附,或以气体或气溶胶的状态悬浮于空气中。空气中残留的农药,将随大气的运动而扩散,使大气污染的范围不断扩大,具有高稳定的 OCPs 能够进入大气对流层中,从而传播到很远的地方。进入大气中的农药一部分由于蒸气凝结而进入土壤和水体:另一部分则发生光化学分解(主要被空气中的氧和臭氧所氧化)。而 OCPs 非常稳定,发生分解的过程非常缓慢。大气中的残留农药将发生迁移、降解、随雨水沉降等一系列物理化学过程。残留的农药主要通过大气传输的方式向高山或其他地区迁移,从而使农药的污染范围不断扩大。目前远离农业活动区的南、北两极地区以及世界最高峰珠穆朗玛峰均已发现有 DDT 或六六六的残留。影响大气中残留农药迁移的主要因素有风、上升气流、蒸气散发和对流等,农药的迁移作用主要发生在地面 0～20 km 的对流层中。

2.2.2.2　土壤中残留农药的来源

土壤中农药的来源主要有以下几个方面:①为防治地下害虫从土壤侵入的病菌,用药剂处理土壤；②对土壤上部喷洒时，由喷雾飘移或从叶子上流下，落入土壤；③随大气沉降、灌溉水和动植物残体而进入土壤。影响土壤中杀虫剂残留的因素很多，主要有杀虫剂的化学性质、土壤的类型、土壤中有机质含量、黏土含量、无机离子的含量、土壤酸度、温度、湿度、作物及耕作情况等。

2.2.2.3　生物体中农药的来源

生物生长于环境之中，必定受到各种环境因素的制约，环境中的残留农药，将通过各种途径对生物的生存、生长、繁殖、产量和质量产生影响。据报道，农药在作物、蔬菜、禽兽、鱼体中均有残留。由于OCPs具有亲脂性、半衰期长和高度的累积性，使得它们在生物体内具有明显的富集作用，尤其是进入食物链后，其在生物体内的浓度随着每一个营养级而不断增加，对生态系统造成极大的破坏作用。海洋生物则通过接触受污染的沉积物、间隙水、上覆水和食物链等方式暴露于这些污染物。有机污染物在海洋生物食物链的转移和积蓄在很大程度上是受沉积物的影响，其中生活在沉积物中的底栖生物更是直接受到沉积物及孔隙水中有机污染物的影响。

2.2.2.4　水体和沉积物中OCPs的来源

地表水体中农药的来源可分为点污染源和面污染源两类。点污染源指农药生产过程中对环境的污染，即农药制造厂、加工厂废水未经适当处理即排入江河、湖泊。这些废水一般含有很高浓度的农药，每日源源不断地排入水体，直接影响水质，甚至造成局部河段严重污染。面污染源指农药使用过程中对环境的污染，例如，为防治森林害虫、农田害虫，向空中及地面喷洒；为控制蚊虫、水生杂草等向水面施药；施用过程中大气中的农药雾滴的沉降，携带农药的颗粒的干沉降；降水淋洗大气中的农药；暴雨产生的径流侵蚀被农药污染的土壤；在地面水中洗涤施药器械，等等。面源污染造成的污染程度低，但其影响范围很广，是不可忽视的一个方面。农药进入水环境系统后，它的分布与归趋受其持久性与溶解度的影响。大多数OCPs在水环境系统中最终被吸附到悬浮颗粒物表面并进入沉积物中。可储存在沉积物中长达几年的时间，如沉积物发生搅动，这些农药可能重新进入水体。影响水环境中农药持久性的因素包括水的组成、pH、温度、水生生物以及悬浮的有机和无机物质的数量。

2.2.3　OCPs的种类

2.2.3.1　六氯苯(HCB)

1. 物理化学特性

六氯苯(hexachlorobenzen，HCB)属于氯苯类化合物(chlorobenzens，CBs)之一，分子式为C_6C_{16}，结构式见图2.1。

它于20世纪40年代问世，起初是作为杀真菌剂。六氯苯(HCB)作为廉价的广谱杀虫剂曾在我国广泛使用，它的副产物及代谢产物为五氯苯。纯品为无色细针状或小片状晶体，工业品为淡黄色或淡棕色晶体。几乎不溶于水，微溶于乙醇，易溶于苯、甲苯、乙醚。HCB 化学性质稳定，耐酸，但在高温下能碱解生成五氯酚钠。在土壤中的半衰期为 2.7 ~ 22.9 a；在大气中与羟基自由基反应的半衰期估计为 2 a；在水中挥发很快，但与沉积物的强吸附作用使其更难降解。海水中 HCB 浓度一般低于 0.1 ng/L，有报道显示海洋鱼肝中 HCB 水平超过了人类安全摄入量；在水体中对 HCB 浓度起主要作用的是水体底泥及水中生物的富集和通过食物链的生物放大作用（陈晓东，等，2000）。海洋沉积物中 HCB 浓度较高，而且随着时间推移，底泥中 HCB 水平会有明显的增高，但生物体脂肪组织中 HCB 含量不一定高。HCB 在水中的光化作用缓慢，氧化及生物转化作用轻微，HCB 易被吸附于土壤及沉积层，但很快蒸发到空气中，此时光化作用对 HCB 降解起决定作用。

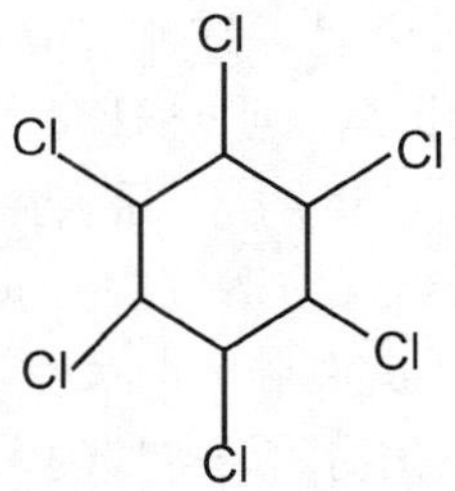

图 2.1　六氯苯的结构图（龚香宜，2007）

2. 生产和使用

HCB 已被广泛地用作杀真菌剂，以保护洋葱、小麦和高粱种子防治真菌危害的有机氯杀菌剂，HCB 也被用作一种溶剂，以及在生产合成橡胶、聚氯乙烯（PVC）塑料、烟火、军火、木材防腐剂和染料中作为制造中间体或者添加剂。HCB 还在许多氯代溶剂和农药生产以及其他氯化工艺中以副产品形式产生，在许多农药中都以杂质形式出现，HCB 也会从城市垃圾燃烧过程中释放出来。目前全球每年仍有高达 12 000 ~ 92 000 kg（平均约为 23 000 kg）的 HCB 释放到环境中去。我国虽禁止了其作为农药的使用，但仍保留 HCB 的生产，主要是用于生产农药五氯酚、五氯酚钠和其他化工产品。

3. 暴露与效应

HCB 在人体内分布研究甚少，动物模型中主要蓄积在含脂肪较多部位，如脂肪组织，骨髓以及一些内分泌器官（如甲状腺、胸腺）。人体脂肪中 HCB 含量变化较大，达数十至数百纳克每千克。HCB 主要经口摄入，少量经皮肤，吸入资料尚无研究，50 ng/kg HCB 喂食雌鼠时，脂肪内含量大于甲状腺，甲状腺大于肾上腺和卵巢，卵巢含量大于胸腺、肝及肺中含量，且均有显著的差异（$P < 0.05$）。HCB 在鱼、鲸和其他海洋哺乳动物、鸟、地衣和以鱼或地衣为食的动物体内累积，例如北美驯鹿等。它也会在小麦、草以及像胡萝卜等蔬菜和其他植物中累积。另有研究发现怀孕妇女如孕期接触 HCB，体内高 HCB 在早期授乳期会移至新生儿体中，故乳液是研究的主要生物材料。20 世纪 90 年代初期，我国局部地区人群母乳 HCB 检出率为 100%，其含量（以乳汁计，中位数）为 0.058 μg/kg（陈晓东，等，2000）。

HCB 具有低或较低的急性毒性作用以及慢性或亚慢性毒性作用，导致生物体内内分泌紊乱、生殖及免疫机能失调、神经行为和发育紊乱以及肝脏和甲状腺癌症等疾病（Randi，et al.，2006）。有实验发现，处于生殖期的小白鼠经过 HCB 暴露之后，其子宫中的雌激素受体的含量将显著减少，并且导致雌二醇和泌乳雌激素的正常循环受阻（Foster，et al.，1993）。此外，有越来越多的证据表明受 HCB 暴露的婴儿会易于过敏且免疫力受到影响，以及存活率下降（Ando，et al.，1985）。国际癌症研究机构（IARC）指明 HCB 为可能的致癌物质，研究表明 HCB 类物质在人类乳腺癌中扮演重要角色，HCB 这些广泛存在的污染物能在恶性乳腺癌妇女乳腺中发现，良性肿瘤妇女乳腺中 HCB 浓度比恶性肿瘤低。此外暴露于含有较高浓度 HCB 的有机氯化物污染空气的人群，其甲状腺癌、软组织肉瘤和脑癌显著增加。

4. 防治及替代措施

HCB 可以通过使用清洁生产系统、污染预防以及使用替代品和工艺来消除。含有 HCB 的农药，例如四氯代对苯二甲酸二甲酯（DCPA）、百菌清、毒莠定、五氯硝基苯（PCNB）以及五氯苯酚（PCP），还有那些有时会被玷污的阿特拉津、西玛津和林丹等，都能够通过使用综合害虫管理（integrated pest management，IPM）技术来替代。替代品和工艺能够用于被用来替代氯代溶剂，那些产生 HCB 的产品。例如干洗（氯乙烯最大的用途）可以转向多重处理湿洗。不用氯代溶剂，这种方法依赖热、蒸气、真空、水和天然皂来清洗衣服。

2.2.3.2 毒杀芬（Toxaphene）

1. 物理化学性质

毒杀芬的近似分子式为 $C_{10}H_{10}Cl_8$，平均分子质量 413.84，其外观表象为乳白色、黄色或琥珀色，蜡状，平滑，无色结晶，具松树味、轻微松节油气味或轻度氯及樟脑味，嗅阈值为空气中 2.4 mg/m^3，水中 0.14 mg/kg，相对密度 1.65（25℃），熔点 65～90℃，沸点 155℃，温度高于 155℃逐渐分解，不易挥发，不可燃，受日光或受热后缓缓放出 HCl。毒杀芬在碱性或铁化合物存在下分解快，难溶于水（25℃时水中溶解度为 3 mg/L），易溶于有机溶剂。按照理论推算，毒杀芬可能存在 32 768 种同源物，其中六氯至九氯代烃同源物可能有 16 458 种。化学合成的毒杀芬一般含有 670 种同源物，工业毒杀芬大约含有 170 种。进入环境中的毒杀芬易发生多种光化学和生物化学反应，生成 3 万多种衍生物，其中仅有 30 余种已被分离并定性，这 30 余种衍生物是目前进行毒杀芬研究的主要对象。毒杀芬主要结构式是图 2.2。

毒杀芬具有高毒性、高稳定性、容易被生物富集等特性，目前已广泛存在并滞留于水体、土壤、大气和动植物体中，给人类健康构成了极大的安全隐患，从而受到国际社会的广泛关注。毒杀芬是以松节油（含蒎烯 75%）、氯气、四氯化碳为原料制得的一种有机氯杀虫剂，其中分子组成结构以氯代莰烷（Chlorinated Bornanes）和氯代莰烯（Chlorinated Camphenes）为主要成分。

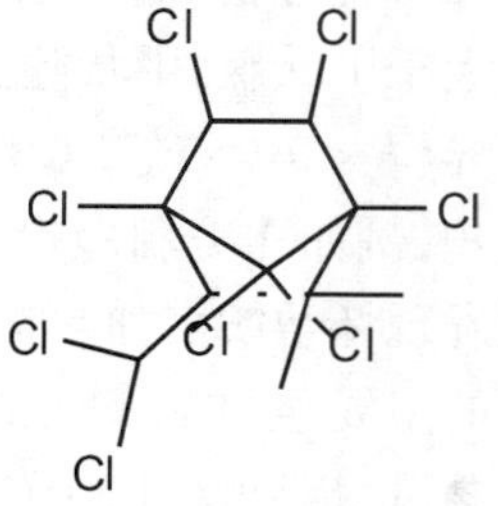

图 2.2 毒杀芬的分子结构式

2. 生产和使用

毒杀芬是一种广谱性的有机氯杀虫剂，于 1945 年由 Herclus 公司研发生产并推广。20 世纪 40—50 年代，DDT 及环戊二烯类杀虫剂成为禁用农药和减产农药，毒杀芬具胃毒和触杀作用，它作为上述两种农药的替代品，广泛用于棉花、玉米、谷类和果树上害虫的防治及紧急处理，同时也可用于防治家禽和家畜的寄生虫及去除杂鱼等。此外，毒杀芬也被用于防治家畜和家禽身上的扁虱。在 20 世纪 90 年代早期，毒杀芬在非洲和中美洲有生产，而当前使用最严重的地方被认为是在非洲（谢原利，等，2008）。台湾地区于 1972 年 7 月已禁止毒杀芬的生产。美国 EPA 于 1982 年严格限制毒杀芬的使用。20 世纪 90 年代以后，世界上许多国家和地区也明令禁止毒杀芬的生产。1991 年 6 月，毒杀芬被联合国粮食及农业组织/联合国环境规划署（FAO/UNEP）列为不再生产农药，1995 年 3 月列入《鹿特丹公约（PIC）》名单，2002 年成为《斯德哥尔摩公约》中要控制的 12 种可持续有机污染物（Persistent Organic Pollutants，POPs）之一。1983 年我国开始禁止毒杀芬的生产，农业部于 2002 年 6 月 5 日颁布公告，明令禁止毒杀芬的使用，同年 9 月进行的杀虫剂生产行业调查中发现现场抽调的 40 家企业中还有 4 家进行毒杀芬的生产。2003 年 6 月 24 日，我国八部门公布的《剧毒化学品目录》中仍收录有毒杀芬。2004 年 9 月在日内瓦举行的《关于在国际贸易中对某些危险化学品和农药采用事先知情同意程序的鹿特丹公约》缔约方大会第一次会议，将毒杀芬纳入暂行事先知情同意程序的制约范围，该次修正自 2005 年 2 月 1 日起对所有缔约方生效。

3. 行为与效应

毒杀芬作为农用杀虫剂使用时进入环境，通过农田径流、挥发、富集等各种途径进入土壤、水体、大气、生物等多种环境介质并发生作用。研究表明，在中纬度毒杀芬倾向于从土壤和水体中蒸发，通过大气传播，遇到冷空气后再浓缩回到土壤中，以此贯穿整个食物网，最终在沉积物和水生生物圈累积。水体、气体样品作为污染传递的主要环境媒介，已经成为毒杀芬研究的关键环节。毒杀芬在水中比较稳定，其半衰期为 8 ~ 14 a，而在土壤中则为 100 d ~ 12 a。实验条件下农田每季施用 8 kg/hm^2 毒杀芬，半年后初始水平的大约 70% 残留于耕作层土壤中。使用毒杀芬杀灭白蚁，10 年后土壤中仍有大量残留。毒杀芬具有亲脂特性，因此它能在动植物体内富集而不容易排出。实验条件下，水体中的毒杀芬富集程度相当高，如水生物中食蚊鱼的生物积累系数为 4 247，溪红点鲑的生物积累系数为 76 000。在农田喷洒毒杀芬后测得附近水域中毒杀芬质量浓度达 0.001 mg/L，经过藻类、鱼类至食鱼鸟类可蓄积到 39 mg/kg，生物富集能力达数万倍。1996 年，Vetter 等研究表明，毒杀芬成为南极主要有机氯污染物，其中南极海豹皮中毒杀芬残留浓度达 292 μg/kg。环境介质中残留的毒杀芬能够通过呼吸道、消化道和皮肤吸收进入人体，主要以尿的形式排出，粪、乳途径较慢，呈累积中毒倾向。毒杀芬对肺、肾脏和肝脏等有危害作用，同时损害免疫系统和神经系统（Vetter and Oehme，1999）。

毒杀芬具有诱变作用。曹群立等研究表明毒杀芬可诱导雄鼠生殖细胞的染色体发生畸变,导致受孕率降低或形成死胎,蛋类长时间暴露于 0.5 μg/L 剂量的毒杀芬中,会使蛋类的发育率为零。杨春等(2001)研究了毒杀芬对 ERRα－1 受体的拮抗作用,发现毒杀芬能干扰雌激素的生物合成,影响内分泌功能,导致乳腺癌、甲状腺瘤和其他癌症,1.1 mg/(kg · d)经口剂量的毒杀芬对鼠类和人类都有致癌的危险性。Polder 等在俄罗斯北部的阿尔汉格尔斯克(Arkhangelsk)抽取的 51 名哺乳期妇女的乳汁中发现,母乳脂肪所含毒杀芬的浓度达到了 13 mg/kg。研究结果已经证明,在高剂量暴露的情况下,毒杀芬可以损害肾脏和肝脏、影响中枢神经系统,还可能抑制免疫系统以及导致癌症(Polder, et al. ,2003)。

4. 防治及替代措施

毒杀芬可以用综合虫害防治(integrated pest management, IPM)方法来替代,依据更安全和更少的农药用量。这些经常因场地和作物而异。例如包括考虑种植各种在害虫到来之前成熟的作物以及重新引入益虫。目前,毒杀芬的降解方式主要有光化学法和微生物降解法。光化学法报道很少,主要有还原脱氯及直接光解两种降解机制。毒杀芬虽然化学性质稳定,但是在温度高于 150℃、有紫外线并处于碱性条件或有铁化合物催化下会发生分解,转化成脱氯产物,并释放出氯化氢气体。Friden 等采用高压汞灯照射来进行毒杀芬的降解实验,结果表明,光照 10 min 后毒杀芬降解率达到约 50%。对于水相中的毒杀芬,吸收光子能使键断裂而分解,半导体催化剂的加入也能显著加快其光解速率。毒杀芬的微生物降解是一个很复杂的过程,降解时间受到残留时间、分子结构、降解环境等影响。残留时间越长,厌氧程度越高,降解速度和比率越快,同时碳源和表面活性剂的加入也能起到催化剂的作用而加速其降解。研究发现,芽孢杆菌属、假单胞菌、气杆菌、白腐菌等都能促进毒杀芬降解(Friden, 1980)。Vetter 等研究发现,微生物对一些稳定性差的毒杀芬组分(如 P－26、P－44 等)的降解作用明显(Maruya, et al. ,2000)。LacayoRa 等(2004)依次利用玻璃质粒为载体的生物硫化反应器在厌氧条件下和悬浮生物膜反应器在好氧条件下进行降解实验,结果表明,42 d 时降解率分别为 36% 和 87%。

2.2.3.3 灭蚁灵(Mirex)

1. 物理化学性质

灭蚁灵被认为是在土壤、底泥和水中最稳定和持久的农药之一,在土壤中的半衰期超过 10 a。它不易溶于水,但是黏附于土壤和底泥颗粒上,因此不会在土壤中迁移较长距离而进入地下水。灭蚁灵能够在野生动物和人体中生物累积,其理化性质见表 2.8,分子结构式见图 2.3。

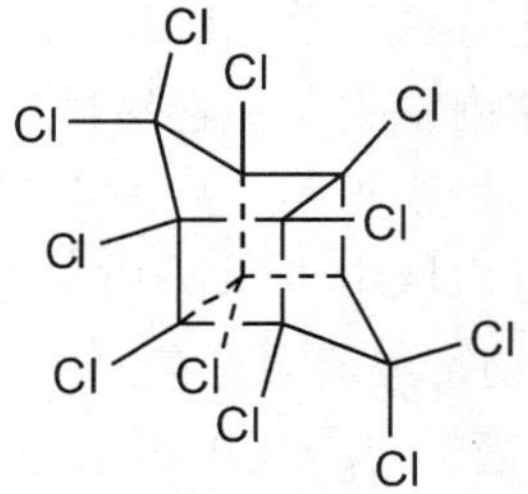

图 2.3 灭蚁灵的结构式(中国百科网)

表2.8 灭蚁灵的理化性质(化学品文档)

国标编号	61876		
CAS号	2385-85-5		
中文名称	灭蚁灵		
英文名称	Mirex		
别　名	十二氯代八氢-亚甲基-环丁并[cd]戊搭烯		
分子式	$C_{10}Cl_{12}$	外观与性状	白色无味结晶体,挥发性很小
分子量	545.59	沸 点	485℃/分解
熔　点	485℃	溶解性	不溶于水,溶于苯类溶剂,溶于苯(12.2%)、四氯化碳(7.2%)、二甲苯(14.3%)
密　度	相对密度(空气=1)18.8	稳定性	稳定,与硫酸、硝酸和盐酸不起作用
危险标记	15(有害品,远离食品)	主要用途	用作杀蚁剂

2. 生产和使用

灭蚁灵以前在美国东南部、南美洲和南非作为杀虫剂,用来杀死蚂蚁。它被用于防治火蚁(fire ant)、切叶蚁(leaf cutter)、切割白蚁(harvester termite)、西方切割蚁(Western harvester ant)以及凤梨水蜡虫(mealybug of pineapple)。灭蚁灵主要用于建筑物、水利白蚁的防治以及防治蚂蚁药物,20世纪60年代我国引进后,由于其防治效果十分显著而一直被认为是治灭白蚁的特效药物,它是一种致癌物质,也是一种极为稳定和持久性的杀虫剂,半衰期长达10 a,通过食物途径危害人类健康,目前只有澳大利亚和中国仍然使用灭蚁灵饵剂或粉剂灭治建筑物和水利白蚁。虽然其总的使用量不及氯丹,但其对环境造成的危害是与氯丹相提并论的。

3. 暴露与效应

目前大多数的污染物暴露都通过食用食物,尤其是鱼和其他生活在受污染场地附近的动物而发生的。暴露也能够通过接触或者摄入受污染的土壤,或者通过吸入发生。受到灭蚁灵暴露能够影响野生动物的肝脏和内分泌功能以及繁殖。它也能引起孕妇的流产。高浓度的灭蚁灵对鱼类和鸟类能够致死。现已在许多野生动物体内发现有灭蚁灵的残留,包括水鸥、青蛙、地鼠、蜥蜴、鱼类、海豹和龟类等(Larson,et al.,1981;Kiriluk,et al.,1995)。美国卫生保健部(U. S. HHS)已经将灭蚁灵标记为一种可能的人类致癌物质。

4. 防止和替代措施

综合害虫防治(integrated pest management,IPM)方案能够替代灭蚁灵的使用,这些可以是因场地和虫害而异的。要保护作物不受切叶蚁的破坏,各种替代措施已经证明是成功的,包括采用涂有汁液或者黏结剂的塑料外围的物理屏障方法。甚至来自另一蚁穴的废物也可以用来防止这个蚁穴的危害。在作物和苗圃周围种植柠檬草和其他驱避植物也是一种有用的防护。

对于白蚁防治,肯尼亚的工人已经发现一种当地的灌木(Tithonia diversifolia)具有保护作用,并能提高土壤肥力。对于建筑物的白蚁防治,建筑设计非常重要,尤其是建筑材料的选择。一旦白蚁入侵,采用极度的冷或热的方法都已被证明是有效的。其他的方法包括在诱饵点选用毒性较小的杀虫剂来吸引白蚁。同时一批新的替代药物不断面市,毒死蜱(Chlorpyrifos)、吡唑啉(Imidacloprid)、氟虫氰(Fipronil)、氯菊酯(Permethrin)、氰戊菊酯(Fenvaterate)、氯氰菊酯(Cypemethrin)、氟氯氰菊酯(Cyfluthrin)、联苯菊酯(Bifenthrin)等都可制成白蚁防治剂型,这些药物对白蚁预防处理有效期也有相当的年限(姜安玺,等,2004)。近10年来,这些药剂已被广泛应用于白蚁防治上,特别是用于设置化学屏障来阻止白蚁对建筑物的入侵,然而这种大面积地施用化学药剂来设置毒土屏障的防白蚁措施,依然对我们赖于生存的环境构成了很大的威胁,在世界范围引起了极大的关注。

灭幼脲类杀虫剂是20世纪70年代发展起来的一类昆虫生长调节剂,它是一类干扰昆虫表皮几丁质合成的苯甲酰脲类化合物。这类新型杀虫剂与常规杀虫剂的神经毒剂、胆碱酯酶抑制剂不同,是一类具有特异性的杀虫机理,即通过干扰、破坏昆虫的正常生长发育、干扰昆虫蜕皮生理过程,抑制几丁质合成,对人畜安全,对环境无公害。因此,是目前国际开发的一种理想的选择性药剂,又称为第三代杀虫剂(王成树,1996)。

2.2.3.4　氯丹(Chlordane)

1. 物理化学性质

氯丹又称氯化茚,学名1,2,4,s,6,7,8,8-八氯-2,3,3a,4,7,7a-六氢化-4,7一亚甲茚,或简称八氯化甲桥茚,分子量409.78 g/mol,无色或淡黄色液体,相对密度1.61(25℃),沸点175℃(0.27 kPa,2 mmHg),蒸气压很低。工业品是琥珀色黏稠液体,有杉木气味。不溶于水,溶于有机溶剂,如芳香族或脂肪族的烃类、酯类、酮类和醚类,并能与煤油以任何比例混溶。工业氯丹是由140种不同结构的物质组成的混合物,而其中主要的成分是顺式氯丹(CC)和反式氯丹(TC)。在碱性溶液中易分解,脱去氯化氢。其部分理化性质见表2.9,分子结构式见图2.4。

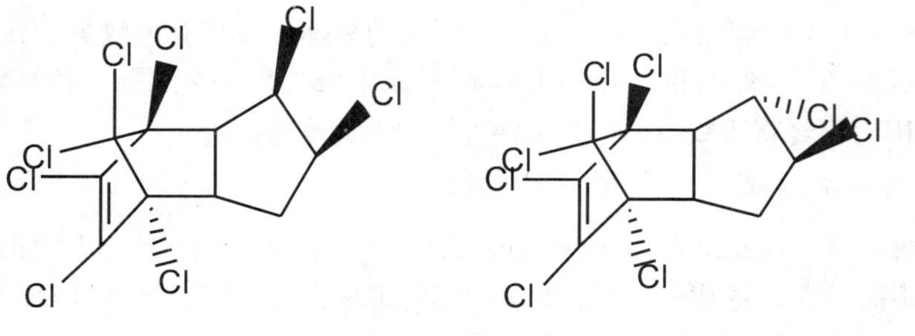

图2.4　顺式氯丹与反式氯丹的分子结构(闫妍,2008)

表 2.9　氯丹的部分物理化学性质(闫妍,2008)

名称(分子量)	P_1/Pa	结构式	溶解度 S_w /(mol/m³)	蒸气压(H) /(Pa · m³/mol)	Log*Kow*	Log K_{OA}
顺式氯丹(TC)(410)	0.010	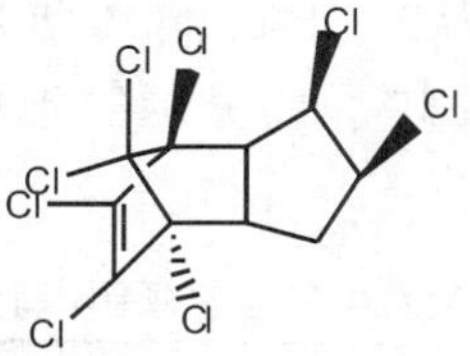	0.001 5	6.8	6.27	8.83
反式氯丹(CC)(410)	0.007 3	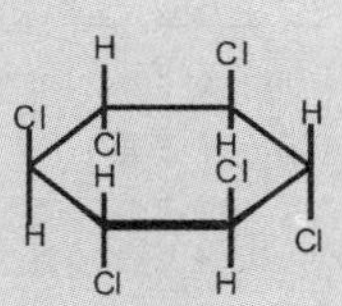	0.001 3	5.7	6.20	8.83

2. 生产使用情况

氯丹对昆虫具有触杀、胃毒、熏蒸作用。曾用于防治地下害虫、白蚁和卫生害虫等,在杀虫范围内对植物无药害。氯丹能防治蝼蛄、金针虫、蛴螬等地下害虫和蝗虫、棉象鼻虫、棉红蜘蛛、棉蚜虫、马铃薯甲虫、扁虱、蜚蠊、蝇等。一般采用乳油拌种、喷洒、灌浇等方式施用。许多国家最初引入氯丹是其在农业上的广泛应用。然而近年来这种农药的使用已经限于某些木制品的白蚁防治。如:在 1992—1996 年期间,墨西哥从美国进口了 212.8 t 氯丹。目前氯丹在墨西哥的使用是非法的。我国自 1957 年开展氯丹试制研究,1974 年国内氯丹最大产量达到 465 t。1975 年以后,由于发现氯丹及生产过程中使用的原料六氯环戊二烯、氯气毒性大,生产环境气味难闻,操作工人职业危害严重,各生产厂家相继停止生产。到 1980 年以后,国内氯丹生产曾经停产过数年。1985—1998 年期间,江苏、浙江的相关企业,在中国科学院等单位的技术人员指导下,进行氯丹的研究试制和中间实验,1988 年以后相继建立生产装置进行氯丹的生产。1998 年以后全国已有 9 家企业生产氯丹原药和乳油,1998 年氯丹原药和乳油产量达到834.4 t,生产能力 1 480 t/a。2004 年共有 5 家企业具备生产氯丹原药和乳油的能力,2004 年的生产量为 363 t。我国曾在 20 世纪 80 年代禁止使用氯丹,但由于南方地区白蚁危害严重,1988 年重新生产并使用。我国有 2/3 的省份受到白蚁危害,每年因白蚁造成的损失高达 20 亿 ~ 25 亿元。像湖南这样白蚁危害严重的地区,目前白蚁患占房屋总数的 30%,个别地区甚至高达 60%,氯丹和灭蚁灵是普遍使用的杀虫剂。

根据国家实施计划,我国目前生产和使用的 3 种杀虫剂类 POPs 在 2014 年前将被禁用,具体时间为:2009 年基本停止氯丹、灭蚁灵的生产和使用,2014 年淘汰 DDT 的生产和使用。

3. 行为与效应

在1948—1988年间，全球约生产了70 000 t工业氯丹，目前有约15 000 t氯丹残留在环境中。环境中的氯丹主要分布在土壤、大气、海河沉积物中及水生生物体内。氯丹结构上的稳定性决定了它在自然界中很难降解，半衰期为2～4 a。随着氯丹的不断产生，氯丹在环境中的不断累积，污染日益加重。表2-10反映了部分国家地区和海域氯丹污染状况。

表2.10　氯丹在土壤、大气、海河沉积物及水生生物中的含量举例（闫妍，2008）

环境介质	调查与监测的地区或对象	氯丹含量	调查年份
土壤	我国珠江三角洲土壤	TC：0.01～13.70 ng/g（干重） CC：0.01～15.70 ng/g（干重）	2007
	加拿大Fraser Valley土壤	TC：773 ng/g（干重） CC：133 ng/g（干重）	1998
	美国中部玉米种植区的农业土壤	1.4 ng/g（干重）	1998
	我国某氯丹生产厂区土壤	表层：2 927.95 mg/Kg 10 m深：0.75～5.18 mg/Kg	2007
	中国北京地区土壤	0～1.28 ng/g（干重）	2007
大气	中国广东省	501 pg/m^3	2007
	中国香港	670 pg/m^3	2007
	全球范围几何平均值	2.6 pg/m^3	2006
水生生物	中国大亚湾海域鱼类	33.4 ng/g（湿重）	2007
	印度洋鱼类	2.4 ng/g（湿重）	1995
	澳大利亚鱼类	51 ng/g（湿重）	1995
	日本岩岸海域鱼类	220 ng/g（湿重）	2002
	朝鲜沿海鱼类	0.17～4.24 ng/g（湿重）	2003
	巴西东南部海豚脂肪	1～47 ng/g（湿重）	2003
	波罗的海鱼类	TC：28±17 ng/g（湿重） CC：23±18 ng/g（湿重）	2001
海河沉积物	中国大亚湾海域表层	0.4～1.9 ng/g（干重）	2007
	日本某河下游表层	TC：10.86 ng/g（干重） CC：7.84 ng/g（干重）	2006
	中国黄河中下游表层	TC：0.04～1.84 ng/g（干重） CC：0.03～0.63 ng/g（干重）	2007

数据引自：Finizio，et al.，1998；Falandysz，2003；Yim，et al.，2005；史双昕，等，2007；李军，等，2007。

氯丹属中等毒性，经皮肤吸收迅速，局部刺激中等度，也可经消化道侵入，主要影响中枢神经系统、肝、肾、肺和消化道。在体内代谢后，转化为毒性更强的环氧化物，分布和储存于脂肪组织及脑、肝、肾等器官，可使血钙降低，引起中枢神经损伤。氯丹急性中毒症状发生较快，中毒严重的几小时即可导致死亡。急性中毒表现为头痛、头晕、恶心、呕吐、出汗、双下肢无力，局部肌肉颤动以后出现间歇性强直性抽搐，运动失调，严重者出现昏迷。吸入中毒尚可引起咳嗽，呼吸困难，甚至肺水肿。皮肤接触出现接触性皮炎。脑电图检查可发现节律异常，表现为不规则小波，间有快波和慢波。肝、肾功能可能异常。根据报道，长期从事现场灭蚁药物喷洒的工作人员，其肝功能异常，转氨酶明显升高，同时伴有乏力、嗅觉失灵、视物模糊、双手蜕皮等症状。随着生物富集作用，氯丹在处于食物链高层的大型哺乳类动物体内有大量积累，特别是在处于食物链顶端的人类的脂肪组织和乳汁中（陈经涛，等，2007）。氯丹被国际癌症研究机构（International Agency for Research on Cancer，IARC）指明为一种可能的人类致癌物质；同时被美国国家环保局（U. S. EPA）指明为一种可能的人类致癌物质。2001 年对上海一家地区医院采集的 5 例乳腺癌病人的乳腺组织的研究（李卫华，等，2005），发现氯丹的平均含量为 42 ng/g 脂肪，最高达到 95 ng/g 脂肪。从脂肪测定数据可以看出，人体脂肪是脂溶性 OCPs 的蓄积部位。

4. 防治和替代措施

替代物质和措施事实上对于所有的氯丹都有作用，这些包括一系列的综合虫害防治（integrated pest management，IPM）和综合病媒防治（integrated vector management，IVM）技术，每种都是针对所关心的特定种类以及工作的环境条件所开发的。20 世纪 70 年代开发的昆虫生长调节剂目前已用于白蚁防治试验。试验结果表明，昆虫生长调节剂中的保幼激素类似物能诱导兵蚁、前兵蚁和中间品级的形成，破坏白蚁群体品级的完整性；几丁质合成抑制剂能抑制白蚁的蜕皮，对白蚁群体有明显的控制作用。双氧威、灭幼脲 I 号、氟铃脲在美国已用于野外白蚁群体的防治，其中氟铃脲对北美散白蚁、家白蚁具显著的控制效果。许多天然植物如夹竹桃、苦树、苍耳等含有杀虫活性物质。从这些具杀虫活性的植物中提取对白蚁具毒杀效果的成分是今后白蚁药剂研究与开发的重要方向之一。

2.2.3.5　七氯（Heptachlor）

1. 物理化学性质

七氯的分子式为 $C_{10}H_5Cl_7$，分子量 373.35 其结构式如图 2.5，蒸气压 40 mPa（25℃）。工业品七氯为软蜡状固体，含七氯约 72%，熔点 46 ~ 74℃。纯品为具有樟脑气味的无色晶体，挥发性较大；熔点：95 ~ 96℃；沸点：135 ~ 145℃（133 ~ 200 Pa）；溶解性：不溶于水，溶于一些有机溶剂，

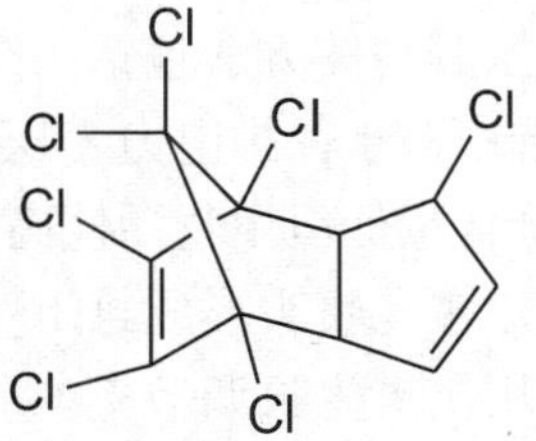

图 2.5　七氯的分子结构式（中国百科网）

如乙醇、醚类、芳烃;相对密度:1.57～1.59(20/4℃);稳定性:对光、湿氯、酸、碱氧化剂均很稳定,七氯的特点是其毒性、环境持久性以及在生物活体脂肪中生物累积的能力。它已经在遥远的环境中被发现,在土壤中的具有长达2 a的半衰期。

2. 生产和使用

七氯主要用来杀死土壤昆虫和白蚁。它也被用来防治棉铃虫、蚱蜢和一些作物害虫以及防治疟疾。一些国家还在将七氯用于木材处理或者地下白蚁防治。七氯目前已在全世界许多国家被禁止使用了。

3. 暴露与效应

受污染的食物可能是包括人类在内的大多数生物的主要暴露途径(杨征武,等,1993)。这可能包括食用了生长在含有七氯的土壤上的作物,或者是吃了鱼、奶制品以及受七氯暴露过的动物的多脂的肉。吸入也可能是一种暴露途径,尤其是在采用七氯进行白蚁防治的家庭中。饮用受污染的水或者皮肤接触也可能导致暴露。在哺乳动物体内,七氯被降解为环氧七氯,其毒性与七氯相似,并能在脂肪组织中累积,并主要影响中枢神经系统及肝脏等。

已经证实七氯对水生生物是有毒的,但是七氯的毒性在很大程度上随物种改变而有差异。对海生脊椎动物尤为如此,海生脊椎动物的急性半致死浓度值跨越了3个数量级。海生甲壳纲类动物对七氯特别敏感,浓度为0.03 μg/L时即可致死。处于生长期的鱼类和无脊椎动物类都对七氯敏感,所谓的安全浓度分别是0.1 μg/L和0.01 μg/L(薛南冬,等,2005)。此外,七氯已经在野生鸟类的组织和卵中被检出。这种物质被怀疑与一些野生鸟类数量的减少有关。实验室动物试验已经表明七氯对于生殖和内分泌系统具有危害。七氯被认为能够使动物致癌,并可能与人类膀胱癌的发生有关。

4. 替代措施

综合虫害防治(integrated pest management,IPM)措施包括考虑种植物多种在害虫到来之前就达到成熟的作物以及重新引入益虫。对于白蚁防治,肯尼亚的工人已经发现一种当地的灌木(Tithonia diversifolia)具有保护作用,并能提高土壤肥力。对于建筑物的白蚁防治,建筑设计非常重要,尤其是建筑材料的选择。一旦白蚁入侵,采用极度的冷或热的方法都已被证明是有效的;其他的方法包括明智地在诱饵点选用毒性较小的杀虫剂来吸引白蚁。此外,建筑材料的选用对于保护电力变压器和地下电缆和电视电话接线盒是非常重要的。开发和使用有效成分含量低但生物活性高的产品以及对白蚁无驱避性且具低生物效应的产品;改进施药方法,使用多孔喷头形成封闭性更好的隔离带;采用物理性屏障(砾石和不锈钢网)代替化学屏障;使用昆虫生长调节剂氟铃脲、除虫脲、氟虫胺和仪蚁腙、硼酸和硼砂;使用其他无机物;使用中草药。

2.2.3.6 滴滴涕(DDT)

1. 物理化学性质

分子式为$C_{14}H_9C_{15}$,化学名称为2,2－双(对－氯苯基)－1,1,1－三氯乙烷[2,2－bis(P－ChloroPhenyl)－1,1,1－trichloroethane],其物理化学性质如表2.11所示。DDT化合物所有异构体都是白色结晶状固体或淡黄色粉末,无味,几乎无嗅。对－异构体(p,p′－DDT),一般情况下,p,p′－DDT的含量为70%～80%;其次是邻,对－异构体(o,p′－DDT)。DDT在水中极不易溶解,在有机溶剂中的溶解情况如下(g/100 mL):苯为106,环己酮为100,氯仿为96,石油溶剂为4－10,乙醇为1.5。

DDT化学性质稳定,在常温下不分解。对酸稳定,强碱及含铁溶液易促进其分解。当温度高于熔点时,特别是有催化剂或光的情况下,p,p′－DDT经脱氯化氢可形成p,p′－DDE。

DDT在自然界及生物体内可以较长时间存在,通过食物链富集,毒性增大,导致鱼类和鸟类的死亡,甚至在南极大陆定居的企鹅体内都有DDT的存在,对人类的健康也构成了威胁。

表2.11 DDT的物理化学性质(易爱华,2007)

属性	参数值
国际编号	61876
CAS号	50－29－3
中文名称	DDT
英文名称	2,2－bis(4－Chlorophenyl)－1,1,1－trichloroethane
别名	2,2－双(4－氯苯基)－1,1,1－三氯乙烷(即p,p′－DDT);主要异构体及同系物:
分子式	$C_{14}H_9Cl_5$
外观与性状	DDT化合物所有异构体都是白色结晶状固体或淡黄色粉末,无味,几乎无嗅
分子量	354.5
蒸气压	2.53×10^{-8}k Pa(20℃)
闪点	72～77℃

OCPsDDT及其降解产物为氯苯结构。氯苯结构较稳定,在生物体内酶难于降解,所以积存在动、植物体内的OCPs分子消失缓慢。由于这一特性,它通过生物富集和食物链的作用,环境中的残留农药会进一步得到扩散。通过食物链进入人体的OCPs能在肝、肾、心脏等组织中蓄积,特别是由于这类农药脂溶性大,所以在体内脂肪中的蓄积因素更突出(赵华博,等)。

2. 生产使用情况

1874年,德国化学家Othmar Zeidler首次合成了DDT。但直到1939年,DDT作为杀虫剂的特性才被瑞士化学家Paul Miller发现,并被迅速大量用于农业病虫害防治和和疾病预防

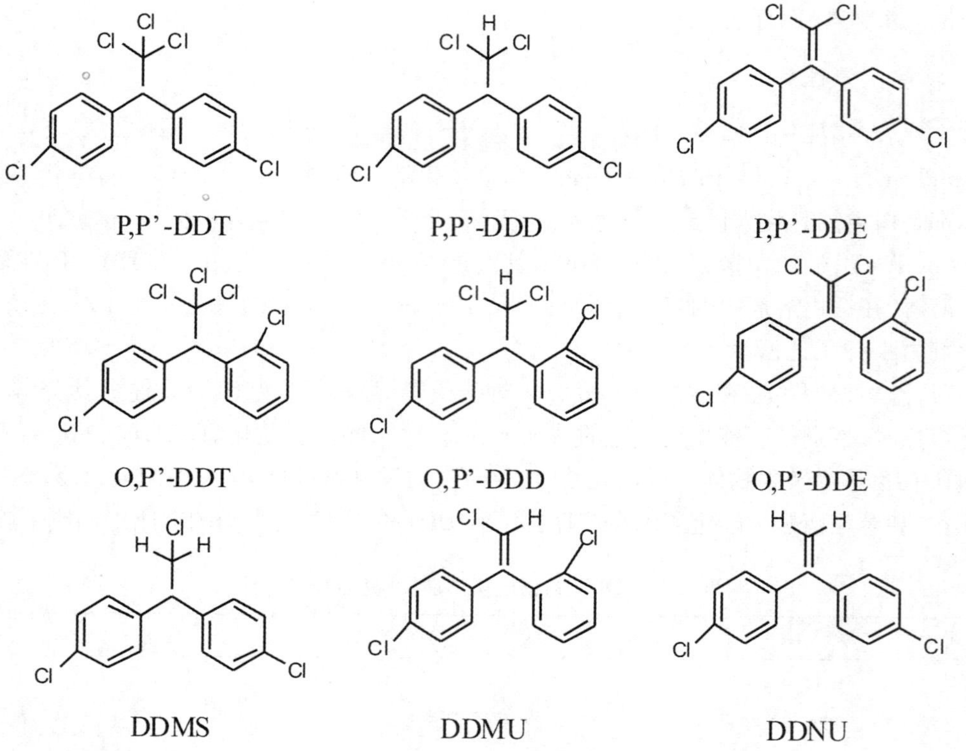

图 2.6 DDT 及其可能的降解产物结构(王占杰,2008)

上。DDT 的发明,标志着一代新型人工合成杀虫剂的诞生。由于 DDT 在消灭粮食,经济作物、果树、蔬菜等农作物害虫方面的显著效力,使它在发明后的几十年里一直是常用的一种杀虫剂。因为消除了病虫害,农业大幅度增收,加上其在预防疾病方面的使用,使得它及其发明者 Paul Miller 的名字家喻户晓,而 Paul Miller 也因为发明 DDT 获得诺贝尔奖。随后,以 DDT 为首的有机氯杀虫剂迅速成为国际农药市场的主导产品。据统计,20 个世纪 40 年代以来,世界范围内累计生产使用 DDT 约 200 万吨。

1946 年 7 月 26 日,著名的《Science》杂志刊发了美国耶鲁大学医学院 Marchand 等人的研究报告,表明 DDT 对防止藤壶在船舶上的附着具有特效:在防污漆中加入 20%(重量百分比)的 DDT,试验船只在四个月的时间里没有藤壶附着现象发生。自 20 世纪 50 年代起,DDT 被作为辅助毒料用于防污漆生产中,这些产品被广泛用于各类军品和民品船只上。

1962 年,随着 Rachel Carson《Silent Spring》一书的出版,人类社会的环境保护意识逐渐觉醒。人们逐渐发现以 DDT 为首的有机氯杀虫剂会在食物链中累计,引起蛋壳变薄、死卵等,对生态系统,尤其是对鸟类的显著毒害作用。于是,DDT 迅速从一个救世主的位置跌入毁灭的深渊,DDT 成为 POPs 物质中最声名狼藉的一个。DDT 作为世界范围内生产最多,使用最广的 OCPs，目前在世界的各个角落几乎都能监测到它的存在。DDT 的污染控制成为 POPs 危害控制的主要方面。20 世纪 70 年代早期，各国纷纷开始禁用 DDT。但是，因其在非洲等热带地区疟疾病媒防治中难以取代的作用，DDT 仍在应用，同时作为另一种杀虫剂——三氯杀螨醇的中间体。目前，已有 65 国家禁止，26 国家限制生产和使用 DDT。

DDT 目前仅在两个国家有生产——中国和印度。印度的年生产能力小于10 000 m^3，并且没有全部被利用；而中国的生产能力目前尚未可知。墨西哥近年来已停止将 DDT 用于疟疾控制，而转向采用替代措施。DDT 还保留的合法用途是用于疟疾控制，全世界每年发生疟疾超过 3 亿例，死亡约 100 万人。大多数的病例和死亡都发生在位于撒哈拉沙漠以南的非洲。在全球的许多地方，疟疾的发病都有所上升，其原因包括战争、国内冲突、天气和气候变化、人口迁徙、经济变化、产生了对杀虫剂和药剂等的抗药性以及国家公共卫生方面预算的减少等。疟疾也会在停止了 DDT 使用但没有采取有效的替代措施的地方发生。世界卫生组织（WHO）估计大约有 24 个国家还在使用 DDT 来控制疟疾。

从 20 世纪 50 年代截止到 2002 年，我国累计用于防污漆的 DDT 总量已达到 10 000 t 左右；近年来用于防污漆的用途 DDT 大大减少，但每年仍约有 250 t DDT 用于生产 5 000 t 防污漆。目前中国中小渔船保有量为 30 万艘左右，广泛的分布在我国 1. 8 万多千米的海岸线上，每年防污漆用量在 10 000 t 左右，约一半是含 DDT 防污漆。涂覆有含 DDT 防污漆的渔船在海上作业过程中，DDT 会缓慢地释放到海水中。作为 POPs，海水中的 DDT 会富集在海洋生物中，并沿食物链发生生物放大，研究表明（赵娜娜，等，2007）从海水经浮游生物、小鱼、大鱼到鸟类体内，DDT 类的浓度增大了约 800 万倍！人处于食物链的顶端，DDT 造成的海洋污染无疑将严重影响人类健康。

3. 行为与效应

DDT 的化学结构是由苯环和三氯乙烷基构成的，其中苯环是致毒部分，三氯乙烷基是脂溶性部分，它对害虫几丁质层的高度亲和力，能使 DDT 透过体壁进入虫体，起到触杀作用。而对于人和其他高等动物，由于皮肤的隔绝性，使得 DDT 无法进入体内，自然也不能产生毒性。据研究表明，DDT 可能是由于使神经轴突产生兴奋而显示毒性的。轴突是神经元的一部分，它用来专门迅速传递信息的，通常能传导很长距离，而且当冲动沿其传导时，其大小和情况都没有任何改变。而冲动是由于细胞膜内外离子浓度差的改变所引起的浓差电势的改变而产生的。DDT 分子的苯环部分可与膜蛋白的分子相结合，三氯乙烷基则可在膜的类脂部分开启一个 Na^+ 阀门，不仅如此，还观察到 K^+ 通道也受到影响。DDT 造成的这种通透性的改变，引起了神经传导的混乱，从而导致昆虫死亡。DDT 中毒的昆虫，表现为过度兴奋和肌肉痉挛，随之以麻痹而死亡的现象可以证明这种毒性机理的合理性（常飞，等，2007）。

DDT 的缺点主要有以下几点。

（1）毒杀范围过于广泛。DDT 的毒杀范围过于广泛是其优点，但也是其缺点。世界上有近300万种昆虫，其中只有3 000种是有害的，其余则是无害的或是有益的，像害虫的天敌螵虫、寄生蜂等。DDT虽然消灭了许多害虫，但更多的无害的昆虫也遭到了毒杀。在美国南部，为了消灭火蚁曾大面积地使用过狄氏剂和七氯，当时，每英亩*允许使用0.91 kg(2 lb)的药量，但是，火蚁并没有灭种，相反，其他种类昆虫却死亡了很多。

（2）昆虫对DDT能产生抗药性。DDT尽管杀死了很多害虫，但总有少数个体有化学上的变异，因而幸免于难，劫后余生的它们成倍增长，结果便出现了一种全都能抗药的昆虫。这样，若干年以后，DDT对于这一类害虫就已变得作用不大了，人们想要消灭的害虫又繁殖起来，其数量比使用DDT之前还要多，造成了害虫再度成灾，而DDT却无能为力了。

（3）DDT难于分解，易在环境中和生物体内积累。而这种积累所引发的一系列问题，也正是其被禁用的根本原因。DDT的化学性质十分稳定，即使在日光曝晒和高温下也极少挥发和分解，自然界中也没有能够分解它的微生物，它在土壤中的半衰期长达2~4 a，消失95%需要10~30 a的时间。长期使用DDT就会造成土壤、水质和大气的严重污染。尽管DDT在自然界的总体分布并不很高，但由于其长效性，它可以通过食物链上的所有环节由一机体传至另一机体。例如，在苜蓿地里撒了DDT粉剂，而后用这里的苜蓿作为鸡的饲料，鸡所生的蛋就含有DDT了。再如，以含有$7\times10^{-6}\sim8\times10^{-6}$的DDT的干草喂养奶牛，牛奶里的DDT含量就会达到大约3×10^{-6}，而在用这种牛奶制成的奶油里，由于经过浓缩，DDT含量就会增至60×10^{-6}以上。由于DDT大多都被排放到河流海洋等水体中，因此处于水生食物链高端的海鸟和某些鱼类深受其害。许多鸟类和鱼类大量死亡。同时DDT会造成鸟类的卵壳过薄而易破碎，从而使鸟类难以繁衍后代，0.1×10^{-6}浓度的DDT就会抑制某些海洋单细胞藻类的光合作用；10^{-9}浓度的DDT即能杀死某些种类的浮游动物或幼鱼。不同种生物对DDT积累和代谢各不相同，牡蛎和蛤仔等软体动物对DDT的富集因子可达2 000（富集因子是生物体中的浓度除以环境介质中的浓度值），而甲壳类和鱼类的富集因子则为102~105。海水中DDT浓度一般低于1 μg/L，近岸水体高于大洋水体。近岸海域鱼体中的DDT浓度高于外海同类鱼类，达0.01~10 mg/kg（湿重）。鱼类不同器官中DDT残留量的浓度各不相同，其中以脂肪中的含量最高。摄食鱼类的海鸟DDT残留量最高，摄食淡水及河口区鱼类的鸟类，DDT残留量高于摄食大洋鱼类的鸟类（李勇，等，2000）。

DDT当初的一个优点就是对人体无直接毒害作用，但当DDT通过消化道进入人体内后，就大量地贮存在富于脂肪质的器官内。尽管DDT对人、哺乳动物和植物无急性毒杀作用，但由于其化学性质过于稳定，自身短时间内无法分解，而生物体内也没有能够催化其分解的酶，因此会在生物体逐渐累积，累积到一定程度时便会表现毒性。对人来说，其主要有以下几点危害（向顺华，2001）。

---

* 非国际单位，1英亩 = 4 047 m^2。

(1)对神经的影响。OCPs 具有神经毒性。DDT 大量进食会危害神经中枢,以致痉挛而死亡。如果使用时人体的吸入量不大,则不致引起急性中毒。有机磷农药最近也认为具有迟发性神经毒性,人类对此毒性特别敏感。

(2)致癌作用。用动物实验证明,DDT 等农药有明显的致癌性能。虽然动物实验不能完全外推到人类,但可反映出它对人的危险性。

(3)对肝脏的影响。OCPs 能诱发肝脏酶的改变,从而改变了体内的生化过程,使肝脏肿大以致坏死。此外其还能侵犯肾脏,并引起病变。

(4)诱发突变。DDT 是一种诱变物质,即具有遗传毒性,能导致畸胎,影响后代健康和缩短寿命。

4. 防治和替代措施

替代措施包括病例检测以及用药物治疗,采用化学和非化学方法来控制蚊子幼虫,采用化学替代品来喷洒房屋,以及散布经替代化学品处理过的垫网等。直到所有国家能够转向使用有效而经济的替代品,必须有适当的机制来确保人类健康不会因为减少了 DDT 的使用而受到危害。WHO、世界银行及其他组织在开发 DDT 替代技术中起着关键作用。其他的构想包括。

(1)研究"一次性"农药。当农药毒杀害虫之后,自身由于某些原因发生化学反应,从而转化为其他无害物质。这样,处于食物链高端的生物就不会因为农药的积累而受到损害。

(2)研究可回收型农药。当农药使用后,可以通过某种方法将其中的大部分重新收集。这样一来不会影响环境,二来减低了成本(比如使农药带有磁性)。

(3)轮换使用农药。每年使用不同的农药,这样害虫难以产生抗药性,而不同的农药由于轮换使用,在自然界的浓度不会很高,因而可以避免或减少对环境造成的危害。

(4)推广生物技术,避免农药的危害。

(5)研究一些可以使有毒农药转变的药品,这样可以降低污染,当然药品本身对环境没有危害。

(6)实行室内农业,使农药不会扩散到自然界。

2.2.3.7 异狄氏剂(Endrin)

1. 物理化学性质

异狄氏剂是一种持久性的、高急性毒性的有机氯杀虫剂,主要用于农田作物。据估计异狄氏剂能够在土壤中残留超过 14 a。异狄氏剂不易溶于水,除了被施用于农田的情况外,通常异狄氏剂在空气中不会被检出,其理化性质见表 2.12。

表 2.12　异狄氏剂的理化常数(中国百科网)

国标编号	61127		
CAS 号	72-20-8		
中文名称	异狄氏剂		
英文名称	Endrin;Hexadrin		
别　　名	1,2,3,4,10,10-六氯-6,7-环氧-1,4,4a,5,6,7,8,8a-八氢-1,4-挂-5,8-挂-二甲撑萘		
分子式	$C_{12}H_8Cl_6O$	外观与性状	白色晶体
分子量	380.90	蒸气压	0.266×10^{-7} kPa(25℃)
熔　点	245℃(分解)	溶解性	不溶于水,难溶于醇、石油烃,溶于苯、丙、二甲苯
密　度	相对密度(水=1)1.65(25℃)	稳定性	稳定
危险标记	14(有毒品)	主要用途	用作杀虫剂

2. 生产和使用

自1951年问世以来,异狄氏剂已被用于建筑物防鸟以及农田和果园里防治害虫与啮齿类动物。异狄氏剂被用于棉花、玉米、甘蔗、稻米、苹果以及观赏植物的种植。包括美国在内的许多国家已经在20世纪80年代禁止了异狄氏剂的使用。然而,还有许多其他国家还继续允许异狄氏剂的进口和使用。

3. 暴露与效应

监测数据表明异狄氏剂还在污染空气、水、底泥、土壤和鱼类及其他水生生物。人类暴露主要通过食用受污染的食物和饮用受污染的水,或者是由于职业原因而导致。大多数进入体内的异狄氏剂将在几天内排出体外,少量将累积在脂肪组织内。受到异狄氏剂暴露将会导致内分泌干扰、肝脏损害以及神经系统紊乱。动物试验表明在孕期内受到异狄氏剂暴露,例如通过大量食用受异狄氏剂污染的鱼,可能会导致正在发育中的胎儿出生时有缺陷(黄俊,等,2001)。异狄氏剂显示出对甲壳类、鱼类和其他水生生物很强的急性毒性。美国国家环保局(U.S. EPA)已经决定不将异狄氏剂归为人类致癌剂,原因是没有足够的证据。

4. 替代措施

综合虫害防治(integrated pest management,IPM)提供了广谱的替代品以及方法,来取代异狄氏剂的使用。然而迄今为止尚没有一个国家找到狄氏剂有效的替代品。

2.2.3.8 艾氏剂(Aldrin)和狄氏剂(Dieldrin)

1. 物理化学性质

艾氏剂和狄氏剂是具有相似结构的人工合成有机氯杀虫剂,它们起初来自于合成塑料的废弃品,是根据曾获1950年诺贝尔化学奖的德国化学家Otto Paul Hermann Diels和Kurt Alder的名字命名的。艾氏剂(Aldrin,六氯-六氢-二甲撑萘),分子式$C_{12}H_8C_{16}$,分子量364.93,熔点104~105℃,相对密度(水=1)1.6,蒸气压0.009 Pa(20℃)。纯品为白色无臭结晶,工业品为暗棕色固体,不溶于水,溶于乙醇、苯、丙酮等多种有机溶剂。用作杀虫剂,在环境中易氧化为狄氏剂。其分子式如图2.7。

狄氏剂(Dieldrin,六氯-环氧八氢-二甲撑萘),分子式$C_{12}H_8C_{16}O$,分子量380.9,熔点175~176℃,相对密度(水=1)1.75,蒸气压0.72 mPa(25℃)。纯品为白色无臭晶体,工业品为褐色固体,不溶于水,溶于丙酮、苯和四氯化碳等有机溶剂。对酸或碱都稳定,高毒,用作杀虫剂。

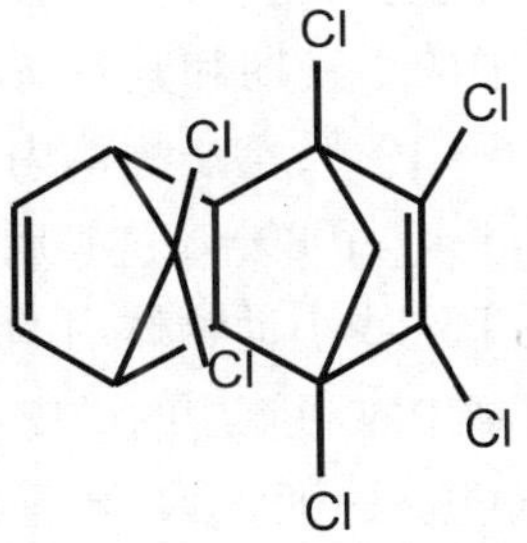

图2.7 艾氏剂的分子结构式(黄林,2007)

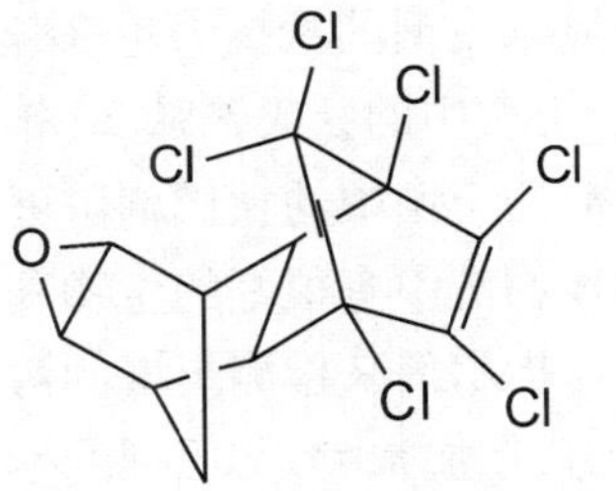

图2.8 狄氏剂的分子结构式(黄林,2007)

自20世纪50年代起,艾氏剂和狄氏剂已被广泛地用作农业杀虫剂、畜牧用药、杀白蚁剂和病媒控制药剂。艾氏剂在环境或者生物体内能够较快地降解为狄氏剂,而狄氏剂在环境中持久存在,并能在生物体内累积,随着食物链传递富集,逐级放大,对人及动物健康造成严重危害。因此,许多国家已经限制或者禁止了艾氏剂和狄氏剂的使用,但有一些国家仍然允许进口用于白蚁防治及其他一些目的。

2. 环境行为和毒性效应

(1)环境中的残留:20世纪60年代,在美国,艾氏剂和狄氏剂的农业用量位居第二,仅次于DDT。1962—1965年,艾氏剂在爱荷华州的用量为500万磅~650万磅;1968—1973年,减少到200万磅(Schuytema, et al., 1991)。狄氏剂和艾氏剂有很多相同的用途,但是它的生产成本更大,因而狄氏剂的产量较低,约为艾氏剂的10%。由于艾氏剂和狄氏剂在农业中的大量使用,都极易吸附到土壤中,且艾氏剂不稳定,在环境中容易氧化为高毒、高残留的狄氏剂,对环境造成了严重破坏。有研究表明,当艾氏剂被喷洒到粉砂土中后,1.7 a后约降解或消失了25%，最终超过56%的艾氏剂降解成了狄氏剂，大约19%的艾氏剂消失了（Ayers，et al.，1988）。艾氏剂和狄氏剂都难溶于水，特别是狄氏剂在水中的溶解度更低，在25～29℃时为186 μg/L；但是它非常容易溶解在脂肪和油脂中。然而，1993年的一项研究显示，在美国的50条主要河流的90%的水域和鱼类中都发现了有机氯杀虫剂，其中，DDT和狄氏剂是最普遍的。来自于美洲五大湖沉积物的资料显示，狄氏剂污染开始于20世纪40年代，通常认为其顶峰出现在70年代，近年来有下降的趋势。

（2）生物富集和放大

a. 植物：狄氏剂容易吸附在诸如南瓜、西瓜、香瓜、黄瓜和大豆等蔬菜的果肉里。1997年，美国的调查表明，77%的冰冻笋瓜里发现了狄氏剂。但关于狄氏剂在浮游植物体内的累积以及狄氏剂在鱼类体内累积时，浮游植物所扮演的角色了解地还很少，关于野生动物食用的植物内的狄氏剂水平了解地也很少。

b. 无脊椎动物：有证据显示，艾氏剂和狄氏剂抑制了昆虫的种群数量。如蚊子对狄氏剂等有机氯杀虫剂非常敏感，是测试沉积物毒性的很好的指示生物。越来越多的研究表明，昆虫对有机氯杀虫剂的抵抗力越来越强。关于狄氏剂在土壤中的半衰期和其在蚯蚓中浓度的研究发现，土壤中的狄氏剂从20年前的68×10^{-6}下降到5.6×10^{-6}，且蚯蚓体内的狄氏剂浓度和其生活的土壤中的狄氏剂浓度密切相关（Beyer and Krynitsky，1989）。这表明狄氏剂在野生动物的食物链中有很好的生物利用度，同时也可以用存在于这些小动物体内的狄氏剂作为很好的生物指示剂来检测土壤的污染程度，或者用来鉴别土壤中农药施用的历史情况。

据报道，在加拿大，艾氏剂的生物富集系数为350～44 600。一般认为，狄氏剂的直接污染或当地沉积物中有较高浓度的狄氏剂是在蚌类体内发现狄氏剂的主要原因。1984年，加拿大国家海洋和大气局制定了关于控制海洋环境污染的计划，效果明显。1986—1993年，从300个海岸地区收集的蚌类检测显示，其体内的狄氏剂浓度出现了以每年0.81%的速度递减的趋势。在美国，受狄氏剂高度污染的海域都是在城市附近，美洲五大湖的淡水蚌类的检测也显示都受到了狄氏剂的污染（Lauenstein and Daskalakis，1998；Galindo - Reyes，et al.，1999）。

c. 脊椎动物：鱼类对狄氏剂的生物富集系数最大。在加拿大，狄氏剂对鱼类潜在的生物富集系数超过了10 000，对淡水鱼类的生物富集系数随种类的不同有所不同，一般在2 385～68 286之间。美国地质勘探局对河床底泥及鱼类的检测发现，鱼类受到了比底泥更为严重的污染。采集的鱼类有一半受到了狄氏剂的污染，并且有30%超过了人类食用的标准，19%超过了纽约的标准（EPA，1980）。根据对美洲五大湖鱼类的研究报道发现，从1969年以后，五大湖鱼类体内的狄氏剂水平出现了显著的下降；但是，20世纪到80年代中期以后，其下降的速度趋于缓慢，逐渐稳定（EPA，1998）。例如，对密歇根州湖腌熏鲱鱼的研究表明，1955年首次在该鱼体内发现了狄氏剂，直到狄氏剂被禁用前，一直维持在0.25 μg/kg的水平，1978年达到顶峰为0.55 μg/kg，但是，到1986年又下降到0.20 μg/kg（Hesselberg，et al.，1990）。1985—1993年，对密歇根州湖跳鱼的有机氯杀虫剂污染的调查发现，DDT的浓度最高，其次是十氯丹和狄氏剂。从 20 世纪 80 年代到 1996 年,爱达荷州科伦达湖中的鱼类污染程度,狄氏剂始终最高。两爬类对狄氏剂的生物富集系数也很高。从 1981—1991 年,对美洲五大湖的海龟蛋的研究结果显示,海龟蛋里大多数污染物的浓度降低了,但是,狄氏剂的浓度却升高了。在佛罗里达州美洲鳄鱼的肌肉中也发现了狄氏剂,另外,青蛙也对狄氏剂显示了很高的生物富集(Musick,et al.,2000)。对特拉华州海湾鱼鹰蛋的检测发现,蛋里高浓度的狄氏剂显著降低了其孵化率,在得克萨斯州海湾农业排水附近海滩过冬的鸟有 13% 受到了狄氏剂的污染(White,et al.,1983)。Shellenberger(1978)对三代日本鹌鹑组织和蛋黄里的狄氏剂进行了研究,喂食$(0.1 \sim 1.0) \times 10^{-6}$狄氏剂的母代鹌鹑孵出的第一代子代的生物富集率比第二代要高的多。当鹌鹑的狄氏剂食物被停止以后,雌性鹌鹑组织里狄氏剂浓度下降了,而雄性却没有,这可能是因为雌性产蛋的原因,狄氏剂被转移到了蛋里。

狄氏剂在海洋哺乳动物中的生物放大率也很高:在海豚里,仅比氯丹小,位居第二。在海洋哺乳动物的鲸脂、肝脏、大脑和乳液的脂质里都发现了污染物。例如,斑海豹体重的 17% 都是鲸脂,其中有 95% 都受到了有机氯杀虫剂的污染;肝脏里发现了较多的狄氏剂,而大脑里则较少(White and Geitner 1996)。狄氏剂对于未成熟的海洋哺乳动物雄性和雌性的影响没有区别,但是随着雌性的性成熟,狄氏剂能够通过胎盘传递到下一代,而雄性体内的狄氏剂浓度则随着年龄的增长而增长,因此,成年雄性海洋哺乳动物脂肪和肝脏内的狄氏剂浓度要比成年雌性高。据估计,母海豚体内的大约 1% ~10% 狄氏剂通过胎盘转移给了胎儿,剩下的狄氏剂则大部分被转移到了乳液里,因此,幼豚从出生到断奶,其体内的狄氏剂水平发生了急剧的升高,其肾脏里的狄氏剂含量大约是大脑和肝脏的 30 倍。这样,体内的狄氏剂就被代代相传下去了。

1989—1991 年,对美国貂肝脏的检测显示,64% 的肝脏中发现了中等浓度(0.086 5 μg/g)的狄氏剂,这可能是导致貂群下降的主要原因(Osowski,et al.,1995)。1991—1995 年,对加拿大貂的研究也显示,狄氏剂可能是导致其种群下降的主要原因。

狄氏剂在人类脂肪组织中的生物富集与狄氏剂的亲脂性有很大的相关性。1978 年的一项研究表明,95% 的人类脂肪组织里发现了狄氏剂。和其他杀虫剂一样,狄氏剂在人类脂肪组织里的浓度随着年龄的增长而增长,45 岁以上的人群脂肪组织内狄氏剂浓度要比年轻人高的多,并且与人的性别和种族无显著的相关性。

3. 对生物的生殖干扰

(1)无脊椎动物:有研究表明,狄氏剂在低浓度下就对蚯蚓精子的细胞核产生了有害的影响。Merritt 等(1999)对水蚤的研究发现,高于 30×10^{-9} 的狄氏剂显著降低了水蚤的性比。雄幼体的数量下降了,同时雌幼体的数量增多了,但是,水蚤的总体数没有发生变化,这意味着狄氏剂在水蚤的胚胎发育期间影响了其性别决定系统。另外,没有观察到其他形态上的异常。Pesando 等(2004)研究了狄氏剂对海胆受精和早期发育的影响,发现含有狄氏剂的精子降低了其受精率,经过狄氏剂处理的海胆卵仍然能够受精,但是提高了多精受精率,延迟或阻断了第一次有丝分裂,从而改变了其早期的胚发育。

(2)脊椎动物:有研究发现,孕期湖红点鲑的肌肉和卵里所含的狄氏剂浓度是相似的。在鲑鱼和冬季比目鱼里的狄氏剂会转移到它们的卵里,且母鱼里的狄氏剂浓度和其卵里的狄氏剂有显著的相关性。美国地质勘探局跟踪调查了美国各类鱼的生殖情况,发现狄氏剂显著抑制了湖红点鲑的种群增长。也有证据表明狄氏剂是一种内分泌干扰物,它影响了鱼的生殖发育。Campagna 等(2007)研究了艾氏剂和七氯对斑马鱼幼体毒性的影响,结果显示,艾氏剂和七氯对斑马鱼幼体的存活没有影响,但对其种群和鳃的形态却有显著影响,且艾氏剂的毒性比七氯要大。Guillette Jr 等(1999)对美国鳄鱼进行了研究,发现来自狄氏剂污染最严重的湖鳄鱼的阴茎长度明显缩短了,且鳄鱼卵的发育能力也显著降低了。又有研究发现,狄氏剂、十氯丹、毒杀芬等 8 种有机氯化合物都导致了海龟的性逆转。

(3)人类:研究发现,雄性海洋哺乳动物及人类的精液和脂肪组织中都含有狄氏剂。同时,许多研究表明美国男子的精子密度(1 mL 精液里的精子数)都显著的降低了。Swan 等(1997)在 1938—1988 年间对美国男人的精子密度的调查发现,精子密度平均每年降低了 150 万个;在 1971—1990 年间对欧洲男子的研究发现,其精子密度也出现了急剧的下降,平均每年下降了大约 300 万个。其他的研究也发现了较低的精子密度和精液里的较高浓度的有机氯杀虫剂有显著的相关性。此外,关于毒物暴露和疾病之间关系的研究报道有很多,有证据显示,艾氏剂、狄氏剂污染可能是有些疾病的致病因子之一,如乳腺癌、结肠癌和直肠癌、睾丸癌、帕金森症等。

4. 替代措施

目前已经有大量对环境友好的艾氏剂和狄氏剂替代技术。例如许多棉花种植者通过种植短季棉花、犁田、轮作、重新引入益虫、种植在紫花苜蓿附近以及其他措施获得了较高的产量和经济效益。从贝宁到秘鲁再到加利福尼亚,棉花种植者正在意识到无化学品棉花种植对于公众健康、环境和经济等方面的好处。对于白蚁防治,艾氏剂和狄氏剂可以用天然防护剂、物理屏障以及一些寄生虫、捕食者和生物病原体来替代。选择合适的管理技术取决于引起问题的特定种类白蚁的生物和行为特性。此处,气候、土壤和建筑类型都同样是值得考虑的重要因素。

2.3 多氯联苯(PCBs)

2.3.1 PCBs 的物理化学性质

多氯联苯(PolychlorinatedBiphenyzs, PCBs)是一组由一个或多个氯原子取代苯分子中的氢原子而形成的氯代芳烃类化合物,分子式为 $C_{12}H_{(10-n)}CL_n$($n = 1 - 10$)。PCBs 是由一系列氯化联苯异构体组成的合成工业品。1881 年首先由德国 H. Sehmid 和 G. SehultS 合成并申请专利。PCBs 在化学上属氯代烃类化合物,它是由一系列氯化联苯的异构体组成的一大类有机含氯化合物，其全部异构体有209个（中国POPs科技网）。PCBs的结构式如图2.9所示。

PCBs性质稳定，不易燃烧，绝缘性能优良，广泛应用于热介质、特殊润滑油、可塑剂、涂料、防尘剂、油墨添加剂、杀虫剂及复写纸等的制造和用于电容器、变压器等电力设备中作为绝缘油。因而大量的PCBs在生产过程、使用和加工过程中以及在其制品的存储和其废弃物的燃烧过程中挥发并积蓄在大气、水和土壤中。

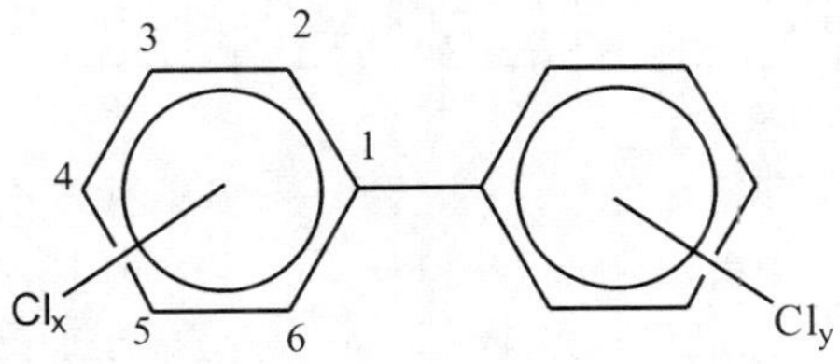

图2.9 PCBs的结构式（王冬，2006）

PCBs对环境的污染发现于1960年，但出人意料的是PCBs的污染十分广泛，从苔鲜、地衣到小麦、水稻，从淡水、海水到雨、雪，从赤道到中纬度、亚北极和北极地区，还有从北极的海豹到南极的海鸟蛋以及从美国、日本和瑞典等许多国家的人乳中均检测出了PCBs，甚至在几千米高的西藏南迎巴凡峰上的雪水、江水、森林、土壤、自然植被、家禽内脏及其他动物毛发中也检测出PCB。可见PCBs的污染是一个全球性的问题，据估计在全世界大气、土壤、海洋等环境中的PCBs总量达20～30万吨以上，而且能够在环境中长期残留。

表2.13　7种监测海洋受污染程度PCBs名单（周琳，2005）

编号（IUPAC）	名称	分子式
28	2,4,4′-三氯联苯	$C_{12}H_7Cl_3$
52	2,2′,5,5,-四氯联苯	$C_{12}H_6Cl_4$
101	2,2′,4,5,5,-五氯联苯	$C_{12}H_5Cl_5$
118	2,3′,4,4′,5,-五氯联苯	$C_{12}H_5Cl_5$
138	2,2′,3,4,4′,5′,-六氯联苯	$C_{12}H_4Cl_6$
153	2,2′,4,4′,5,5′-六氯联苯	$C_{12}H_4Cl_6$
180	2,2′,3,4,4′,5,5′-七氯联苯	$C_{12}H_3Cl_7$

表2.14　PCBs的物理性质（张琢2007）

PCBs名称	熔点 /℃	沸点 /℃	蒸气压 /Pa（25℃）	水溶性 /（g/m³）（25℃）	蒸发速率 /（g/m³·h）（25℃）
联苯	71	256	4.9	9.3	0.92
一氯联苯	25～77.9	285	1.1	4.0	0.25
二氯联苯	24.4～149	312	0.24	1.6	0.065
三氯联苯	28～87	337	0.054	0.65	0.017

续表

PCBs 名称	熔点 /℃	沸点 /℃	蒸气压 /Pa(25℃)	水溶性 /(g/m³)(25℃)	蒸发速率 /(g/m³·h)(25℃)
四氯联苯	47 ~ 180	360	0.012	0.26	4.2×10^{-3}
五氯联苯	76.5 ~ 124	381	2.6×10^{-3}	0.099	1.0×10^{-3}
六氯联苯	77 ~ 150	400	5.8×10^{-4}	0.038	2.5×10^{-4}
七氯联苯	122.4 ~ 149	417	1.3×10^{-5}	0.014	6.2×10^{-5}
八氯联苯	159 ~ 162	432	2.8×10^{-5}	5.5×10^{-3}	1.5×10^{-5}
九氯联苯	182.8 ~ 206	445	6.3×10^{-6}	2.0×10^{-3}	3.5×10^{-6}
十氯联苯	305	456	1.4×10^{-6}	7.6×10^{-4}	8.5×10^{-7}

2.3.2 PCBs 生产使用情况

PCBs 的首次商业生产是在 1929 年,包括美国、中国、斯洛伐克、德国、日本、俄国和英国在内的许多国家都生产过 PCBs。直到 1977 年,美国首先停产 PCBs,因为发现其对人体健康有严重得危害。由于 PCBs 具有特殊的物理化学性质,从生产以来即得到广泛应用。从环境角度,PCBs 的商业使用可以分为三类:在密闭系统中使用、在半密闭系统中使用和在开放系统中的使用。其中第一类占绝大部分。蒸发、渗透和废弃是 PCBs 环境污染的主要来源。同时焚烧工业废物和城市垃圾、在垃圾存放场存放以及填埋这些固体废弃物也是 PCBs 进入环境的途径,尽管它们产生的量较小,但它们也影响到 PCBs 进入食物链。PCBs 在处理和使用过程中通过挥发进入大气,经干沉和湿沉降作用转入陆地和水体中。由于它的自净能力很小,在环境中的降解性有赖于联苯的氯化程度,持久性也随着氯化程度的增加而增加,因此随着 PCBs 的不断应用,在环境中的积累不断增加,到 20 世纪 60 年代末 70 年代初污染达到最高峰。之后伴随 PCBs 的限制和禁用,污染程度有所降低。但是值得注意的是,地球上生产的 PCBs 有 2/3 还在使用或者被填埋,这些残留物作为一个潜在的污染物将可能给几代人带来不良影响团。历史上发生过几次 PCBs 的污染事件,1968 年日本北部九州县曾发生一起因食用受 PCBs 污染的米糠油而引起中毒的事件,1 600 人因误食被 PCBs 污染的米糠油而中毒,22 人死亡;1979 年台湾也重演了类似的悲剧。深刻的教训、沉重的代价使 PCBs 的污染日益受到国际上的关注。为此美国环保局已将 PCBs 列入优先控制的有机污染物的名单,虽然我国 PCBs 的生产量小,从现有 PCBs 的检测结果看污染程度不如发达国家严重,但是如不增强环境意识、加强管理,势必造成严重后果。因此我国在 1989 年就将 PCBs 列于《水中优先控制污染物黑名单》,并于 1992 年实施了《含多氯联苯废物控制标准》,1999 年又将 PCBs 列入新颁布的《地表水环境质量标准》中。

中国 PCBs 的使用可以分为三种方式,即封闭式使用(应用于电力电容器和变压器)、半封闭式使用(如导热油、液压油、真空泵、电器开关、稳压器、液体绝缘电缆等)和开放式使用(如润滑油、表面涂料、增塑剂、添加剂等)。

从中国PCBs的实际使用情况来看,用作无功补偿的电力电容器的三氯联苯和用作油漆添加剂的五氯联苯的使用场所情况比较清楚,是中国PCBs的主要使用领域,国产的PCBs基本用于该方面(林金堵,2004)。用于变压器的PCBs均来自进口,目前对进口PCBs变压器的使用情况虽然有一定的了解,但总体情况还不清楚。其他场所使用的PCBs的信息非常少,如果有使用,那么其来源也可能主要为进口,但使用量不会很大,需今后详细核实调查。

1. 中国PCBs(原料)的生产情况

中国PCBs的生产年限为1965—1974年,总产量为10 000 t,其中三氯联苯9 000 t,五氯联苯1 000 t。中国生产三氯联苯的主要厂家有西安化工厂、上海电化厂和苏州溶剂厂。中国生产五氯联苯的主要厂家是上海三灶化工厂。

2. 中国PCBs(制成品)的生产情况

三氯联苯主要用于电力电容器的浸渍剂。使用三氯联苯制造电力电容器的企业主要有西安电力电容器、无锡电力电容器厂、锦州电容器厂、浙江上虞电容器厂、桂林电容器厂。主要产品为YL、YLW系列移相电力电容器,CL系列串联电力电容器,RLS、RLST系列电热电力电容器。

五氯联苯主要用于油漆的添加剂。使用五氯联苯作油漆添加剂的主要企业有天津油漆总厂、上海振华造漆厂、西安油漆厂、上海油漆厂、广州油漆总厂、大连油漆厂、甘肃油漆厂、哈尔滨油漆厂。主要产品有氨基缝纫机专用漆、氨基自行车专用漆、氨基综合罩光漆、硝基电缆清漆,过氯乙烯防火清漆、过氯乙烯防腐漆等。目前已无法从上述单位的台帐中明确含PCBs油漆的销售去向,但可以确定这些开放性使用油漆已全部流失进入环境之中。中国其他PCBs制成品的生产目前情况还有待进一步的调查。

3. 中国PCBs的进口情况

中国PCBs的原料及制成品进口情况的信息很少。据不完全统计,中国天津油漆总厂20世纪50年代末就曾生产含PCBs的油漆,当时中国并不生产PCBs,因此其生产油漆所用的PCBs无疑是来自进口,这是我们所了解到的最早进口PCBs原料的案例。另外从中国化工进口公司了解到1965年有进口PCBs的记录。

中国含PCBs设备的进口主要集中在七八十年代,当时进口的PCBs主要集中在与大型进口设备配套的专用变压器和电力电容器上,也有少量PCBs以液压油或导热油的形式进口的。如辽阳化纤厂、武汉钢铁公司、上海宝山钢铁厂等,都有进口的PCBs变压器和电容器,进口的国家主要为法国、德国、日本、比利时。虽然目前掌握的信息是零散的,但可以说明中国存在PCBs的进口,以及进口的主要途径与方式。关于中国PCBs进口的详细情况有待进一步开展工作。

4. 中国 PCBs 的贮存情况

20 世纪 80—90 年代初，中国对下线废弃的 PCBs 电力电容器进行了贮存。从 PCBs 电容开始生产和使用的年限看，这正是中国 PCBs 电容器退出使用的高峰期，也正是中国 PCBs 贮存量最大的时间段。但由于当时的贮存是以区域或企业独自进行的，没有健全有效的上报制度，虽然后来开展了全国性的 PCBs 调查工作，但各地开展的情况相差很大，因此 PCBs 的贮存情况的调查将成为今后 PCBs 履约活动的重点。目前根据已经调查了解到的 PCBs 贮存情况初步评估如下。

根据对全国 40 个 PCBs 贮存点的调查发现，PCBs 电力装置及其废物的贮存基本有以下几种形式。

集中山洞封存。封存对象主要为电容器和 PCBs 污染物。此类封存场的选址、设计、建设、管理均较规范，封存年限设计为 20 a。但由于在设计时对岩体渗水问题考虑不足，洞内出现不同程度的积水现象，存在着受 PCBs 污水溢漏的污染隐患。目前此类封存点基本已接近 20 a 的封存年限。代表性封存点为北京延庆 PCBs 封存点（已处理）和甘肃天水 PCBs 封存点。

集中地下封存。封存对象主要为 PCBs 电容器和 PCBs 污染物。此类封存一般是将 PCBs 电容器及污染物封在钢筋水泥混凝土槽内，然后埋入地下，并做好标识。此类封存的设计年限为 20 a。该封存方式同样存在着地下水渗入的问题，在几个贮存点我们均发现电容器及 PCBs 废物泡在水中的现象。这种封存方式的环境风险比山洞封存要大，并且由于土地规划的改变及所标识的损毁，PCBs 地下封存点被盖在其他设施之下或封存点找不到的现象也可能出现。代表性的封存点有大连供电局 PCBs 封存点和浙江绍兴供电局封存点。

厂区内暂存。封存对象主要为 PCBs 电容器、PCBs 变压器及 PCBs 油。PCBs 电容器一般均用水泥墙封存在一个指定区域，按规定封存年限不超过 3 a，但很多封存时间均已超过 3 a。PCBs 变压器一般在厂区内暂存，条件好的有防雨设施。PCBs 油一般用钢制槽罐贮存。

2.3.3 PCBs 的环境行为

1. PCBs 的来源、含量与分布

由于 PCBs 理化性质的高度稳定性、难降解性和憎水性，使其在环境中表现出高度的残留性。尽管早在 1960 年代一些发达国家均制定了严格的法律，严禁 PCBs 的继续生产和使用。但已生产和排放进入环境的 PCBs 对环境产生的影响在相当长的时间内仍将会继续存在。其在环境中的残留变化以及可能对人类健康的影响是人们最先关注的问题之一。PCBs 来源于垃圾焚烧，含氯工业产品的杂质，纸张漂白以及汽车尾气排放等，此外，光化学反应和某些生化反应也会产生 PCBs 污染物，而最主要的污染源是来自工业生产过程中的使用，其中包括含 PCBs 工业废水废渣的排放；含 PCBs 的工业液体的渗漏；从密封存放点渗漏或在垃圾场堆放沥滤;由于焚化含 PCBs 的物质而释放到大气中;增塑剂中的 PCBs 的挥发。除了工业直接排放污染源外,影响更广泛的次生污染源主要来自以下几个途径:①PCBs 的一个重要途径是从污染的陆源沥滤而来,尤其是工业密集区,由于在工业生产过程中使用了 PCBs,或工业区中一些含有 PCBs 的电器制品,如蓄电池和变压器的泄漏造成了在工业区 PCBs 的浓度很高,在雨水淋溶下,可造成更广泛的污染。②大气干湿沉降是水体、土壤污染的另一个主要来源,也是大气净化 PCBs 的一个重要途径,通过雨水冲洗和干、湿沉降这一过程实现了污染物从大气向水体或土壤的转移(孟庆昱,等,2000)。有研究报道北美洲苏必利尔湖中的 PCBs 有85% ~ 90% 来自大气沉降,密歇根湖和哈得孙湖中的 PCBs,其大气沉降贡献率也有 58% ~63%。③PCBs 还可能作为工业生产的副产品出现,这些工业生产品在使用过程中有意无意的排放也会引起 PCBs 污染。

据认 WTO 统计报道,自 20 世纪 20 年代开始生产以来,至 80 年代末,全世界生产的工业 PCBs 约 2×10^7t,其中约 31% 已经排放到环境中去,而我国排放到环境中的 PCBs 已经引起了很多的污染问题,如 1988 年我国某地区由于含有 PCBs 的变压器油处理不当而引起变电站内部局部污染,部分土壤样点检测含量达 740.22 mg/g,两年工龄以上的工人多数有不正常反应,如肝炎、皮肤病及心动过缓等症状。我国第二松花江水体中 PCBs 的检出率为 31.5%,平均含量为0.013 μg/L;底泥中检出率为 100%,平均含量达 0.12 ~1.05 μg/kg;鱼体中检出率为 100%,平均含量达 6.4 ~214 μg/kg。珠江三角洲东江、西江、北江三大江河段均可检出 PCBs(陈静生,等,1999)。由于美国、欧洲等发达国家较早的在工业中应用了 PCBs,而且应用广泛,所以其污染程度较我国等发展中国家更要严重和普遍。调查显示,哈德逊河中 PCBs 已超过食品与药物管理局(FDA)规定的可接收标准。1987 年在法国塞纳河 PCBs 污染状况调查结果表明,丰水期塞纳河水体中 PCBs 含量变化为 50 ~150 ng/L,枯水期为 500 ng/L。(Harrad and Mao,2004)等于 1992 年英国针对环境中土壤、淡水、海水、海底沉积物、牧草、排污水中的 PCBs 的含量、来源、分布、迁移、归趋等环境行为作了系统的调查研究,结果显示残留于环境中的 PCBs 其中 93.1% 存在于土壤,海水占 3.5%,底泥占 2.1%,淡水、牧草、排污水以及人体占 1.4%。大量的研究调查已证明,PCBs 现在已成为一种全世界广泛分布的环境污染物,从大气到海洋,从湖泊、江河到内陆池塘,从遥远的南极大陆到荒凉的雪域高原,从苔鲜、谷物等植物到鱼类飞鸟等动物,甚至人乳中,无处不在,有的含量已远远超过美国 FDA 标准(储少岗,等,1995)。

2. 迁移、转化和生物富集

PCBs 在环境介质中的迁移、转化和生物富集等变化过程是环境学研究的重点之一。进入环境的 PCBs 可通过长距离循环过程在环境中不断积累,这些循环过程包括从地面(水体和土壤)向大气中挥发,从大气到地面的干/湿沉降过程等。由于 PCBs 属于非离子型化合物,在水中的溶解度很低,其辛醇/水分配系数(Kow)在 10^4 ~ 10^8 范围内,除一小部分溶解外,大部分的 PCBs 都附着在悬浮颗粒物上,最后进入沉积相,因此通过各种途径沉降到沉积物中是

PCBs 的主要迁移方式。沉积物可看作是 PCBs 的储存库，尤其是水生系统，沉积相作为参与地球化学循环的重要贮存器，随着原发污染源的消失，在今后几十年内甚至更长的时间内，它有可能作为第二污染源再次将 PCBs 是放到环境中。

PCBs 主要通过大气沉降和随工业、城市废水排放等方式进入水体。一般沿海水域的 PCBs 浓度高于远洋。由于 PCBs 是一种疏水性化合物，进入水体中的 PCBs 除一小部分溶解外，大部分都吸附在悬浮物质上，并且最终依照颗粒大小以一定的速度沉降到底泥中。因此底泥中的 PCBs 含量一般要较上面的水体高一两个数量及以上。有研究表明，这些吸附在底泥颗粒物上的 PCBs 仍有一部分可以通过再悬浮进入水体中，其中解吸是 PCBs 由底泥向水体转移的一个重要机制。由于 PCBs 同系物的溶解度各不相同，在两相中各组分含量也不相同，高氯代的水溶解度要远远小于低氯代 PCBs，因此水体中的 PCBs 以低氯代为主，而底泥中的 PCBs 以高氯代为主。

PCBs 通过生物吸收在食物链中的迁移变化过程是对生物造成危害的关键环节。PCBs 不溶于水而溶于脂溶性物质或有机溶剂中，一旦侵入机体，极容易吸收富集于生物体内，特别是生物体脂肪组织、肝和脑中，其在生物体内的富集系数可高达 10^5。有研究表明无论在自然生长条件或是人工实验室条件，高氯 PCBs 在鳗鱼体内几乎不被排出，生物放大作用非常明显。Guster 等调查研究了印第安纳一家污水处理厂附近的水鸭，在暴露 100 d 后，体内 PCBs 含量达16 mg/kg ww，超过加拿大食用标准 32 倍(0.5 mg/kg)。Bremle 和 Larsson(1997)研究了瑞士南部埃姆河及 Jmasjon 湖中 PCBs 在水体及鱼体中的分布以及鱼体富集系数(BCFs)，发现低氯 PCBs 的 BCFs 要小于高氯 PCBs 的 BCFs。而生物吸收最多为 2 ~ 4 个氯的 PCBs。PCBs 对水生生物的平均生物富集因子的 logBCF 约为：单氯代 3.26、二氯代 3.61、三氯代 3.56、四氯代 3.95、五氯代 4.14、六氯代 5.27。按湿重计，人体对 PCBs 的生物富集因子为 139 ~ 227。

Storelli 和 Marcotrigiano(2001)等对 1994—1995 年间于非洲西北部大西洋海域采集到的石斑鱼和鳖鱼肝脏内的 24 种 PCBs 同系物单体的含量进行了研究，结果在 39.4 ~ 4 732 ng/g (湿重)之间，TEQs 值在 0.15 ~ 197 pg/g(湿重)之间。研究还表明，地理位置、鱼类生活的海水深度以及其肝脏脂肪含量均与肝脏中 PCBs 含量相关；在毒性最大的 PCB 同系物中，含量顺序为 PCB77 > 126 > 169。Miao 等(2000)对北太平洋海域夏威夷群岛附近的珊瑚、鱼、蟹类中的 PCBs 含量进行了检测。结果显示，珊瑚中的 PCBs 含量在 120 ~ 267 ng/g 之间，其中四氯及五氯代联苯占总量的 57% ~ 65%；蟹类中的 PCBs 含量在 387 ~ 4 500 ng/g 之间，五氯及六氯代联苯占 79% ~ 85%；鱼体中的 PCBs 含量(干重)在 1 340 ~ 46 000 ng/g 之间，五氯及六氯代联苯占到了 76% ~ 84%。这表明珊瑚中富积的 PCBs 氯化程度较低，而鱼类和蟹类主要富积氯代程度较高的 PCBs。Kannan 等(2002)对 1999 年 10—11 月间采自意大利南部海岸的金枪鱼、箭鱼、鸿鹅肝脏样品体内的 PCBs 及其他类似物的含量进行了研究。PCBs 在金枪鱼、箭鱼、鸬鹚肝脏内的平均浓度分别为 930 ng/g、745 ng/g 和 1 420 ng/g(湿重)。方展强(2001)对珠江河口区翡翠贻贝样品中的 PCBs 含量进行了调查,结果 PCBs 含量为 82.8 ~ 615.1 ng/g,反映出珠江河口区各海域已受不同程度的 PCBs 的污染,而香港维多利亚港受 PCBs 的污染较为严重。

同时由于 PCBs 的低溶解性、高稳定性和半挥发性等,使其能够作远程迁移,能够从水体或土壤中以蒸气形式进入大气环境或被大气颗粒物吸附,通过大气环流远距离迁移。在较冷的地方或者受到海拔高度影响时会重新沉降到地球表面上。而后在温度升高时,它们会再次挥发进入大气,进行迁移。这也就是所谓的"全球蒸馏效应"或"蚱蜢跳效应"。这种过程可以不断发生,使得 PCBs 可沉积到地球偏远的极地地区,导致全球范围的污染传播。如今从苔鲜、地衣到小麦、水稻,从淡水、海水到雨、雪,从赤道到中纬度、亚北极和北极与珠穆朗玛峰地区,还有从北极的海豹到南极的海鸟蛋以及从美国、日本和瑞典等许多国家的人乳中,均检测出了 PCBs,甚至在几千米高的西藏南迎巴凡峰上的雪水、江水、森林、土壤、自然植被、家禽内脏及其他皮物毛发中也检测出 PCBs(10^{-12}级)的存在(Erdman, et al., 2001)。有关 PCBs 对环境污染的首次报道是在 1966 年。尽管 PCBs 在水体中一般含量较低,一旦被生物吸收就有可能在生物体内积累并通过食物链放大几十万倍,从而对生物及人类构成威胁。

3. PCBs 对生物的毒性

PCBs 是世界上公认的最复杂的一类内分泌干扰物。PCBs 在环境中很难降解,存留时间较长,可以通过大气、水的输送而影响到区域和全球环境。PCBs 对藻类生长、细胞成分、光合能力均可产生影响,但各藻种对 PCBs 的抗性不一。Aroclor 1254 的浓度为 10 ~ 25 μg/L 时,能抑制某些海洋硅藻的生长,但浓度高达 100 μg/L 仍未对淡水藻产生影响(聂湘平,等,2002)。Keli 等报道,Aroclor 1242 的浓度为 100 μg/L 时抑制硅藻的生长,且 RNA 合成下降。Fisher 等发现,马尾藻海的浮游植物在 Aroclor 1254 浓度为 10 μg/L 时,不能生长,而在该浓度下海湾和沿岸水中的浮游植物却都不太受影响。又由于 PCBs 对脂肪具有很强的亲和性,因此其一旦进入生物体后,容易在生物体脂肪层和脏器堆积而几乎不被排出或降解,进而通过食物链浓缩造成对人体的潜在危害,产生积累性中毒,严重影响人类健康。大部分 PCBs 本身并无直接的毒性,他们主要是通过对生物体的酶系统产生诱导作用而产生间接毒性。它有可能造成人体内分泌系统紊乱,生殖和免疫系统破坏,诱发癌症和神经性疾病等。PCBs 进入人体后,多积蓄在肝脏等多脂肪的组织中,损害皮肤和肝脏,引起中毒。初期症状为眼皮肿胀,手掌出汗,全身起红疹,其后症状转为肝功能下降,全身肌肉疼痛,咳嗽不止,重者发生急性肝坏死、肝昏迷等,以至死亡。食用在 PCBs 污染了的水体中生长的鱼类、贝类等是导致人体健康遭受 PCBs 损害的主要途径,皮肤对 PCBs 的吸收和呼吸系统对 PCBs 蒸气以及吸附了 PCBs 灰尘颗粒的吸入也都是 PCBs 进入人体的途径。另外,PCBs 在母乳中的存在也会导致婴儿的感染。

历史上,PCBs 曾经引起了 3 次重大的环境事件:①1967 年,日本米糠油事件,生产米糠油用 PCBs 作脱臭工艺中的热载体,由于生产管理不善,混入米糠油,食用后引起中毒,患病者超过 1 400 人,至七八月份患病者超过 5 000 人,其中 16 人死亡,实际受害者约 13 000 人。患者一开始只是眼皮发肿、手心出汗、全身起红疙瘩,随后全身肌肉疼痛、咳嗽不止,严重时恶心呕吐、肝功能下降,有的医治无效而死亡。这种病来势凶猛,患者很快达到13 000 人。用这种米糠油中的黑油饲喂家禽,致使几十万只鸡死亡。②1978—1979 年间为期 6 个月的时间里,台湾中部地区约2 000 人食用了受 PCBs 和多氯联二苯并呋喃污染的食用油。PCBs 从热交换器漏入成品油中。一部分 PCBs 受热后降解产生了多氯二苯并呋喃和其他氯化物,造成了高达数万人的患者,病症有眼皮肿、手脚指甲发黑、身上有黑色皮疹。PCBs 若由孕妇吸收,可透过胎盘,或乳汁导致早期流产、畸胎、婴儿中毒。一些受到影响的胎儿出生时,皮肤深棕色素沉着,全身黏膜黑色素沉着,发育较慢,很像一瓶可口可乐,被民间俗称为“可乐儿”。这样的后遗症还包括婴儿体重过轻,黄疸、眼球突出、头骨点状钙化,肝脾肿大,脚跟突出,皮肤脱落,眼部奶酪状分泌,免疫功能低下,都是“可乐儿”的畸型表现。③1986 年,加拿大一辆卡车载着一台有高浓度 PCBs 液体的变压器去废物储存场,途中在经过安大略省北部的凯拉城附近时,有 400 多升 PCBs 从变压器中泄漏,污染了 100 km 的高速公路和其他车辆,对当地的居民身体健康造成极大伤害(徐科峰,等,2003)。归纳起来,其生物毒性体现在以下四个方面。

(1)致癌性:国际癌症国际癌症研究中心已将 PCBs 列为人体致癌物质,“致癌性影响”代表了 PCBs 存在于人体内达到一定浓度后的主要毒性影响。

(2)生殖毒性:PCBs 能使人类精子数量减少、精子畸型的人数增加;人类女性的不孕现象明显上升;有的动物生育能力减弱。

(3)神经毒性:PCBs 能对人体造成脑损伤、抑制脑细胞合成、发育迟缓、降低智商。

(4)干扰内分泌系统:比如使得儿童的行为怪异,使水生动物雌性化(周景明,等,2004)。

2.4 多溴联苯醚(PBDEs)

2.4.1 PBDEs 的物理化学性质

多溴联苯醚(polybrominated dyphenyl ethers,简称 PBDEs)属于溴系阻燃剂(Brominated flame retardants,简称 BFRs)的一种,由于其阻燃效率高,热稳定性好,添加量少,对材料性能影响小,价格便宜,因而作为一种添加型阻燃剂被广泛地应用在电子、电器、化工、交通、建材、纺织、石油、采矿等领域。PBDEs 的化学通式为 $C_{12}H_{(0-9)}Br_{(1-10)}O$,化合物的结构式如图 2.10。

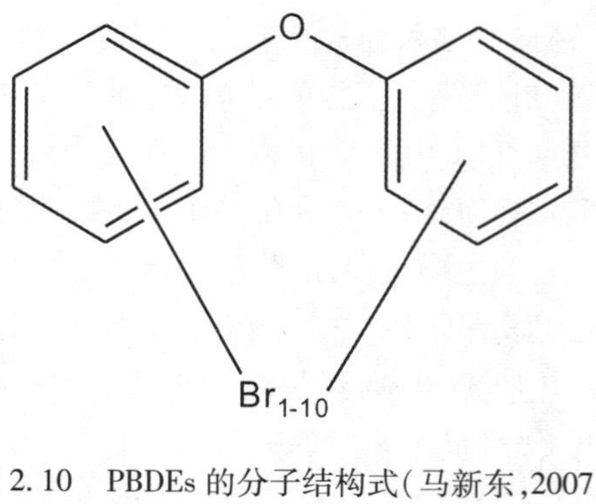

图 2.10　PBDEs 的分子结构式(马新东,2007)

依溴原子数量不同分为10个同系组，共有209种同系物，各同系组性质见表2.15、表2.16。PBDEs和PCBs一样都按IUPAC编号系统编号。PBDEs在室温下具有蒸气压低和亲脂性强的特点，沸点为310～425℃，在水中溶解度小。PBDEs具有相当稳定的化学结构，很难通过物理、化学或生物方法降解。PBDEs高温释放嗅原子。此外，PBDEs在一定条件下（如燃烧），可形成PBDDs和PBDFs。BDE209（十溴联苯醚）溶解在有机溶剂中，光照（紫外光或太阳光）可形成低溴代BDEs和BDDs/DFs。

表2.15　主要PBDEs同系物（孟范平，2009）

同系物	缩写代号	同系物	缩写代号
4－溴联苯醚	BDE3	2,2′,4,4′,5,6－六溴联苯醚	BDE2181
2,2′,4,4′,6－五溴联苯醚	BDE100	2,4,4′,6－四溴联苯醚	BDE75
2,2′,4,4′－四溴联苯醚	BDE47	2,2′,3,4,4′,5,5′,6－八溴联苯醚	BDE203
2,2′,3,4,4′,6－六溴联苯醚	BDE153	2,2′,3,4,4′－五溴联苯醚	BDE285
2,2′,4,5′－四溴联苯醚	BDE49	2,3,3′,4,4′,5,5′,6－八溴联苯醚	BDE2205
2,2′,4,4′,5,5′－六溴联苯醚	BDE－154	2,2′,4,4′,5－五溴联苯醚	BDE99
2,2′,4,6′－四溴联苯醚	BDE51	十溴联苯醚	BDE209

表2.16　PBDEs同系物的物理性质（孟范平，2009）

溴原子数	PBDEs化合物	分子量	同系物数目	饱和蒸气压（/Pa）20℃	log KOW
4	四溴－BDEs	485.8	42	$(2.7\sim3.3)\times10^{-4}$	5.9～6.2
5	五溴－BDEs	564.8	46	$(2.9\sim7.3)\times10^{-5}$	6.5～7.0
8	八溴－BDEs	801.5	12	$(1.2\sim2.7)\times10^{-7}$	8.4～8.9
10	十溴－BDEs	959.2	1	$<1\times10^{-4}$（25℃）	10.0

2.4.2　PBDEs的生产使用情况

PBDEs被大量生产并用于聚合物中作阻燃剂，尤其在电器制造（电视机、计算机线路板和外壳）、建筑材料、泡沫、室内装演家具、汽车内层、装饰织物纤维等。日常用品中PBDEs的使用情况列于表2.17。虽然PBDEs有209种同系物，但商品PBDEs的种类是有限的。商品化的PBDE主要为十溴联苯醚、八溴联苯醚和五溴联苯醚3大类，沸点一般在310～425℃之间，且具有憎水性、亲脂性等特点。

表 2.17　日常用品中 PBDEs 的使用情况(马新东,2007)

材料	PBDEs	日常用品
塑料	十溴 - 八溴 - 五溴 -	计算机、电视机、吹风机、电熨斗、复印机、传真机、打印机、咖啡壶、汽车塑料部件、照明仪表板、插塞(座)、接线盒、保险丝、住房、灯座、管座、管道、地下连结盒、电路板、烟雾监测器
纤维	十溴 - 五溴 -	家具内层的装饰纤维、工业织物、地毯、汽车座椅、飞机座椅、火车坐椅
聚氨酯泡沫体	五溴 -	沙发、椅子、地毯衬垫、床垫、汽车坐椅、飞机座椅、火车坐椅、隔音板、合成板、包装材料
橡胶	二溴 -,五溴 -	传送带、绝缘材料、橡胶电缆
涂料	十溴 -,五溴 -	船舶及工业用涂料

三种主要的 PBDEs 混合物商品有:

(1)十溴联苯醚包括 98% 10 - BDE 和 2% 9 - BDEs;

(2)八溴联苯醚大约包括 10% 6 - BDEs、40% 7 - BDEs、30% 8 - BDEs、20% 4,9 - BDEs;

(3)五溴联苯醚由约 40% 4 - BDEs、45% 5 - BDEs 和 6% 6 - BDEs 组成。

十溴联苯醚是一个产量和消耗量较大的添加型含溴阻燃剂。它的含溴量高(83.3%),热稳定性好,阻燃效能高,而且产品价格为市场所接受,所以被广泛地应用于聚苯乙烯、ABS、聚烯烃、聚酯、聚酰胺等热塑性塑料的加工,也可用于环氧树脂,酚醛树脂,不饱和聚酯等热固性树脂的阻燃加工。

五溴二苯醚多用于家具布及床褥聚氨酯泡沫垫中作阻燃剂,2001 年全球的总用量为 7 500 t。五溴二苯醚已被确认是具持久性与人体累积特性的化学物质,与汞、铅和 PCBs 的特性极为相似,在自然环境中很难分解,可通过食物链进入动物和人体内,在脂肪组织积累后,其浓度会逐渐升高。据估计,五溴联苯醚两种主要成分 BDE - 99 和 BDE - 47 的半衰期分别为 600 d(好氧条件底泥中)和 150 d(水和土壤中),在鲤科鱼类中的生物蓄集系数分别为 17 700 和 66 700。已大量研究报道发现五溴联苯醚能够长距离迁移,在加拿大和瑞典的北极地区空气中也检出有 BDE - 47 和 BDE - 99。五溴联苯醚能够通过各种途径进入环境,科学研究发现大气、水体、土壤和底泥中的含量呈现上升趋势。在水处理污泥和家庭灰尘中也有检出。在世界自然基金会(WWF)开展的一项调查中,所有欧盟议会的议员血液样品中都能检出五溴二苯醚。这类化学物质的残留性和毒性很有可能给环境和人体造成严重影响,会导致人和生物患癌、出生缺陷和神经系统损害。有证据表明,其对无脊椎动物和鱼类的繁殖系统具有毒性。欧盟决定于 2004 年 8 月全面禁止使用和销售五溴二苯醚含量超过 0.1% 的物质和制剂,同时任何产品中若有含量超过 0.1% 的五溴联苯醚也不得使用或在市场上销售。美国加利福尼亚州在 2008 年完全禁止在聚氨酯软泡生产中使用五溴二苯醚(PBDE)阻燃剂。

目前，主要生产商之一的美国大湖（Great Lakes）化工公司已于2004年末自发停止了五溴二苯醚的生产（《POPs知识100问》）。

全世界对PBDEs的需求量很大，1999年全球主要市场对PBDEs的需求量于表2.18。近年来十溴联苯醚需求量大幅增加，1999年全世界对十溴联苯醚的需量占对PBDEs总需求量的81%，2001年为83%。在许多国家如美国、日本、法国等的多家公司对十溴联苯醚都已工业化生产。我国自20世纪80年代初对PBDEs进行研究开发来，已有20余家企业生产过十溴联苯醚，十溴联苯醚成为国内产量最大的含溴燃剂。这些企业主要分布在我国东部沿海一带，企业的装置能力大部分为100～200 t/a，少数为300 t/a（陈玉琴，1998）。而五溴联苯醚和八溴联苯醚分别占市场需求量的12%和6%。

海洋环境中PBDEs的浓度随着全球PBDEs消耗量的不断增加而急剧上升。作为新型POPs，PBDEs可通过食物链进行转移，发生生物放大，因此研究其对海洋环境的影响已成为当前环境科学的一大热点。

表2.18　1999年PBDEs需求量（马新东，2007）　单位：t

地点	五溴－BDEs	八溴－BDEs	十溴－BDEs
美国	8 290	1 357	24 300
欧洲	210	450	7 500
亚洲	0	2 000	23 000
总量	8 500	3 825	54 800

2.4.3　PBDEs的来源

1. 环境来源

与电源、电路、发热体等密切相关的使用塑料都必须是阻燃性的。电冰箱上的电器盒、灯罩、内藏导线、压缩机接线等部分都具有阻燃要求的。PBDEs属于溴系阻燃剂的一种，由于其阻燃效率高，热稳定性好，添加量少，对材料性能影响小，价格便宜，因而作为一种添加型阻燃剂被广泛地应用在电子、电器、化工、交通、建材、纺织、石油、采矿等领域中。PBDEs目前被认为是普遍存在的污染物，在生产、使用和废物处置阶段其都会不同程度地释放到环境中（图2.11）。阻燃剂根据使用方法可以分为添加型和反应型两大类，PBDEs是添加型阻燃剂，因此容易散逸到环境中。

最明显的PBDEs释放源是生产PBDEs和使用PBDEs作阻燃剂的工厂，如阻燃聚合产品生产厂，塑料制品厂等。Sellstrm等检测瑞典纺织品生产工厂附近河流的底泥中PBDEs的含量，发现河流下游污泥中PBDEs浓度明显比上游污泥中的高。Hale等（2002）报道在北美添加五溴联苯醚的聚亚胺酯泡沫是一个重要的污染源。PBDEs其他可能的污染源有城市、医

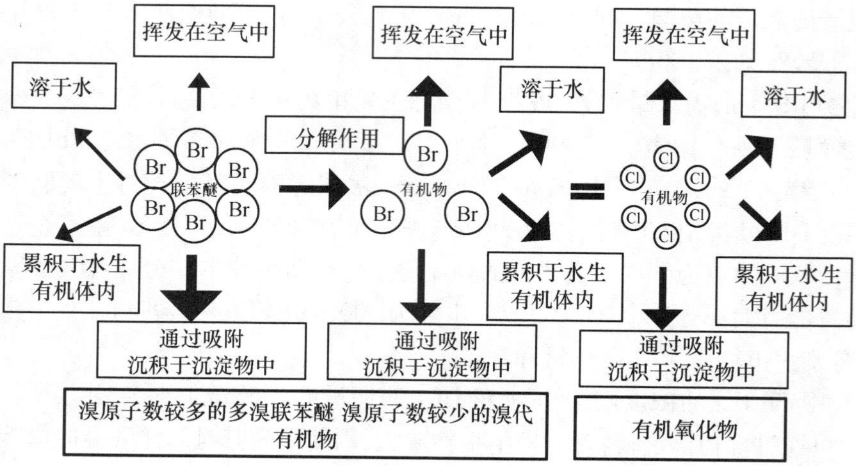

图 2.11　PBDEs 的环境行为示意图(涂逢樟,2007)

院、垃圾焚烧、电器的循环利用、垃圾填埋以及意外的火灾。

另外,含 PBDEs 的电器,如电脑和电视机在使用过程中因温度上升而有 PBDEs 的释出。Tamade 等人报道电视机内粉尘中 PBDEs 含量达到了 10^{-3} mg/g 的水平。这表明,PBDEs 可以从溴代阻燃剂的产品中释放到室内空气中。Alaee 等(2003)在 8 个国家的议会大楼和有上网服务的办公室中取样测定 PBDEs 含量,测得每克粉尘中有 ng 或 pg 水平的 PBDEs。

2. 饮食摄入

研究表明人类主要是通过饮食摄入 PBDEs,在食物链中被生物富集放大后 PBDEs 进入人体。在瑞典人们对 PBDEs 和 PCBs 有着类似的摄入方式。据估计,瑞典人 50% 的 PCBs 摄入是来自于各类鱼的食用,其他的 PCBs 的摄入主要是通过食用肉和奶制品。瑞典人血液中 PBDEs 含量与食用波罗的海鱼有密切相关,不吃鱼的人体内 PBDEs 浓度平均在 0.4 ng/g 脂重,而那些每月吃 12～20 次鱼的人体内 PBDEs 水平在 2.2 ng/g(脂重)。Lind 等(2002)指出鱼,尤其是富含脂肪的鱼,是最主要的 PBDEs 摄入源,占摄入总量的 2/3。另据报道在菠菜、土豆、胡萝卜、猪肉、牛肉和鸡肉中 PBDEs 也有明显检出(Ohta,et al.,2002)。由此看来,我们在日常饮食中难免会摄入 PBDEs。根据存档的 40 种通常食用的食品中 PBDEs 的含量以及这些食品的消费量来估算,加拿大人每天 PBDEs 的摄入量为 44 ng(Ryan and Patry,2001)。PBDEs 具有生物积累和生物放大性,人体食物来源的一些动植物很可能从环境中富集 PBDEs,然后它们直接或通过食物链进入人体。许多研究都在人类日常食物中发现了一定量的 PBDEs;有关淡水和海水鱼体中 PBDEs 的含量已有大量报道,而家禽、各种肉类和蔬菜中的 PBDEs 也逐渐报道;Huwe 等(2002)的研究发现,北美家禽体内 PBDEs 的含量为 1.8～39 ng/g。Harrad 和 Mao(2004)报道了日本某地菠菜、土豆和胡萝卜中 PBDEs 的含量分别为 134 ng/g、47.6 ng/g 和 38.4 ng/g(湿重),猪肉、牛肉和鸡肉的中 PBDEs 的含量分别为 63.4 ng/g、16.2

ng/g 和6.25 ng/g(湿重),食用鱼组织中 PBDEs 的含量为 18 ~ 1 720 ng/g(湿重),并揭示了母乳中 PBDEs 的含量和食用鱼摄入量强的正相关。一项初步的研究表明,瑞典人体摄入 50% 的 PCBs 来自于食用各种鱼,其余的主要来自食用肉食和其他食物,这很可能也是 PBDEs 的主要摄入途径,Sjödin 等(2003)针对瑞典某人群研究发现,该人群人体血清中 PBDEs 的含量和个体食用波罗的海鱼的量成明显的正相关;Bocio 等(2003)研究了西班牙 catalonia 地区人群 PBDEs 饮食暴露状况,分析了 55 种食物中 PBDEs 的含量,研究发现,食鱼和贝类对人体 PBDEs 饮食暴露贡献最大,约占饮食暴露的 1/3,其次为肥肉、油和其他肉类,蔬菜、块茎类、水果和谷物类贡献最小;Ryan 和 Patry(2001)估计加拿大人体 PBDEs 的日饮食暴露量约为 44 ng/d,约有 75% 来自肉类产品,牛奶和鱼类仅占 4% ~7%;La Guardia 等(2006)发现用作肥料的污泥中 PBDEs 有相当高的含量。而这种污泥用作肥料的量是很大的,1998 年美国污水处理后的 690 万吨的污泥有一半以上用作肥料。这些用作农作物肥料的污泥可能是人类摄入 PBDEs 的潜在途径之一,这种摄入途径还有待进一步的研究。

3. 母乳

母乳是婴儿摄入 PBDEs 的主要来源(Meironyté et al. 1999)。许多报道都证实了母乳中含有 PBDEs,含量最高的是 BDE 47、99 和 153。基于 1999 年在瑞典母乳中测定的数据,假定一个 5 kg 的婴儿一天食用 700 mL 母乳,那么他每天通过母乳摄入的 PBDEs 量估计为 50 ~ 100 ng。瑞典母乳监测研究表明某些 PBDEs 的同系物,如 BDE47、99、100、153 和 154,从 1972—1997 年浓度呈指数增长,PBDEs 的污染程度已经达到了对儿童健康造成威胁的水平。

4. 呼吸摄入

室内装饰材料、家具和电器中大都添加 PBDEs 作为阻燃剂,在使用过程中 PBDEs 会不同程度地散逸到空气中。Harrad(2004)等人检测过英国工作和居住的室内空气,PBDEs 有检出。其中,有大量计算机的工作室内 PBDEs 的含量最高。他们报道了人每天通过呼吸摄入的 PBDEs 平均为 32.9 ng,有 27% 的人呼入的 PBDEs 高达 123 ng。Knoth 等(2002)报道了德国私家住房的吸尘器粉尘袋中 BDE209 含量高达 19.1 mg/kg。因此,工人会通过呼吸吸入空气中的颗粒物,从而摄入 PBDEs。

2.4.4 PBDEs 的污染水平

目前报道的检测样品多种多样,包括空气、底泥、鱼、贻贝、海鸠蛋、硬头鳟、驯鹿、血液和母乳等,其中北欧国家报道的 PBDEs 污染的数据最多。北美某些地区 PBDEs 的污染水平要比欧洲严重。如密歇根河中硬头鳟中 PBDEs 浓度为3 000 ng/g(脂重),鲑鱼中 PBDEs 浓度为 2 440 ng/g(脂重),而在波罗的海中捕到的鲑鱼体内 PBDEs 含量报道为 180ng/g(脂重)(Athanasiadou,et al.,1999)。虽然大湖地区的商业化生产 PBDEs 已经停止 20 多年了,但 PBDEs 的污染状况还是很严重的。在北美五大湖各地区采集的银鸥蛋中测定的 PBDEs 数据显示了 PBDEs 有迅速增长的趋势，在休伦湖岛采集的银鸥蛋中 PBDEs 在 1981 年、1990 年和 2000 年总含量分别为 23 ng/g、142 ng/g 和 633 ng/g（湿重），这表明 PBDEs 浓度每 5 a 翻一番（Norstrom, et al. , 2002）。Covaci 等（2003）报道 1997 年在波罗的海采集的海鸠蛋中 PBDEs（BDE247, 99 和 100）含量为 190 ng/g（脂重）（23 ng/g 湿重）。

十溴联苯醚是主要的 PBDEs 产品，但研究和报道较少。据报道，瑞典人体内平均的十溴联苯醚水平为小于 0.3 ~ 913 ng/g（脂重）。Hagmar 等对于电器回收工人体内 PBDEs 的半衰期进行了研究，结果表明十溴联苯醚的半衰期大约为一周，比较短，说明它在人体内的代谢速度比较快。

目前，PBDEs 在世界范围内的河流、湖泊和海洋沉积物中都被检出，它们可来自于水体附近的点源污染、水体的迁移以及长距离的大气迁移后的干湿沉降，因此不同地区沉积物中 PBDEs 的含量差异很大，从 nd ~ 7 200 ng/g。Sellstrom 等（1993）对采自沿 Viskan 河流沉积物中的 PBDEs 进行分析，PBDEs 的含量从上游往下游逐渐升高，这是由于沿岸河流纺织工厂的排放所致；许多学者相继对欧洲主要河流河口沉积物中的 PBDEs 进行分析和调查，Allchin 等（1999）对英国主要河流河口沉积物 PBDEs 分析和调查，发现了含量相当高的 PBDEs（最高达 3 225 ng/g）；北美地区沉积物中 PBDEs 的相关研究大多在五大湖地区展开，Hale 等（2001）调查发现，美国弗吉尼亚州河流沉积物中 PBDEs 的含量为ng ~ 52.3 ng/g（不包括 BDE – 209）；北美五大湖和 Hadley 湖沉积物中的含量为 24 ~ 71 ng/g，北美五大湖苏必利尔湖表层沉积物中 PBDEs 含量为 0.5 ~ 3 ng/g；Song 等（2004）认为该区域中 PBDEs 主要来自大气长距离传输；一些研究也在北极地区河流湖泊沉积物中发现了较低含量的 PBDEs；相对于欧洲、北美，亚洲地区关于沉积物中 PBDEs 的相关研究较少，大部分研究多集中在日本地区。在日本大阪湾沉积物中也发现 PBDEs 的含量较富。

2.4.5 PBDEs 在海洋环境中的污染

PBDEs 在海洋中的主要归宿是海洋沉积物和海洋生物。海洋沉积物柱样和生物样品中 PBDEs 含量的分析结果显示，除少数海域的海洋生物样品中 PBDEs 的含量从 20 世纪 90 年代后期开始趋于稳定或者逐渐降低外，海洋环境中 PBDEs 的水平一直持续增加。Zegers 等（2000）分析德国瓦登海的沉积物柱样发现，低溴联苯醚（含 4 ~ 6 个溴原子的 PBDEs）和十溴联苯醚最早分别出现在 60 年代中期和 70 年代中期。

自 20 世纪 70 年代以来，波罗的海沉积物柱样中 PBDEs 含量显著增加（四溴联苯醚的含量增加了 4 ~ 8 倍，五溴联苯醚的含量增加了 10 ~ 20 倍）。与此相应的是，海洋生物体内 PBDEs 的含量高值也出现在这一时期。在北极，雄环海豹中 PBDEs 的含量从 1980 年代以来呈指数增长，1981 年为0.6 μg/kg（脂重），2000 年已高达 6.0 μg/kg（脂重）（Ikonomcu, et al. , 2002）。在美洲，Stern 和 Ikonomou（2000）研究发现，BDE47 是巴芬湾白鲸（*Delphi napterus leucas*）体内主要的 PBDEs 同系物，ΣPBDEs（含 3 ~ 6 个溴原子的 PBDEs）从 1982 年的 2 μg/kg

(脂重)上升到1997年的15 μg/kg(脂重),增长7.5倍。She等2002报道,1989年圣弗朗西斯科湾港海豹(*Phocavitulina*)体内ΣPBDEs(含4~6个溴原子的PBDEs)为88 μg/kg(脂重),到1998年已升高到8 325μg/kg(脂重),港海豹体内PBDEs的含量几乎每隔1.3 a就增长1倍。1981—1996年,加拿大西北部霍尔曼岛的环海豹中PBDEs的含量一直呈上升趋势(Ikonomou,et al.,2000)。在亚洲,1990—2001年,中国南海江豚(*Neophocaena phocaenoides*)体内PBDEs含量从84 μg/kg(脂重)急剧增长到980 μg/kg(脂重);日本北部太平洋沿岸北海狗(*Callorhinus ursinus*)体内PBDEs的含量在1994年达到峰值后出现下降趋势,1998年PBDEs含量为1994年的50%。从20世纪90年代开始,高溴联苯醚的使用比例逐渐升高,海洋生物体中PBDEs的组成也相应的发生变化。

1981—2000年,北冰洋环海豹中五溴联苯醚、六溴联苯醚的增长速率大约是四溴联苯醚增长速率的2倍(Nylund,et al.,1992)。20世纪90年以来,中国南海江豚体内BDE-47和BDE-100在ΣPBDEs中所占比例逐渐减小,而BDE-153和BDE-154所占比例则逐渐增加;日本北海狗体内高溴联苯醚BDE-153,BDE-154和BDE-183也呈现相同变化趋势(Ramu,et al.,2006)。

世界各地的海洋都不同程度受到PBDEs的污染。Ueno等(2004)以太平洋鲣鱼(*Katsuwonus pelamis*)为指示生物,测定PBDEs在全球海洋中的空间分布,结果显示,低溴联苯醚(BDE-15,BDE-28和BDE-47)在海洋环境中的残留量随着纬度的增高而增大,而高溴联苯醚(BDE-153,BDE-154和BDE-183)则呈现相反趋势。总体上,北半球的PBDEs残留量高于南半球。在欧洲,海洋PBDEs的污染程度从南向北逐渐减轻,南部近岸海域受PBDEs的污染最严重,其次是波罗的海,北极附近海域所受污染最轻。De Boer(1989)报道,大西洋鳕鱼(*Gadus morhua*)肝脏中PBDEs含量从近岸[22~360 μg/kg(脂重)]向开阔大洋[1.9~68 μg/kg(脂重)]递减;波罗的海的港海豹体内PBDEs的含量高于北海北部海域[10 μg/kg(脂重)],最高值出现在荷兰沿岸[600~6 000 μg/kg(脂重)](De Boer,1990;De Boer,et al.,1998)。在北美洲,近岸海域生物样品中PBDEs含量也高于开阔大洋。

在亚洲,东海受PBDEs污染的程度远远高于亚洲其他海区。Kajiwara等(2006)发现,中国香港附近海域受PBDEs污染最严重,日本次之,菲律宾和印度附近海域受PBDEs影响最轻。这是因为,香港地区周围聚集着大量生产和使用PBDEs的工厂,工业废水的直接排放和含PBDEs的废弃物直接倾倒导致附近海域的海洋生物体内PBDEs含量较高。综上所述,PBDEs在大气中迁移的距离与溴化程度呈反比,随溴原子数的增加而减少(Wania and Dugani,2003);近岸海洋因受陆源排放的影响,生物体内PBDEs含量高于开阔大洋(Ueno,et al.,2004)。

2.4.6 PBDEs污染的变化趋势

PBDEs在环境和人体中的污染程度变化趋势是一个引起社会关注的重要问题,自20世纪70年代以来许多关于PBDEs浓度变化趋势的研究都呈现出增长趋势。因此就存在着一个按这种趋势发展到将来PBDEs是否会对人和生物产生负面影响的问题。

PBDEs的变化趋势随地区和样品类型的不同而不同。例如,在挪威采取的泥芯的测定结果表明PBDEs自20世纪60年代到1999年呈逐渐增长的趋势(Zegers, et al., 2000)。而在德国泥芯中50年代低溴代联苯醚呈增长趋势,70年代末又呈下降趋势。其中,BDE－209在环境中出现的时间比低溴代联苯醚晚10～20 a。Kierkegaard等(2004)检测瑞典梭鱼中的PBDEs含量时发现,从1967年到20世纪80年代初,PBDEs含量有显著的增长,但从1982年到1996年其浓度变化相当平缓。此后,PBDEs几乎在世界各地各种环境介质中都被检出。波罗的海的海鸠蛋中PBDEs含量从70年代到80年代初呈现出显著上升的趋势,在80年代中期达到最高点,随后从1985—1997年迅速下降。在日本大阪海湾采的海鲈鱼和鲻中PBDEs水平在1986—1989年呈增长趋势,但1990年后急剧减少(Ohta, et al., 2001)。1999年样品中的PBDEs含量与1989年相比减少了95%,这与欧洲波罗的海海鸠蛋中发现的趋势是相吻合的。

在1970年和2000年采集的日本人体脂肪组织样品中PBDEs的含量显著增长,由29 pg/g(脂重)增加到1 290 pg/g(脂重)。相同样品中,PCBs和PCDDs/DF则分别降低了68%和96%。瑞典斯德哥尔摩检测出母乳中PBDEs浓度从1972—1997年每5 a翻一番,呈显著增长趋势,而在这期间有机氯污染物包括PCBs和PCDDs/DFs都呈减少趋势(Norén and Meironyté, 2000)。

瑞典乌普萨拉抽检母乳样品从1996—1998年PBDEs浓度呈上升趋势,之后一直到2001年又呈下降趋势。Meironyté和Norén对1998—2000年瑞典母乳中PBDEs的检测结果表明PBDEs也有降低的趋势。BDE－47的浓度从20世纪70年代到90年代中期在欧洲呈增长趋势。此外,Sellstrom等对波罗的海采集的海鸠蛋中PBDEs的测定也证实了这种趋势。而海鸠蛋中PBDEs含量的减少始于80年代中期,这说明人体内PBDEs的减少比环境中PBDEs污染的减轻滞后了10多a(Alaee, et al., 2003)。

在北美PBDEs的变化趋势与欧洲和日本截然不同。在加拿大安大略湖的鲑鱼、环斑海豹和加拿大北极群岛的白鲸中PBDEs的含量都呈持续上升趋势(Stern and Ikonomou, 2000)。另外,与欧洲和日本相比,北美母乳中PBDEs的含量也相当高且呈指数增长趋势,每两年翻一番。Betts(2002)报道加拿大范库弗峰母乳中PBDEs的增长趋势至少持续了10 a。北美PBDEs的环境污染问题看起来目前正在扩散,这可能要归咎于五溴联苯醚在北美持续规模性地使用。因此,PBDEs污染在环境和人体中的变化趋势是根据国家、地区不同而大相径庭的,这可能会反映各地区历史及目前PBDEs的使用情况。

虽然人们已经认识到PBDEs潜在的危害,但由于缺乏有效的替代品,PBDEs作为高效阻燃剂仍在大量生产和使用,所以环境中PBDEs的含量呈增长趋势。因此,寻找有效的替代品是改善或减缓这种趋势行之有效的策略。目前对PBDEs的生物毒理研究少,对人类的健康风险评价还很缺乏,有待进一步研究。

2.4.7 PBDEs 在生物体内的代谢和毒性效应

Darnerud 和 Risberg(2006)运用^{14}C示踪和放射性技术研究 BDE47、BDE85 和 BDE99 在哺乳期老鼠体内的分布和代谢以及对幼体的影响,研究表明,肠胃对 PBDEs 的吸收很有效,多分布于脂肪组织、肝、肾上腺、卵巢和肺中,并且很短时间就进入大脑组织;哺乳期乳汁似乎是从母体转移到幼体的最重要途径,20% 和 24% 的 BDE85 和 BDE99 喂服 11 d 后就传递到了幼体。Klasson Wehler 等(1996)通过对老鼠口服^{14}C标定的 BDE47,研究了其在老鼠体内的吸收、分布和代谢,在家鼠注入体内^{14}C – BDE47,5 d 后,14% 通过粪便排出,0.5% 通过尿排出,其中排出体外的 79% 为母体^{14}C – BDE47,21% 为其代谢物质,约 86% 储存在研究对象体内,最高的含量发现于脂肪组织中,在其他组织器官中都发现^{14}C – BDE47,在肝中还发现其代谢物;在老鼠体内,5 d 后,20% 通过粪便排出,33% 通过尿排出,其中排出体外的 15% 为母体^{14}C – BDE47,85% 为其代谢物质,约 47% 储存在研究对象体内,在脂肪组织和肝中都发现^{14}C – BDE47,在肝中也发现其代谢物。Kociba 等(1975)通过 2 a 的喂养确定了 BDE200 在老鼠体中的较低的生物积累效应;但是通过静脉内注射^{14}C – BDE209 发现,72 h 后,74% 的注射剂量发现于粪便和肠中,其中排出的 63% 为代谢物,37% 为母体。

一些关于 PBDEs 的吸收和代谢研究也针对了鱼和贝类。Burreau 等(1997)通过对梭子鱼喂养被注射过 BDE47、BDE99 和 BDE153 的虹鲜鱼研究发现,三种 PBDE 单体在肠道的吸收效率都很高,其中 BDE47 最高,达给定剂量的 90%,BDE99 和 BDE153 的吸收效率分别为 62% 和 40%,但是对它们吸收机制尚不是很清楚。StaPleton 等对鲤鱼幼体进行 60 d 的 BDE209 的食物相暴露(940 ng/d)没有观察 BDE209 的生物积累,但发现其降解产物 5 ~ 8 溴代 BDEs;而最近该研究组有关幼年蛙鱼对 BDE209 的体内和体外暴露实验发现 BDE – 209 可以在鱼体组织特别是肝脏中富集,同时也检出多种 7 ~ 9 溴代 BDEs;Kierkegaard 等(1999)对虹鳟鱼进行了 120 d 持续喂养实验,喂养 1 d 后虹鳟鱼肌肉中 PBDEs 的含量为小于 0.6 ng/g(湿重),肝脏中为小于 5 ng/g(湿重),120 d 后达到 38 ± 14 ng/g(湿重),肝脏中为 870 ± 219 ng/g(湿重),也发现一些 6 ~ 9 溴代 BDEs,停止喂养 71 d 期间,BDE200 的含量逐渐降低,而低溴代 BDEs 的含量未受影响,进一步说明 BDE – 200 的脱溴降解。

目前对于 PBDEs 的生物毒性及机理尚不完全了解,一些研究仍在进行,许多相关研究主要以啮齿动物为对象开展。Eriksson 等(1998)对老鼠口服 BDE47 和 BDE99 数月后发现,BDE47 和 BDE99 都可引起老鼠持久性的自我行为失常,BDE99 还可降低老鼠幼体学习和记忆能力;Fowles 等(1994)和 Damerud 等(1996)研究发现,五溴联苯醚产品(Bromkal705DE)减少老鼠胸腺重量和增加肝/体重比,BDE47 还可以减少甲状腺素;初步研究还发现,BDE209 可导致老鼠幼体成体后行为失常(McDonald,2002)。

目前有关 PBDEs 对人体健康的直接危害几乎未见报道。有统计表明,生产十嗅联苯醚产品的工人易患甲状腺功能减退。从发表的关于 PBDEs 毒性作用的动物实验研究来看,PBDEs

主要可引起甲状腺激素紊乱、神经毒害和潜在的致癌作用。孕妇、胎儿和新生婴儿可对微小的甲状腺紊乱做出反应(McDonald,2002),因此他们可能是 PBDEs 的敏感群体。环境和人体中高含量的 PBDEs 已被大量报道,PBDEs 高的生物富集性和人类处在生物链的顶端,这些都使得 PBDEs 对人体的健康存在一定的风险,对 PBDEs 的毒害作用和机理的研究还需要进一步的展开。

2.4.8 PBDEs 的控制措施

人们最初关注溴代阻燃剂(BFRs)是 1973 年在美国密歇根发生了多溴联苯(PBBs)混入动物饲料事件。由于 PBBs 事件,美国和欧洲分别在 1976 年和 1980 年禁止使用 PBBs。目前研究表明,在环境样品中 PBDEs 的浓度持续上涨,各国政府开始考虑限制生产和使用 PBDEs。在工业时代,溴代阻燃剂给各国政府出了个难题。一方面,政府干涉经济,减少持久性产品如 PBDEs 的生产,以防止其对环境造成影响;另一方面,政府又需要使用 BFRs 来防止火灾的发生,保护人民。因此,一些国家改进了 BFRs 的使用规范来合理地使用。欧盟已经决定停止生产和使用五溴联苯醚,工业上早已转向寻找 PBDEs 的替代产品;在亚洲,日本工业限制生产和使用六溴和四溴联苯醚;在北美五溴联苯醚仍在生产和使用。美国 EPA 对五溴联苯醚的生产和使用也做了严格的限制,禁止使用五溴联苯醚的运输、储存和使用,限制公有的污水处理厂处理含大量五溴联苯醚的废水。

2003 年初,欧盟 L37《官方公报》公布了欧洲议会和欧盟部长理事会共同批准的《报废电子电气设备指令》和《关于限制在电气、电子设备中使用某些有害物质的指令》;从 2006 年 7 月 1 日起,在欧盟市场上投入的电气、电子设备中不得含有多溴联苯和多溴联苯醚等 6 种有害物质。欧盟国家是我国商品出口的主要市场,因而为响应欧盟公报,我国也将采取一系列措施。

2.5 有机锡化合物(OTs)

2.5.1 OTs 的物理化学性质

有机锡化合物(Organotin compounds,OTs)是锡和碳元素直接结合所形成的金属有机化合物;通式 R_nSnX_{4-n}($n=1\sim4$,R 为烷基或芳香基,X 代表阴离子,如卤原子、氢氧根离子等。);包括烷基锡化合物和芳香基化合物两类。其基本结构有一取代体、二取代体、三取代体和四取代体(指 R 的数目)。6 种丁基锡与苯基锡化合物的化学结构如图 2.12 所示。OTs 的 Sn－C 键在水、空气及受热条件下均稳定,但是在紫外线(UV)、强酸及亲电化合物的作用下易发生断裂(Zimmerman, et al. ,1986)。Sn－C 键的个数,所带有机基团的长短对 OTs 的物理化学性质影响很大,丁基锡及苯基锡化合物的一些物理性质如表 2.19 所示。

表 2.19　丁基锡及苯基锡的物理性质(赵冬梅,2007)

名称	CAS 号[a]	熔点/℃	沸点/℃	密度/(g/cm^3)	溶解度/(mg/dm^3)
TBT(三丁基锡)	1461-22-9	-16	172/(3.3 kPa)	1.21	50[b]/5~17
DBT(二丁基锡)	683-18-1	39~41	135/(1.3 kPa)	-	4~50[b]/92
MBT(一丁基锡)	1118-46-3	-	93/(1.3 kPa)	1.69	-
TPhT(三苯基锡)	668-34-8	28	163/(39.99 Pa)	1.374	5
DPhT(二苯基锡)	1135-99-5	39~43	333-337/(1.3 kPa)	-	-
MPhT(一苯基锡)	1124-19-2	-	130-132/(1.6 kPa)	1.83	-

a 化合物索引号;b 海水中溶解度;-无数据.

锡产量中的10%~20%用于合成OTs,它的使用开始于20世纪40年代,自60年代开始产量逐年增加,80年代全世界有机锡的年产量达到$(25\sim30)\times10^{6}$ kg,约是50年代的7倍。OTs主要有几方面用途,包括作为PVC稳定剂、防污涂料、杀虫剂、杀菌剂、除草剂、纺织品防霉剂等。在OTs中,二有机锡和三有机锡最有工业和农业上的应用价值,自50年代初OTs即被广泛应用于工农渔业等各个领域之中。

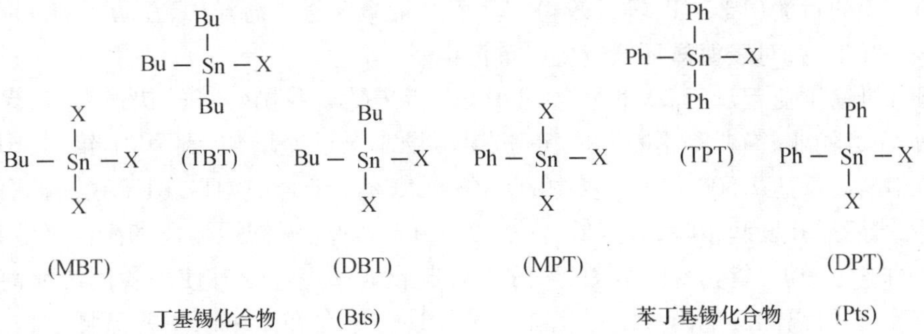

图 2.12　丁基锡及苯基锡的化学式(赵冬梅,2007)

2.5.2　OTs 的生产和使用

OTs的大规模使用始于20世纪中期,当时主要用于PVC工业生产的稳定剂和催化剂,后来随着其使用范围不断扩大,用于各种杀虫剂、除草剂、纺织品防霉以及海洋船舶防污(anti-fouling)。使用防污涂料的原因是为了防止海洋附着生物(如海草、软体动物、藤壶、水螅虫及海绵等)对船体、海洋建筑、钻井平台、网箱等的污损。

1. 工业生产中使用的有机锡

工业生产中有机锡主要用途是作为聚乙烯(PVC)的热和光稳定剂,用于这方面的有机锡约占世界有机锡总产量的60%。这些有机锡在聚乙烯的风化、陆地埋藏处理及废物的焚烧中转移到土壤或者大气,最终进入海洋。但正常情况下,PVC工业不会成为有机锡进入环境的主要来源(胡春,等,1995)。

2. 农业生产中使用的有机锡

用于农业生产的OTs约占世界总产量的30%,而且多是毒性较强的三丙基锡(TPT)和三丁基锡化合物(TBT),作为各种不同功效的农药。其中三丁基锡化合物对于植物、昆虫、真菌、鱼类、软体动物等均有较大毒性,所以广泛用作杀菌剂、杀螨剂、木材防腐剂等。这些含有OTs的农药在农业的利用后直接污染大气、土壤、临近水域,或地表、地下径流进入海洋,是海洋中三丁基锡污染的主要来源之一。

3. 海洋防污涂料中使用的有机锡

三丁基锡及三苯基锡化合物因其毒性及结构特点被广泛应用于船舶、渔排网箱等的防污涂料中,主要作用是在水体中有效持久的释放可以杀死海洋污损生物的毒性物质,从而达到防护船舶外壳的目的(周名江,等,1994)。然而大量OTs进入海洋中,在防污的同时也会影响到许多非目标生物,对于海洋环境造成严重污染。

我国有机锡工业起步于20世纪60年代,近年来随着我国经济的快速发展,聚氯乙烯加工工业、海洋运输业、渔业等不断发展,有机锡市场需求迅速增加,到2001年,我国内地市场有机锡的年消耗量达7 500 t,锡产量中的10% ~20%用于合成OTs,由于我国拥有宽阔的沿海海域,虽然海洋开发起步晚,起点低,但自改革开放以来,海洋运输业和海洋渔业快速发展,海洋经济的连年增加,货物吞吐能力、海滨旅游业收入的迅速上升使得我国沿海海域的污染越来越严重,有机锡和其他内分泌干扰物已被发现普遍存在于中国主要流域、海洋水体及沉积物中。

2.5.3 海洋环境中OTs的来源、分布

基于OTs具有高毒性和相对持久性,海洋环境中的有机锡污染一直受到普遍关注。三丁基锡(Tributyltin,TBT)和三苯基锡(Triphenyltin,TPhT)目前被认为是人为引入海洋环境中最毒的物质之一,也是已知的内分泌干扰物中唯一的一种金属有机化合物(周名江,1994)。在水和沉积物中TBT及TPhT低浓度时就可以对水生生物产生高毒性,导致海洋腹足生物的性畸变(imposex)(Leung,et al. ,2006)。有机锡可通过多种途径对海洋造成污染。图2.13为海洋环境中有机锡的输入途径(程作联,等,1989)。

目前用于海洋船舶防污涂料中的OTs可以占到总产量的13%,其中最主要的是TBT和TPhT,其防污有效期可达三年以上。由于海洋环境中不能通过化学或生物的途径产生OTs,

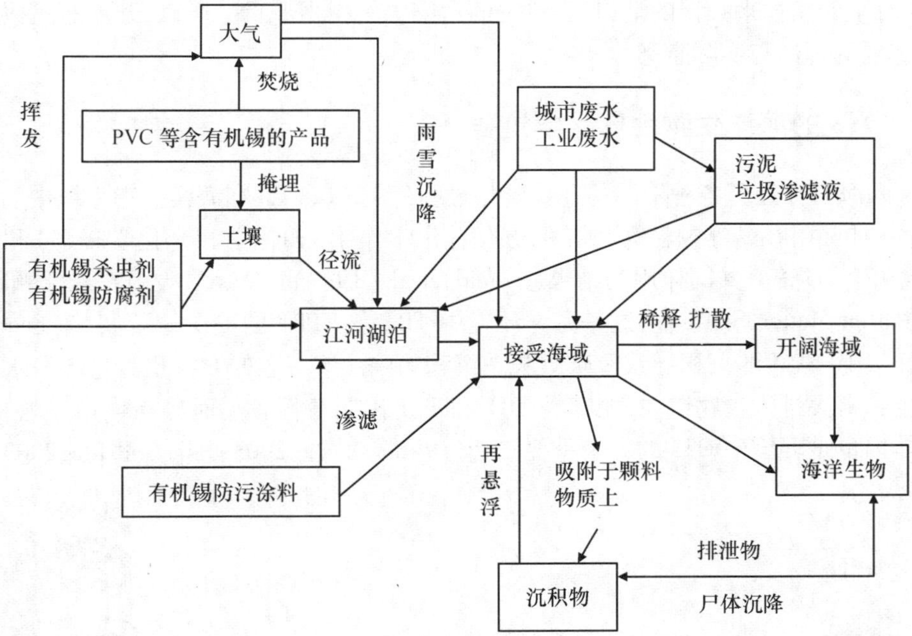

图 2.13　海洋环境中有机锡的输入途径(高俊敏,2004)

船舶防污涂料的释放往往是 OTs 进入海洋环境的直接来源,在船舶往来频繁的海域和港口有机锡污染最为严重。目前许多国家已将 TBT、TPhT 及其降解产物列于优先污染控制的黑名单中,但近岸海域有机锡污染仍时有报道(Michaud and Pelletier,2006;Kurihara,et al. ,2007)。

在水体中,大连、天津、青岛、上海和广西北海的浓度较高(锡平均浓度 128 ng/L,范围 3.1 ~1 273 ng/L 锡),在沉积物中,珠江、大亚湾、海门湾和广澳湾的浓度均较高(锡平均浓度 84 ng/g干重,范围 0.16 ~380 ng/g 锡干重)。Yang 等(2006)研究发现在中国沿海 21 个被监测的港口中,有四分之一的港口水域中的有机锡浓度已经足以对当地海洋生物产生慢性毒性。在沿海不少港口水域中(如青岛北部和上海东部),监测到 TBT 的浓度很高,说明仍有新的 TBT 排入海域。黄长江等(2005)和 Wang 等(2008)调查了中国东南沿海水域中的有机锡含量,虽然 TBT 在水体中的含量相对较低,但在沉积物中 TBT 的含量却很高。Cao 等(2009)综述了我国海域水体、沉积物、生物样中有机锡污染状况,认为有机锡污染在中国仍然是一个严重的问题。

在全球范围内海洋环境中有机锡的污染依然十分严重。Negri 和 Marshall(2009)最近发现两个被公认为地球上具有最原始风貌的大堡礁和南极地区有机锡的污染高达 340 000 mg/kg 和 2 290 mg/kg。Jadhav 等(2009)调查了印度西海岸 Zuari 河口沉积物中有机锡的含量,发现其染物程度已足以对海洋动植物产生危害,而且仍有新的丁基锡类化合物输入。Di'ez 和 Bayona(2009)调查了地中海西部(西班牙)和大西洋北部(葡萄牙)港口的沉积物中 TBT 浓度，认为对于船舶往来频繁的港口，有机锡的污染仍然相当严重。所以，开展有机锡污染研究仍具有重要的理论与实际意义。

2.5.4 OTs的海洋生物地球化学过程

OTs入海后会经历各种不同的迁移转化过程（图2.14），其在海洋生态系统中的持久性是物理作用（如吸附在悬浮颗粒物和沉积物上）、化学作用（如化学和光化学降解）和生物作用（如吸收和生物降解）共同作用的结果（Arnold，et al.，1997）。OTs易吸附在悬浮颗粒物（Suspended Partial Matter，SPM）上，这是海洋环境中TBT与TPhT的一个重要归趋（Fent and Looser，1995）。而SPM的沉积导致OTs聚积在沉积物中。溶解态的OTs更易进入海水中迁移或者通过生物富集进入食物链中，尤其是TBT和TPT因脂溶性较高而易在生物体内富集，富集在生物体内也是环境中OTs的一个重要归趋（Devier，et al.，2003；Hsia and Liu，2003）。

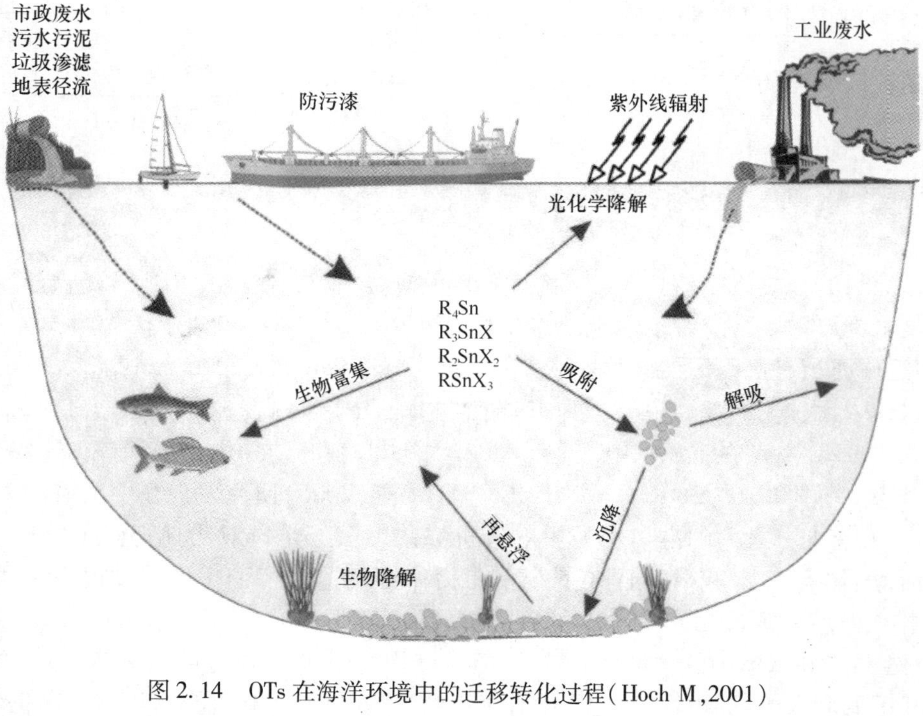

图2.14 OTs在海洋环境中的迁移转化过程（Hoch M，2001）

环境中OTs的降解是锡原子上的有机基团不断去除的过程。自然界中有机锡的这种降解过程往往是光降解、生物降解和化学降解综合反应的结果，MBT和DBT是TBT降解后的主要产物（Suehiro，et al.，2006）。

研究表明，有机锡污染比较集中于船舶往来频繁的港口、码头及船坞（Strand，et al.，2003）。在比利时Antwerp港湾的研究发现，由于新刷油漆船只的运行，修船厂附近TBT含量要显著高于周边海域[443 ng/L],且港口中丁基锡浓度在5~8月间持续增加。对日本东京湾的研究发现当地较高水平的TBT污染与频繁的船舶运输密切相关(Hashimoto, et al., 1998)。北海海域螺(*Buccinum undatum*)的性畸变程度也与船舶运输密度表现出强的正相关(Cadee, et al., 1995),而这种性畸变被认为是TBT所导致的。

除了近岸的港口和码头,一些被认为是远离这些污染源的海域也有检测到有机锡污染。Hardy和Cleary(1992)分析了远离岸边200 km的5个站点微表层海水中的TBT,其含量可以高达20 ng/L,而TBT在2 ng/L的时候即可导致狗螺的性畸变。处于高纬度的格陵兰岛附近海域也受到了OTs的污染,并且已经对当地的海洋生物产生了不良影响(Strand, et al., 2006)。Negri等(2004)在南极Ross Sea的8个站位中的6个站位的沉积物样品检出了OTs,锡最高浓度达到2 290 ng/g dw,并指出破冰船等船舶上的防污涂料是该海域OTs的主要来源。

沉积物中的OTs半衰期较长,并且可能成为周围水环境的污染释放源。即便有机锡禁令实施很多年后,一些海域中仍然可以监测到较高水平的OTs。Chau等(1997)调查了1989年加拿大有机锡控制令实施5年后的水环境中有机锡污染情况,结果发现淡水体系中TBT浓度有下降趋势,而海水污染并没有明显改善迹象,沉积物中的TBT更是持久存在。

Díaz等(2007)对西班牙北部海域沉积物中OTs进行了测定,浓度在18.0~176.7 ng/g之间,并指出该海区牡蛎体内OTs的浓度及壳变厚的程度与沉积物中有机锡的浓度显著相关。袁东星等(2001)对厦门港表层沉积物中丁基锡化合物的研究发现表层沉积物中TBT的含量在0.16~24.03 ng/g之间,高于闽江口。此外,OTs在柱状沉积物中的垂直分布可以指示该地区不同时间有机锡污染的输入情况。Page等(1998)对美国Boothway港沉积物中OTs进行了测定,从表层到20 cm深的沉积物柱中的TBT百分含量呈下降趋势,这与不同时期有机锡污染的输入、沉积物中微生物对OTs的降解及沉积物自身的组成有关。

总的来说,由于船体防污漆中TBT和TPhT的直接释放,近海有机锡污染比远海严重。经济发达国家船舶往来较为频繁,OTs使用量相对较高,发达国家有机锡污染普遍比发展中国家严重。此外,季节变化也会影响海洋环境中OTs的浓度,夏季和秋季环境中OTs浓度可能比冬季和春季高,这是由于夏秋海上船只来往更频繁,海水温度也相对较高,因此有更多的TBT从防污漆中释放出来。

OTs是金属有机化合物,因此同时具有金属离子和有机化合物的性质。有机锡在悬浮颗粒物或沉积物上的吸附机理具有多样性,不同文献对TBT吸附常数的报道甚至可以相差几个数量级。其吸附不仅取决于OTs的种类,而且与颗粒物或沉积物的组成、结构及环境介质条件密切相关,如pH、盐度及温度等是这些环境因素共同作用的结果(Huang, et al., 2004; Burton, et al., 2005)。自然条件下57%~95%的TBT吸附在SPM上,仅少数的TBT以溶解态形式存在。TBT在沉积物上的吸附是可逆的,在剧烈振摇之后约80%沉积物上吸附的可以TBT重新进入水相(Greaves and Unger, 1988)。

海洋环境中三有机锡在自然条件下可以降解成为一有机锡及二有机锡。一些微生物也可以降解 TBT)。有研究证明微藻和细菌对水生系统中 TBT 的降解起了较大的作用,一些细菌,如假单胞菌 *aeruginosa* 和 *pudda C* 在一定的条件下能够降解 OTs,微藻在 4℃时能降解 TBT。TBT 在夏季的半衰期仅有 7 ~ 30 d,而在冬季半衰期长达 2 个月。Bryan 等(1989)测得港口地区海水中 TBT 的半衰期为 4 ~ 14 d。Dowson 等(1993)测得沉积物中 TBT 的半衰期为 360 ~ 775 d,而 Maguire(1987)报道沉积物中 TBT 的半衰期为 4 ~ 5 个月,Stewart 和 Thompson (1997)的报道甚至大于 8 a。

由于重视不够,我国对海洋环境中有机锡污染研究不多,尚缺少系统的有机锡污染监测数据。在我国港口水域,特别是近海、港湾和内河港口,有机锡污染问题比较严重。我国青岛中港和军港 TBT 浓度的锡含量分别为 3. 5 和 17. 7 μg/L,其中军港还检测到 TPhT;上海吴淞口近岸 TBT 浓度的锡含量为 6. 1 μg/L(王克欧,等,1994)。此外,江桂斌等(2000)对我国部分水域的调查结果表明,采样点均存在有机锡污染,上海黄浦江复兴东路轮渡码头水样中 TBT 的锡含量高达 425. 3 ng/L,这已远超过某些敏感的淡水生物正常生存所能承受的浓度范围和发达国家规定的残留标准,会对海洋生物造成严重危害。施华宏等(2003)对我国东南沿海疣荔枝螺(*Thais clavigera*)和蚵敌荔枝螺(*T. gradata*)的调查发现少数采样点其性畸变率达到 100%,并指出性畸变程度与海水中 OTs 特别是 TBT 的污染关系密切。

鉴于 OTs 对海洋环境造成的影响,欧美国家对有机锡污染的研究非常重视,在超灵敏检测方法和各种环境样品及生物样品前处理方面做了大量的工作,对 OTs 在水/沉积物界面的吸附解析、微表层中的富集等环境行为方面也进行了比较深入的研究。已开展的工作大多集中在近岸港口海域有机锡污染的调查方面,更为关注有机锡禁令实施之后的效果。但关于 OTs 地球化学过程的研究多集中在实验室研究方面,对于环境复杂、影响因素更为多样的海域现场研究还只有少数。

国内对 OTs 的研究起步较晚,缺乏灵敏有效的分析检测方法是制约开展有机锡污染研究的原因之一。目前我国还缺少对 OTs 海域污染现状的系统深入调查,对于其入海后的生物地球化学过程系统的研究就更少了。了解我国 OTs 的海域污染分布特征,系统研究其在海水/SPM 界面、海水/沉积物界面的分配及 OTs 入海后的海洋生物地球化学过程的研究是很有必要的。

2.5.5 OTs 的毒性

1. OTs 对海洋生物的影响

自从发现 OTs 对海洋的污染以来,有机锡被认为是迄今为止由于人为因素而导致大量进入海洋环境的最毒的化学品之一。20 世纪 80 年代,日本的三丁基锡污染严重。根据当时对日本全国沿海的取样调查,一半以上的样品残留量超过了基准值。1977—1983 年间,有机锡的污染使得法国牡蛎养殖业几乎陷入瘫痪。1982 年法国政府在对有机锡污染状况调查研究的基础上，率先实行限制有机锡海洋防污涂料的使用。到了20世纪80年代末90年代初，美国、英国、加拿大、日本、西班牙等各国都陆续实行限制或禁止有机锡涂料的生产和使用。尽管如此，由于有机锡在海洋环境中的长期残留，在限制使用近10年后，海水和底泥中的有机锡含量仍无明显下降。

由此在世界范围内展开了对有机锡的广泛调查，有大量证据表明有机锡尤其是TBT和TPT会对海洋生态系统产生极大的危害。TBT和TPT对海藻毒害作用较强，TPT对扁藻（*Platymonas* sp.）的毒害主要是破坏叶绿体光合片层的网状结构，同时线粒体发生水肿，内脊局部瓦解。此外，TBT防污漆在杀死附着生物的同时，也会对非目标生物造成影响，并且被认为是迄今为止人为引入海洋环境毒性最大的物质之一（Champ，2000）。1974年，英国东海岸养殖者发现太平洋牡蛎（*Crassostrea gigas*）出现贝壳增厚现象。当时的野外调查曾认为这同水中无机颗粒有关，是水体中的无机颗粒促进了贝壳的生长速度。然而，1976年在法国南部的阿卡琼，又发现贝壳增厚成球形的现象，这次研究者发现同船舶数量有关，并开始怀疑可能由船舶污染引起。调查者同时还发现在一些海湾，已经没有附着的牡蛎幼体，这说明污染物对幼体也造成了影响。在众多的污染物中，科研人员联想到了自20世纪60年代起引入海洋环境中的含有有机锡的防污漆。20世纪80年代初期，法国阿卡琼（Arcachon）海湾中的牡蛎养殖业突然陷入了困境，幼蠔和成体都大幅减产，在1977—1983年中直接经济损失达8.8亿法郎。科研人员在调查中发现，牡蛎死亡的原因同TBT污染有关。实验证明，0.15 ng/L TBT便可以导致*C. gigas*贝壳增厚，0.15 ng/L时严重抑制牡蛎的生长，牡蛎对TBT的富集系数高达10^4。并且当海水中的OTs转移到沉积物中，又会给底栖生物造成毒害，破坏底栖生物群落的时空结构和次级生产功能。海洋生态系统的各个组成部分中，海样底栖生物群落对有机锡污染的反应最强烈。它是海洋生态系统中的一个薄弱环节。海水中的OTs由于生物降解、化学降解或者光降解，其半衰期一般为几天，而OTs与悬浮颗粒结合转移到沉积物中以后变得相当稳定，半衰期一般为半年以上，在厌氧条件下长达数年。这就意味着即使水域环境中的有机锡浓度处于较低水平，大部分底栖生物在其整个生活史中都处于有机锡污染的侵害之下。这种长期慢性毒性的积累很容易导致生物种群繁殖能力的衰退，甚至导致一些敏感生物种群的衰亡，从而破坏底栖生物群落正常的结构和功能。在底栖生物群落中，软体动物对有机锡污染物最为敏感，当沉积物被有机锡污染后，先是软体动物受到毒害（Bauer，et al.，1995）。

对鱼类的毒性实验表明，有机锡尤其是三丁基锡、三苯基锡及三环己基锡对鱼类毒性很大，生活于受有机锡污染海域中的鱼类的腮上皮细胞中的TBT浓度能达到很高，TBT还能抑制由肾上腺素诱导的Na^+/H^+的交换，导致受氧胁迫下的鱼类处于更加不利的状况。对海洋甲壳类来说，一般当TBT浓度达到1 μg/L以上时，就会产生有害影响，1 μg/L的TBT作用6 h就能影响龙虾（*Homarus americanus*）幼体正常变态。此外，大量结果也发现生物体对OTs具有较强的富集的能力，生物相中TBT的浓度通常要比其周围水相高，这是因为TBT分子的高比表面、高分配比和高的生物摄取率，海洋生物一般是通过直接吞噬水体中溶解态和吸附在颗粒物上的TBT以及通过食物相摄入两种途径，在生物体内积累的TBT除部分生物降解外，剩余的通过食物链向下一营养级传递。OTs积累在海洋生物体内，如牡蛎、甲壳类动物、鱼类、海鸟以及海洋哺乳动物体内，浓度可高达2.2 mg OTs/kg湿重。这些受污染的海洋生物中有很多可以直接或间接地作为人类食物。日本的研究表明，人类从食物中摄取的TBT的日常吸入量可达2.2～6.9 μg TBT。

由于有机锡污染广泛存在，世界各地海洋哺乳动物，如西北太平洋和孟加拉湾沿海的鲸、意大利和美国沿海的宽吻海豚、印度恒河海豚、加利福尼亚沿海的海獭等动物体内均发现了高浓度的有机锡。海洋哺乳动物中较高含量的有机锡表明较低营养级的物种富集的有机锡会通过食物链传递到更高营养级的物种上。早期的研究表明TBT是长须鲸体内丁基锡的最主要成分，日本伊势湾江豚的大部分组织器宫中TBT含量是所有丁基锡中最多的，体内TBT比例较高意味着江豚对丁基锡的代谢能力较低。Iwata等(1997)研究了日本沿海江豚体内各组织器官中丁基锡的含量，Seto内海江豚肝脏和肾脏中丁基锡浓度分别为10.2 μg/g和3.2 μg/g湿重，丁基锡的成分表现出不同的组织器官富集模式，肝脏和血液中DBT的比例较高，分别为55%～71%和78%，肌肉、肝脏、脂肪中保留有大部分的丁基锡化合物，这可能反应了暴露于TBT后不同组织器官代谢能力的差别。根据江豚体内TBT含量和食物中TBT含量计算出江豚的BMF值为1.8，几乎比实验室测得真鲷的BMF值(0.38)高5倍，这意味着江豚比鱼类更易富集TBT类物质。由于江豚既可以栖息在海洋中，也可以栖息在河流中，因此容易暴露在人为输入的化学物质中。Takahashi等(1999)检测了1979—1996年日本、中国、菲律宾、印度等国沿海14种鲸类动物和2种鳍足类动物体内丁基锡污染状况，几乎所有肝脏样品中均检测到丁基锡化合物，丁基锡化合物中DBT是主要成分，其次是TBT和MBT。这种分布模式与黑海的鼠海豚、意大利沿海的宽吻海豚、美国大西洋沿岸搁浅的鲸体内丁基锡分布模式类似，这表明鲸类动物的代谢过程是相似的。远岸的鲸类动物肝脏中丁基锡浓度高于近岸鳍足类动物肝脏中丁基锡浓度，这主要是由于长毛的鳍足类动物体内相当一部分丁基锡可以通过换毛而排泄掉。鲸类动物相比海獭体内DBT比例相对较少，大多数情况下海獭组织中丁基锡以TBT为主，这可能表明海獭对TBT的代谢能力较鲸类动物差。海獭体内丁基锡富集较高可能是由于海獭摄食范围较宽，包括无脊椎动物如软体动物贻贝和腹足类动物等，这些动物通常比鱼更能富集丁基锡污染物(Guruge, et al., 1998)。海獭对化学污染物很敏感，由于海獭是不迁移的，海獭体内污染物负担可以反映其栖息地的污染状况，因此海獭可以作为海洋污染的指示动物。

目前，处于食物链最高营养级的鸟也受到有机锡污染的威胁。鸟位于食物链的顶端，有最高浓度的异型生物质，因此可以作为监测环境污染特别是有机金属化合物污染的生物指示器，目前最重要的是了解当前野生鸟的污染状况和鸟体内有机锡的基本动力学行为(Becker, 1989)。野生鸟体内丁基锡浓度与其天然饮食中丁基锡浓度的比较研究表明，丁基锡会在摄食过程中富集在各种水鸟的羽毛、肌肉、肝和肾脏等组织中，其中 MBT 是主要保留的物质，这意味着鸟对这些物质具有较高的代谢能力。通过比较鸬鹚和其食物(鱼)中丁基锡化合物的成分发现，鸬鹚肝脏内含有较大比例的 MBT 和 DBT，肠内物质 MBT 和 DBT 的比例也大于鱼体内 MBT 和 DBT 的比例，这表明鸬鹚体内的丁基锡不但可能在肝脏中发生代谢，也可能在消化道中通过微生物和(或)消化酶发生代谢。有趣的是，以软体动物为食的海鸭似乎比以鱼和小型哺乳动物为食的肉食型水鸟更易富集丁基锡化合物，如以软体动物为食的长尾鸭(*Clangula hyemalis*)和红喉潜鸟(*Gavia stellata*)富集的丁基锡浓度就比北尾鹰(*Haliaeetus albicilla*)高，这个结论说明将来港口和码头的丁基锡监测中应注意监测以软体动物为食的水鸟。鸟类羽毛中含有较高浓度的丁基锡，经过一次完整的换毛周期，鸟体内约有四分之一的丁基锡会排泄掉，因此与其他海洋生物相比鸟富集的丁基锡可能更少些(Guruge, et al. ,1996)。从目前的研究来看，鸟的躯体羽毛占整个身体羽毛的70%，躯体羽毛中丁基锡的负担与体内丁基锡负担相关，这意味着躯体羽毛有可能作为测定野生鸟体内丁基锡污染的非破坏性的生物指示器(Kannan and Falandysz, 1997)。

2. 海洋生物中 OTs 的全球分布模式

由于世界各地有机锡的使用情况不同，因此各地海洋生物有机锡污染状况差别较大，但总的说来具有如下特点：

(1)发达国家污染比不发达国家严重一般说来，由于发达国家经济发达，OTs 使用量相对较高，因此发达国家有机锡污染普遍比发展中国家严重，相应的海洋生物体内有机锡浓度也高于发展中国家。Takahashi 等(1999)调查表明，在印度、菲律宾和中国等发展中国家沿海生活的鲸类动物肝脏中丁基锡化合物的浓度明显低于在日本、美国和意大利等发达国家沿海生活的鲸类动物。此外，发达国家近岸哺乳动物肝脏中 MBT 和 DBT 占总丁基锡的比例为 55% ~75%，而发展中国家为 33% ~57%，这表明 MBT 和 DBT 在发达国家的输入较高，这与发达国家大量使用含 MBT 和 DBT 稳定剂的 PVC 材料有关。

(2)近岸污染普遍高于远海。由于大多数海上设施均在岸边，近海船只来往较远海频繁，加上沿海城市污水和工业废水的排放，因此近岸有机锡污染普遍高于远海，近岸栖息的生物体内有机锡的浓度也高于远海栖息的物种。例如，美国大西洋沿岸采集的斑海豚和抹香鲸肝脏中丁基锡浓度比宽吻海豚肝脏中丁基锡浓度低 3 ~4 倍，这主要是由于斑海豚和抹香鲸均属于远岸物种，对丁基锡的暴露较少，而宽吻海豚是近岸物种，主要栖息在海湾、河口和岛屿之间近岸河道里，因此更容易暴露于丁基锡(Kannan, et al. ,1997)。

(3)不同时间有机锡污染差别较大。季节变化会影响生物体内有机锡的浓度，夏天和秋天生物体内丁基锡浓度可能比冬天和春天高，这是由于夏天和秋天海上船只来往更频繁，因此会有更多的 TBT 从防污油漆中释放出来。此外，限制 TBT 使用前后生物体内丁基锡的含量也有变化。限制使用含 TBT 的防污油漆以后，一些检测数据表明有机锡浓度明显减少了，这在小于 25 m 的船只占多数的封闭的水道和河口中可观察到。但是不同的国家变化情况不太一致，例如，澳大利亚禁止使用含 TBT 的防污油漆后，悉尼岩石牡蛎体内三丁基锡浓度有所减少，禁止前存在的牡砺生长受阻和壳畸形的现象消失了，健康牡蛎体内三丁基锡浓度接近检测限 0.2 μg/g；而美国尽管 1988 年就开始限制使用 TBT，但 1994 年墨西哥湾鱼体内 TBT 浓度仍较高，加利福尼亚沿岸海獭体内仍富集了大量的丁基锡（Guruge，et al.，1998）。

（4）雌雄生物体内吸收有机锡的差别。1992—1996 年加利福尼亚沿岸发现的死海獭雌性肝脏中丁基锡平均浓度1 420 ng/g，比雄性 750 ng/g 高两倍（雌性肝脏中 DBT 占总丁基锡的51%，而雄性肝脏中 TBT 占 50%），肾脏中丁基锡平均浓度 190 ng/g 也高于雄性 142 ng/g，这可能是由于雌性摄食速度较雄性快，而体形较雄性小，因而稀释效果更小的缘故。OTs 通过干扰生物体内分泌系统使雌性个体雄性化，不同性别生物体对有机锡污染物的吸收、转化、代谢动力学的机理存在着差异。有研究发现雌性鱼体有将体内污染物转移到生殖系统当中的卵或胚胎的能力，如 DiPinto 等（1993）发现经过毒物暴露的雌性鱼的鱼卵当中，PCB 的含量为其他器官中含量的 4 倍。TBT 也被发现易于通过母体转移而富集在雌性鲤鱼（*Phoxinus phoxinus*）和珍珠贝（*Pinctada fucata martensii*）体内的卵中。Bentivegna 和 Piatkowski（1998）通过将正处于发育阶段的青鳉鱼（*Oryzias latipes*）胚胎暴露于 TBT 溶液当中，结果发现 TBT 对胚胎的正常的生长孵化以及眼睛的直径和体节数量的形成均产生了不利的影响。此实验表明胚胎有可能是 TBT 富集并产生毒害作用潜在的靶器官。Nakanishi（2007）报道称怀孕妇女体内的胎盘也是 OTs 毒害作用潜在的靶器官，有机锡可促使人类胎盘中雌激素以及其绒毛膜上促性腺激素的合成，从而干扰胎儿正常的性发育。

也有一些研究认为，雌性生物体这种将污染物转移到生殖系统中的卵或胚胎的方式，是一种长期进化形成的特殊技能。如将一种小虾（*Palaemonetes pugio*）暴露于芘溶液 6 个星期后，发现经过暴露的雌性与对照组的雄性交配，它们产生胚胎的死亡率为 50%。而对照组的雌性与对照组雄性或经过暴露的雄性交配后，它们产生胚胎的死亡率却小于 10%。这个实验表明，雌性小虾将污染物从它们体内相对重要的器官和组织中转移到了卵中，从而造成胚胎死亡率升高（McClellan - Green，et al.，2007）。

有机锡毒性效应的一个最大特点就是会造成雌性腹足类动物的性畸变，而对雄性生物的影响较小，这种现象是否跟 OTs 在不同性别生物体内的吸收、转化、代谢动力学过程的不同有关，目前还没有相关研究来深入探讨这个问题。

（5）有机锡在生物体内的富集具有特定的组织器官富集模式。海洋生物体中有机锡的富集表现出特定的组织器官富集模式，同一生物体内不同的组织器官有机锡的浓度和组成不同，这说明不同的组织器官对有机锡的代谢能力有差别。生物体中有机锡的富集受生物体内存在的一些蛋白如谷胱甘肽和 α - 角蛋白的影响，丁基锡化合物容易与这些蛋白上的 - SH 和 = NH 结合。动物肝脏和肾脏中谷肤甘肤占主要成分，而头发、指甲和羽毛中 α - 角蛋白为主要成分，丁基锡化合物与这些蛋白结合后易于在肝、肾、头发、指甲和羽毛中富集。TBT 及其代谢产物 DBT 和 MBT 在不同的组织器官内分布差别较大，海洋哺乳动物大多数组织器官中三种丁基锡的浓度顺序为:TBT > DBT > MBT,而代谢活性点如肝脏、肾脏、脾和膀胱中 DBT 和 MBT 的浓度比 TBT 高。肌肉、心脏、脂和脑中 TBT 比例较高,这可能与 TBT 和红血球的结合有关。

3. OTs 造成腹足类动物性畸变

研究已表明,OTs 是一类内分泌干扰物质。这些物质会影响生物最基本的生殖功能,干扰体内激素的分泌,从而造成生殖和遗传方面的不良后果。大量的研究证实三丁基锡能够引起软体动物生殖逆向改变,从而使得该种群中雌性个体比例下降,幼体数目减少。最终导致种群的衰退。OTs 能引起海产贝类性畸变(Imposex),雌性激素转化为雄性激素,导致雌性减少雄性增加。在英国,曾经发现三丁基锡(TBT)引起荔枝螺性别变异和群体衰败,造成许多地区的荔枝螺处于种群消亡的危险之中。三丁基锡(TBT)引起牡蛎畸变的现象在美国、加拿大、英国、法国都有发现。亚洲是世界上有机锡污染最为严重的地区之一,其中日本和我国台湾的某些港口中的牡蛎已经发现百分之百雄化的现象。20 世纪 80 年代初,Bryan 等人陆续发现并证实了英国西南海岸的狗岩螺(*Nucella lapillus*)和其他一些海产腹足类性畸变现象的普遍存在。随后,有大量报道发现在不少地区的海产腹足类普遍存在着性畸变现象,腹足类性畸变程度与水体、沉积物及生物体中 OTs 尤其是三丁基锡的浓度以及海港码头远近之间存在着显著的相关关系,离港口距离越远,性畸变程度越轻,离港口距离越近,性畸变程度越为严重。而当将没有发生性畸变的个体转移到港口附近的区域后则发现,这些个体中也出现了性畸变,而将发生性畸变的个体转移到比较干净的水域,性畸变现象却不会消失。这一结果进一步表明了腹足类的性畸变与海港码头、海运活动频繁的海域远近之间的关联性,且当雄性器官一旦形成,就不会消失,这也被称之为性畸变的不可逆性。

Gibbs 等(1987)通过实验室暴露证实,当周围环境中 TBT 浓度在很低水平(1 ng/L)时,海洋腹足类就会产生性畸变,如直接注射 TBT 或 TPT 时,30 d 内即能出现性畸变。Spooner 等人将雌性狗岩螺幼体放入 TBT 浓度为 40 ng/L 的海水中,结果阴茎较对照组增长。

由于腹足类性畸变现象与有机锡之间的极好的相关性,且从 1970 年发现海产腹足类性畸变至今,有关海产腹足类性畸变发生的原因和形态变化、利用性畸变现象对有机锡污染进行监测和性畸变生态毒理学等方面的研究取得了重大的进展,到目前为止,腹足类中大约有 150 多种已被报道发现产生了性畸变(Matthiessen, et al. ,1999),因此,由于海产腹足类性畸变的普遍性、易认性、不可逆转性和对有机锡反应的特殊灵敏性使之在许多国家已被作为有机锡污染监测的一种简便而准确的判断工具,海产腹足类性畸变已成为监测海洋有机锡污染的一种有效指标。

4. 性畸变机制研究进展

目前普遍认为性畸变是由有机锡污染物引发起的,大量调查和实验研究也证实软体动物的性畸变现象与有机锡类化合物污染有直接关系。有不少研究结果认为性畸变现象的发生主要在于雌性体内自由睾酮激素的升高从而引起雌性雄性化,到目前为止,有关 TBT 引起性畸变的机理尚未完全清楚,主要有以下5种机制假说。

(1)神经肽 APGWamide 假说:该假说认为,TBT 由于具有神经毒性,当在神经系统聚积时,能刺激神经系统不正常地释放神经肽激素(APGWamide),而这种 APGWamide 因子能直接促成个体生长出雄性生殖器官(Oberdörster and McClellan - Green,2002)。

(2)维甲类受体(Retinoid X receptor,RXR)机制假说:脊椎和无脊椎动物核受体家族组成有很大不同,有人认为脊椎动物中雄性激素(androgen)和雌性激素(estrogen)可能并非是无脊椎动物中的功能性性激素。而 RXR 在进化过程中十分保守,能普遍存在在脊椎和无脊椎动物体内,且有实验证明 TBT 和 TPT 是 RXR 高度亲和体。因此推测,无脊椎动物的性畸变很可能与 RXR 有关。目前也已有不少实验对 RXR 表达与性畸变之间的关系进行了研究,并试图合理解释其机制,有学者认为 RXR 在雌性个体性畸变过程中扮演重要角色,因此借由 RXR 开始的信号转导途径也是目前的研究热点(Horiguchi,et al. ,2007)。

(3)神经内分泌系统干扰假说:该假说认为,软体动物与其他生物一样,神经系统兼有一定的内分泌功能,脑神经节可以释放某些因子,它们可以直接或间接控制动物体内类固醇激素的产生和代谢活动。在正常情况下,雌性动物体内神经内分泌因子能控制雄激素的大量产生,使雌性动物只发育雌性生殖器官,抑制阴茎等雄性器官的产生。当 TBT 在螺类脑神经节中大量积累后,扰乱神经内分泌系统的正常活动,抑制这种神经内分泌因子从胸神经节中的释放,导致雌性体内的雄激素增加而引起性畸变(Oehlmann,et al. ,1991)。

(4)睾酮分泌抑制假说:Ronis 和 Mason(1996)根据对荔枝螺(*L. littorea*)所做的体内外实验提出了另外一种假设,认为正常情况下,雄激素及活性代谢物可与硫络合,当 TBT 存在时,能够通过阻塞这种络合作用及其伴随的排泄作用,从而使得体内睾酮与活性代谢物等雄性激素增加,导致螺的性畸变,但这一假说很难充分解释为这是性畸变的唯一原因,仍需更多的实验支持。

(5)TBT 对芳香化酶细胞色素 P450 的抑制:芳香化酶属于细胞色素 P450 家族,故又称芳香化酶细胞色素 P450,可催化雄烯二酮和睾酮分别转化为雌酮和雌二醇,是脊椎动物体内雌激素生物合成的限速酶。芳香化酶细胞色素 P450 在促进脊椎动物性别形成过程中有着极其重要的作用。当没有芳香化酶抑制剂时,雄激素可被芳香化酶催化转化为雌激素,雌激素抑制雄性器官的产生(Bettin,et al. ,1996)。因此,研究者认为 TBT 竞争性抑制芳香化酶 P450 活性,从而阻止雄性激素向雌性激素的转化。

2.5.6 国外 OTs 的相关法律法规及我国立法现状

海洋生物主要从水、沉积物和食物中获取到有机锡,只有从源头上控制住 OTs,才能真正控制海洋环境的有机锡污染。早在1974年的《联合国海洋污染物防治公约》中就把有机锡列入必须控制的灰名单(Grey list)中,1976年的《Rhine 公约》又把5种毒性特别大的 OTs 列入严格限制的黑名单(Black List)。80年代开始,最早由法国政府开始制定法规禁止在长度小于25 m的船只上使用有机锡涂料，随后不少国家包括英国（1987）、美国（1988）、澳大利亚（1989）、欧盟（1991）等纷纷立法限定有机锡的使用。日本是一个航运业发达的国家，在港口水域调查中，发现其周围的水域也存在严重的TBT污染；1989年，日本造船协会禁止使用含TBT的防污漆；1990年，禁止在船舶上使用含TBT的防污漆；1997年，全面禁止了含TBT防污漆的生产（Gibson and Wilson，2003）。香港政府在20世纪90年代也颁布相应的法规规定到1992年底最终禁止长度小于25 m的小船上使用有机锡涂料（Ko，et al.，1995）。

在各个国家开始限定法规执行后不久，很多国家和地区的监测结果都表明水体和生物体内TBT含量有明显下降，但沉积物中TBT分解较缓慢，而性畸变的恢复更是比环境中有机锡含量慢得多（Leung，et al.，2006）。但即使这样，仍然在不少国家和地区港口发现了严重的有机锡污染，由于某些国家对限定法规的执行不力，且在世界范围内仍有不少国家缺乏相关的法律法规，使得有机锡污染持续恶化，在世界范围内有机锡污染相当严重。1988年，巴黎备忘录（PARCOM）向国际海事组织（the International Marintime Organization，IMO）提出限制TBT使用；1992年在里约热内卢召开的20世纪联合国环境与发展大会（UNCED）上签署的《21世纪议程》中要求各国采取措施以减少船舶防污漆中TBT对海洋环境的污染；1998年，海洋环境保护分委会（MEPC）同意起草一个强制性规则，禁止在防污漆中使用TBT一类的OTs；最终，在1999年11月，IMO通过决议“关于船舶使用的防污系统”（the International Convention on the Control of Harmful Anti－Fouling Systems on Ships（CHAFSS），同意从此时起，逐步分阶段达到禁止在船舶防污漆中使用TBT的目标，到2003年1月1日，在全球范围内禁止新船或坞修的船舶上使用含OTs的防污系统，到2008年1月1日，在所有船舶上完全禁止该防污系统的出现。该次大会由IMO的75个成员国和一个协会国参加，2个与IMO有合作协议的政府组织代表及23个与IMO有协商关系的非政府组织代表与会，我国同样也是国际海事成员国之一，且关于完全禁止船舶上有机锡防污系统的决议已经开始实施，但在国内，在对有机锡生产使用限制的相关法规方面，除了在2003年中国交通部发布了《不宜在船舶有害防污底系统中使用充当杀虫剂的OTs》的公告之外，到目前为止却还没有明确地限制有机锡使用的法律法规（高俊敏，等，2006）。因此有必要加强有机锡方面的调查研究工作，为我国内地制定有机锡海水水质标准或渔业水质标准，颁布相应的法律法规提供科学依据，以保护我国海洋生态环境及海洋资源的可持续利用。

2.6 烷基酚（APs）

2.6.1 APs的物理化学性质

烷基酚是烷基链在苯酚芳环上的取代产物，其中碳链长度为9个碳原子的壬基取代产物即为工业中重要的原料和中间体壬基酚。壬基酚的分子式为$C_9H_{19}C_6H_4OH$（或$C_{15}H_{24}O$），分子量为 220. 34 g/mol。壬基酚的物理状态为浅黄色黏稠液体，在标准状态下，熔点约为 -8℃，沸点 290 ~ 300℃之间，闪点为 141 ~ 155℃，20℃时的相对密度为 0. 95，黏度为 2 500 mPa · s，25℃时的蒸气压约为 0. 3Pa。壬基酚在水中的溶解度与 pH 有关，20℃为 5. 43 mg/L，其正辛醇 - 水分配系数 lgKow 为 4. 28。商业上的技术级壬基酚（technical grade NP，tNP），是不同取代位置和不同壬基链结构的异构体的混合物，对位取代（p - NP）为主含有少量邻位取代的壬基酚（o - NP）。目前为止，已经确认了 22 种 tNP 的异构体，但一份近期的报道引用了检测到 80 种异构体（Guenther，et al. ，2006）。几种 NP 异构体的结构式见图 2. 15 所示。

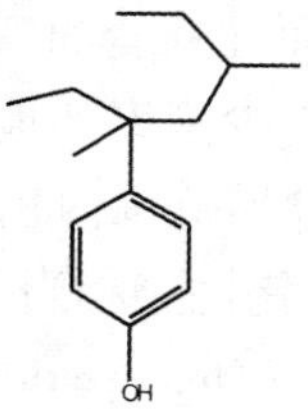

4-[1-ethyl-1,3-dimethylpentyl]-phenol

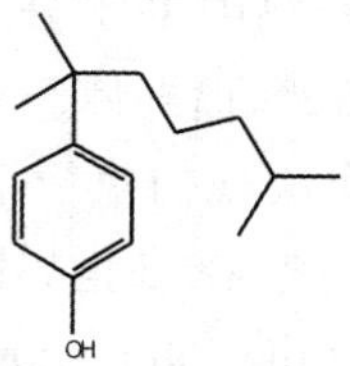

4-[1,1,5-trimethylhexyl]-phenol

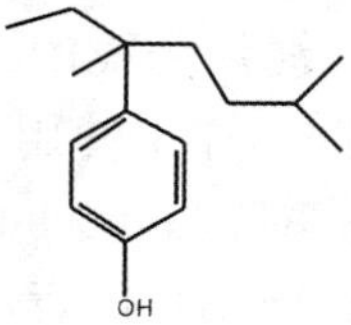

4-[1-ethyl-1,4-dimethylpentyl]-phenol

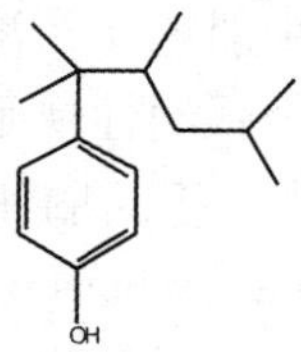

4-[1,1,2,4-tetramethylpentyl]-phenol

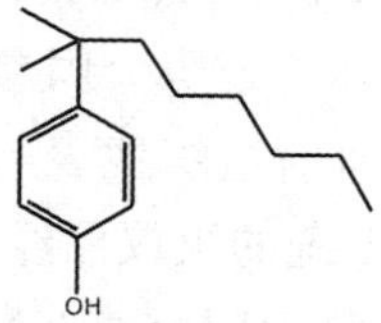

4-[1,1-dimethylhexyl]-phenol

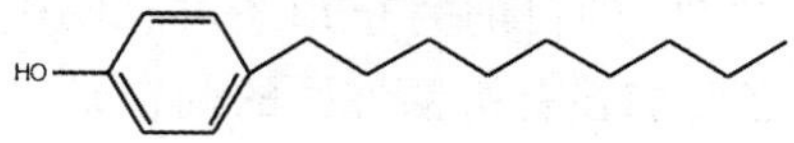

图 2. 15　几种 NP 的结构（傅明珠，2007）

2. 6. 2　APs 的生产和使用

烷基酚（Alkylphenol，AP）是一类典型的内分泌干扰物，具有毒性，生物累积性，雌激素活性和持久性。烷基酚是一类工业合成的化合物，在自然界不存在天然源。烷基酚既是工业中烷基酚聚氧乙烯醚（Nonylphenol ethoxylates，APEOs）的合成原料又是其在环境中的降解产物。烷基酚是一类工业合成的化合物，在自然界不存在天然源。烷基酚既是工业中烷基酚聚氧乙烯醚(Nonylphenol ethoxylates,APEOs)的合成原料又是其在环境中的降解产物。后者是一类性能优异的非离子表面活性剂,被广泛用于洗涤剂、除草剂、杀虫剂、塑料添加剂、乳化剂、润湿剂、涂料助剂、化妆品、纺织助剂和油田化学品中。APEOs 的世界年产量约为 700 000 t,其中壬基酚聚氧乙烯醚(Nonylphenol ethoxylates,NPEOs)约占 85%,其余多为辛基酚聚氧乙烯醚(Octylphenol ethoxylates,OPEOs)。中国 NPEOs 的年产量约为 50 000 t,约占世界产量的 10%。由 NP 及 NPEOs 的用途可知,此类化合物主要通过水体进入环境,据报道全世界 NPEOs 产量的 60% 进入了水体(黄振军,等,2002)。NPEOs 本身毒性较小,没有明显的雌激素效应,但这类化合物在环境中不稳定,在自然环境或污水处理厂的处理过程中,能够被降解生成 NP,短链壬基酚聚氧乙烯醚(NPEOs,s = 1,2,3)和壬基酚聚乙氧基羧酸(NPECs)等小分子物质。降解产物 NP 及其低分子聚合物的稳定性增加,水溶性降低,脂溶性增强,毒性也明显增加。NP 的亲脂性较强,其辛醇 - 水分配系数为 lg K_{ow} = 4.2 ~ 4.5。因此易于吸附在有机物和颗粒物表面上,在污水处理厂中大部分 NP 进入污水处理池的沉降泥渣中,残留的 NP 随出水排放到周围环境中,并成为纳污水域鱼类和其他水生生物的暴露源(exposure sources)。研究表明大约有 51% 的烷基酚通过 STP 排放污水和污泥进入环境。

20 世纪 80 年代早期,NP 作为持久性污染物在污水处理后的污泥中被检测到,NP 在地表水,地下水,大气,土壤和施用污泥的土壤,以及食品中的分布得到广泛报道。在 90 年代,NP 对内分泌系统负面效应的报道增加了人们对 NP 的关注程度,尽管 NP 对水生生物的毒性和生物累积作用早已明确。壬基酚的雌激素效应是偶然被发现的。1991 年,Soto 博士等人在实验室研究天然雌激素 17β - 雌二醇(17β - estrodiol,E2)的生物效应时,发现未加 E2 的对照样品也能引起人类乳腺癌细胞株 MCF - 7 的增殖。进一步的研究发现这种阳性反应是由于对照组所用的聚苯乙烯塑料离心管的溶出物所致。经提纯和分析证明塑料管溶出物中具有雌激素效应的物质就是作为塑料抗氧化剂加入的壬基酚。随后,在英国一些污水处理厂排水口下游的河流中发现了雄性鱼的雌性化现象,进一步研究证实了污水中的 NP 导致了这一畸形后果。从此,壬基酚这一内分泌干扰物得到了国际上各国政府和学术界的广泛关注。

2.6.3 APs 的环境行为

壬基酚的环境行为的研究,包括源和汇,浓度分布,迁移转化途径及其降解和归宿,是壬基酚在环境科学领域的重要研究方向之一。壬基酚在各种环境介质中的浓度水平和分布规律的研究,是评估野生生物及人类的暴露途径、暴露强度和频率的基础依据,可以为壬基酚的生态风险评估和制定相关的法律法规提供数据支持和科学依据。我国的烷基酚生产和使用量大,目前没有任何相关的法规限制此类污染物的使用和排放,另外我国的污水处理率低,2001 年的污水处理率还不到 15%,所以水体的烷基酚污染程度应引起重视。目前我国关于烷基酚类的环境分布数据还十分有限,对河口及海洋环境中的研究则更少,作为我国重要海产品养殖基地的胶州湾还未见有烷基酚污染数据的报道,我国两大河口——长江口和黄河口的烷基酚污染状况也无人涉及。河口地处河流与海洋的交汇地带,不仅受到海陆多种自然营力的作用,且受到人类活动的深刻影响,自然现象复杂多变,生物多样性高,生态环境脆弱。我国长江河口和黄河入海口地区资源丰富,人口密集,经济发达,人类活动的干扰,如污水排江排海,航道运输以及海上石油平台的建设,都将对河口的生态环境造成深刻影响,因此对河口区酚类污染物的研究对于保护河口区的自然和生态环境免遭破坏,使其得到合理开发利用,促进该地区可持续发展具有重要意义;胶州湾是我国北方重要海水养殖基地,养殖品种繁多包括鱼、虾、贝类等,脂溶性有机污染物会在生物体内产生生物累积并通过食物链威胁到人类健康,对胶州湾环境中酚类化合物的污染状况即水生生物暴露量开展调查,对于评价胶州湾水生生物的生态风险及海水养殖产品的食品安全具有重要意义。另外目前我国对于污水处理厂对烷基酚的处理效率也只有零星报道,而且没有与不同污水处理流程对去除效率的比较研究,污水处理是减少向环境中排放酚类污染物的重要途径之一,通过不同处理工艺对烷基酚的去除效率的对比研究,可以为污水处理厂优化工艺和参数,提高对烷基酚的去除效率指明方向。

2.6.3.1 APs在环境中的浓度分布

壬基酚自20世纪50年代问世以来,已经有半个世纪的生产使用历程,因此在各种环境介质中的普遍存在是不足为奇的。烷基酚在世界很多地区的地表水、地下水和海水以及各种其他的介质中被检测到,包括沉积物,土壤,水生生物,处理后排放污水和污泥,空气,食品甚至人类的血液和尿样。欧美等工业发达国家从80年代开始对烷基酚的浓度分布和环境行为进行研究,例如荷兰、英国、德国、美国和日本等国家已对国内水环境中烷基酚的污染状况进行了较广泛的调查,调查水域多集中于淡水系统。我国对此方面的调查从2000年以后开始起步。

2.6.3.2 大气及干/湿沉降中APs的浓度分布

NP的挥发度很低,在25℃的蒸气压约为0.3 Pa。释放到大气中的NP可以通过与羟基自由基反应而降解。NP与羟基自由基在大气中反应的半衰期约为0.3 d。NP吸附到气溶胶颗粒上的量也很低。由以上可知,NP从排放源通过大气远距离输送的可能性很小,挥发过程不太可能是NP从水体中去除的重要机制,大气对于NP的环境行为的影响可以忽略不计。NP在大气中浓度分布的研究比较少,主要集中于美国纽约-新泽西湾和哈得逊湾附近以及德国沿海和北海地区。

Dachs等(1999)年第一次报道了纽约-新泽西湾大气中NP的浓度2.2~70 ng/m^3。Xie等(2006)检测了德国GKSS研究中心和北海上空大气中的t-OP、NP、NP1EO的浓度。在GKSS研究中心样品中,气相中t-OP、NP和NP1EO的平均浓度分别为0.14 ng/m^3、0.22 ng/m^3和0.025 ng/m^3,气溶胶颗粒物中三者的平均浓度分别0.007 ng/m^3、0.040 ng/m^3、0.084 ng/m^3。在北海上空的样品中,t-OP、NP和NP1EO在气相中的平均浓度分别为0.01 ng/m^3、0.056 ng/m^3、0.012 ng/m^3,在气溶胶颗粒物中三者的平均浓度分别为

0.001 ng/m^3、0.010 ng/m^3、0.028 ng/m^3。大气中 t－OP 和 NP 浓度陆地地区比北海地区平均高 5～10 倍。

Xie 等(2004)于 2004 年 2 月 29 日至 3 月 10 日同时检测了北海海水和大气中 NP、t－OP、NP1EO 的浓度,通过实验测定的亨利定律常数和双膜滞留模型(two－film resistance model)估算了海气交换通量。结果显示 t－OP 和 NP 的平均海气交换通量分别为 －12 ± 6 ng/(m^2·day), －39 ± 19 ng/(m^2·day),说明发生的是净沉降过程,北海是 APs 的重要的汇,可能是大洋和遥远地区 APs 的潜在来源。Gigliotti 等(2000)通过估算的亨利定律常数和箱式模型估算了哈德逊河湾口(Hudson River Estuary)NP 的海气交换通量,在湾口上游 NP 的平均通量为 46 μg/(m^2·day),在湾口下游 NP 的通量为 4.3 μg/(m^2·day),可见挥发过程是 NP 在环境中归宿的重要机制。北海的 NP 海气交换通量比哈得逊河口低两个数量级。这种差异,除了两个地区的 NP 浓度不同外,是由随温度变化的亨利常数决定的。

Fries 和 Püttmann(2004)第一次研究了德国和比利时城市、郊区和乡村地区雨雪中的 4－NP 浓度。4－NP 在雨水中的平均浓度为 0.253 μg/L,夏季的平均浓度(0.099 μg/L)要远低于冬季的平均浓度(0.346 μg/L)。在雪样中,4－NP 的平均浓度为 0.242 μg/L。由于雨雪中 4－NP 的含量较高,作者认为湿沉降应该考虑为环境中内分泌干扰物 NP 的源之一。另外,在荷兰一项对全国境内水环境中内分泌干扰物的综合调查显示,在雨水中 BPA、OP、NP 的浓度范围分别为小于 15～57 ng/L,小于 80～280 ng/L,小于 410 ng/L (Vethaak, et al., 2005)。由于壬基酚的挥发度较低,在大气中的寿命很短,所以沉降过程可能只对排放源地区有影响。

2.6.3.3 海洋和河口地区水体及沉积物中 APs 浓度分布

世界上对烷基酚的浓度分布研究主要集中于淡水系统,海洋和河口地区的研究相对较少,有限的数据主要集中于欧洲北海沿岸的国家如荷兰、德国、英国、西班牙、意大利等,北美洲的美国和加拿大,近年来一些亚洲国家如日本、新加坡和我国也有部分数据报道。文献报道的河口和海水中典型的最高浓度在 1 μg/L,少数浓度更高如西班牙高到 10 μg/L 以色列高达 25 μg/L。Blackburn 和 Waldock(1995)调查了英格兰与威尔士 6 条河流和河口以及一个港口地区 NP 的浓度。河口和港口地区溶解态的 NP 以及总可提取的 NP 浓度分别为小于 0.08～3.1μg/L 和小于 0.08～5.2 μg/L,OP 的最高浓度为 13 μg/L,超过 80% 的河口水样中,总 NP 浓度低于 0.1 μg/L。Lye 等(1999)观测到英国河口沉积物中 NP 和 NPEOs 的最高浓度分别为 9050 和 3 970 ng/g(干重)。

Heemken 等(2001)检测到德国北海沿岸易北河口附近海水中 APs 的浓度介于 1～84 ng/L,其中 NP 的含量最高,APEOs 的浓度介于 0.1～111 ng/L,冬季水体中浓度大于夏季,可能是冬季微生物活性低的原因;北海水体中 98 年 5 月 BPA 的浓度为 7～249 ng/L,99 年 1 月为 1.6～41 ng/L。沉积物中 BPA 的浓度范围为 66～343 ng/g(干重),烷基酚类中 NP 的浓度最高,介于 367～997 ng/g(干重)。BP、PP、OP 低大约一个数量级,浓度范围 17～93 ng/g(干重）。Bester 等（2001）检测到德国海湾中 NP 的浓度介于 0.7 ~ 4.4 ng/L，沉积物中 NP 的浓度范围为10 ~ 153 ng/g dw，易北河口地区水体中 NP 的浓度为 33 ng/L，NP 浓度由河口到外海迅速降低，直到北海中部的浓度小于 1 ng/L，说明 NP 至少能被传输到几百米之外的外海地区，NP 与盐度成线性关系，说明没有发生明显的沉降和生物降解过程。

Jonkers 等（2003）研究了荷兰沿海地区 NPEOs 及其降解产物的环境行为和归宿，发现表层水中 NPEOs 比几米之下水体中的浓度大致高一个数量级。25% 以上的海水中的 NPEOs 吸附与悬浮颗粒物上。沉积物中 NPEOs 和 NP 的最高检测浓度分别为 277 ng/g 和 86 ng/g，NPECs 只有零星分布。在近岸的沉积物中检测到相对较高浓度的 NPEOs 和 NP，NP 和 NPEO 的浓度都随离岸距离的增加而降低，直到离岸 10 km 处浓度降低为 50 ng/g dw 以下。悬浮物中目标化合物的浓度比沉积物中高两个数量级。

Basheer 等（2004）检测了新加坡沿岸受工业、旅游业及航道运输等影响的海水中的 NP，其浓度为 320 ~ 2 760 ng/L。Cheng 等（2006）调查了台湾西南部海岸牡蛎养殖地区海水中的 NP 浓度，浓度范围为 290 ~ 370 ng/L。

NP 在外海只被检测到一次，在日本海 Kannan et al.（1998）观测到的 NP 浓度为 0.002 ~ 0.093 ng/L，北海比其高 3 个数量级。作者认为日本周围的深海潮流对 NP 有迅速的稀释作用。Kawahata 等（2004）检测了检测了日本冲绳群岛和石垣岛附近的 NP 和 BPA 的浓度。水体中 NP 范围为 0 ~ 0.17 μg/L，BPA：0 ~ 0.08 μg/L；沉积物中 NP 浓度：0 ~ 46 μg/kg，BPA：0 ~ 13 μg/kg。此次研究的大多数采样点位于距珊瑚礁 1 km 的地方，因此，作者认为 EDCs 对临近的珊瑚礁可能已经产生了影响。Kim 等（2005）检测了日本 Ariake Sea 不同异构体的 NP 的浓度。NP 在 Ariake Sea 海水中浓度从河口（49 ng/L）向离岸方向降低（11 ng/L，但即使是水体中检测到的最低浓度也足以对滕壶产生负面影响。不同的异构体雌激素活性不同，其中 NP7 的雌激素活性最高。

2.6.3.4 河流及沉积物中 APs 的浓度分布

总体来说，海水中烷基酚的浓度比河水中要低一个数量级。在美国化学品制造者协会（Chemical Manufacturers Association）和美国环境保护署（United States Environmental Protection Agency）的合作与共同资助下，Naylor 等（1992）调查了美国 30 条河流水体及沉积物中 NP 的含量。在这项研究中，水体中 NP 的浓度范围为小于 0.11 ~ 0.64 μg/L，平均浓度为 0.12 μg/L，沉积物中的浓度范围为小于 0.003 ~ 2.96 μg/g。

在英国对境内河流和河口的烷基酚污染调查中，STP 污水出水中的最高浓度为 330 μg/L，其受纳水体 Aire 河中 NP 浓度最高达 180 μg/L，此浓度已超过水蚤的慢性毒性浓度接近急性毒性浓度。在其他的河流和 STP 出水中 NP 总浓度介于小于 0.2 ~ 12 μg/L。Aire 河沉积物中检测到 NP 的浓度为 15 μg/g（Blackburn and Waldock，1995）。西班牙东北部 Catalonian 地区，STP 出水的受纳水体中，NP 的浓度高达 644 μg/L（Sole，et al.，2000）。Céspedes 等（2005）对西班牙东北部 Llobregat 水系中内分泌干扰物的分布研究得到 OP，NP，BPA，NP1EO 和 NP2EO

的浓度范围分别为小于0.09～21.9 μg/L，小于0.15～37.3 μg/L，小于0.09～2.97 μg/L，小于0.22～6.87 μg/L，小于0.06～3.17 μg/L。

Stachel等(2003)检测了易北河从捷克的发源地直到北海入海口的整个流程的水体和沉积物中外源性雌激素的浓度。河水中BPA的浓度为4～92 ng/L，支链NP为13～87 ng/L，支链NPEO为小于0.5～120 ng/L。沉积物中，BPA浓度为10～380 ng/g(干重)，支链NP为27～340 ng/g，支链NPEOs为24～3 700。Vitali等(2004)在意大利一项人类活动对水体中NP的影响以及人类的暴露量评估的研究中检测到意大利淡水系统中NP的浓度范围为小于100～1 400 ng/L。荷兰对境内各种环境介质中内分泌干扰物分布的调查中得到NP和BPA在河流中的浓度分别为小于100～4 100 ng/L和小于8.8～1 000 ng/L。

日本水体中NP的浓度范围为小于LOD(limit of detection)～3.0 μg/L。Isobe等(2001)研究了日本东京地区NP河流中NP的浓度为0.051～1.08 μg/L，OP的浓度(0.006～0.177 μg/L)比NP低一个数量级，与其他国家的监测结果相似。季节变化趋势显示，NP和OP在温暖的季节比寒冷的季节含量高。韩国西瓦湖水体中NP和BPA的浓度范围分别为17.4～113.4 ng/L和13.0～50.4 ng/L，汉江水体中NP的含量为23.2～187.6 ng/L。另外，近期Cheng等(2006)检测了台湾18条主要河流中NP的浓度为nd～5 100 ng/L；意大利特韦雷河(Tiber River)受污染最严重的支流中NP的浓度为0.15～0.58 μg/L。

2.6.3.5 APs吸附作用

水体中颗粒物对APs的吸附作用是河流和沿海地区控制APs的归宿的重要过程。东京河流中20%的NP存在于颗粒物中，NP和OP经过有机碳校正的分配系数(organic carbon - normalised apparent partition coefficients，$\lg K_{oc}$)分别为5.22±0.38和4.65±0.42，说明颗粒物对APs有很强的吸附力。Ferguson等(2001)研究了纽约的Jamaica Bay APEOs的代谢产物在水体和悬浮颗粒物间的分配，在不同的APEOs中$\lg K_{oc}$值差别不大，NP、OP、NP1EO、NP2EO、NP3EO的$\lg K_{oc}$值分别为5.39，5.18，5.46，5.18，4.87。

Johnson等(1998)在实验室研究了OP在采自英国河流不同水质的沉积物中的吸附作用。结果显示，只要有足够长的时间或混合充分，溶液中很大比例的OP将吸附到沉积物中，分配系数(K_d)为6～700 L/kg，经有机碳校正的分配系数为(Koc)为3 500～18 000 L/kg，说明在英国的Aire河和Calder河中，悬浮沉积物对OP的归宿起重要作用。

2.6.3.6 APs降解作用

通常所说的壬基酚的降解包括两步降解过程，一是由壬基酚聚氧乙烯醚向壬基酚转化的初级降解过程，二是壬基酚自身完全矿化成二氧化碳和水的降解过程。

尽管对NPEOs的降解还存在争论，一般认为有以下两条可能的降解途径。在氧化水解途径，乙氧基链发生ω氧化，生成壬基酚聚氧乙烯羧酸NPEC，随后乙氧基链逐步缩短，最后壬基碳链被氧化，形成双羧基的降解产物(CNPEC)，这种降解途径只在有氧条件下发生。在非氧化水解途径，首先发生乙氧基链的缩短形成NPEO1和NPEO2，在有氧条件下这些化合物会被氧化形成 NPEC,而在厌氧条件下会生成 NP(Ejlertsson, et al. ,1999)。NPEOs 的初级降解过程见图 2.16。

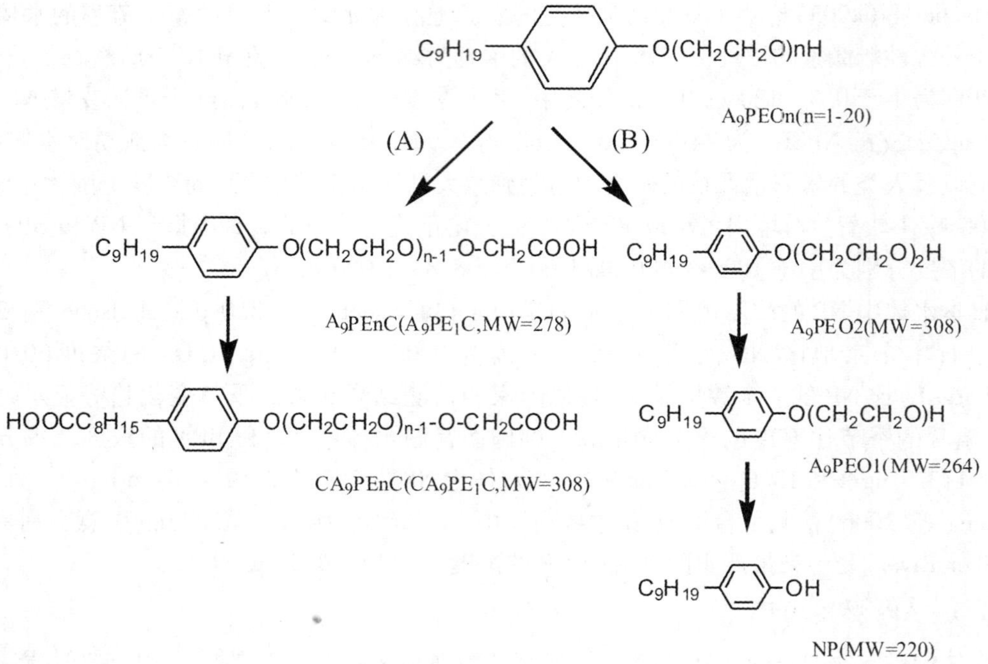

图 2.16　NPEOs 初级降解过程(A:氧化水解途径;B:非氧化水解途径)(傅明珠,2007)

2.6.3.7　影响 APs 降解的因素

目前已经有一些关于 APEO 及其代谢产物在河水、海水、沉积物、土壤以及 STP 污泥中的降解研究,所得降解速率范围很广,取决于研究系统和条件。Tanghe 等(1998)对活性污泥中 NP 的降解研究发现,NP 的降解是受温度控制的。在实验室活性污泥中加入 8.33 mg/L 的 NP,28℃几乎完全生物降解,当温度从 28℃降至 10 ~ 15℃时,去除能力降低为 13 ~ 86%。实验室和野外研究显示,在好氧条件下,APEO 及其代谢产物可以被微生物降解。Ekelund 等(1993)报道了在 11℃时,海水中 NP 完全降解的半衰期为 58 d,有氧的海水与沉积物耦合系统中半衰期为 35 d。Staples 等(1999)报道了 22℃时,在实验室有氧条件下,NP 和 NPEOs 的半衰期分别为 20 d 和 12 ~ 22 d。但是在厌氧条件下,NP 作为最终降解产物难以进一步降解。

在沉积物柱状样中 APEOs 及其降解产物的研究表明,APEOs 及 AP 在沉积物中具有持久性。Marcomini 等(2000)对意大利泻湖沉积物柱状样的研究以及 Isobe 等(2001)对东京湾沉积物柱状样的研究有相似的结果,NP 从开始生产和使用的年代往后有浓度先增加后减少的趋势,与 NP 使用量的增加以及 NPEO 的降解有滞后效应有关,在 NP 开始生产年代之前沉积物也发现有 NP,作者认为是由间隙水的扩散和沉积物混合造成向下迁移。Shang 等(1999)对海洋沉积物柱状样中 NPnEO(n=0~19)的研究确未发现有不同聚合度化合物的垂直变化趋势,这些化合物在海洋沉积物中的半衰期估计超过 60 a。

2.6.4 APs 毒性效应

烷基酚具有较高的生物毒性,其中用量最大的壬基酚最为典型,目前已有的研究表明 NP 能在各种生物水平上对不同的物种产生影响。急性毒性实验表明,NP 和 OP 对鱼类、无脊椎动物以及藻类的半致死浓度范围分别为 17~3 000 μg/L、20~3 000 μg/L、27~2 500 μg/L;在慢性毒性实验中,NP 对鱼类和无脊椎动物的无效应浓度分别低达 6 μg/L 和 3.7 μg/L(Servos,1999)。NP 能够通过与生物体内的雌激素受体结合而产生雌激素效应,而且引起雌激素效应的浓度要远远低于其急性毒性浓度,这是 NP 引起科学关注的最重要原因之一。NP 能够在不同的淡水和海洋鱼类的雄性或幼体鱼体内诱导合成雌激素效应的生物标志物卵黄蛋白原(Vitellogenin,Vtg),诱导的起始浓度为 10 μg/L;对海洋无脊椎动物也会导致延缓发育,存活率和附着能力下降以及精子活力降低和产生内分泌干扰作用。NP 抑制海洋生物藤壶(*Balanus amphitrite*)和牡蛎(*Crassostrea gigas*)幼体附着成功率和降低存活率的起始浓度分别为 10 ng/L 和 100 ng/L(Nice,et al.,2000)。体内和体外实验表明 NP 能够对生物体的神经、内分泌和生殖系统造成损伤,破坏生物的抗氧化系统,对 DNA 造成损伤,从而直接影响生物的生存和繁衍,对人类的身体健康构成威胁。由于脂溶性较强,AP 具有低到中等强度的生物累积性,对水生生物的生物累积因子(BCFs)为 0.9~3 400。日本环境省、欧盟委员会以及加拿大环境保护局已经将该类物质列为优先控制污染物,并且规定 NP 对鱼类的影响浓度为 10 μg/L,无影响浓度为 1 μg/L。辛基酚(octylphenol,OP)、丁基酚(Butylphenol,BP)以及 NP1EO 和 NP2EO,与 NP 具有类似的内分泌干扰作用,OP 诱导鱼类体内产生 Vtg 的起始浓度为 3 μg/L。其他具有内分泌干扰作用的酚类物质主要包括双酚 A(bisphenol A,BPA)和氯酚类。其中 BPA 是重要的有机化工原料中间体,广泛应用于环氧树脂、聚碳酸酯和阻燃剂的生产原料,我国 BPA 的年使用量约为 36 万吨。氯酚类化合物主要应用于石化、杀虫剂、木材防腐等行业。在自然水体中,AP 特别是 NP 具有较高的持久性,在沉积物或其他厌氧环境中半衰期长达几个月到几十年。正是由于烷基酚类的生物毒性、内分泌干扰作用、持久性以及在环境中广泛存在,对烷基酚在环境中的分布及迁移转化等环境行为的研究及其环境生态风险评估成为环境科学研究的热点。

2.6.4.1 壬基酚对鱼类的影响

(1)诱导生成卵黄蛋白原(Vtg)和卵膜蛋白(Zrp):NP 对鱼类最明显的影响是在雄性鱼和幼鱼肝脏内诱导生成卵黄原蛋白(Vitellogenin,Vtg)和卵膜蛋白(zona radiata protein,Zrp)。卵生鱼血浆中 Vtg 和 Zrp 的浓度是外源性雌激素理想的生物标志物。目前,已经建立起几种检测和评估内分泌干扰物雌激素潜力的生物标志物系统,如类固醇浓度(in vivo and in vitro)，第二性征的改变，性比的偏移以及在血浆样品中诱导 Vtg 和 Zrp(Arukwe et al.，2000)。血浆中 Vtg 和 Zrp 浓度的检测已被证明是在体内或体外实验研究中评定内分泌干扰物雌激素效力的快速灵敏的方法，而且 Zrp 被认为对低剂量外源性雌激素更加敏感(Meucci and Arukwe，2005)。Vtg 是成熟的雌性鱼体内所特有的蛋白，在卵黄形成期在雌激素的诱导下，Vtg 由肝脏分泌，通过血液循环进入卵巢，并进入发育中的卵母细胞内。正常情况下，雄鱼和幼鱼体内不能合成 Vtg，但在雌激素或具有雌激素效应的 EDCs 的诱导下也能合成 Vtg。Zrp 也是雌性动物所特有的蛋白质，是卵壳的组成成分，具有保护卵发育时免受机械损伤等作用。在 E2 的刺激下，Zrp 由肝脏合成并分泌到血液，经血液循环进入卵巢。因此，能在雄鱼或幼鱼体内诱导生成 Vtg 和 Zrp 的外源性物质，可以被认为是具有雌激素效应的 EDCs。目前众多文献通过腹膜注射或水体暴露途径已证明，AP 尤其是 NP 能够在不同的淡水和海洋鱼类的雄性或幼体中诱导生成 Vtg 和 Zrp，或者引起相应蛋白的基因表达(Jung，et al.，2006)。

(2)对鱼类生殖系统的损伤：除了在雄性和幼年鱼类体内诱导合成 Vtg 外，NP 还能对水生动物和哺乳动物的生殖系统产生功能性和器质性的破坏作用，造成生殖畸形。将两性鱼(*Rivulus marmoratus*)暴露于 150 μg/L 或 300 μg/L 的 NP 溶液中，60 d 后出现了睾丸发育不全和卵子发生障碍等现象。暴露于 50 μg/L 和 100 μg/L NP 的青鳉鱼中，分别有 50% 和 86% 发育出兼性现象(testis - ova)，即在性腺中同时出现睾丸和卵巢组织。此外，将产卵前 4 个月的虹鳟鱼暴露于与环境中浓度相当的 1 μg/L 和10 μg/L的 NP 水溶液中，其孵化率降低，而且后代出现了个别的兼性现象。EDCs 对生殖腺的影响可以通过生殖腺指数(gonadosomatic index，GSI)来反映。具有类雌激素作用的 EDCs 一般能使雄鱼的生殖腺指数下降。给雄性黏鱼腹膜注射 100 mg/(kg · 周)NP，出现了 GSI 指数的显著下降，证实了 NP 对鱼类生殖系统的影响(Christiansen，et al.，1998)。

为了确定壬基酚对虹鳟鱼精子质量的影响，奥地利学者 Lahnsteiner 将产卵期(60 d)的虹鳟鱼暴露于与环境浓度相近的壬基酚流动系统(flow through)中。壬基酚浓度为 750 ng/L 时，精子产生被完全抑制，浓度为 130 ~ 280 ng/L 时，与对照相比，精子产生显著降低(Lahnsteiner，et al.，2005)。

还有一些作者同时研究了 NP 对鱼类母体和子体两代的影响。生殖期是鱼类生命周期的敏感期，在此期间暴露于 EDCs 会造成生理、组织以及行为方面的影响。将日本青鳉鱼暴露于 NP 浓度为 100 μg/L 的水体中 21 d 后，母体繁殖能力降低，子代的孵化率受到影响，而且在鱼卵中检测到每个卵 NP 含量 2 ~ 7 μg/L。说明 4 - NP 能够影响成年青鳉鱼的繁殖力，而且 NP 能够通过母体转移至子代中累积(Ishibashi，et al.，2006)。

另外，NP 不仅能直接影响生殖系统的发育，还能对肝脏产生一定的破坏作用。将虹鳟鱼暴露于 220 μg/L 的 NP 溶液中 28 d，能引起肝脏的组织病理学和生物化学的变化，肝脏中谷胱甘肽转移酶(glutathione - S - transferase，GST)表现出先上升后下降的趋势。已有报道，AP

是通过肝脏进行代谢,通过胆汁和尿液排出体外的。在肝脏中,谷胱甘肽转移酶(glutathione - S - transferase,GST)是细胞解毒系统的重要组成部分,参与保护细胞免受活性代谢物的影响(Uguz,et al. ,2003)。

(3)对鱼类渗透压调节能力的影响:对于洄游鱼类,例如大西洋鲑鱼,由淡水向海水顺流洄游的转化过程(parr - smolt transformation,smolting,PST)是其发育过程中另外一个关键阶段。在smolting时期,淡水中的幼体鲑鱼(parr)经过一系列形态和生理方面的改变,为洄游至海水中发育成熟做好适应性准备,类似于两栖类的变态反应。在此阶段将鲑鱼暴露于NP,会干扰其渗透调节能力,降低鲑鱼入海后对盐度的耐受性,从而降低其在海水中的存活率,延迟其顺流洄游的时间,影响鳃中 Na^+, K^+ - ATP 酶的活性。在低剂量 NP(20 μg/L)的暴露水平下,能够影响其生长和血浆中胰岛素生长因子(insulin - like growth factor I,IGF - L)的浓度。已经有人作出推测,认为4 - NP在杀虫剂配方中的使用是使加拿大大西洋鲑鱼在(Salmo salar L.)PST期受到暴露导致种群数量下降的原因(Fairchild,et al. ,1999)。

2.6.4.2 壬基酚对生物体抗氧化系统的损伤

NP已被证明能够在人类血液嗜中性粒细胞增加ROS的产生,诱导产生氧化应激反应。NP还能够通过产生活性氧(ROS),强烈抑制酵母菌 *Saccharomyces cerevisiae* 的细胞生长和呼吸作用。其他的酚类化合物如双酚A已被证明能在啮齿动物的大脑,肝脏,肾脏以及睾丸中引起氧化应急反应(Wang,et al. ,2003)。

2.6.4.3 壬基酚对生物体免疫系统的影响

环境中存在的NP可能已经足以干扰内分泌、免疫和生殖功能。Yao等(2006)通过体内和体外实验,研究了NP对大鼠和小鼠胸腺细胞凋亡的影响。凋亡是免疫系统中细胞死亡的正常形式,是免疫系统的重要调节特征。如果没有通过凋亡的细胞死亡,免疫细胞的特定功能是不可能实现的。反常的凋亡会增加或减少细胞死亡,会导致各种病理状况如自身免疫疾病,AIDs或癌症,而胸腺是哺乳动物最重要的淋巴器官。体内实验表明,对大鼠每天喂食125 mg/kg,250 mg/kg,375 mg/kg的NP,会通过Fas/Fasl途径引起胸腺细胞的凋亡。随后,用 0.1×10^{-6}, 1×10^{-6}, 10×10^{-6} 的NP对体外培养的大鼠胸腺细胞进行染毒,得到了一致的结论。另外,此研究组还用体外培养的小鼠胸腺细胞研究了4 - NP诱导胸腺细胞凋亡的能力及途径,研究结果表明,4 - NP通过活化caspase - 3和线粒体的去极化作用诱导胸腺细胞的凋零,而且还观察到NP能引起DNA断裂的细胞毒性。

凋亡是受调节的生理性细胞死亡,对于维持组织的体内平衡和抵抗疾病和癌症具有至关重要的作用。因此,环境雌激素包括NP对免疫系统的改变,能够改变个体对自身免疫平衡的调节能力和抵抗感染和抑制肿瘤生长的能力,会对生物体的健康带来严重影响。

2.7 全氟辛烷磺酰基化合物(PFOS)和全氟辛酸(PFOA)

2.7.1 PFOS 和 PFOA 的性质(郭睿,等 2006;程小艳,2006)

全氟辛烷磺酰基化合物(peifluorooctane sulfonate,PFOS)和全氟辛酸(perfluorooctanoic acid,PFOA)是重要的全氟化表面活性剂,具有疏水疏油的特性,广泛应用于工业用品和消费产品,包括防火薄膜、地板上光剂、香波,同时在地毯、制革、造纸和纺织等领域作为表面保护材料(周启星,2007)。

PFOS,PFOA 分子是由 17 个氟原子和 8 个碳原子组成烃链,烃链末端碳原子上连接一个磺酰基,碳原子原本连接的氢原子全部被氟原子取代,称为全氟化合物,如图 2.17 所示。由于氟具有最大的电负性(-4.0),使得碳氟键具有强极性并且是自然界中键能最大的共价键之一(键能大约 426 kJ/mol)。这使得全氟化合物普遍具有很高的稳定性,能够经受强的加热、光照、化学作用、微生物作用和高等脊椎动物的代谢作用而很难降解。因而 PFOS 以及其他全氟表面活性剂是一类 POPs。PFOS 即使在浓硝酸溶液中煮沸 1 h 也不分解,只有在高温焚烧时才发生裂解。由于 PFOS 的疏水疏油特点,作为表面防污处理剂大量用于纺织品,皮革制品、家具和地毯等;作为中间体用于生产泡沫灭火剂、地板上光剂、农药和灭白蚁药剂;作为表面活性剂用于生产合成洗涤剂、义齿洗涤剂、洗发香波等表面活性剂产品。在电子计算机、移动电话及电子零配件生产领域,含有 PFOS 的特殊洗涤剂也得到广泛使用。

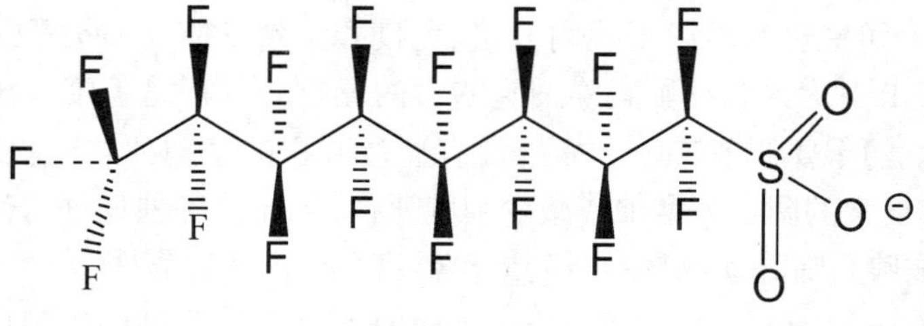

PFOS

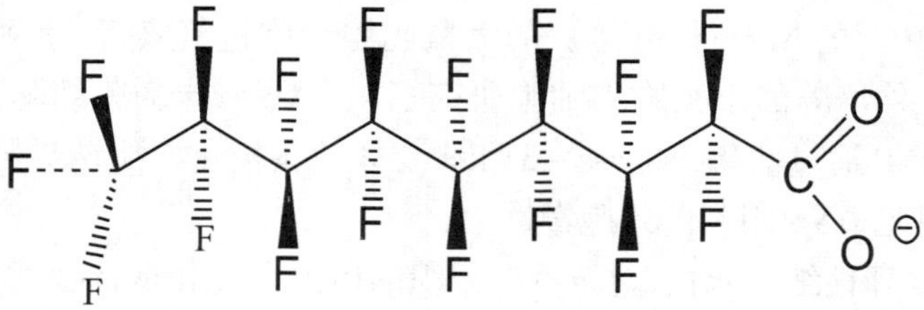

PFOA

图 2.17 PFOS 和 PFOA 的分子结构式

与 PFOS 的性质类似，PFOA 既疏水又疏油，与碳氢化合物和水混合时会出现三相互不相溶的现象；而羧基、磺酸基、铵基等带电基团的引入，又赋予其一定亲水性和表面活性，使 PFOA 比相应的烃类表面活性剂的表面张力要小。PFOA 的这些特殊性质，使其在被排放进入环境中后，主要存在于水体中，部分会吸附在沉积物和有机物上（Mawn，et al.，2005）。2003 年 4 月 14 日，美国环保署（EPA）针对 PFOA 发表了一篇危险评估报告，并邀请各方有志之士和组织参与到对 PFOA 深入研究中来。PFOA 是否是一种致癌物，与我们日常生活息息相关的不粘锅内是否有 PFOA 残留，周围环境中是否有 PFOA 污染以及其污染水平成了热点问题，对这些问题的进一步研究需要建立简单可靠的定量检测方法。PFOA 在制造氟多聚物中是一个必不可少的添加剂，除了 PFOA，工业上尚未找到合适的替换物质。虽然有厂商试图用其他的物质代替 PFOA，但发现大多数的氟多聚物生产并不能由无 PFOA 的过程来取代。我国是聚四氟乙烯的生产大国，也是 PFOA 的使用大国，需引起重视。虽然 PFOA 的使用历史已经超过 50 a，但是我们对它的认识和了解还少之又少。

PFOS 和 PFOA 这两类物质在生物体内存在蓄积性和蓄积效应，且不易降解，半衰期很长，广泛的调查研究表明它们在野生动物及人的血清、肝脏、肌肉和卵等组织器官中普遍存在，不仅在人口密集的城市存在，而且在偏远的山区以及极地（如北极）也广泛存在，不仅职业人群暴露而且非职业人群也存在暴露，具有全球性普遍存在特性。

2.7.2 PFOS 和 PFOA 的生产使用情况

自 20 世纪 60 年代电化学氟化反应方法应用于 PFOS 等全氟化合物的生产以来，已有上百种含有磺酰基的全氟有机化合物系列产品被开发生产并获得大量应用，美国 3M 公司曾是世界上最大的 PFOS 生产厂家。从 20 世纪 80 年代早期开始，这种非挥发性的全氟有机化合物在工业及民用领域的应用增长迅速。该类产品的大量使用使得其以各种途径进入到全球范围内的各种环境介质如土壤、水体、大气中，并且通过食物链的传递放大，目前在许多动物组织和人体中发现了 PFOS 存在（郭睿，2006）。因此 PFOS 已经成为一种重要的全球性污染物，它对环境污染的广度和深度超出人们预想，目前对于该问题的研究已经成为环境科学的研究热点。

PFOA 是全氟碳一元羧酸，是一种有机强酸，具有低表面张力，高表面活性等特性，被用作高效表面活性剂，分散剂，添加剂等。PFOA 及其衍生物作为重要的有机中间体可用于合成含氟憎水憎油剂，皮革整理剂等产品，其在环境中不能自然产生，是一种化学合成的人造物质。PFOA 中广泛使用的铵盐常简称为 APFO，有时也叫做 C8。在含氟聚合物（Fluoropolymer），例如聚四氟乙烯（PTFE）的生产工艺中，APFO 是一种基础添加剂。使用含氟聚合物能给产品带来很多极有价值的性质，如耐油、防污、不粘油脂以及防水等，在厨具中使用能够形成不粘表面，在地毯和衣物中能作为最后一道保护膜。它们在几乎所有的工业领域中都有应用，例如在航天、自动化、建筑、半导体、化学试剂生产、电力和电子、纺织工业等

(Ylinen, et al. ,1985)。虽然在生产氟多聚物的工艺中要使用到PFOA,但是成品中要求是不能含有PFOA。

美国3M公司曾生产PFOA,而且在2000—2002年间断续的生产这种化学物质,但是目前,只有杜邦公司(DuPont)是唯一生产PFOA的厂家了。美国以外还有世界各地的一些厂家生产PFOA,这些可能是氟多聚物产品的一个额外的生产来源。在这些过程中,与PFOA有关的挥发性母体物质$C_8F_{17}CH_2CH_2OH$(缩写为8:2FTOH)可能会被排放到大气中并进行迁移转化,在环境介质中降解及生物体内的代谢都会导致环境中PFOA含量的增加。由于其化学惰性,普通的环境条件(化学、生物或光解)只能对分子中除全氟羧基以外的部分进行降解。据统计,在1951—2004年期间,全球PFOA的总生产量大约在3 600~5 700 t,其中约有400~700 t PFOA排放到环境当中。从2005年2月起,生产含氟取代物的厂商就表示要在2006年大幅度减少PFOA的使用量,使PFOA的总排放量降低50%。2006年,在美国环境保护署的倡导下,包括杜邦在内的8家美国公司又同意分阶段停止使用全氟辛酸及其盐类这种不粘锅涂料所需的化学原料,并于2015年前在所有产品中全面禁用全氟辛酸及其盐类。这是美国工业界应对这种"可疑致癌物"的最新环保举措(祝凌燕,等,2008)

2.7.3 PFOS和PFOA在环境中的迁移转化行为(周启星,等,2007;祝凌燕,等,2008)

2.7.3.1 大气环境中转运转化过程

一般认为,PFOS/PFOA进入大气环境有2种途径:含氟化合物的降解和PFOS/PFOA直接排放到大气环境中。进入大气环境的PFOS/PFOA,不易降解,可远距离进行迁移或转运,并随干湿沉降到达地面,或进入水体,或进入土壤。Wallington等(2006)首次用三维地球大气化学模型研究、描述$n-C_8F_{17}CH_2CH_2OH$降解为PFOS和其他全氟羧酸化合物(PFCAs)的过程。Loewen等(2005)对加拿大温尼伯湖和马尼托巴湖地区大气环境中PFOS的转运转化过程进行了研究,推测大气中FTOHs($C_nF_{2n+1}CH_2CH_2OH$)可能通过氧化和湿沉降转化为FTCAs($C_nF_{2n+1}CH_2COOH, n=6,8,10$)和氟调聚物不饱和羧酸FTUCAs($C_nF_{2n}CHCOOH, n=6,8,10$),之后FTCAs可降解为PFOS。Verreault等(2005)也认为,大气中氟调聚物FTOHs可氧化为FTCAs和FTUCAs,FTOHs在大气中去除的一个可能途径是氧化和湿沉降转化为PFOS。一些研究指出,低纬度地区大气中的*N*-乙基全氟辛烷磺酸氨基乙醇化合物(N-Et-FOSE)和N-乙基全氟辛烷磺酸氨基乙酸盐基化合物(N-EtFOSA)是形成PFOS和全氟羧酸化合物(PFCAs)的前体物。Martin等(2006)利用烟雾室实验证实了大气中的PFOS可以通过大气转运、氧化为PFCA和PFOS的可能性,并导致偏远地区的污染,并认为全氟化物挥发性前体物质可通过大气转运扩散到遥远的地区,然后沉降为不挥发性全氟化合物,这个过程导致对生物体的污染。

Simcik等(2005)的研究发现,随着离非大气污染源距离的增加,PFHpA/PFOA浓度也增加。因此,他们认为 PFHpA/PFOA 可以作为大气中 PFCs 沉降为地表水的“示踪”指标。一般来说,城市的这个指标是0.5~0.9,偏远地区这个指标为6~16。根据这个指标,可知密歇根湖的 PFCs 污染途径主要是非大气途径,主要污染源为废水处理厂排出的废水。大气中挥发性全氟化合物沉降到湖泊的表面使这个指标升高,但是这个指标的微小变化需进一步研究。

在全球各地区包括在远离人类活动的北极环境中检测到 PFOA,说明 PFOA 具有通过某些途径进行远距离迁移能力,其迁徙的机制目前尚不完全清楚。由于 PFOA 挥发性较低,所以即便在大气中 PFOA 也主要以与颗粒物结合的形式进行迁移,不足以造成全球大范围污染。根据近几年国外环境工作者的研究成果(Prevedouros, et al., 2006; Renner, 2007),造成 PFOA 及相关物质全球性污染主要有两方面原因:①挥发性母体化合物 8:2FTOH 在大气中远距离迁移并最终降解为 PFOA;②在海洋水体中汇集的 PFOA 及相关物质通过海洋环流、海平面汽溶胶等过程将 PFOA 输送到偏远地区如北极,从而进入极地生物圈。含氟调聚物醇类物质 8:2 FTOH 是一类直链含氟有机化合物,除末端的两个碳原子外其余碳原子上的氢全部被氟原子所取代,被作为表面活性剂或媒介广泛应用于商业聚合物产品、粘合剂、涂料等生产过程当中。一般情况下,商品中的 8:2 FTOH 通过酯键与聚合物共价结合在一起,因此含有聚合物商品的降解或产品使用过程中的磨损均可使其共价键断裂,导致 8:2 FTOH 进入环境。8:2 FTOH 的蒸气压为 212 Pa,溶解度为 148 μg/L,亨利常数(HLCs)为 270(Edwards and Mabury, 2004),这表明其很容易由水体中挥发进入大气环境中。

Da Ellis 等(2003)通过烟雾实验表明,8:2 FTOH 能在大气中持续存在20 d,足以进行长距离迁移并通过一系列的光化学反应生成 PFOA,母体物质8:2 FTOH 在空气中的远距离迁移转化已被视为造成 PFOA 全球性污染的一个重要原因。进一步的研究表明,在北极等偏远地区,空气中 NO_x 浓度较低而又有足够的羟基自由基和过氧自由基,更有利于 8:2 FTOH 的降解。Young 等(2007)在北极高海拔冰帽中检出 PFOA,从侧面说明母体物质在大气中的远距离迁移转化是造成 PFOA 全球性污染的一个重要原因。

除了通过大气进行长距离迁移外,水圈运动(海洋环流)可能是造成 PFOA 全球污染的另一个重要原因。对于 PFOA 本身及其盐类物质,蒸汽压及空气-水分配系数极低,不会大量挥发进入空气中,所以在空气中主要通过吸附在颗粒物上进行迁移,但很快会通过干湿沉降进入地表系统,经过各种途径汇集进入海洋,再经海洋环流最终到达偏远地区,如北极。同时,由于全氟化合物既疏水又疏油的特性,比较易于富集在海水表面,形成汽溶胶并进行远距离迁移。此外,全球 70.8% 的面积是海洋,8:2 FTOH 及其在大气迁移过程当中生成的 PFOA 有相当一部分通过沉降进入海洋水体中,并且 8:2FTOH 通过水体中生物的代谢也会生成 PFOA。据统计,每年通过海洋水体的流动,大约有 2~12 t 的 PFOA 被输送到北极圈(Stock, et al., 2004; Prevedouros, et al., 2006)。

2.7.3.2 污水污泥中转运转化过程

在水环境中,现在广泛研究的是 PFOS/PFOA 的前体化合物降解为 PFOS/PFOA 的途径,以及这些化合物进入水环境后在水生生物体内的蓄积，没有发现 PFOS/PFOA 在水环境中降解的报道。最近有研究认为，污水处理厂作为 PASs 进入自然环境中的一个途径，PFOA 和 PFOS 在污水处理厂出水中存在，其浓度分别为 58 ~ 1 050 ng/L 和 3 ~ 68 ng/L。在污水及污泥中，PFOA 浓度有所降低，PFDA 和 PFUnDA 浓度有所升高，表明了长链 PFCAs 优先分离，说明传统的废水处理并没有除去 PASs。

Wang 等(2005)也发现，在废水处理厂，微生物对 FTOHs 降解没有发生 α - 氧化，对 ^{14}C - 8 - 2 FTOH 全氟碳键有脱氟和矿化作用，形成较短碳链的代谢物。Boulanger 等(2005)则认为，污水处理厂在污水处理过程中能够形成部分 PFOS 和 PFOA，但是与污水中原有 PFOS 和 PFOA 的残留相比，通过生物代谢产生的 PFOS 和 PFOA，并不是其主要的污染源。Wang 等(2005)对好氧条件下生活污水处理厂的污水污泥进行研究，结果表明全氟烷基酸化合物如全氟辛酸只占到转化产物的一小部分，8 - 2 调聚物 B 乙醇(8 - 2TBA)存在多种降解途径，不是单一的 β - 氧化或其他酶催化反应。另据报道，生活污水及污泥中全氟磺酸乙基氨(N - EtFOSAA)和全氟磺酸甲基氨(N - MeFOSAA)可能通过生物降解，转化为 PFOS。

进入水环境中的 PFOS 和 PFOA 易于被沉积物所吸附，从而影响其随水迁移。沉积物中的有机碳是主要影响全氟化合物吸附沉积物特性的参数，表明了其疏水性的重要性。PFOS 和 PFOA 在固体介质上吸附，但这种吸附随溶液[Ca^{2+}]增加而增加，随 pH 降低而增加，表明静电作用起着重要作用，碳链的长度作为主要的结构特点影响吸附，这些数据可以用来模拟这类污染物的环境归宿。贾成霞等(2006)分析认为，沉积物中的有机碳与 PFOS 在沉积物中的吸附量成正相关，并且在酸性和碱性条件下，pH 升高对 PFOS 在沉积物中吸附量有增加的趋势，在中性条件下吸附量最小。

2.7.3.3 在生物体内的蓄积、代谢转化与降解过程

PFOS 和 PFOA 可以通过食物链的传递并在高的营养级生物体内蓄积。Boulanger 等(2005)的研究表明，在人口稠密地区和工业地区中的水生动物体内 PFOS 浓度比偏远海洋地区浓度高；以鱼类为食的动物，例如水貂和秃鹰体内的 PFOS 浓度比它们食物中的浓度要高。因此，他们认为，PFOS 可通过食物链在高的营养级累积。Verreault 等(2005)对挪威北极海鸥血浆、肝脏、脑和卵中 PFAS 的积累特性进行了研究，表明 PFOS 是 PFAS 的主要形式，最高浓度(48.1 ~ 349 ng/g)出现在血浆中，然后是肝脏≈卵 > 脑，并在体内存在潜在蓄积作用。Nakata 等(2006)研究表明，通过海岸食物链发生 PFOS 生物浓缩，在潮汐滩地的生物体和沉积物中 PFOA 是主要 PFCs，水相是 PFCs 主要聚集场所之一，这与非极性有机污染物不同。

研究表明，雄雌鼠血浆中的浓度与空气中的浓度成比例，但是雌鼠血浆中的 PFOS 的消除速度比雄鼠快，雌性小鼠血浆生物半衰期大约 3 h，雄鼠血浆生物半衰期大约 1 d。可见，吸入 PFOS 的代谢动力学与口腔摄食的代谢动力学相似，鼠通过吸入途径暴露在 1 mg/m^3、

10 mg/m^3、25 mg/m^3约相当于通过口腔摄食途径暴露的0.3 mg/kg、1.0 mg/kg、2.0 mg/kg。在加利福尼亚海岸80个成年雌性水獭肝脏组织样品中，PFOS和PFOA浓度范围分别是小于1~884 ng/g和小于5~147 ng/g，从1992—1998年PFOS呈现增长趋势，2002年以后出现降低趋势。3~5周的年龄段的小鼠，随年龄增长体内浓度减少，但是在30 d以后这种趋势发生变化，全氟辛烷磺酸氨的氮被取代后降解为PFOS，会导致PFOS在环境中积累。N－乙基－N－(2－羟乙基化)全氟辛烷磺酸氨(N－EtFOSE)是PFOS的主要前体，存在几种假定的生物代谢途径，包括肝脏微粒体、胞液和肝脏薄片的代谢，微粒体加强NADPH催化N－EtFOSE，进行氮上的脱乙基化，产生N－(2－羟乙)基化全氟辛烷磺酸氨，再通过N－脱烷基化降解转化为FOSA，FOSA在肝脏薄片中生物转化为PFOS，雄鼠的P_{450}2C11和P_{450}3A2以及人的P_{450}2C19和3A4/5催化N－脱烷基化反应。检测大西洋海豚血浆中8种PFAs，PFOS是主要的组成部分，在海豚血浆中检测到FTUCAs(氟调物不饱和羧酸)，怀疑能降解为FCAs。Tomy等(2004)对彩虹鳟鱼孵卵期肝脏微粒体中N－EtPFOSA的生物转化进行了研究，结果表明，染毒后的彩虹鳟鱼肝脏中PFOS和PFOSA量随着孵卵期而增加，N－EtPFOSA转换为PFOS可能有3种途径：①伴随砜基转化为磺酸盐的脱乙基氨化作用，N－EtPFOSA直接转化为PFOS；②通过脱乙基化作用，EtPFOSA转化为PFOSA，然后脱氨基形成PFOS；③N－EtPFOSA的直接水解。

POPs在生物体脂肪中蓄积的程度往往与其辛醇/水分配系数K_{OW}有关。虽然属于POPs，但由于PFOA疏水和疏油的特性，其生物蓄积机制与其他有机污染物不同，被生物摄入体内后往往不是蓄积在脂肪组织中，而是大部分蓄积在血液、肝脏和肌肉组织中。有关鱼类的实验室研究结果表明，鱼体内PFOA的生物浓缩系数(BCF值)为1.8~27(Martin, et al., 2003a)。即使这些数据可能存在误差，但其BCF值也都远远低于《斯德哥尔摩公约》附件D中的标准(报告的BCF值在5 000以下)。由于PFOA的特殊性，BCF值并不能充分反映其生物蓄积能力。Harada等(2007)的调查结果显示，从1983—1999年，日本京都男女人群血清中PFOA的浓度分别增加了414和413倍；而沈阳地区人群血清中PFOA的中值浓度在1987—2002年期间增加了约53倍；美国职业人体血清中PFOA的平均浓度范围为0.106~6.4 mg/L，而非职业人群血清中PFOA平均浓度为412~419 μg/L，远低于职业人群血清中的浓度；北美极地地区北极熊肝中的PFOA浓度自1972年以来呈显著上升趋势；加拿大极地海豹肝中PFOA浓度也同样呈上升趋势；PFOA在较高营养级食肉动物体内含量偏高(Martin, et al., 2004)。这些事实都表明，PFOA具有很高的生物蓄积能力和放大效应。

2.7.4 PFOS和PFOA的污染现状(祝凌燕，2008；周启星，等，2007)

早在1976年，罗切斯特大学医师Donald Taves利用核磁共振技术无意中在自己的血样中检测到了有机氟，因此推断有机氟化物可能是全球性的污染物(Renner, 2005)。因为绝大多数 PFCs 被掺入到聚合物中，过去人们认为它们不会在环境中进行迁移及在生物体内积累，由于 PFCs 在生物体内独特的分布特点及分析技术的局限性，使 PFCs 污染问题很长时间没有引起重视。直到 20 世纪 90 年代，分析技术的改进才使 Donald Taves 的推测得到证实（Renner, 2005）。与 PFOS 相比，目前绝大多数资料都显示 PFOA 在环境中尤其是水体的污染水平远高于 PFOS，而在野外生物体内的含量却要低于 PFOS，这可能是 PFOS 比 PFOA 具有更强的生物积累和放大能力有关（Martin, et al., 2003b）。

2.7.4.1 水体中 PFOA 和 PFOS 的浓度水平

PFOA 和 PFOS 广泛存在于饮用水、地表水、海水（包括远洋海域如大西洋和太平洋）中，全球部分地区不同水体中 PFOA 和 PFOS 污染状况见表 2.21。根据目前的数据，整体上水体环境中 PFOA 的污染水平要高于 PFOS，这可能与近年来 PFOS 的生产量大幅降低及 PFOS 溶解度（0.68 mg/L, 25℃）小于 PFOA 有关。点源污染使河流下游的污染要比上游严重；工业发达的城市或地区的河流、内湾与沿岸海域的 PFOA 与 PFOS 浓度要比开放海域水体中的浓度高得多，如太平洋水体中 PFOA 与 PFOS 的浓度要比东京湾低 3 个数量级，东京湾、韩国沿海水体中 PFOA 与 PFOS 浓度又远高于中国沿海（Berthiaume and Wallace, 2002）。这可能由于工业发达的城市或地区的沿海直接受到污染源的影响，而开放区域仅受到间接影响，如大气迁移转化和水体携带等。

表 2.21 全球部分地区不同水体中 PFOA 和 PFOS 浓度（祝凌燕，2008） 单位：ng/L

水体	地区	PFOA	PFOS	数据来源
河流或湖泊	莱茵河	<2~9	<2~6	Skutlarek, et al., 2006
	日本境内不同河流	0.1~456.41 (3.92)	0.24~37.32 (1.99)	Saito, et al., 2004
	Amituk Lake	1.9~8.4(4.1)	0.9~1.5(1.2)	Stock, et al., 2007
	Char Lake	1.8~3.4(2.6)	1.1~2.3(1.8)	Stock, *et al.*, 2007
	Resolute Lake	5.6~10	23~69	Stock, et al., 2007
	密歇根州和纽约水体	< 8~35.86	0.8~29.26	Sinclair, et al., 2004
	吉林、辽宁、山东部分地表水	-	0.41~4.20，受污染区可高达 44.6	Jin Y-H, et al., 2004
饮用水	鲁尔地区	519（最高值）	22（最高值）	Skutlarek, et al., 2006
	上海、北京、大连、沈阳等城市	-	0.40~1.53	Jin Y-H, et al., 2004

续表

水体	地区	PFOA	PFOS	数据来源
海水	香港沿海	0.73 ~ 5.5	0.09 ~ 3.1	So, et al. ,2004
	韩国沿海	0.24 ~ 320	0.04 ~ 730	So, et al. ,2004
	南中国海	0.24 ~ 16	0.02 ~ 12	So, et al. ,2004
	东京湾	1.8 ~ 192	0.338 ~ 58	Taniyasu, et al. ,2004
	苏禄海底层水（1 000 ~ 3 000 m）	<0.076 ~ 0.117	<0.017 ~ 0.024	Taniyasu, et al. ,2004
	苏禄海表层水	<0.088 ~ 0.510	<0.017 ~ 0.109	Taniyasu, et al. ,2004
	西太平洋	0.100 ~ 0.439	0.008 6 ~ 0.073	Taniyasu, et al. ,2004
	太平洋中部至东部表层水	0.015 ~ 0.142	0.001 1 ~ 0.078	Taniyasu, et al. ,2004
	太平洋中部至东部地层水深海（4 000 ~ 4 400 m）	0.045 ~ 0.056	0.003 2 ~ 0.003 4	Taniyasu, et al. ,2004

污水处理厂也是 PFCs 的一个主要排放源。Sinclair 和 Kannan（2006）对纽约州的 6 个污水处理厂的出水进行检测发现，PFOA 的浓度在 58 ~ 1 050 ng/L，PFOS 的浓度在 3 ~ 68 ng/L。值得注意的是，该研究发现有些污水处理厂的一级处理对污水中 PFOA 和 PFOS 的浓度几乎没有影响，而经过二级活性污泥处理后，出水中的 PFOA 和 PFOS 反而升高，这可能是 PFOA 和 PFOS 的某些母体物质在微生物体内进行代谢，最后生成 PFOA 和 PFOS 的结果。Lange（2000）研究发现活性污泥法只能将某些母体物质降解至 PFOA 及 PFOS，而不能继续降解，因此 PFCs 污染将是今后污水处理中一个非常棘手的难题。

尽管在不同的区域、不同的介质中 PFOS/PFOA 的污染水平不同，但可以肯定它们已经在全球范围内广泛存在。尤其是，随着检测仪器的不断改进，检出限的不断降低，在越来越多的环境介质中发现了 PFOS/PFOA 的存在。近年来，水体的 PFOS 和 PFOA 污染日益受到关注。Saito 等（2003）利用 LC/MS/MS 技术，测定了日本不同地区 142 个地表水样品中的 PFOS 浓度。结果表明，河流样品（$n = 126$）的几何平均值是 2.37 ng/L，中值是 1.68 ng/L，变化范围是 0.315 7 ~ 157 ng/L；海岸水样品（$n = 16$）几何平均值是 1.52 ng/L，中值是1.21 ng/L，变化范围是 0.2 ~ 25.2 ng/L。同时测定结果表明，2 条位于人口稠密地区的河流中 PFOS 的浓度较高，分别是 135.0 ng/L（Jinzu）和 157 ng/L（Tama）。Hansen 等（2002）测定美国某一氟制造厂附近的田纳西州河河水中 PFOS 和 PFOA 浓度，检测到低浓度（μg/L 级）PFOS 的存在，而且在氟化合物制造设备下游地区检测到该氟化合物浓度的增加，说明来自制造业的影响是河流中有机氟化合物的一个可能污染源，为阐明氟化合物随地理位置的分布和氟化合物生产设备对环境中氟化合物贡献水平提供了证据。Simcik 等（2005）的研究表明，偏远和城市地表水中

PFOS 的浓度分别为：检出限（LDD）以下至 1.2 ng/L 和2.4～47 ng/L，偏远和城市地表水中 PFOA 浓度分别为0.14～0.66 ng/L 和0.45～19 ng/L。Houde 等（2006）对海水中的 PFOS 和 PFOA 进行了检测，结果表明其研究的海水中 PFCs 的浓度范围为小于1～12 ng/L。金一和等（2006）调查了中国部分城市自来水、海水和远离人类活动地区的水体中 PFOS 的污染情况，结果发现其浓度大多数低于1.0 ng/L，而易受生活污水和工业废水污染的水体中 PFOS 浓度为1.50～44.6 ng/L。长江三峡库区江水和武汉地区地表水中均广泛存在着 PFOS 和 PFOA 污染，个别地区水样中 PFOS 含量大于几十 ng/L，PFOA 含量甚至高达 111 ng/L 和 298 ng/L。张倩等（2006）利用 SPE－HPLC－MS 联用法测定长江入海口处徐六泾段 PFOA 的平均浓度达46.88 ng/L，而 PFOS 未检出；黄浦江段 PFOA 和 PFOS 的平均浓度分别是1 594.83 ng/L 和 20.46 ng/L。

2.7.4.2 大气中 PFOA 和 PFOS 的浓度水平

由于 PFOS 和 PFOA 具有较低蒸气压及较高水溶性，不易挥发进入大气中，目前大气环境中 PFCs 的研究主要集中在对 PFOS 和 PFOA 的母体物质如 8：2FTOHs、NE_tFOSA（N－ethyl perfluorooctanesulfon－amide）等。研究表明，这些母体物质可以在大气中进行远距离迁移并转化为 PFOS 和 PFOA。有关 PFOA、PFOS 的研究则主要集中在颗粒物和雨雪中。Stock 等（2007）发现加拿大 Cornwallis 岛大气颗粒相中 PFOS 和 PFOA 的平均浓度分别为5.9 pg/m^3 和 1.4 pg/m^3。日本城市和农村空气颗粒物中 PFOS 的年平均浓度分别为 5.3 pg/m^3 和 0.6 pg/m^3。Scott 等（2006）对北美 9 个城市雨水的调查结果显示，城市雨水中的 PFOA 含量为 0.6～89 ng/L，而在离城市偏远地区 PFOA 的含量小于0.1～6.1 ng/L。Young 等（2007）对只受大气沉降影响的高海拔冰帽的表层及深层积雪进行了研究，发现其中 PFOA、PFOS 的浓度分别为12～147 pg/L 和 2.6～86 pg/L，进一步说明母体物质在大气中的迁移转化是造成 PFOS/PFOA 全球性污染的重要原因。

2.7.4.3 沉积物及污泥中 PFOA 和 PFOS 的浓度水平

目前关于 PFCs 在固相介质如沉积物、土壤中的研究相对较少，是今后 PFCs 的研究重点。一般来讲，沉积物中的 PFCs 浓度要比污泥中低，不同地区沉积物中所含有的主导 PFCs 有所不同，这可能与沉积物中的有机质含量及水体中 PFCs 浓度有直接关系。一项对挪威、丹麦、瑞典、芬兰、冰岛及法罗群岛地区污泥和沉积物中 PFCs 的研究显示，PFOS 是这些地区污泥样品中的主要 PFCs，浓度范围为 150～3 800 pg/g ww（Kallenborn，et al.，2004）。芬兰沉积物样品中 PFCs 的总浓度最大，达1 150 pg/g ww，挪威次之，其他地方基本都低于检测限。在加拿大 3 个北极湖（Amituk，Char，Resolute）中，Resolute 湖沉积物中的 PFCs 主要以 PFOS 为主，表层（0～1 cm）含量约为 85 ng/g dw，PFOA 的含量为7.5 ng/g DM。Amituk 湖和 Char 湖沉积物中的 PFCs 主要以包括 PFOA 在内的全氟羧酸 PFCAs 为主，但总含量则要比 Resolute 湖小很多，这与湖泊水体中 PFCAs 浓度水平有一定的相关性。北美安大略湖沉积物中的 PFCs 以 PFOS 为主，表层含量为 28 ng/g DM，比 Amituk 湖和 Char 湖中 PFOS 最大值分别高 1 和 3 个数量级。其中 PFOA 含量为 418 ng/g dw，同样也比 Amituk 湖和 Char 湖表层沉积物中含量高，但比 Resolute 湖（618 ng/g dw）低。Nakata 等（2006）对日本 Ariake 海中 POPs 的污染调查显示，沉积物中 PFCs 的浓度（PFOS 和 PFOA 分别为 0.11 和 0.95 ng/g dw）要远远低于 PCBs（18 ng/g dw）、TBT（7.7 ng/g dw）和 PAHs（336 ng/g dw）等，并且潮汐带底栖生物中 PFOS 浓度（0.61 ng/g ww）也远低于其他几种污染物（PCBs、TBT 和 PAHs 分别为 52、67 和 6.7 ng/g ww），说明沉积物可能不是 PFCs 主要的最终归宿，而水相可能是其最主要的潜在归宿。

2.7.4.4 动物体内 PFOA 和 PFOS 的浓度水平

研究发现，哺乳动物、鱼类和鸟类等动物体内均含有 PFOS 和 PFOA（表 2.21）。野外监测数据表明，PFOS 是动物体内的主要 PFCs，含量要远远超过 PFOA，但环境介质尤其是水体中 PFOA 的浓度要远高于 PFOS，这说明 PFOS 要比 PFOA 具有更强的生物蓄积和生物放大能力，与 Martin 等在实验室得到的结论相吻合。

表 2.21 部分地区哺乳动物、鸟类和鸟类肝脏中 PFOA 和 PFOS 浓度（祝凌燕，2008） 单位：ng/g

地区 Region	生物物种 Species	PFOA	PFOS	数据来源
北极东部海洋	鳕、鲑、象、鲸、海鸥等	< 0.2 ~ 2.8	< 0.06 ~ 33.2	Tomy, et al., 2004
挪威北极	鸟类	< 7.5	11 ~ 882	Kannan, et al., 2002
纽约州	鱼类	<1.5 ~ 7.7	9 ~ 315	Kannan, et al., 2002
印度洋、南大西洋、南太平洋、北太平洋	海豚	<72	<1.4 ~ 940	Martin, et al., 2004
地中海意大利海岸	鱼类	<2.5	4 ~ 52	Martin, et al., 2004
撒丁岛	海豹	<19 ~ 39	130 ~ 1 100(329)	Martin, et al., 2004
波罗地海海岸	白尾鹰		<3.9 ~ 127	Martin, et al., 2004
德国东部和波兰	鲑鱼	<72	32 ~ 173(85)	Sinclair, et al., 2006
密歇根州	秃鹰	<38	26.5 ~ 1 740(400)	Sinclair, et al., 2006
加拿大北极	海豹	<2.0	8.6 ~ 37(17.6)	Martin, et al., 2004
波兰	海狸、鳕及鸟类	0.06 ~ 0.28	1.6 ~ 39	Falandysz, et al., 2007

通常，在包括鱼类在内的食物链中主要的食肉动物如北极熊（*Thalarctos maritimus*）、海豹、鹰等体内 PFOS 浓度最高，而食鱼鸟类如普通秋沙鸭（*Mergus merganser*）和巨头鹊鸭（*Bucepha laalbeola*）体内的 PFOS 浓度要远远高于非食鱼鸟类（Sinclair and Kannan，2006）；工业程度高的地区生物体内的 PFOA 和 PFOS 比偏远地区的要高。尽管 PFOA 没有在整个食物网中逐级放大，但是在顶端营养级生物体内 PFOA 的含量还是要明显地高于低营养级生物。PFOS 是绝大多数加拿大北极地区的生物样本中的最主要 PFCs，处于营养级顶端的北极熊肝中 PFOS 和 PFOA 浓度最大，分别为 3.1 ng/g 和 8.6 ng/g，其 PFOS 浓度是所有其他全氟烃基

物质浓度的5～10倍，并且也高于以前报道的其他存在于北极熊脂肪内的POPs（如PCBs、氯丹或六氯化苯等）的浓度（Martin，et al.，2004）。在我国6个不同省份大熊猫的血清中，PFOS和PFOA的浓度范围分别为0.76～73.80 μg/L和0.32～8.2 μg/L，没有年龄和性别差异，但存在地区差异（Dai，et al.，2006），这些值与欧美国家野生动物血清中的浓度接近。

有关PFOS和PFOA在生物体内暴露水平的研究，目前主要集中在北半球，研究较多的是肝脏、血液、血浆、血清、肾、脾、卵、鲸脂、肌肉、子宫和脑等，并研究了污染物浓度与年龄、性别和种间等暴露的关系。有研究证实，在北美和欧洲的北极圈取样的北极熊肝脏组织中的4种PCBs同源体（PCBs 180，153，138，99）浓度与PFOS的浓度有很好相关性。部分研究还表明，在南半球一些生物体内可检测到低浓度的PFOS和PFOA的存在，可以说明这2种污染物的全球分布。Kannan等（2001）调查了美国21种食鱼鸟类中161个肝脏、肾、血液和卵黄样品，结果表明，血清中PFOS的平均浓度达3～34 ng/mL，在肝脏中的最高浓度达1 780 ng/g。这说明在偏远地区海洋上的鸟类体内也存在PFOS，表明这一物质的广泛分布。他们还对采集于佛罗里达、加利福尼亚、阿拉斯加、北极和加拿大15种海洋哺乳动物247个组织样品进行分析，结果也表明，PFOS在全球已广泛分布，包括在一些偏远地区也有存在，尤其在肝脏和血液中的最高浓度可达1 520 ng/g和475 ng/mL，但没有发现与年龄有相关性。然而，PFOS和PFOA只在一定的部位能够检测到，这表明这些污染物在生物体内的分布不是均匀的。Blake等（2007）调查了荷兰海豹肝脏、肾、鲸脂和脾组织中的长链PFCAs和短链PFAs以及PFBS和PFBA的污染情况，结果显示，在所有的样品中PFOS为主要化合物，但是各组织间差别很大。Keller等（2005）分析了美国东南部海岸2种幼年龟血浆中的PFOS和PFOA浓度，其中PFOS分别为1 110 ng/mL和3 914 ng/mL，PFOA浓度为3 120 ng/mL和3 157 ng/ML，PFCs在幼龟体内的生物蓄积受到种类、年龄和栖息地的影响。Kannan等（2002）对美国水貂和水獭肝脏进行了研究，表明PFOS、FOSA、PFHxS和PFOA的最高浓度分别依次为5 140 ng/g、590 ng/g、39 ng/g和27 ng/g，在貂肝脏中的氟化合物浓度与年龄或性别没有差别，水貂肝脏中PFOS和PFHxS或PFOA浓度没有明显的相关性，FOSA的浓度与PFOS的浓度呈正相关，在水貂肝脏中的脂肪含量和PFOS的浓度没有明显的关联。他们还对韩国和日本的水鸟肝脏组织进行了检测，其中95 %样品中的浓度高于10 ng/g，最高的PFOS和PFOA浓度分别是650 ng/g和215 ng/g，没有发现在水鸟体内存在浓度与性别或年龄的关系。

除了欧美、日本一些发达国家外，近年来中国也开始了这方面的研究和探索。对中国6省红熊猫和大熊猫血清中PFOS和PFOA的存在水平进行研究，结果表明，大熊猫体和红熊猫体内的PFOS浓度变化分别为0180～73 180 μg/L和0176～19 100 μg/L，PFOA浓度变化分别为0133～8120 μg/L和0132～1156 μg/L，但是没有观察到PFOS和PFOA浓度与年龄、性别有关系。还有人对来自广东省广州市和浙江省舟山市包括软体动物、螃蟹、小虾、牡蛎、蚌和蛤等27个海洋样品进行了研究，测得其浓度范围为0.3～1 319 ng/g，并且在虾体内检测到最高浓度。综上所述，PFOS和PFOA在野生动物体内已广泛存在。随地理区域的不同，浓度发生较大变化。目前的研究主要集中在海洋生物。通过研究,发现大多数野生生物体内PFOS和PFOA的浓度与年龄、性别关系不明显,而部分全氟化合物之间存在一定关系。

2.7.4.5 人体体内PFOA和PFOS的浓度水平

日本和欧美国家已经对人体体内尤其是血液中的PFOA和PFOS含量进行了大量研究。从表2.22可以看出,中国、加拿大、美国和波兰人体血清中PFOS浓度要远高于其他国家,值得关注的是我国人体血清中PFOS浓度居最高位;Jin等(2007)对沈阳235个血样进行检测发现,从1987—2002年该地区人体血清中PFOA、PFOS的中值浓度分别从0.08 μg/L和0.03 μg/L增长到4.3 μg/L和22.4 μg/L,分别增加约53和746倍,因此有必要尽快加强我国人群PFOS和PFOA暴露途径的调查。人体血清中PFOA含量以韩国、波兰为最高,其他各国基本相当。其中韩国人体血清中PFOA含量比其他国家高3~30倍,这与韩国沿海水体中PFOA的浓度远高于其他各国水体中的浓度是一致的。总体上,人体血清中PFOS含量要远高于PFOA,不同国家的人群体内PFOS和PFOA浓度差异较大,说明不同地区人群对PFCs的暴露途径和方不一。Calafat等(2006)研究了不同种族人群的暴露情况,认为存在着种族的不同,可能与基因、饮食状况等有关。如果要更好地确定有机氟产品对人体污染暴露的影响,需要测定有机氟产品向环境中的释放水平。研究表明,在炊具不粘锅膜的生产过程中残留的PFOA没有完全去除,这些表面残留在正常的烹饪温度下可能加热以气态形式挥发。

由表2.22可以发现,除个别地区外,各国人群血清中PFOS、PFOA性别差异不是很明显。而金一和等的研究结果表明,重庆和沈阳地区女性人群血清中PFOS和PFOA浓度均显著高于男性水平,其中沈阳地区性别差异尤为明显,说明中国女性人群可能存在更多的PFOS和PFOA暴露途径,有必要进一步探明其原因。有关母乳中PFCs污染的研究还很少,就目前已知的数据来看,母乳中PFCs含量要远远低于血液中的含量。对我国舟山19个母乳样品的测定结果表明,PFOS和PFOA的浓度范围分别为45~360 ng/L和47~210 ng/L(So, et al., 2006)。

表2.22 不同国家人群中PFOA和PFOS的平均浓度(祝凌燕,2008) 单位:ng/mL^{-1}

地区 Region	PFOA 男性 Male	PFOA 女性 Female	平均值 Mean	PFOS 男性 Male	PFOS 女性 Female	平均值	数据来源
美国 America	4.9 4.2		4.6	37.8	32.1	34.9	Olsen, et al., 2003
哥伦比亚 Colombia	6.2 6.1		6.16	8.5	8.0	8.28	Kannan, et al., 2004
巴西 Brazil	<20	<20	<20	13.5	10.7	11.74	Kannan, et al., 2004
意大利 Italy	<3	<3	<3	4.3	4.4	4.32	Kannan, et al., 2004

续表

地区 Region	PFOA 男性 Male	PFOA 女性 Female	平均值 Mean	PFOS 男性 Male	PFOS 女性 Female	平均值	数据来源
波兰 Poland	20.5	21.9	21.34	55.4	33.3	42.14	Kannan, et al. ,2004
比利时 Belgium	5.0	4.1	4.82	16.8	11.1	15.66	Kannan, et al. ,2004
印度 India	3.5	<3	2.64	1.7	2.3	1.85	Kannan, et al. ,2004
马来群岛 Malaysia	<10	<10	<10	13.2	11.7	12.74	Kannan, et al. ,2004
韩国 Korea	35.5	88.1	61.8	27.1	15.1	21.1	Kannan, et al. ,2004
日本 Japan	5.2	4.4	4.79	18.3	11.8	14.95	Kurume, et al. ,2001
加拿大 Canada	3.6	3.08	3.4	28.3	29.7	28.8	Kubwabo, et al. ,2004
中国 China			1.59			52.7	Yeung LWY, et al. ,2006

我国也零星开展了这方面的研究。例如,对中国8省9市的85个人体的血液样品进行了研究,结果表明,PFOS是主要的PFCs存在形式,其中最高浓度(7 912 ng/mL)出现在沈阳,最低浓度(3 172 ng/mL)出现在江苏;没有发现PFOA、PFOS、PFOSA和PFHxS的存在水平与年龄有相关关系,但是发现男性中PFOS和PFHxS浓度较高,女性中PFUnDA浓度较高;PFHxS浓度与PFOS浓度呈正相关关系,PFNA、PFDA和PFUnDA浓度与PFOA浓度呈正相关关系。

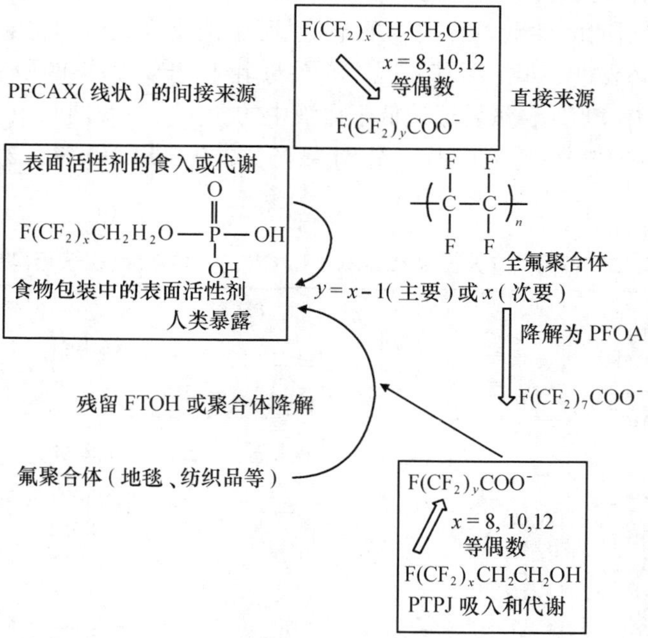

图2.18　全氟羧酸阴离子(PFCAs)的人体暴露可能的不同途径(周启星,等,2007)

2.7.5 PFOS 和 PFOA 的毒性研究(周启星,等 2007;祝凌燕,2008)

2.7.5.1 PFOS 的毒性

PFOS 可引起生物各个层次的效应,包括动物繁殖与生育能力的降低,影响胎儿的晚期发育,基因表达的改变,酶活性的干扰、影响线粒体功能、细胞膜结构的破坏、肝组织受损、甲状腺功能的改变、肝的增大和死亡率增加等。Luebker 等(2005)通过每天 018 mgPkg 的 PFOS 和更高剂量 PFOS 的污染暴露,结果表明小鼠分娩时间缩短,每天 116 mg/kg 和 210 mg/kg PFOS 污染暴露剂量组下生育能力降低,新生体成活率的降低与脂质、葡萄糖利用、甲状腺激素降低的关系不明显,分娩时间的长短与生育能力的降低有很好的相关性,表明子宫暴露 PFOS 影响胎儿的晚期发育以及死亡率。他们还认为,小鼠子宫暴露 PFOS 导致了出生后幼崽死亡率增加,出生前后添加的 PFOS 与观察到的幼体毒性效应(睁眼时间推迟、下平面翻正、空中翻正、羽毛展开出现不同程度的延迟)有关。范铁欧等(2005)研究表明,PFOS 对大鼠精子形成和成熟过程有损伤作用,PFOS 染毒使大鼠体重和睾丸重量下降,乳酸脱氢酶同工酶(LDHX)、山梨醇脱氢酶(SDH)的活性显著降低,精子畸形率升高,丙二醛(MDA)含量升高,精子活动率降低。李莹等(2004)研究表明 PFOS 可以引起大鼠中枢神经系统中谷氨酸含量的升高。Grasty 等(2005)利用基因组 U34A 基因芯片确定受 PFOS 感染的小鼠肝组织瘤细胞产生的基因表达的改变,诱导的基因主要为脂肪、酸代谢酶、细胞色素 P450s 及荷尔蒙调节基因。由于 PFOS 与内生的脂肪酸结构相似,可以认为基因表达的改变是由 PFOS 过氧化物酶体对脂肪酸蛋白的氧化作用所致。Karrman 等(2006)采用 DNA 序列的微阵列技术对 PFOS 污染暴露肺部进行组织学鉴定,结果显示肺泡壁变厚,小气道增加,磷脂浓度和分子光谱学受到影响,地塞米松(肺表面活性剂)或视黄基脂与 PFOS 联合给药没有产生肺泡分化作用,表明小鼠因 PFOS 的污染暴露所导致的呼吸困难和死亡不是由于肺的不成熟造成的。王昕等(2006)认为,随着 PFOS 浓度的增高,大鼠脑血管内皮细胞形态发生变化,细胞变圆、部分细胞不再贴壁、细胞骨架微管解聚细胞形态变圆,微管逐渐向细胞核周围聚集,表明高浓度 PFOS 可导致大鼠脑损伤,出现偏瘫的体症。小鼠亚慢性毒性实验则表明,其血清中葡萄糖浓度降低,雄性小鼠肝脏的棕榈酰氧化酶活性和雌性小鼠的丙胺酸转氨酶活性的提高,血清中胆固醇浓度的降低,肝重量的增加,尿氮增加。Tao 等(2006)对北美洲山齿鹑和野鸭的 PFOS 急性和慢性暴露危害进行了观测与评估,评价的毒物学终点包括致死、生长、食物消耗和组织病理学变化,生殖终点包括卵产生、生育能力、孵化能力以及幼体的成活率与生长,结果表明饮食、血浆、肝脏和卵中 PFOS 的每天平均无影响浓度(PNECs)分别为 0.013 mg/kg、1.0 μg/mL 、0.35 μg/g 和 1.0 μg/mL。但是,在评估时存在种间外推、暴露的持久性(例如亲代、子代的暴露)及其他外推的不确定因素。还有研究表明,成年哺乳动物中 PFOS 对甲状腺荷尔蒙有明显的影响,甲状腺荷尔蒙加速新陈代谢和能量的消耗,在妊娠后期没有观察到甲状腺功能的改变,但是在分娩的第 6 d 发现甲状腺功能的改变,并引起肝的增大。

2.7.5.2 PFOA 及其他全氟污染物

PFOA 及其他全氟污染物的生物毒性作用，包括对免疫系统产生抑制作用，干扰线粒体代谢，导致肝细胞损伤，疾病感染致死等。Starkov 等(2002)利用小鼠肝脏线粒体培养实验，对线粒体呼吸和膜电位进行了测定。结果表明，PFOA 虽然通过不同的机制和产生的影响程度不同，在足够高的浓度下，PFOA 的自由酸能使线粒体内膜上固有的质子泄露有轻微的增加。PFOA 和 FOSA 未取代的磺胺药物通过增加质子的导电性，解偶联线粒体的呼吸作用，可能是这些氟化物干扰线粒体代谢，诱导生物体内过氧化酶增殖剂的机制。PFOA 对小鼠免疫系统也产生抑制作用，导致小鼠胸腺和脾脏严重萎缩，但是在停止喂养含 PFOA 的食物后，小鼠恢复正常。Harada 等(2005)利用全细胞膜片钳记录的方法，证实 PFOA 可以改变膜表面的电位，因此对钙通道产生影响。Kannan 等(2006)的研究表明，感染疾病致死水獭体内 PFOA 浓度比非感染疾病致死水獭体内浓度高，水獭体内 PFOA 浓度与疾病感染致死呈正相关关系。Seacat 等(2003)采用口腔入食途径的慢性毒性试验表明，PFOA 引起肝细胞损伤的机理可能是肝细胞过氧化酶体的增殖作用。Guruge 等(2006)利用基因表达微排序技术，在每日 1 mg/kg、3 mg/kg、5 mg/kg、10 mg/kg、15 mg/kg的 PFOA 污染暴露强度下暴露 21 d，测定肝脏细胞的 RNA，有 500 多个基因发生了明显的改变，诱导的基因中主要与脂质尤其是脂肪酸的转化和新陈代谢有关，还涉及一些与细胞通讯、粘着性、生长、细胞凋亡、荷尔蒙调节途径、蛋白质水解、肽分解和信号传导有关的基因。这些抑制的基因表达涉及脂质转运、发炎、免疫性，尤其是细胞粘着。其他受抑制的基因表达涉及细胞凋亡、荷尔蒙调节，新陈代谢和 G2 蛋白连接受体蛋白信号传导途径。Luebker 等(2002)研究了几种氟化物对结合脂肪酸蛋白(L - FABP)的干扰作用，其中 PFOS 对结合脂肪酸蛋白的干扰作用最强，其次是全氟磺酸氨基乙酸盐化合物(N - EtFOSA)、WY(强过氧化酶增强剂 Wyeth - 14643)、全氟磺酸氨基乙酸化合物(N - Et-FOSE)和 PFOA，说明了 PFOA 和 FOSA 可以干扰脂肪酸或其他内生的配位体对 L2FABP 的结合，从而产生相应毒性。

2.7.5.3 PFOA 的代谢和毒代动力学研究

目前针对 PFOA 在人类以及其他灵长类动物体内代谢以及毒性研究的文章不多，很多情况还不是很清楚。PFOA 对人体的影响的流行病学研究主要对象是氟化工厂工人，是一个基于职业病调查的结果。大部分是横断面研究，且集中在男性。关于 PFOA 及其盐类在人体的毒代动力学，研究得到的信息很少。正在进行的一个为期 5 a 的对 7 个男性和 2 女性退休工人的研究表明，PFOA 在血清中的半衰期是 4.37 a(1.50 ~ 13.49 a)。EPA 的一篇报告中指出 PFOA 在一些怀孕的工人的脐带血中检出，说明了 PFOA 能通过胎盘(Yeung, et al., 2006)。另外，在半衰期的研究中，也只有很有限的数据。除了在 1980 年的一个研究中有关于工人血清中的总有机氟的报道，到 2000 年 6 月还没有其他的数据。

PFOA 在大鼠体内的代谢的研究相对要多一些。研究表明 PFOA 经口，经呼吸道以及经皮可以吸收到成年大鼠体内。其血浆药代参数通过对 SPrange - Dawley 大鼠灌胃实验，对

Wstiar 大鼠静脉注射来估计。PFOA 主要分布于肝脏，血清和肾，以及还有很少的一部分在其他组织。虽然有几个关于 PFOA 的代谢研究，但是确没有证据表明 PFOA 能在体内代谢降解。PFOA 在成年大鼠体内有明显的肝肠循环。雌鼠体内 PFOA 主要是通过尿液排出，而雄鼠通过尿液和粪便两条途径。性别不同造成 PFOA 的排泄情况也不同。雌鼠，经口染毒，半衰期长短与染毒剂量有关，一般在 2.8 ~ 16 h，而经口染毒的雄鼠的半衰期与染毒剂量无关，一般在 138 ~ 202 h。雌鼠 PFOA 是二室模型，存在一个快速传递相。雌鼠之所以能快速排泄 PFOA 与它肾小管的分泌作用有关（有机酸传递系统），肾小管的分泌被认为是激素控制的，妊娠期激素水平的改变却不会改变引起大鼠体内 PFOA 排泄速率的变化。

目前，还没有专门的研究 PFOA 在幼鼠体内的吸收，代谢和排泄。但目前在性别不同导致 PFOA 代谢的不同的情况为人们所知以后，有研究 Sprague – Dawley 幼鼠体内 PFOA 浓度的报道。而且，因为在刚断奶的 Wistar 大鼠的血浆和组织中能测到 PFOA。这些研究表明 PFOA 很容易透过胎盘，存在于母鼠的乳汁中。在孕期和断奶之后的几周时间里，PFOA 在雌雄大鼠体内的消除是相似的。在 4 ~ 5 周，雄鼠达到成年，性别不同越发明显。断奶后的幼鼠的 PFOA 主要分布血清，肝和肾中。有研究表明 PFOA 通过与血浆蛋白非共价结合的方式在体内循环（Qx and Tieheng，2000）。

2.7.5.4 PFOS/PFOA 的联合效应

有关这些污染物联合作用的研究，目前开展的不是很多，但其对实际环境问题的解决具有重要实践意义。Lehmler 等（2006）利用扫描量热法和测定荧光向异性来确定 PFOS2DPPC（二棕榈酰卵磷脂）混合后的行为，研究表明 PFOS 有形成液体双分子层的趋势，PFOS – DPPC 直接相互作用可能是 PFOS 产生负面效应，例如导致新生或生物幼体死亡率的增加。Berthiaume 等（2002）的研究显示，急性毒性暴露（100 mg/kg）PFOS 和 PFOA，可引起小鼠肝的过氧化酶体增殖，对月桂酰辅酶 A 活性产生刺激，使血清胆固醇浓度的减少和肝肿大，在检测的化合物中只有 PFOA 使肝脏组织中的色素氧化酶活性降低，线粒体 DNA 复制数量增加。

2.7.6 PFOS 和 PFOA 控制措施和研究趋势

环境中 PFOA 的来源以及人类如何暴露于 PFOA 的途径尚未为人所知，因此到目前为止，EPA 尚未建议公众采取任何一个措施以减少对 PFOA 的暴露。EPA 也并没有在是否 PFOA 对人体产生了巨大危害的问题上做出认定。这个决定可能等到有更多的数据列入风险评估以后再做更好一些。EPA 相信在目前并没有任何理由需要劝阻人们停止使用消费品和相关的工业产品。

我国质量检验检疫总局质量监督司联合中国五金制品协会在人民大会堂召开“不粘锅行业质量诚信”新闻发布会，同时正式公布了“2004 年不粘锅产品质量国家监督检验专项抽查结果”。根据国家卫生标准和行业标准，对产品总体市场占有量达 95% 的 15 家企业的 26 种不粘锅进行了抽查，“所有被检测的不粘锅中均未检出全氟辛酸及其盐类残留”。鉴于我国食物烹饪的特点，专家表示，因为特富龙涂材中的主要成分只有在温度达到260℃时才会发生化学变化。在温度超过340℃时发生显著分解，而一般家常烹调温度仅为150℃左右，所以消费者无需太担心，也不必暂停使用不粘锅。但专家同时提醒，日常煮食时不粘锅的烹调温度不要过高，最好不用其爆炒及油炸食品，尤其要避免干烧。

PFOS作为持久性有机环境污染物的新成员，已经在全球范围内的许多环境介质和人体、动物体等中广泛存在，也已经对全球生态系统造成了一定的污染。虽然美国、加拿大、英国、日本等国的研究者对于PFOS污染情况做了较多的研究工作，但是到目前为止，有关PFOS的污染来源、环境中转移规律、受污染环境的修复方法以及包括人类在内的生物体内PFOS污染水平及其潜在的长期危害性还没有研究清楚，这些都是迫切需要解决的问题。我国PFOS污染现状研究开展较晚，有关PFOS在我国包括人类生物体内的分布水平的相关文献较少，使得从根本上控制PFOS传播转移无理可依，这为我国研究者提出了新的课题，尽快研究我国PFOS污染现状无疑是我国研究者面临的迫切问题。根据现有的资料进行PFOS安全性评价的研究工作值得进一步深入开展，有关PFOS的行为毒理学、生殖毒理学等方面的研究也是今后PFOS毒理学研究的重点。

参考文献

常飞，陈必良．2007. 环境激素类农药甲氧DDT生殖毒性研究进展．国外医学：卫生学分册，2.

陈经涛，田安祥，李克斌，等．2007. 我国含氯农药污染现状研究进展．延安大学学报：自然科学版，26：55－60.

陈静生，Min QI. 1999. 我国东部河流沉积物中的多氯联苯．环境科学学报，19：614－618.

陈社军．2006. 珠江三角洲河流、河口及邻近南海海域和长江三角洲主要水体沉积物中的多溴联苯醚［博士学位论文］．中国科学院研究生院．

陈晓东，吕永生．2000. 六氯苯与健康危害．中国公共卫生，16：849－851.

陈玉琴，张志德．1998. 含溴阻燃剂的现状及发展前景．化学工程师，33－35.

陈远威，朱靖然，汪橹，等. DDT应用与危害. 医疗保健文档．

程小艳．2006. 全氟辛酸测定方法及其水环境行为研究［硕士学位论文］．四川大学．

程作联．1989. 有机锡的海洋环境化学．海洋环境科学，8：41－48.

储少岗，童逸平．1995. 多氯联苯在典型污染地区环境中的分布及其环境行为．环境科学学报，15：423－432.

方堃．2006. 海洋微藻对多氯联苯的吸附作用研究［硕士学位论文］．大连海事大学.

方展强，张润兴．2001. 珠江河口区翡翠贻贝中有机氯农药和多氯联苯含量及分布［J］．环境科学学报，21：113－116.

傅明珠．2007. 烷基酚在近海海洋及河口环境中的浓度分布与初步生态风险评估［博士学位论文］．中国海洋大学．

高俊敏，胡建英，郑泽根．2006. 海洋生物的OTs污染．海洋科学，30：65－70.

高俊敏. 2004. 有机锡分析方法的建立及其在中国部分水环境中的暴露水平和风险评价［博士学位论文］. 重庆大学．

宫敏娜 . 2006. 黄河及河口颗粒物中正构烷烃与多环芳烃的分布研究 . 中国海洋大学.
龚香宜 . 2007. OCPs 在湖泊水体和沉积物中的污染特征及动力学研究——以洪湖为例[博士学位论文]. 中国地质大学 .
巩宗强,李彬 . 2001. 芘在土壤中的共代谢降解研究 . 应用生态学报,12:447 - 450.
郭睿,蔡亚岐,江桂斌,et al. 2006. 全氟辛烷磺酰基化合物(PFOS)的污染现状与研究趋势 . 化学进展,18(6):808 - 813.
郝永梅 . 2004. 澳门南湾湖钻孔沉积物中烷基酚和多环芳烃的污染历史及成岩归宿的初步研究[D]. 中国科学院广州地球化学研究所.
何耀武 . 1995. 多环芳烃类化合物在土壤上的吸附 . 应用生态学报,6:423 - 427.
胡春,王圣符 . 1995. OTs 的用途 . 化学与粘合,160 - 163.
黄长江,董巧香,雷瓒,等 . 2005. 我国东南沿海 3 港口有机锡污染的调查 . 海洋学报,27:57 - 63.
黄俊,余刚 . 2001. 我国的持久性有机污染物问题与研究对策 . 环境保护,3 - 6.
黄林 . 2007. 艾氏剂和狄氏剂对萼花臂尾轮虫生殖的影响[硕士学位论文]. 安徽师范大学.
黄振军,张希功 . 2002. 壬基酚的发展趋势 . 精细与专用化学品,10:5 - 6.
江桂斌,刘稷燕 . 2000. 我国部分内陆水域有机锡污染现状初探 . 环境科学学报,20:636 - 638.
江雨 . 2006. 土壤和水中 OCPs 的分析方法研究[硕士学位论文]. 吉林农业大学 .
姜安玺,刘丽艳,李一凡,等 . 2004. 我国持久性有机污染物的污染与控制 . 黑龙江大学自然科学学报,21:97 - 101.
李斌 . 2000. 多环芳烃、正构烷烃在黄渤海表层沉积物中的分布[硕士学位论文]. 青岛海洋大学.
李军,张干,祁士华,等 . 2007. 珠江三角洲土壤中氯丹的残留特征 . 土壤学报,44:1058 - 1062.
李萍 . 1997. 环境中多环芳烃的迁移和转化 . 内蒙古环境保护,9:38 - 39.
李卫华,张蕴晖,范奇元,等 . 2005. 上海和宜兴地区食品和人乳腺组织中有机氯农药污染现状 . 环境与职业医学,22:14 - 16.
李咏梅,王郁 . 1997. 多环芳烃在天然水体中的自净机理研究:沉积物对多环芳烃的吸附过程模拟 . 中国环境科学,17:208 - 211.
李勇,孙士铸 . 2000. DDT(DDT)的环境化学行为 . 化学教学,21 - 22.
林承志 . 1997. 化学致癌与化学致癌物 . 辽宁教育学院学报,14:42 - 44.
林金堵 . 2004. 中国 PCB 进出口走势与思考 . 印制电路信息,3 - 5.
刘宗峰 . 2008. 黄河口及莱州湾表层沉积物中多环芳烃来源解析研究 . 中国海洋大学.
马新东 . 2007. 海洋沉积物和生物中多溴联苯醚的方法研究及应用[硕士学位论文]. 大连海事大学 .
孟范平,李卓娜 . 2009. 多溴联苯醚(PBDEs)在海洋环境中的行为研究进展 . 中国海洋大学学报,39(2):285 - 289.
孟庆昱,储少岗 . 2000. 多氯联苯的环境吸附行为研究进展 . 科学通报,45:1572 - 1583.
莫里森,傅伊德. 1992. 有机化学:下册 . 复旦大学化学系有机化学教研组,译 . 北京:科学出版社,1084 - 1085.
聂湘平,黄铭洪 . 2002. 多氯联苯对蛋白核小球藻和斜生栅落生长影响的研究 . 中山大学学报:自然科学版. 41:68 - 71.
施华宏,黄长江 . 2003. 利用波部东风螺(Babylonia formosae habei)性畸变现象监测海洋有机锡污染 . 海洋技术,22:82 - 86.
史双昕,周丽,邵丁丁,等.2007.北京地区土壤中有机氯农药类POPs残留状况研究.环境科学研究,20:24 - 29.
涂逢樟.2007.食品与电子电器产品中多溴联苯和多溴联苯醚残留的气相色谱——质谱分析方法研究与应用[硕士学位论文].厦门大学.
汤丽.2008.香港和厦门海域疣荔枝螺(Thais clavigera)性畸变程度及相关内分泌干扰机制初探[硕士学位论文].厦门大学.
王波.2007.长江口及其邻近海域沉积物中多环芳烃和壬基酚的分布特征和生态风险.中国海洋大学.
王成树.1996.真菌杀虫剂剂型的研究现状(综述).安徽农业大学学报,23:375 - 380.
王冬.2006.多氯联苯(PCBs)的环境生态毒性研究[硕士学位论文].浙江大学.
王连生,孔令仁,韩朔睽.1993.致癌有机物.北京:中国环境出版社.
王连生.1995.环境化学进展.北京:化学工业出版社.
王连生.2004.有机污染化学.北京:高等教育出版社.
王珊珊.2005.OTs的生物毒性效应及其预测方法研究[硕士学位论文].北京化工大学.
王腾.2005.欧盟贝类安全综述及我国部分贝类产品中多氯联苯含量现状的分析[硕士学位论文].中国海洋大学.
王占杰.2008.有机氯化合物DDT降解研究[硕士学位论文].北京化工大学.
王振刚.2000.环境卫生学.北京:人民卫生出版社.
向彩虹.2006.珠江河口水生生物中多溴联苯醚的初步研究[硕士学位论文].中国科学院研究生院.
向顺华.2001.必须严格禁用DDT(DDT).生物学通报,36:19 - 19.
谢原利,饶竹,王沫,等.2008.毒杀芬的环境行为及检测研究进展.岩矿测试,27:363 - 370.
徐科峰,李忠,何莼,等.2003.持久性有机污染物(POPs)对人类健康的危害及其治理技术进展[J].四川环境,22:29 - 34.
薛南冬,王洪波,徐晓白.2005水环境中农药类内分泌干扰物的研究进展.科学通报,50:2441 - 2449.
闫妍.2008.微生物好氧降解氯丹的研究[硕士学位论文].大连理工大学.
杨春,陈煊.2001.毒杀芬对孤儿受体雌激素相关受体1(ERRα - 1)的拮抗作用[J].第三军医大学学报,23:1183 - 1185.
杨发忠,颜阳,张泽志,等.2005.多环芳烃研究进展.云南化工,32:44 - 48.
杨征武,刘秀梅.1993.乳品中有机氯农药残留量的测定.中国乳品工业,21:113 - 115.
易爱华.2007.DDT在污染场地中的迁移分布规律研究[硕士学位论文].西北农林科技大学.
于晓丽,张江.1996.多环芳烃污染与防治对策.油气田环境保护,6:53 - 56.
袁东星,钟树明.2001.厦门西港和闽江口表层沉积物中有机锡含量分布.台湾海峡,20:91 - 95.
张军.2006.典型红树林湿地中多环芳烃的含量,来源和迁移研究[博士学位论文].厦门大学.
张俊海.2008.海洋沉积物中多环芳烃质量基准研究.大连海事大学.
张旭,黄巍.2001.包气带土层中石油污染物生物降解的温度效应.环境科学,22:108 - 110.
张琢.2007.环境样品中多氯联苯的气相色谱测定研究[硕士学位论文].东华大学.
赵冬梅.2007.福建近岸海域海水及沉积物中OTs的存在形态及其时空分布特征[硕士学位论文].厦门大学.

赵娜娜,黄启飞,王琪,等.2007. DDT 在我国典型 POPs 污染场地中的空间分布研究. 环境科学学报,27:1669-1674.
赵云英,马永安.1998.天然环境中多环芳烃的迁移转化及其对生态环境的影响. 海洋环境科学,17:68-72.
周景明,秦占芬,丛琳,等.2004.多氯联苯内分泌干扰作用及机理研究进展[J]. 科学通报,49:34-39.
周琳.2005.海产品中多氯联苯前处理方法及分析方法的研究[硕士学位论文]. 北京化工大学.
周名江,李正炎.1994.海洋环境中的有机锡及其对海洋生物的影响. 环境科学进展,2:67-76.
周启星,胡献刚. 2007. PFOS/PFOA 环境污染行为与毒性效应及机理研究进展. 环境科学,28(10):2153-2162.
周晓.2006.青岛近岸海水中多环芳烃的测定. 中国海洋大学.
周岩梅,刘瑞霞.2003. 溶解有机质在土壤及沉积物吸附多环芳烃类有机污染物过程中的作用研究. 环境科学学报,23:216-223.
朱文峰.2007.广东省沿海表层沉积物中多环芳烃研究. 中国科学院广州地球化学研究所.
祝凌燕,林加华.2008. 全氟辛酸的污染状况及环境行为研究进展. 应用生态学报,19:1149-1157.
Alaee M, Arias P, Sj din A, et al. 2003. An overview of commercially used brominated flame retardants, their applications, their use patterns in different countries/regions and possible modes of release. Environment International, 29: 683-689.
Allchin CR, Law RJ, Morris S. 1999. Polybrominated diphenylethers in sediments and biota downstream of potential sources in the UK. Environmental Pollution, 105: 197-207.
Ando M, Hirano S, Itoh Y. 1985. Transfer of hexachlorobenzene(HCB) from mother to new-born baby through placenta and milk. Archives of toxicology, 56: 195-200.
Arukwe A, Celius T, Walther BT, et al. 2000. Effects of xenoestrogen treatment on zona radiata protein and vitellogenin expression in Atlantic salmon(Salmo salar). Aquatic toxicology, 49: 159-170.
Athanasiadou M, Sj din A, Bergman, et al. 1999. Organohalogen substances in muscle, egg and blood from healthy Baltic salmon(Salmo salar) and Baltic salmon that produced offspring with the M74 syndrome. Ambio, 67-76.
Ayers RU, Ocean Assessments D, United S, et al. 1988. An historical reconstruction of major pollutant levels in the Hudson-Raritan Basin, 1880-1980. US Dept. of Commerce, National Oceanic and Atmospheric Administration, National Ocean Service.
Barton CA, Butler LE, Zarzecki CJ, et al. 2006. Characterizing perfluorooctanoate in ambient air near the fence line of a manufacturing facility: Comparing modeled and monitored values. Journal of the Air & Waste Management Association, 56.
Basheer C, Lee HK, Tan KS. 2004. Endocrine disrupting alkylphenols and bisphenol-A in coastal waters and supermarket seafood from Singapore. Marine Pollution Bulletin, 48: 1161-1167.
Bauer B, Fioroni P, Ide I, et al. 1995. TBT effects on the female genital system of Littorina littorea: a possible indicator of tributyltin pollution. Hydrobiologia, 309: 15-27.
Baumard P, Budzinski H, Michon Q, et al. 1998. Origin and bioavailability of PAHs in the Mediterranean Sea from mussel and sediment records. Estuarine. Coastal and Shelf Science, 47: 77-90.
Becker PH. 1989. Seabirds as monitor organisms of contaminants along the German North Sea coast. Helgoland Marine Research, 43: 395-403.

Bentivegna CS, Piatkowski T. 1998. Effects of tributyltin on medaka (Oryzias latipes) embryos at different stages of development. Aquatic toxicology, 44: 117 – 128.

Berthiaume J, Wallace KB. 2002. Perfluorooctanoate, perflourooctanesulfonate, and N – ethyl perfluorooctanesulfonamido ethanol; peroxisome proliferation and mitochondrial biogenesis. Toxicology letters, 129: 23 – 32.

Bester K, Theobald N, Schr der HF. 2001. Nonylphenols, nonylphenol – ethoxylates, linear alkylbenzenesulfonates (LAS) and bis (4 – chlorophenyl) – sulfone in the German Bight of the North Sea. Chemosphere, 45: 817 – 826.

Bettin C, Oehlmann J, Stroben E. 1996. TBT – induced imposex in marine neogastropods is mediated by an increasing androgen level. Helgoland Marine Research, 50: 299 – 317.

Betts KS. 2002. US electronics recycling stance changed. Environmental Science & Technology, 36: 52 – 53.

Beyer WN, Krynitsky AJ. 1989. Long – term persistence of dieldrin, DDT, and heptachlor epoxide in earthworms. Ambio, 271 – 273.

Blackburn MA, Waldock MJ. 1995. Concentrations of alkylphenols in rivers and estuaries in England and Wales. Water research (Oxford), 29: 1623 – 1629.

Bocio A, Llobet JM, Domingo JL, et al. 2003. Polybrominated diphenyl ethers (PBDEs) in foodstuffs: human exposure through the diet. Journal of Agricultural and Food Chemistry, 51: 3191 – 3195.

Bremle G, Larsson P. 1997. Long – term variations of PCB in the water of a river in relation to precipitation and internal sources. Environ Sci Technol, 31: 3232 – 3237.

Bryan GW, Gibbs PE, Huggett RJ, et al. 1989. Effects of tributyltin pollution on the mud snail, Ilyanassa obsoleta, from the York River and Sarah Creek, Chesapeake Bay. Marine Pollution Bulletin MPNBAZ, 20.

Budzinski H, Jones I, Bellocq J, et al. 1997. Evaluation of sediment contamination by polycyclic aromatic hydrocarbons in the Gironde estuary. Marine Chemistry, 58: 85 – 97.

Burreau S, Axelman J, Broman D, et al. 1997. Dietary uptake in pike (Esox lucius) of some polychlorinated biphenyls, polychlorinated naphthalenes and polybrominated diphenyl ethers administered in natural diet. Environmental Toxicology and Chemistry, 16: 2508 – 2513.

Burton ED, Phillips IR, Hawker DW. 2005. In – situ partitioning of butyltin compounds in estuarine sediments. Chemosphere, 59: 585 – 592.

C spedes R, Lacorte S, Rald a D, et al. 2005. Distribution of endocrine disruptors in the Llobregat River basin (Catalonia, NE Spain). Chemosphere, 61: 1710 – 1719.

Cadee GC, Boon JP, Fischer CV, et al. 1995. Why the whelk (Buccinum undatum) has become extinct in the Dutch Wadden Sea. Netherlands Journal of Sea Research, 34.

Campagna AF, Eler MN, Fracacio R, et al. 2007. The toxic potential of aldrin and heptachlor on Danio rerio juveniles (Cypriniformes, Cyprinidae). Ecotoxicology, 16: 289 – 298.

Cao D, Jiang G, Zhou Q, et al. 2009. Organotin pollution in China: An overview of the current state and potential health risk. Journal of Environmental Management, 90: S16 – S24.

Champ MA. 2000. A review of organotin regulatory strategies, pending actions, related costs and benefits. Science of The Total Environment, 258: 21 – 71.

Chau YK, Maguire RJ, Brown M, et al. 1997. Occurrence of organotin compounds in the Canadian aquatic environment five years after the regulation of antifouling uses of tributyltin. Water Quality Research Journal of Canada, 32:

453 – 521.

Cheng CY, Liu LL, Ding WH. 2006. Occurrence and seasonal variation of alkylphenols in marine organisms from the coast of Taiwan. Chemosphere, 65: 2152 – 2159.

Chiou C, McGroddy S, Kile D. 1998. Partition characteristics of polycyclic aromatic hydrocarbons on soils and sediments. Environmental Science & Technology, 32: 264 – 269.

Chiou C, Peters L, Freed V. 1979. A physical concept of soil – water equilibria for nonionic organic compounds. Science, 206: 831 – 832.

Chiou C, Schmedding D, Manes M. 1982. Partitioning of organic compounds in octanol – water systems. Environmental Science & Technology, 16: 4 – 10.

Christiansen T, Korsgaard B, Jespersen A. 1998. Effects of nonylphenol and 17 beta – oestradiol on vitellogenin synthesis, testicular structure and cytology in male eelpout Zoarces viviparus. ed., 179 – 192.

Countway R, Dickhut R, Canuel E. 2003. Polycyclic aromatic hydrocarbon (PAH) distributions and associations with organic matter in surface waters of the York River, VA Estuary. Organic Geochemistry, 34: 209 – 224.

Covaci A, Voorspoels S, de Boer J. 2003. Determination of brominated flame retardants, with emphasis on polybrominated diphenyl ethers (PBDEs) in environmental and human samples – a review. Environment International, 29: 735 – 756.

D az J, Higuera – Ruiz R, Elorza J, et al. 2007. Distribution of butyltin and derivatives in oyster shells and trapped sediments of two estuaries in Cantabria (Northern Spain). Chemosphere, 67: 623 – 629.

Da Ellis JW, Mabury SA, Hurley MD, et al. 2003. Atmospheric lifetime of fluorotelomer alcohols. Environ Sci Technol, 37: 3816 – 3820.

Dachs J, Van Ry DA, Eisenreich SJ. 1999. Occurrence of estrogenic nonylphenols in the urban and coastal atmosphere of the lower Hudson River estuary. Environ Sci Technol, 33: 2676 – 2679.

Dai J, Li M, Jin Y, et al. 2006. Perfluorooctanesulfonate and perfluorooctanoate in red panda and giant panda from China. Environ Sci Technol, 40: 5647 – 5652.

Darnerud PO, Risberg S. 2006. Tissue localisation of tetra – and pentabromodiphenyl ether congeners (BDE – 47, – 85 and – 99) in perinatal and adult C57BL mice. Chemosphere, 62: 485 – 493.

De Boer J, Wester P, Rodriguez D, et al. 1998. Polybrominated biphenyls and diphenylethers in sperm whales and other marine mammals – a new threat to ocean life? Organohalogen Compounds, 35: 383 – 386.

De Boer J. 1989. Organochlorine compounds and bromodiphenylethers in livers of Atlantic cod (Gadus morhua) from the North Sea, 1977 – 1987. Chemosphere, 18: 2131 – 2140.

De Boer J. 1990. Brominated diphenyl ethers in dutch freshwater and marine fish. ed.: Eco – Informa Press, 315.

Devier MH, Augagneur S, Budzinski H, et al. 2003. Microcosm tributyltin bioaccumulation and multibiomarker assessment in the blue mussel Mytilus edulis. Environmental Toxicology and Chemistry, 22.

Dickhut R, Canuel E, Gustafson K, et al. 2000. Automotive sources of carcinogenic polycyclic aromatic hydrocarbons associated with particulate matter in the Chesapeake Bay region. Environ Sci Technol, 34: 4635 – 4640.

Dimitrov S, Kamenska V, Walker JD, et al. 2004. Predicting the biodegradation products of perfluorinated chemicals using CATABOL. SAR and QSAR in Environmental Research, 15: 69 – 82.

DiPinto LM, Coull BC, Chandler GT. 1993. Lethal and sublethal effects of the sediment – associated PCB Aroclor

1254 on a meiobenthic copepod. Environmental Toxicology and Chemistry, 12:1909 – 1918.

Di'ez S, Bayona JM. 2009. Butyltin occurrence and risk assessment in the sediments of the Iberian Peninsula. Journal of Environmental Management, 90: S25 – S30.

Dowson PH, Bubb JM, Lester JN. 1993. Temporal distribution of organotins in the aquatic environment: five years after the 1987 UK retail ban on TBT based antifouling paints. Marine Pollution Bulletin, 26:487 – 494.

Edwards E, Mabury S. 2004. Fluorotelomer Alcohol Biodegradation Yields Poly – and Perfluorinated Acids. Environ Sci Technol, 38:2857 – 2864.

Ejlertsson J, Nilsson ML, Kylin H, et al. 1999. Anaerobic degradation of nonylphenol mono – and diethoxylates in digestor sludge, landfilled municipal solid waste, and landfilled sludge. Environ Sci Technol, 33:301 – 306.

Ekelund R, Granmo, Magnusson K, et al. 1993. Biodegradation of 4 – nonylphenol in seawater and sediment. Environmental pollution(1987), 79:59 – 61.

Erdman LK, Gusev AV, Pavlova N. 2001. Atmospheric input of persistent organic pollutants to the Mediterranean Sea. UNEP/Earthprint.

Eriksson P, Jakobsson P, Fredriksson E. 1998. Developmental neurotoxicity of brominated flame – retardants, polybrominated diphenyl ethers and tetrabrom – bis – phenol A. Organohalogen Compounds, 35:375 – 378.

Fairchild WL, Swansburg EO, Arsenault JT, et al. 1999. Does an association between pesticide use and subsequent declines in catch of Atlantic salmon(Salmo salar) represent a case of endocrine disruption? Environmental Health Perspectives, 107:349.

Falandysz J. 2003. Chloronaphthalenes as food – chain contaminants: a review. Food Additives & Contaminants, 20: 995 – 1014.

Fent K, Looser PW. 1995. Bioaccumulation and bioavailability of tributyltin chloride: Influence of pH and humic acids. Water Research, 29:1631 – 1637.

Ferguson PL, Iden CR, Brownawell BJ. 2001. Distribution and fate of neutral alkylphenol ethoxylate metabolites in a sewage – impacted urban estuary. Environ Sci Technol, 35:2428 – 2435.

Finizio A, Bidleman TF, Szeto SY. 1998. Emission of chiral pesticides from an agricultural soil in the Fraser Valley, British Columbia. Chemosphere, 36:345 – 355.

Foster WG, Pentick JA, McMahon A, et al. 1993. Body distribution and endocrine toxicity of hexachlorobenzene (HCB) in the female rat. Journal of Applied Toxicology, 13.

Friden RM. 1980. Toxaphene Metabolism by the bovine. ed. : Arizona: University of Arizona, 256 – 278.

Fries E, P ttmann W. 2004. Occurrence of 4 – Nonylphenol in rain and snow. Atmospheric Environment, 38: 2013 – 2016.

Galindo – Reyes JG, Fossato VU, Villagrana – Lizarraga C, et al. 1999. Pesticides in water, sediments, and shrimp from a coastal lagoon off the Gulf of California. Marine Pollution Bulletin, 38:837 – 841.

Gibbs PE, Bryan GW, Pascoe PL, et al. 1987. The use of the dog – whelk, Nucella lapillus, as an indicator of tributyltin (TBT) contamination. Journal of the Marine Biological Association of the United Kingdom Plymouth, 67: 507 – 523.

Gibson CP, Wilson SP. 2003. Imposex still evident in eastern Australia 10 years after tributyltin restrictions. Marine Environmental Research, 55:101 – 112.

Gigliotti C, Brunciak P, Nelson E, et al. 2000. Atmospheric seasonal trends and environmental fate of alkylphenols in the lower Hudson River Estuary. Environ Sci Technol, 34:2410 – 2417.

Goecke – Flora CM, Reo NV. 1996. Influence of Carbon Chain Length on the Hepatic Effects of Perfluorinated Fatty Acids. A 19F – and 31P – NMR Investigation. Chem Res Toxicol, 9:689 – 695. Greaves J, Unger MA. 1988. A selective ion monitoring assay for tributyltin and its degradation products. Biomedical & environmental mass spectrometry, 15:565.

Guenther K, Kleist E, Thiele B. 2006. Estrogen – active nonylphenols from an isomer – specific viewpoint: a systematic numbering system and future trends. Analytical and bioanalytical chemistry, 384:542 – 546.

Guillette Jr LJ, Brock JW, Rooney AA, et al. 1999. Serum concentrations of various environmental contaminants and their relationship to sex steroid concentrations and phallus size in juvenile American alligators. Archives of Environmental Contamination and Toxicology, 36:447 – 455.

Guruge K, Thomas N, Giesy J. 1998. Butyltin residues in southern sea otters (Enhydra lutris nereis) found dead along California coastal waters. Environ Sci Technol, 32:1169 – 1175.

Guruge KS, Tanabe S, Iwata H, et al. 1996. Distribution, biomagnification, and elimination of butyltin compound residues in common cormorants (Phalacrocorax carbo) from Lake Biwa, Japan. Archives of Environmental Contamination and Toxicology, 31:210 – 217.

Hale RC, La Guardia MJ, Harvey E, et al. 2002. Potential role of fire retardant – treated polyurethane foam as a source of brominated diphenyl ethers to the US environment. Chemosphere, 46:729 – 735.

Hale RC, La Guardia MJ, Harvey EP, et al. 2001. Flame retardantsPersistent pollutants in land – applied sludges. Nature, 412:140 – 141.

Harada K, Koizumi A, Saito N, et al. 2007. Historical and geographical aspects of the increasing perfluorooctanoate and perfluorooctane sulfonate contamination in human serum in Japan. Chemosphere, 66:293 – 301.

Hardy JT, Cleary J. 1992. Surface microlayer contamination and toxicity in the German Bight. Marine Ecology Progress Series MESEDT, 91.

Harrad S, Mao H. 2004. Atmospheric PCBs and organochlorine pesticides in Birmingham, UK: concentrations, sources, temporal and seasonal trends. Atmospheric Environment, 38:1437 – 1445.

Harrad S, Wijesekera R, Hunter S, et al. 2004. Preliminary assessment of UK human dietary and inhalation exposure to polybrominated diphenyl ethers. Environ Sci Technol, 38:2345 – 2350.

Hashimoto S, Watanabe M, Noda Y, et al. 1998. Concentration and distribution of butyltin compounds in a heavy tanker route in the Strait of Malacca and in Tokyo Bay. Marine Environmental Research, 45:169 – 177.

Heemken OP, Reincke H, Stachel B, et al. 2001. The occurrence of xenoestrogens in the Elbe river and the North Sea. Chemosphere, 45:245 – 259.

Hesselberg RJ, Hickey JP, Nortrup DA, et al. 1990. Contaminant residues in the bloater (Coregonus hoyi) of Lake Michigan, 1969 – 1986. Journal of Great Lakes Research, 16:121 – 129.

Heuvel JPV, Kuslikis BI, Van Rafelghem MJ, et al. 1991. Tissue distribution, metabolism, and elimination of perfluorooctanoic acid in male and female rats. Journal of Biochemical Toxicology, 6.

Horiguchi T, Nishikawa T, Ohta Y, et al. 2007. Retinoid X receptor gene expression and protein content in tissues of the rock shell Thais clavigera. Aquatic toxicology, 84:379 – 388.

Hsia MP, Liu SM. 2003. Accumulation of organotin compounds in Pacific oysters, Crassostrea gigas, collected from aquaculture sites in Taiwan. Science of the Total Environment, 313: 41 – 48.

Huang JH, Schwesig D, Matzner E. 2004. Organotin compounds in precipitation, fog and soils of a forested ecosystem in Germany. Environmental Pollution, 130: 177 – 186.

Huang X, Loreleif Z. D. et al. 1996. Photoinduced toxicity of PAHs to the folar regions of Brassica napus and cucumbis sativus in simulated solar radiation. Ecotoxicology and Environ safy, 35: 108 – 112.

Huwe JK, Lorentzsen M, Thuresson K, et al. 2002. Analysis of mono – to deca – brominated diphenyl ethers in chickens at the part per billion level. Chemosphere, 46: 635 – 640.

Ikonomou MG, Fischer M, He T, et al. 2000. Congener patterns, spatial and temporal trends of polybrominated diphenyl ethers in biota samples from the Canadian west coast and the Northwest Territories. Organohalogen Compounds, 47: 77 – 80.

Ikonomou MG, Rayne S, Addison RF. 2002. Exponential increases of the brominated flame retardants, polybrominated diphenyl ethers, in the Canadian Arctic from 1981 to 2000. Environ Sci Technol, 36: 1886 – 1892.

Ishibashi H, Hirano M, Matsumura N, et al. 2006. Reproductive effects and bioconcentration of 4 – nonylphenol in medaka fish (Oryzias latipes). Chemosphere, 65: 1019 – 1026.

Isobe T, Nishiyama H, Nakashima A, et al. 2001. Distribution and behavior of nonylphenol, octylphenol, and nonylphenol monoethoxylate in Tokyo metropolitan area: their association with aquatic particles and sedimentary distributions. Environ Sci Technol, 35: 1041 – 1049.

Iwata H, Tanabe S, Mizuno T, et al. 1997. Bioaccumulation of butyltin compounds in marine mammals: the specific tissue distribution and composition. Applied organometallic chemistry, 11.

Jadhav S, Bhosle NB, Massanisso P, et al. 2009. Organotins in the sediments of the Zuari estuary, west coast of India. Journal of Environmental Management, 90: S4 – S7.

Jin Y, Saito N, Harada KH, et al. 2007. Historical trends in human serum levels of perfluorooctanoate and perfluorooctane sulfonate in Shenyang, China. The Tohoku Journal of Experimental Medicine, 212: 63 – 70.

Johnson AC, White C, Besien TJ, et al. 1998. The sorption potential of octylphenol, a xenobiotic oestrogen, to suspended and bed – sediments collected from industrial and rural reaches of three English rivers. Science of the Total Environment, 210: 271 – 282.

Jonkers N, Laane R, de Voogt P. 2003. Fate of nonylphenol ethoxylates and their metabolites in two Dutch estuaries: evidence of biodegradation in the field. Environ Sci Technol, 37: 321 – 327.

Jung JH, Shim WJ, Addison RF, et al. 2006. Protein and gene expression of VTG in response to 4 – nonylphenol in rockfish (Sebastes schlegeli). Comparative Biochemistry and Physiology, Part C, 143: 162 – 170.

Kajiwara N, Kamikawa S, Ramu K, et al. 2006. Geographical distribution of polybrominated diphenyl ethers (PBDEs) and organochlorines in small cetaceans from Asian waters. Chemosphere, 64: 287 – 295.

Kallenborn R, Berger U, J? rnberg U, et al. 2004. Perfluorinated Alkylated Substances (PFAS) in the Nordic Environment. TemaNord 2004: 552, Nordic Council of Ministers, Copenhagen, ed.: ISBN 92 – 893 – 1051 – 0, ISSN 0908 – 6692 2004.

Kannan K, Corsolini S, Falandysz J, et al. 2004. Perfluorooctanesulfonate and related fluorochemicals in human blood from several countries. Environ Sci Technol, 38: 4489 – 4495.

Kannan K, Corsolini S, Imagawa T, et al. 2002. Polychlorinated - Naphthalenes, - Biphenyls, - Dibenzo - p - dioxins, - Dibenzofurans and p, p′ - DDE in Bluefin Tuna, Swordfish, Cormorants and Barn Swallows from Italy. AMBIO: A Journal of the Human Environment, 31: 207 - 211.

Kannan K, Corsolini S, Imagawa T, et al. 2002. Polychlorinated - Naphthalenes, - Biphenyls, - Dibenzo - p - dioxins, - Dibenzofurans and p, p′ - DDE in Bluefin Tuna, Swordfish, Cormorants and Barn Swallows from Italy. AMBIO: A Journal of the Human Environment, 31: 207 - 211.

Kannan K, Falandysz J. 1997. Butyltin residues in sediment, fish, fish - eating birds, harbour porpoise and human tissues from the Polish coast of the Baltic Sea. Marine Pollution Bulletin, 34: 203 - 207.

Kannan K, Senthilkumar K, Loganathan BG, et al. 1997. Elevated accumulation of tributyltin and its breakdown products in bottlenose dolphins (Tursiops truncatus) found stranded along the US Atlantic and Gulf coasts. Environ Sci Technol, 31: 2444.

Kannan N, Yamashita N, Petrick G, et al. 1998. Polychlorinated biphenyls and nonylphenols in the Sea of Japan. Environ Sci Technol, 32: 1747 - 1753.

Karickhoff S, Brown D, Scott T. 1979. Sorption of hydrophobic pollutants on natural sediments. 13: 241 - 248.

Karickhoff S. 1984. Organic pollutant sorption in aquatic systems. Journal of hydraulic engineering, 110: 707 - 735.

Kawahata H, Ohta H, Inoue M, et al. 2004. Endocrine disrupter nonylphenol and bisphenol A contamination in Okinawa and Ishigaki Islands, Japan within coral reefs and adjacent river mouths. Chemosphere, 55: 1519 - 1527.

Kierkegaard A, Balk L, Tjarnlund U, et al. 1999. Dietary uptake and biological effects of decabromodiphenyl ether in rainbow trout (Oncorhynchus mykiss). Environ Sci Technol, 33: 1612 - 1617.

Kierkegaard A, Bignert A, Sellstrom U, et al. 2004. Polybrominated diphenyl ethers (PBDEs) and their methoxylated derivatives in pike from Swedish waters with emphasis on temporal trends, 1967 - 2000. Environmental Pollution, 130: 187 - 198.

Kim YS, Katase T, Horii Y, et al. 2005. Estrogen equivalent concentration of individual isomer - specific 4 - nonylphenol in Ariake sea water, Japan. Marine Pollution Bulletin, 51: 850 - 856.

Kiriluk RM, Servos MR, Whittle DM, et al. 1995. Using ratios of stable nitrogen and carbon isotopes to characterize the biomagnification of DDE, mirex, and PCB in a Lake Ontario pelagic food web. Canadian Journal of Fisheries and Aquatic Sciences, 52: 2660 - 2674.

Kiss G, Varga - Puchony Z, Tolnai B, et al. 2001. The seasonal changes in the concentration of polycyclic aromatic hydrocarbons in precipitation and aerosol near Lake Balaton, Hungary. Environmental Pollution, 114: 55 - 61.

Klasson Wehler E, Jakobsson E, rn U. 1996. Metabolism of polychlorinated naphthalenes and a tetrabrominated diphenyl ether. Organohalogen Compounds, 28: 495 - 499.

Knoth W, Mann W, Meyer R, et al. 2002. Polybrominated diphenylether in house dust. Organohalogen Compounds, 58: 213 - 216.

Ko MMC, Bradley GC, Neller AH, et al. 1995. Tributyltin contamination of marine sediments of Hong Kong. Marine Pollution Bulletin, 31: 249 - 253.

Kociba RJ, Frauson LO, Humiston CG, et al. 1975. Results of a two - year dietary feeding study with decabromodiphenyl oxide (DBDPO) in rats. Combust Toxicol, 2: 267 - 285.

Kurihara R, Rajendran RB, Tao H, et al. 2007. Analysis of Organotins in Seawater of the Southern Ocean and Suruga

Bay, Japan, by Gas Chromatography/Inductively Coupled Plasma Mass Spectrometry. Environmental Toxicology and Chemistry, 26: 647 – 654.

La Guardia MJ, Hale RC, Harvey E. 2006. Detailed polybrominated diphenyl ether (PBDE) congener composition of the widely used penta –, octa –, and deca – PBDE technical flame – retardant mixtures. Environ Sci Technol, 40: 6247 – 6254.

LacayoR M, Van Bavel B, Mattiasson B. 2004. Degradation of toxaphene in water during anaerobic and aerobic conditions. Environmental Pollution, 130: 437 – 443.

Lahnsteiner F, Berger B, Grubinger F, et al. 2005. The effect of 4 – nonylphenol on semen quality, viability of gametes, fertilization success, and embryo and larvae survival in rainbow trout (Oncorhynchus mykiss). Aquatic toxicology, 71: 297 – 306.

Lange CC. 2000. The aerobic biodegradation of N – EtFOSE alcohol by the microbial activity present in municipal wastewater treatment sludge. For 3M Company.

Larson GE, Savarie PJ, Okuno I. 1981. Iophenoxic acid and mirex for marking wild, bait – consuming animals. The Journal of Wildlife Management, 1073 – 1077.

Lauenstein GG, Daskalakis KD. 1998. US long – term coastal contaminant temporal trends determined from mollusk monitoring programs, 1965 1993. Marine Pollution Bulletin, 37: 6 – 13.

Leung KMY, Kwong RPY, Ng WC, et al. 2006. Ecological risk assessments of endocrine disrupting organotin compounds using marine neogastropods in Hong Kong. Chemosphere, 65: 922 – 938.

Lind Y, Aune M, Atuma S, et al. 2002. Food intake of the brominated flame retardants PBDE: s and HBCD in Sweden. Organohalogen Compounds, 58: 181 – 184.

Lye CM, Frid CLJ, Gill ME, et al. 1999. Estrogenic alkylphenols in fish tissues, sediments, and waters from the UK Tyne and Tees estuaries. Environ Sci Technol, 33: 1009 – 1014.

Maguire RJ. 1987. Environmental aspects of tributyltin. Applied organometallic chemistry, 1.

Marcomini A, Pojana G, Sfriso A, et al. 2000. Behavior of anionic and nonionic surfactants and their persistent metabolites in the Venice Lagoon, Italy. Environmental Toxicology and Chemistry, 19: 2000 – 2007.

Martin JW, Mabury SA, Solomon KR, et al. 2003. Bioconcentration and tissue distribution of perfluorinated acids in rainbow trout (Oncorhynchus mykiss). Environmental Toxicology and Chemistry, 22: 196 – 204.

Martin JW, Mabury SA, Solomon KR, et al. 2003. Dietary accumulation of perfluorinated acids in juvenile rainbow trout (Oncorhynchus mykiss). Environmental Toxicology and Chemistry, 22: 189 – 195.

Martin JW, Smithwick MM, Braune BM, et al. 2004. Identification of long – chain perfluorinated acids in biota from the Canadian Arctic. Environ Sci Technol, 38: 373 – 380.

Maruya KA, Wakeham SG, Vetter W, et al. 2000. Prominent chlorobornane residues in estuarine sediments contaminated with toxaphene. Environmental Toxicology and Chemistry, 19: 2198 – 2203.

Matthiessen P, Kilbride R, Mason C, et al. 1999. Monitoring the recovery of the benthic community in the River Crouch following TBT contamination. Final Report for the Department of the Environment, Transport and the Regions (DETR) Centre for Environment, Fisheries and Aquaculture Science.

Mawn MP, McKay RG, Ryan TW, et al. 2005. Determination of extractable perfluorooctanoic acid (PFOA) in water, sweat simulant, saliva simulant, and methanol from textile and carpet samples by LC/MS/MS. The Analyst, 130:

670 – 678.

McClellan – Green P, Romano J, Oberdorster E. 2007. Does gender really matter in contaminant exposure? A case study using invertebrate models. Environmental Research, 104: 183 – 191.

McDonald TA. 2002. A perspective on the potential health risks of PBDEs. Chemosphere, 46: 745 – 755.

Meironyt D, Nor n K, Bergman A. 1999. Analysis of polybrominated diphenyl ethers in Swedish human milk. A time – related trend study, 1972 – 1997. Journal of Toxicology and Environmental Health, Part A, 58: 329 – 341.

Menzie C, Potocki B, Santodonato J. 1992. Exposure to carcinogenic PAHs in the environment. Environmental Science & Technology, 26: 1278 – 1284.

Merritt CM, Torrentera L, Winter KM, et al. 1999. Dieldrin reduces male production and sex ratio in Daphnia galeata mendotae. Toxicol Ind Health, 15: 193 – 200.

Meucci V, Arukwe A. 2005. Detection of vitellogenin and zona radiata protein expressions in surface mucus of immature juvenile Atlantic salmon (Salmo salar) exposed to waterborne nonylphenol. Aquatic toxicology, 73: 1 – 10.

Miao XS, Swenson C, Yanagihara K, et al. 2000. Polychlorinated biphenyls and metals in marine species from French Frigate Shoals, North Pacific Ocean. Archives of Environmental Contamination and Toxicology, 38: 464 – 471.

Michaud MH, Pelletieré. 2006. Sources and fate of butyltins in the St. Lawrence Estuary ecosystem. Chemosphere, 64: 1074 – 1082.

Musick JA, Berkeley SA, Cailliet GM, et al. 2000. Protection of marine fish stocks at risk of extinction. Fisheries, 25: 6 – 8.

Nakanishi T. 2007. Potential Toxicity of Organotin Compounds via Nuclear Receptor Signaling in Mammals. Journal of health science, 53: 1 – 9.

Nakata H, Kannan K, Nasu T, et al. 2006. Perfluorinated contaminants in sediments and aquatic organisms collected from shallow water and tidal flat areas of the Ariake Sea, Japan: environmental fate of perfluorooctane sulfonate in aquatic ecosystems. Environ Sci Technol, 40: 4916 – 4921.

Naylor CG, Mieure JP, Adams WJ, et al. 1992. Alkylphenol ethoxylates in the environment. Journal of the American Oil Chemists' Society, 69: 695 – 703.

Negri A, Marshall P. 2009. TBT contamination of remote marine environments: Ship groundings and ice – breakers as sources of organotins in the Great Barrier Reef and Antarctica. Journal of Environmental Management, 90: S31 – S40.

Negri AP, Hales LT, Battershill C, et al. 2004. TBT contamination identified in Antarctic marine sediments. Marine Pollution Bulletin, 48: 1142 – 1144.

Nice HE, Thorndyke MC, Morritt D, et al. 2000. Development of Crassostrea gigas larvae is affected by 4 – nonylphenol. Marine Pollution Bulletin, 40: 491 – 496.

Nisbet I, LaGoy P. 1992. Toxic equivalency factors (TEFs) for polycyclic aromatic hydrocarbons (PAHs). Regulatory toxicology and pharmacology (Print), 16: 290 – 300.

Nor n K, Meironyt D. 2000. Certain organochlorine and organobromine contaminants in Swedish human milk in perspective of past 20 – 30 years. Chemosphere, 40: 1111 – 1123.

Norstrom RJ, Simon M, Moisey J, et al. 2002. Geographical Distribution (2000) and Temporal Trends (1981 – 2000) of Brominated Diphenyl Ethers in Great Lakes Herring Gull Eggs. Environ Sci Technol, 36: 4783 – 4789.

Notar M, Leskovoek H, Faganeli J. 2001. Composition, distribution and sources of polycyclic aromatic hydrocarbons in sediments of the Gulf of Trieste, Northern Adriatic Sea. Marine pollution bulletin, 42:36 – 44.

Nylund K, Asplund L, Jansson B, et al. 1992. Analysis of some polyhalogenated organic pollutants in sediment and sewage sludge. Chemosphere, 24:1721 – 1730.

Oberd rster E, McClellan – Green P. 2002. Mechanisms of imposex induction in the mud snail, Ilyanassa obsoleta: TBT as a neurotoxin and aromatase inhibitor. Marine Environmental Research, 54:715 – 718.

Oehlmann J, Stroben E, Fioroni P. 1991. The morphological expression of imposex in Nucella lapillus (Linnaeus) (Gastropoda: Muricidae). Journal of Molluscan Studies, 57:375 – 390.

Ohta S, Ishizuka D, Nishimura H, et al. 2001. Time trend studies on PBDEscontamination in Japanese sea bass and grey mullet from Osaka Bay in Japan (from 1986 to present). Organohalogen Compounds, 52:210 – 213.

Ohta S, Ishizuka D, Nishimura H, et al. 2002. Comparison of polybrominated diphenyl ethers in fish, vegetables, and meats and levels in human milk of nursing women in Japan. Chemosphere, 46:689 – 696.

Olsen GW, Burris JM, Burlew MM, et al. 2003. Epidemiologic assessment of worker serum perfluorooctanesulfonate (PFOS) and perfluorooctanoate (PFOA) concentrations and medical surveillance examinations. Journal of occupational and environmental medicine, 45:260.

Osowski SL, Brewer LW, Baker OE, et al. 1995. The decline of mink in Georgia, North Carolina, and South Carolina: the role of contaminants. Archives of Environmental Contamination and Toxicology, 29:418 – 423.

Page DS, Widdows J, Staff FJ. 1998. Effects of thermal stress and tri(n)butyl tin on anaerobic energy metabolism in Mytilus edulis. Marine Environmental Research, 46:433 – 437.

Pesando D, Robert S, Huitorel P, et al. 2004. Effects of methoxychlor, dieldrin and lindane on sea urchin fertilization and early development. Aquatic toxicology, 66:225 – 239.

Polder A, Odland JO, Tkachev A, et al. 2003. Geographic variation of chlorinated pesticides, toxaphenes and PCBs in human milk from sub – arctic and arctic locations in Russia. Science of the Total Environment, 306:179 – 195.

Prevedouros K, Cousins IT, Buck RC, et al. 2006. Sources, fate and transport of perfluorocarboxylates. Environ Sci Technol, 40:32 – 44.

Przemioslo RT, Lundin KE, Sollid LM, et al. 1995. Histological changes in small bowel mucosa induced by gliadin sensitive T lymphocytes can be blocked by anti – interferon gamma antibody. British Medical Journal, 36: 874 – 879.

Qx Z, Tieheng S. 2000. Current situation of pollution eco – chemistry and its prospects. Chin J Appl Ecol, 11:795 – 798.

Ramu K, Kajiwara N, Lam PKS, et al. 2006. Temporal variation and biomagnification of organohalogen compounds in finless porpoises (Neophocaena phocaenoides) from the South China Sea. Environmental Pollution, 144:516 – 523.

Randi AS, Cocca C, Carbone V, et al. 2006. Hexachlorobenzene is a tumor co – carcinogen and induces alterations in insulin – growth factors signaling pathway in the rat mammary gland. Toxicological Sciences, 89:83 – 92.

Renner R. 2005. Piecing together the perfluorinated puzzle. Analytical Chemistry, 77:15 – 16.

Renner R. 2007. Snow shows perfluorochemical source. Environmental Science & Technology, 41:3394.

Ronis MJJ, Mason AZ. 1996. The metabolism of testosterone by the periwinkle (Littorina littorea) in vitro and in vivo: effects of tributyl tin. Marine Environmental Research, 42:161 – 166.

Ruelle P, Kesselring U. 1997. Aqueous solubility prediction of environmentally important chemicals from the mobile order thermodynamics. Chemosphere, 34:275 – 298.

Ryan JJ, Patry B. 2001. Body burdens and food exposure in Canada for polybrominated diphenyl ethers (BDEs). Organohalogen Compounds, 51:226 – 229.

Saunders C, Shockley D, Knuckles M. 2001. Behavioral effects induced by acute exposure to benzo(a)pyrene in F – 344 rats. Neurotoxicity Research, 3:557 – 579.

Schuytema GS, Nebeker AV, Griffis WL, et al. 1991. Teratogenesis, toxicity, and bioconcentration in frogs exposed to dieldrin. Archives of Environmental Contamination and Toxicology, 21:332 – 350.

Servos MR. 1999. Review of the aquatic toxicity, estrogenic responses and bioaccumulation of alkylphenols and alkylphenol polyethoxylates. WATER QUALITY RES J CANADA, 34:123 – 177.

Shang DY, Ikonomou MG, Macdonald RW. 1999. Quantitative determination of nonylphenol polyethoxylate surfactants in marine sediment using normal – phase liquid chromatography electrospray mass spectrometry. Journal of Chromatography A, 849:467 – 482.

She J, Petreas M, Winkler J, et al. 2002. PBDEsin the San Francisco Bay Area: measurements in harbor seal blubber and human breast adipose tissue. Chemosphere, 46:697 – 707.

Shellenberger TE. A Multi – Generation Toxicity Evaluation of P. P' – DDTAnd Dieldrin with Japanese Quail I. 1978. Effects on Growth and Reproduction. Drug and Chemical Toxicology, 1:137 – 146.

Simoneit B. 1999. A review of biomarker compounds as source indicators and tracers for air pollution. Environmental Science and Pollution Research, 6:159 – 169.

Sinclair E, Kannan K. 2006. Mass loading and fate of perfluoroalkyl surfactants in wastewater treatment plants. Environ Sci Technol, 40:1408 – 1414.

Sinclair E, Mayack DT, Roblee K, et al. 2006. Occurrence of perfluoroalkyl surfactants in water, fish, and birds from New York State. Archives of Environmental Contamination and Toxicology, 50:398 – 410.

Sjödin A, Patterson DG, Bergman. 2003. A review on human exposure to brominated flame retardants – particularly polybrominated diphenyl ethers. Environment International, 29:829 – 839.

Skutlarek D, Exner M, Färber H. 2006. Perfluorinated surfactants in surface and drinking waters. Environmental science and pollution research international, 13:299.

So MK, Taniyasu S, Yamashita N, et al. 2004. Perfluorinated compounds in coastal waters of Hong Kong, South China, and Korea. Environmental Science & Technology, 38:4056.

So MK, Yamashita N, Taniyasu S, et al. 2006. Health risks in infants associated with exposure to perfluorinated compounds in human breast milk from Zhoushan, China. Environ Sci Technol, 40:2924 – 2929.

Soclo H, Garrigues P, Ewald M. 2000. Origin of polycyclic aromatic hydrocarbons (PAHs) in coastal marine sediments: case studies in Cotonou (Benin) and Aquitaine (France) areas. Marine pollution bulletin, 40:387 – 396.

Sole M, de Alda MJL, Castillo M, et al. 2000. Estrogenicity determination in sewage treatment plants and surface waters from the Catalonian area (NE Spain). Environ Sci Technol, 34:5076 – 5083.

Song W, Ford JC, Li A, et al. 2004. Polybrominated diphenyl ethers in the sediments of the Great Lakes. 1. Lake Superior. Environ Sci Technol, 38:3286 – 3293.

Southworth G. 1979. The role of volatilization in removing polycyclic aromatic hydrocarbons from aquatic environments. Bulletin of environmental contamination and toxicology,21:507 - 514.

Stachel B,Ehrhorn U,Heemken OP,et al. 2003. Xenoestrogens in the River Elbe and its tributaries. Environmental Pollution,124:497 - 507.

Staples CA,Williams JB,Blessing RL,et al. 1999. Measuring the biodegradability of nonylphenol ether carboxylates, octylphenol ether carboxylates,and nonylphenol. Chemosphere,38:2029 - 2039.

Stern GA,Ikonomou MG. 2000. Temporal trends of polybrominated diphenyl ethers in SE Baffin beluga: increasing evidence of long range atmospheric transport. Organohalogen Compounds,47:81 - 84.

Stewart C, Thompson JAJ. 1997. Vertical distribution of butyltin residues in sediments of British Columbia harbours. Environmental Technology,18:1195 - 1202.

Stock NL,Ellis DA,Deleebeeck L,et al. 2004. Vapor Pressures of the Fluorinated Telomer AlcoholsLimitations of Estimation Methods. Environ Sci Technol,38:1693 - 1699.

Stock NL,Furdui VI,Muir DCG,et al. 2007. Perfluoroalkyl contaminants in the Canadian Arctic:Evidence of atmospheric transport and local contamination. Environ Sci Technol,41:3529 - 3536.

Storelli MM,Marcotrigiano GO. 2001. Persistent organochlorine residues and toxic evaluation of polychlorinated biphenyls in sharks from the Mediterranean Sea(Italy). Marine Pollution Bulletin,42:1323 - 1329.

Strand J,Glahder CM,Asmund G. 2006. Imposex occurrence in marine whelks at a military facility in the high Arctic. Environmental Pollution,142:98 - 102.

Strand J,Jacobsen JA,Pedersen B,et al. 2003. Butyltin compounds in sediment and molluscs from the shipping strait between Denmark and Sweden. Environmental Pollution,124:7 - 15.

Suehiro F,Kobayashi T, Nonaka L, et al. 2006. Degradation of tributyltin in microcosm using mekong river sediment. Microbial ecology,52:19 - 25.

Swan SH, Elkin EP, Fenster L. 1997. Have sperm densities declined? A reanalysis of global trend data. Environmental Health Perspectives,105:1228/

Takahashi S,Mukai H,Tanabe S,et al. 1999. Butyltin residues in livers of humans and wild terrestrial mammals and in plastic products. Environmental Pollution,106:213 - 218.

Tanghe T,Devriese G,Verstraete W. 1998. Nonylphenol degradation in lab scale activated sludge units is temperature dependent. Water Research,32:2889 - 2896.

Taniyasu S,Yamashita N,Kannan K,et al. 2004. Perfluorinated carboxylates and sulfonates in open ocean waters of the Pacific and Atlantic Oceans. Organohalogen Compounds,66:4035 - 4040.

Tsai P,Hoenicke R,Yee D,et al. 2002. Atmospheric concentrations and fluxes of organic compounds in the northern San Francisco Estuary. Environ Sci Technol,36:4741 - 4747.

Ueno D,Kajiwara N,Tanaka H,et al. 2004. Global pollution monitoring of polybrominated diphenyl ethers using skipjack tuna as a bioindicator. Environ Sci Technol,38:2312 - 2316.

Uguz C,Iscan M,Erg ven A,et al. 2003. The bioaccumulation of nonyphenol and its adverse effect on the liver of rainbow trout(Onchorynchus mykiss). Environmental Research,92:262 - 270.

Vethaak AD,Lahr J,Schrap SM,et al. 2005. An integrated assessment of estrogenic contamination and biological effects in the aquatic environment of The Netherlands. Chemosphere,59:511 - 524.

Vetter W,Oehme M. 1999. Toxaphene. Analysis and environmental fate of congeners. Handbook of Environmental

Chemistry. 237 – 288.

Vitali M, Ensabella F, Stella D, et al. 2004. Nonylphenols in freshwaters of the hydrologic system of an Italian district: association with human activities and evaluation of human exposure. Chemosphere, 57: 1637 – 1647.

Wallington TJ, Hurley MD, Xia J, et al. 2006. Formation of C7F15COOH(PFOA) and other perfluorocarboxylic acids during the atmospheric oxidation of 8:2 fluorotelomer alcohol. Environ Sci Technol, 40: 924 – 930.

Wang H, Yang X, Zhang Z, et al. 2003. Both calcium and ROS as common signals mediate Na2SeO3 – induced apoptosis in SW480 human colonic carcinoma cells. Journal of inorganic biochemistry, 97: 221 – 230.

Wang X, Hong H, Zhao D, et al. 2008. Environmental behavior of organotin compounds in the coastal environment of Xiamen, China. Marine Pollution Bulletin, 57: 419 – 424.

Wania F, Dugani CB. 2003. Assessing the long – range transport potential of polybrominated diphenyl ethers: a comparison of four multimedia models. Environmental Toxicology and Chemistry, 22: 1252 – 1261.

White DH, Geitner JGH. 1996. Environmental contaminants and productivity in an extinct heronry at Charleston Harbor, South Carolina, USA, 1984. Environmental Monitoring and Assessment, 40: 137 – 141.

White DH, Mitchell CA, Kaiser TE. 1983. Temporal accumulation of organochlorine pesticides in shorebirds wintering on the south Texas coast, 1979 – 80. Archives of Environmental Contamination and Toxicology, 12: 241 – 245.

Xie Z, Le Calv S, Feigenbrugel V, et al. 2004. Henry's law constants measurements of the nonylphenol isomer 4(3, 5′ – dimethyl – 3′ – heptyl) – phenol, tertiary octylphenol and γ – hexachlorocyclohexane between 278 and 298K. Atmospheric Environment, 38: 4859 – 4868.

Xie Z, Selzer J, Ebinghaus R, et al. 2006. Development and validation of a method for the determination of trace alkylphenols and phthalates in the atmosphere. Analytica Chimica Acta, 565: 198 – 207.

Yang R, Zhou Q, Jiang G. 2006. Butyltin accumulation in the marine clam Mya arenaria: An evaluation of its suitability for monitoring butyltin pollution. Chemosphere, 63: 1 – 8.

Yao G, Yang L, Hu Y, et al. 2006. Nonylphenol – induced thymocyte apoptosis involved caspase – 3 activation and mitochondrial depolarization. Molecular immunology, 43: 915 – 926.

Yeung LWY, So MK, Jiang G, et al. 2006. Perfluorooctanesulfonate and related fluorochemicals in human blood samples from China. Environ Sci Technol, 40: 715 – 720.

Yim UH, Hong SH, Shim WJ, et al. 2005. Levels of persistent organochlorine contaminants in fish from Korea and their potential health risk. Archives of Environmental Contamination and Toxicology, 48: 358 – 366.

Ylinen M, Hanhijärvi H, Peura P, et al. 1985. Quantitative gas chromatographic determination of perfluorooctanoic acid as the benzyl ester in plasma and urine. Archives of Environmental Contamination and Toxicology, 14: 713 – 717.

Young CJ, Furdui VI, Franklin J, et al. 2007. Perfluorinated acids in Arctic snow: New evidence for atmospheric formation. Environ Sci Technol, 41: 3455 – 3461.

Zegers BN, Lewis WE, Boon JP. 2000. Levels of some polybrominated diphenyl ether(PBDE) flame retardants in dated sediment cores. Organohalogen Compounds, 47: 229 – 232.

Zimmerman M, Coryell W, Stangl D, et al. 1986. Course during index hospitalization and six – month prospective follow – up. Acta Psychiatrica Scandinavica, 73: 412 – 415.

第3章　海洋环境中POPs研究的一些科学问题

3.1　POPs的海－气交换

3.1.1　POPs在海－气界面的交换过程

海洋在POPs的循环和清除方面起着很大的作用，主要过程如图3.1所示[3]。POPs，如PAHs、PCBs和HCHs等可以在大气环境中长距离迁移并能通过不同的沉降作用进入到表面水体。大气沉降可以输入相当一大部分POPs到海洋中，而由于POPs具有半挥发性，能够从水体中以蒸气形式进入大气环境或者吸附在大气颗粒物上，同时这一适度的挥发性又使得它们不会永久停留在大气中，而能重新沉降到海洋表层水体中（余刚，等，2001），从而在海－气界面进行循环交换。

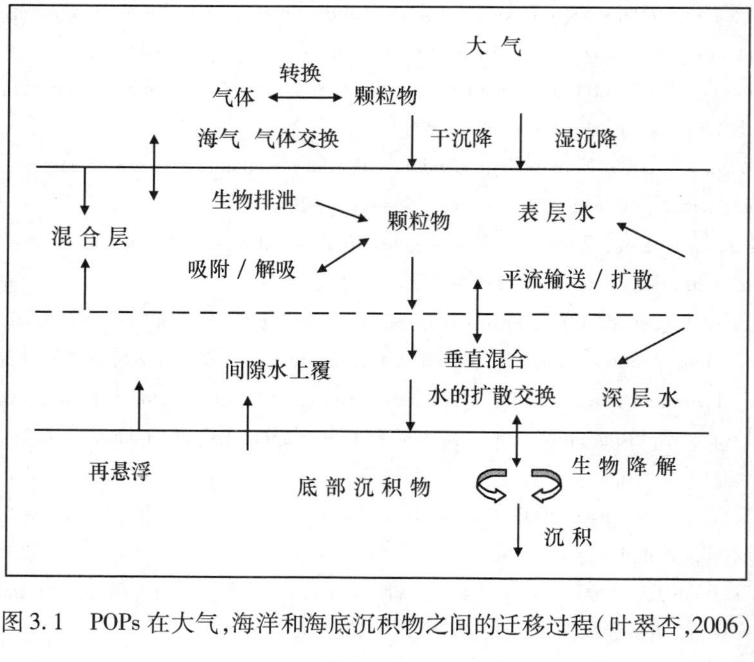

图3.1　POPs在大气，海洋和海底沉积物之间的迁移过程（叶翠杏，2006）

正是由于POPs的高持久性和半挥发性，使得全球范围内，包括大陆、沙漠、海洋和南北极地区都可能监测出POPs的存在。生活在边远海水中的生物体内也能监测到高含量的POPs，如北冰洋（AMAP,1997）。

POPs 经过长距离迁移后，在海－气界面主要通过气体交换、干沉降和湿沉降三个过程沉降到海洋中。

3.1.2 POPs 扩散

POPs 可以在海－气界面扩散，海洋表层水体中 POPs 挥发到大气中，存在一系列的动态平衡，即在气体与气溶胶、颗粒物间发生受温度控制的动力学吸附、分离和转换。海－气界面间气体交换是可逆的，并且是主要的交换形式。根据 1989 年 GESAMP 所作的简单的估算，有机氯化合物通过气体交换的净迁移量约为大气沉降入海通量的 50% ~85%（AMAP,1997）。甚至水溶性较大而易于清除的 HCHs，也有 1/4 ~1/3 以气体吸附的形式输送到大气中（GESAMP,1989）。如英国地面二噁英 PCDD/Fs 的沉降通量估计为 0.5 kg/a 总毒性当量（∑TEQ），向大气挥发的 PCDD/Fs 的通量估计为 0.56 ~1.1 kg/a（∑TEQ）（Jones, et al. ,1997）。对通过大气与河流输入到北海、地中海和北大西洋的污染物的比较研究说明，在北海地区，大气输入的某些污染物超过了河流，干沉降输入的 PAHs、六氯联苯超过河流 10 倍。这主要是因为大气的输送具有无边界的特点，且有很强的垂直结构，受天气、气候及人文活动的影响很大。

海－气界面气体扩散交换过程中，温度对于大气中 POPs 在气相－颗粒相间的分离起着极为重要的作用（Jordi, et al. ,2002）。温度较高时，表层水体 POPs 向大气中挥发速率增大；温度较低时，气相－颗粒相分离，颗粒相 POPs 浓度将会增大。在热带和高温地区这些物质以较高的平均速率挥发，而在气候凉爽和多雨地区则从大气向颗粒物分离并沉积于地球表面。近年来，有关 POPs 在区域和全球迁移的研究指出，POPs 很可能从较暖的地区向较冷的地区迁移，随纬度或海拔增高而发生梯度性分流（Wania, et al. ,1993,1995,1996）。这样水气挥发、颗粒物吸附和沉积等循环过程使 POPs 向从未使用和释放的地区迁移，寒冷的极地和高海拔地区很可能成为 POPs 的全球沉积地。这种趋势称为 POPs 的"全球分流效应"（Wania et al. 1996；Calamari, et al. ,1991；Ockenden, et al. ,1998）。那么极地地区有可能成为全球的"POPs 库"，而当地居民主要以高脂肪的动物为食，暴露于高浓度的 POPs 下，更易受到伤害，因而有关北极地区 POPs 研究正成为热点。在 1989—1990 年间，Iwata 等人（1993）展开了对全球主要大洋大气和表层水体中 HCHs、氯丹、DDTs 和 PCBs 的研究，指出这些 POPs 在大气中的浓度在北半球比南半球要高得多，DDTs 和 HCHs 在阿拉伯海和东南亚海区之间含量最高。北半球表层水体 HCHs 的含量随纬度升高而增加，在热带海区达到最低值，40°N 含量最高。DDTs 则刚好相反，表层海水中最高含量在强大气源附近的热带亚洲。氯丹和 PCBs 则更为均一的分布在各个半球的大气和水体中。1999—2000 年在北冰洋和南极大陆开展了 2 次穿越大西洋的航次，同步测定了大气和海水中的 HCHs，结果表明北极大气和海水中 α－HCHs 和 γ－HCHs 的浓度比南极要高 1 ~2 个数量级，同时热带大西洋 γ－HCHs 的恒定水平证实了热

带大西洋可能是 γ - HCHs 的归宿地(Kelakaschus,et al. ,2002)。

3.1.3 POPs 干沉降

POPs 被吸附在大气颗粒物中,以干沉降的形式下降到海洋表面,即从大气到水体单向的平流输送过程。此过程与 POPs 的挥发性无关,干沉降通量最为简单的形式可认为只是沉降速率和颗粒物浓度的函数。干沉降速率受颗粒物的性质,如颗粒粒径、颗粒密度、海洋表面属性(如粗糙度和湿度)和气象条件(主要是风速)等多种因素的影响。Slinn 等(1980)从物理角度出发,建立模型估算出直径在 0.1 ~1 μm 的颗粒物的最小沉降速率($\leqslant 10^{-4}$ m/s)。靠近城市地区,主要是粗颗粒的 PAHs 和 PCBs 沉降到近海海水中(Pirrone,et al. ,1995),且沉降速率可高达 0.05 m/s。在靠近陆源污染区,大颗粒的 POPs 干沉降可能占主要作用(Strachan,et al. ,1995)。

温度对沉降速率的直接影响可能是很小的,低温下扩散速率减小将导致小颗粒 POPs 的沉降速率也降低。大气稳定性的季节性变化可能对沉降速率的影响比温度的直接影响要大,但由于沉降速率受海洋表面粗糙度的影响,从而使温度可以间接影响 POPs 沉降速率。如雪面或冰面要比水面平滑的多,但可惜的是目前雪面或冰面的颗粒相 POPs 的沉降速率还没办法测定。尽管如此,通过对其他物质在雪面上的干沉降速率比水面的要大,证实了沉降速率受表面粗糙度的影响(Cadle,et al. ,1985;Voldner,et al. ,1986)。

目前 POPs 干沉降通量还难以进行精确估算,通常用沉降模型方法间接估算 POPs 的入海通量,非常有限的局域测定可用于对模型的交叉检验。实验资料的缺乏对模型的评估带来了很大的困难,如果以后能发展可靠的实验测定将是大有益处的。

3.1.4 POPs 湿沉降

POPs 可以通过降水以溶解在雨滴中的气体形式和吸附在大气颗粒物上的形式暂时的从大气中清除。云和降水的形成将造成云区和降水云下的 POPs 的湿清除和湿沉降,海洋中这个过程的量级跟海区降水的强度密切相关,降水率的时空变化也是重要的相关因素。多项研究发现降雨容量和 POPs 在雨水中的浓度成反关系(Atlas,et al. ,1988;Koester,et al. ,1992),可以作为颗粒物清除的指示。但这种关系对 HCHs 并不适用,它主要是以气体的形式清除(Atlas,et al. ,1988)。甚至少量的溶解性化合物如 PAHs,也是主要以气体形式被清除(Ligocki,et al. ,1985ab),但高分子量 PAHs 主要是通过局部扩散迁移到雨滴中清除,也可以解释为通过降水消耗了气相形式的这些物质。在海 - 气界面 POPs 可以吸附在雨滴中,雨滴粒径越小,这种过程更为明显,如在雾中(Goss,et al. ,1994)。初步的估计和测定表明降雪可能也是相当有效的 POPs 清除形式(Wania,et al. ,1998)。

3.1.5 海洋微表层在 POPs 海 - 气界面交换中的作用

在海洋环境中,人为源排放的各种污染物可富集在水 - 沉积物和海 - 气这两个界面中,其中沉积物对 POPs 的富集是一个相对长期的过程，而微表层中这些污染物的富集则是一个短期效应。微表层是表面水体和大气相互作用的界面薄层，其厚度一般认为是几十到几百微米，该层与水体本身不相混溶，具有特殊的物理、化学及生物特性（戴树桂，1994；Liss and Duce，1997）。微表层对污染物的富集对污染物在水、气两相中的迁移转化、降解及生物毒性产生影响，使微表层中的污染物有着与水体和气相不同的环境行为（戴树桂，1994），从而影响着海－气界面物质和能量的交换。

由于海洋微表层的取样较为困难，取样方法的不同往往是导致实验结论差异和数据缺少可比性的重要原因之一，因此就化学研究而言，它在界面化学中起步较晚。国内外众多学者提出了许多取样方法，并尝试对不同采样器进行微表层水的取样（洪华生，等，1988；Carlson，et al.，1988；Guitart，et al.，2004）。采集微表层水样的取样器种类较多，应用较为广泛的是筛网、平板玻璃和转鼓采样器，它们各有优缺点。平板玻璃和转鼓取样器所取微表层较薄，一般为 40～100 μm，但已有研究证明它们的取样厚度易受水温、盐度、空气的相对湿度和微表层中的有机物等因素的影响（Daumas，et al.，1976；Carlson，et al.，1988），且它们不适合海洋现场恶劣条件下的操作。对于筛网取样器，最大的缺点是收集的微表层较厚，约 150～300 μm（或更厚），但由于其制作简单，操作方便和适于各种海况而仍被普遍采用。

由于微表层具有较高的亲脂性、富含脂肪酸和蛋白质等特殊的化学特性，有些有机物如多环芳烃、石油烃、有机氯农药等易于富集在微表层水体中（Mikhaylov，1979；Boehm，1980；Hardy，et al.，1987），且富集较高，对 PAHs 等持久性有机物在海洋生态系统中的归宿起着重要的作用（Southwood，et al.，1999）。在微表层的研究多数只限于研究有机物的颗粒态和溶解态部分的浓度分布及其相对于水体的富集系数，对胶体形式存在的有机物讨论的很少。

一般来说，靠近河口、工业区、油码头和排污口等污染源的近海地区由于大气沉降和较差的水动力条件，在微表层海水中能检测到高含量的 PAHs（Hardy，et al.，1990；Kucklick and Bidleman，1994；Burns and Codi，1999；Cincinelli，et al.，2001；Witt，2002）。Cross 等（1987）在靠近 Washington 市区的 Puget Sound 海域检测到 ∑PAHs 的浓度范围为 0.04～8 000 μg/L，最高值出现在可见的微表层平滑层样品中。Guitart 等（2004）采用金属筛网、平板玻璃和转鼓 3 种取样器采集近海微表层水样，发现 3 种采样器收集到的溶解相和颗粒相 PAHs 的浓度较为接近，且比次表层水中的都要高。Hardy 等（1990）研究发现 Baltimore 微表层水中 ∑PAHs浓度达到 6 μg/L，微表层对 PAHs 的富集系数可高达 376。另外他们对 Chesapeake 湾也进行了相类似的研究，发现微表层水中 ∑PAHs 浓度分布在 65～3 142 ng/L。Zeng 等（1997）报道在 San Diego 海域中 ∑PAHs 浓度为 1.4 μg/L，而 Kucklick 等（1994）报道 Georgetown 的浓度达到 2.8 μg/L，平均富集系数为 17.9。Cross 等（1987）和 Cincinelli 等（2001）在分别对 Los Angeles 港和 Leghorn 港微表层水进行了研究，发现 ∑PAHs 浓度与离岸距离有关，即距离港口较远的海面上，微表层水中 ∑PAHs 浓度也有所下降，而富集系数下降更为明显。总的来说，微表层水中 PAHs 浓度与港口的大小和航运的强度有密切的关系，近海地区微表层水中 PAHs 的污染水平比开阔海区要高得多。远海地区 PAHs 的污染来源主要源自大气沉降。

3.1.6 其他研究进展

经过远距离输送而到达世界大洋的大气物质是那里陆源物质最主要的来源,而观测和模拟研究证明了沿岸区域的大气输入也在陆源入海物质中占有相当比重(高会旺,等,2002),监测到了大气中杀虫剂的存在,进一步的研究证实了这些物质不仅存在于施药地区的大气中,而且存在于从未施药的地区,甚至包括了大洋和极地地区。大气是这些物质被广泛散播的主要途径。早在 1975 年,Goldberg 等(1975)就已经预测海洋可能是大多数全球范围广为使用的持久性有机农药的接收库。Strand 等(1996)和 Wania 等(1997)人通过对当时 HCHs 的全球收支计算指出,全球海洋即使不是最为重要的,也确实是 HCH 农药主要的储存媒介。大洋环流,同大气长距离的迁移一样,也可能是把 POPs 从中纬度地区输送到北极的极为重要的因素(Wania,et al. ,1997;Barrie,et al. ,1997)。除此之外,由于河流输入和陆源污染物直接排放到近岸海域,近海比海洋其他地区有更高的大气沉降,像欧洲边缘海区如波罗的海、北海、地中海和黑海(Wania,et al. ,1998)。自 80 年代,在北美和欧洲,越来越多种类的农药在大气和雨水中被检出。对瑞典西海岸 POPs 的研究显示,海面上有 POPs(主要是 PAHs、PCBs 和 HCHs 等)的连续沉降,且有季节变化。伴随降水短期内的沉降对这类物质的入海量有重要贡献(Brorstrom,et al. ,1996)。Sundqvist 等(2004)对瑞典西海岸大气和水中的 PCBs 和 HCHs 进行检测,表明 PCBs 在水中过饱和,而 HCHs 属于净沉降过程。已有研究表明,我国海洋沉积物中 PAHs 除来自径流和废水入海外,大部分燃烧来源的 PAHs 可能来自大气颗粒物的干湿沉降(张珞平,等,1996)。我国早在 80 年代就对海湾各介质中(水体、沉积物、海水悬浮物等)的 PAHs、PCBs 和某些有机农药进行了测定,可以肯定河口的陆源输入是这些物质的重要来源,但对通过大气的输入等问题确是进一步的研究课题。

3.2 深海是否是全球性 POPs 的汇

POPs 的全球性迁移一般涉及 4 个环境圈:大气圈,水圈,岩石圈,生物圈。在全球海洋环境中,沉积物是 POPs 最终的归宿。经过生物体的运输或者碎屑的吸收,半挥发性 POPs 到达深海,并且在这里呈现食物链放大效应。

通常认为深海及其生态系统是很少受人类影响甚至不受影响地方。但是,情况并非如此,在陆地环境中,森林、土壤是 POPs 的全球性汇,而在海洋环境中深海可能是 POPs 的全球性汇。在水体环境中,憎水的半挥发性污染物(如 PCB,DDTs 及其他含卤素的有机化合物)易聚集在生物区,并且也很容易被颗粒物吸附。因此,在海水体系里 POPs 会随着颗粒物及有机化合物运动并最终被运输到深海。

通常深海中的生命取决于海洋对其的有机碳的输入量,然而由于这些有机物质在富集和吸附的过程中被 POPs 污染,曾经也报道过体内含 POPs 最高的动物是处于食物链末端的食肉的鱼类、海洋哺乳动物及海鸟。因此,深海中 POPs 的水平会明显提高。

Oliver Froescheis Ralf Looser(2000)研究对比了深海与表层水中的生物体内 POPs 的水平。该研究主要针对南北大西洋,此外也研究了蒙特芮海峡峡谷中的鱼类和无脊椎动物。研究发现,在所有的样品中含有许多种类的 POPs,并且有的样品中含有的 POPs 相当高,证实了深海深受 POPs 污染这个假设。

地质学家认为大陆架以下的水体(通常指深 200 m,在南极区 500 m)即为深海;但海洋学者通常把水深至少在 800 ~ 1 300 m 以下的部分称为深海。该研究根据生物生存地区的深度来区分深海动物和浅水鱼。表 3.1 列出了采集的北大西洋、南大西洋及北太平洋鱼的种类、来源及采样年代等。

表 3.1 北大西洋、南大西洋及北太平洋鱼的种类、来源及采样年代

种类	样品缩写	器官	浅海	深海	年代
北大西洋鳕(*Gadu smorhua*)	SRM 1588	肝油	X		1984
鳕(*Gadu smorhua*)	CRM 349	肝油	X		1985
鳕(*Gadu smorhua*)	Cod 1	肝油	X		1993
鳕(*Gadu smorhua*)	Cod 2	肝油	X		1993
鲱鱼(*Brevoortia tyrannus*)	Menhaden	鱼油	X		1997
鳅鱼(*Coryphaenoides Nematonurus*)	Grenadier	鱼肉		X	1992
黑色大比目鱼(*Reinhardtius hippoglossoides*)	Halibut	鱼肉		X	1994,1998
南大西洋鳕鱼(*Merluccius capensis*)	Hake	生殖腺,鱼肉	X		1994,1998
杖鱼(*Thyrsites atun*)	Snoek	鱼肉	X		1994,1998
Kingclip (*Genypterus capensis*)	Kingclip	鱼肉	X		1994,1998
蒙特里峡谷(加利福尼亚)Petrale sole(*Eopsetta jordani*)	Petrale sole	鱼肉	X		1995
石斑鱼(*Sebastes* sp.)	Rockfish	鱼肉		X	1994
鳎鳎(*Microstomus pacificus*)	Dover sole	鱼肉		X	1995
Longspine thornyhead (*Sebastolobus altivelis*)	Thornyhead	鱼肉		X	1995
蛇尾海星(*Amphiura archystata*)	Brittle star	整体		X	1995

注:X 代表取样。

3.2.1 大西洋及太平洋东北部的大陆架

图 3.2 给出了不同样品中 PCBs,OCPs(DDTs,chlordanes,toxaphenes,HCHs,HCB)含量。研究同时发现从 1998 年起,鲱鱼(栖息在表层水中,是湾流中一种典型的富有生物)中 PCBs

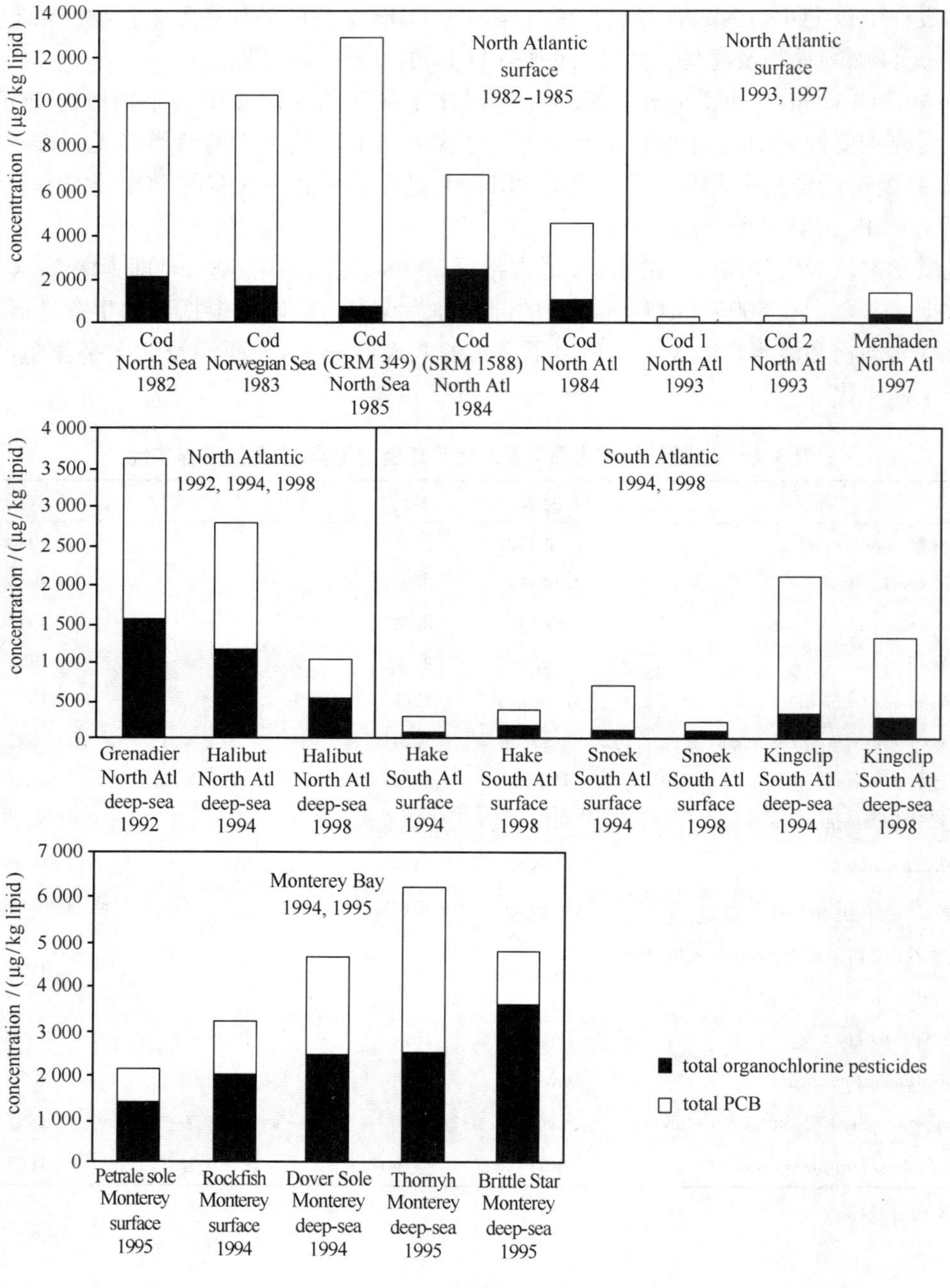

图 3.2　北大西洋里鱼油中 PCB 和 OCPs 的含量

的浓度高达黑比目鱼(栖息在深海中)中 PCBs 的两倍。这些说明了,大气沉降和河流的连续输入使得污染物由北美大陆进入美洲大陆附近的湾流中。

从迄今的实验数据可以发现一种很明显的趋势:近几年鳕鱼(栖息于海洋较上层)中有机氯污染物的浓度显著降低,然而对于栖息于深海的比目鱼来说却增高了,至少保持不变。我们可以将这些数据作为持久性 OCPs 输入深海生物相的标记。

表 3.2 概括了北大西洋和北海中鱼样中 PCB 的含量的数据。表 3.3 列出了北大西洋和北海中鱼样中 OCPs 含量(DDTs,chlordanes,toxaphenes,HCHs,HCB)的数据。

ΣPCB(7)主要是指 PCB28,52,101,118,138,153,180 这 7 种试剂浓度的总和。这 7 种试剂可以显示不明来源的 PCB 进入环境中的比例。但是它们只能显示 PCBs 的部分毒性,不过能够很好的反映 PCBs 的单氧酶感应。

ΣPCB(24)是 24 种试剂的总和(主要是氯代物,可见表 2-4)。样品中总 PCB 含量可用 4ΣPCB(7)估算出(Fischer,1989;Sauvain et al.,1994;Schreitmuller,et al.,1994)。

ΣDDT 是 2,4′-DDT、4,4′-DDT、2,4′-DDD、4,4′-DDD、2,4′-DDE、4,4′-DDE 的总和。Σchlordane(4)是 cis-chlordane、trans-chlordane、cis-nonachlor 和 rans-nonachlor 的总和。Σtoxphenes(3)是#26,#50 和#62。ΣHCH 指 α-HCH 和 γ-HCH。

3.2.2 北大西洋中鱼类的污染情况

北大西洋中鳕鱼体内含有 PCB 已被证实。根据已报道的数据和本实验研究的数据都可以看出近 10 a 北大西洋表层水中生物体内有机氯杀虫剂的含量明显降低了(表 3.3)。

栖息于海底的黑比目鱼同样也出现了这种时间趋势。Kruse 在 1987 年报道黑比目鱼体内 ΣPCB(7)是 100~250 μg/kg;1992 年捕捉的比目鱼 ΣPCB(7)基本上没什么变化;1994 年,400 μg/kg;1998 年捕捉的比目鱼 ΣPCB(7)比较低,约为 120 μg/kg。

所有污染物的浓度在表层水鱼体内和深海鱼体内有显著的不同(表 3.3,表 3.4)。1993 年采集的鳕鱼肝油的数据表明无论表层水中还是深海中的 PCBs 浓度都很低,但是通过对比很容易发现深海中生物的 PCBs 大约是表层水中生物的 10 倍。

3.2.3 南大西洋中鱼类的污染情况

和北大西洋的情况类似,近几年 OCPs 如 PCBs 的浓度显著降低(表 3.4)。曾报道 ΣPCB(7)是 427 μg/kg(脂重)。高于我们的研究结果(1994 年为 55 μg/kg,1998 年为 47 μg/kg)。

1989 年报道,1980—1987 年从南非洲海岸捕捉的海豚体内 PCB,DDT 含量减少。海豚主要食用上层水中鱼为生,因而海洋哺乳动物体内 POPs 浓度降低直接反映了表层水中鱼类受污染的程度减轻。

在北大西洋,南大西洋相同生存环境的鱼类(深海或者表层的鱼类)体内 POPs 浓度基本相同(表 3.4,表 3.5),说明整个大西洋的 POPs 分布格式是一致的,并且有报道说就全球性分布来说,也不存在南北半球的差异。

表 3.2　北大西洋和北海中鱼样中 PCB 的含量[a]

位置			北海	挪威海	北海	北大西洋			北大西洋		
样品			鱼肝油	鱼肝油	鱼肝油（CRM349）	鱼肝油（CRM1588）	鱼肝油	鱼肝油平均值	鱼肝油（鳕鱼 1）	鱼肝油（鳕鱼 2）	鱼肝油
采集年份			1982	1983	1985	1984	1984	1982—1985	1993	1993	1997
参考文献			Falandysz（1994）	Falandysz（1994）	Schantz, et al.（1993）	Schantz, et al.（1993）	Falandysz（1994）		本文	本文	本文
PCB NO.	取代物 1 环	取代物 2 环									
28[b]	2,4	4	56	72	68	28	30	51	0.5	0.1	4.9
44	2,3	2,5	38	48	75	29	18	42	0.6	0.2	9.1
49	2,4	2,5	49	57	103	29	20	52	0.4	0.2	12
52[b]	2,5	2,5	120	96	149	29	45	98	2.4	0.8	17
66	2,4	3,4	73	100	103	81	34	73	0.8	0.5	9.4
87	2,3,4	2,5	99	110	89	56	34	78	2.2	1.0	6.6
95	2,3,6	2,5	93	100	88	37	32	70	3.8	1.6	22
99	2,4,5	2,4	200	240	159	213	79	178	2.1	1.4	24
101	2,4,5	2,5	240	240	370	129	88	213	6.7	3.7	36
105	2,3,4	3,4	110	150	48	63	43	83	2.5	2.1	7.0
110[b]	2,3,6	3,4	21	23	191	76	7	64	4.2	2.2	27
118[b]	2,4,5	3,4	290	380	454	179	120	285	7.9	6.6	24
138[b]	2,3,4	2,4,5	480	520	765	261	220	449	15	13	54
149	2,3,6	2,4,5	160	140	284	105	64	151	4.3	2.7	38
151	2,3,5,6	2,5	72	71	124	52	26	69	1.2	0.7	23
153[b]	2,4,5	2,4,5	540	590	938	276	250	519	12	11	63

续表

位置			北海	挪威海	北海	北大西洋			北大西洋		
样品			鱼肝油	鱼肝油	鱼肝油（CRM349）	鱼肝油（CRM1588）	鱼肝油	鱼肝油平均值	鱼肝油（鳕鱼1）	鱼肝油（鳕鱼2）	鱼肝油
采集年份			1982	1983	1985	1984	1984	1982—1985	1993	1993	1997
参考文献			Falandysz（1994）	Falandysz（1994）	Schantz, et al.（1993）	Schantz, et al.（1993）	Falandysz（1994）		本文	本文	本文
	取代物										
PCB NO.	1环	2环									
156	2,3,4,5	3,4	29	39	39	28	14	30	1.6	1.4	2.9
170	2,3,4,5	2,3,4	55	57	149	45	19	65	2.6	2.1	11
180[b]	2,3,4,5	2,4,5	240	230	280	107	87	189	5.8	5.8	30
183	2,3,4,6	2,4,5	5	4	83	30	2	25	0.8	0.6	9.4
187	2,3,5,6	2,4,5	67	62	276	36	64	93	1.8	1.7	39
194	2,3,4,5	2,3,4,5	21	21	nd	15	8	16	0.6	0.5	6.7
195	2,3,4,5,6	2,3,4	4	3	nd	nd	1	2	nq	nd	2.7
206	2,3,4,5,6	2,3,4,5	nd	nd	nd	nd	nd	nd	nq	nq	10
	ΣPCB(7)		1 965	2 130	3 025	1 060	840	1 800	51	41	230
	ΣPCB(24)		3 060	3 355	4 835	1 930	1 265	2 900	80	60	490
	总 PCB[c]		7 860	8 520	12 100	4 240	3 360	7 200	204	164	920

nd:未检出;nq:未定量;a:μg/kg(脂重);b:PCB 同类指示物;c:总 PCB = ΣPCB(7) ×4。

表 3.3　北大西洋和北海鱼样中 OCPs 的含量

地点 样品 采样年代	北海鳕 鱼肝油 1982	挪威海 鳕鱼肝油 1983	北海 鳕鱼肝油 1985	北大西洋 鳕鱼肝油 1984	 鳕鱼肝油 1984	 肝油平均值 1982—1985	北大西洋 鳕鱼肝油 Cod 1 1993	 鳕鱼肝油 Cod 2 1993	 鲱鱼肝油 1997
2,4' - DDD	nd	nd	18	34	nd	10	1.6	3.8	9.2
4,4' - DDD	360	280	175	231	300	270	9.8	15.5	50
2,4' - DDT	110	88	15	151	24	78	2.7	nq	6.6
4,4' - DDT	350	430	59	520	76	290	5.1	3.6	26
2,4' - DDE	nd	nd	25	20	nd	9	nd	nd	2.1
4,4' - DDE	840	580	234	649	400	540	11.0	10.0	133
Σ DDT	1660	1378	526	1605	800	1200	30	33	227
trans - chlordane	24	13	nd	50	11	20	4.3	nq	12
cis - chlordane	85	58	21	158	44	73	5.2	5.3	24
trans - nonachlor	54	29	50	209	22	73	6.0	9.7	20
cis - nonachlr	86	77	nd	95	47	61	3.0	4.0	13
Σ chlordanes	249	177	71	512	124	227	18.5	19	69
Dieldrin	30	190	153	150	110	145	5.8	7.5	nd
#26	nd	nd	nd	nd	nd	-	nq	nq	nd
#50	nd	nd	nd	nd	nd	-	5.0	13.0	3.5
#62	nd	nd	nd	nd	nd	-	7.0	3.0	4.0
Σ toxaphenes	-	-	-	-	-	-	12.0	16.0	7.5
α - HCH	53	11	34	86	53	47	0.9	nd	8.9
γ - HCH	5	30	73	26	6	28	0.8	nd	6.3
Σ HCH	58	41	107	112	59	75	1.7	-	15.3
HCB	130	110	42	148	87	103	nq	nq7.1	

nd:未检出;ng:未定量。

表 3.4 南北大西洋鱼类体内 PCBs 的含量[a]

	位置		北大西洋(深海)			南大西洋(表层)				南大西洋(深海)	
	样品		Grenadier	Halibut	Halibut	Hake	Hake	Snok	Snok	Klingclip	Klingclip
	采集年份		1992	1994	1998	1994	1998	1994	1998	1994	1998
	取代物										
PCB NO.	1 环	2 环									
28[b]	2,4	4	nq	9.1	2.3	0.3	nq	1.2	0.5	3.1	nq
44	2,3	2,5	nq	2.4	2.2	0.5	0.9	1.9	3	7.3	nq
49	2,4	2,5	nq	9.4	2.4	0.3	0.5	1.5	0.4	5.5	1.3
52[b]	2,5	2,5	34	36	11	1.5	1.1	8.5	0.9	32	8.1
66	2,4	3,4	3.2	14	4	0.5	1.6	1.6	1.0	5.4	5.6
87	2,3,4	2,5	0.7	20	4.6	1.8	1.8	5.9	1.4	16	6.2
95	2,3,6	2,5	26	26	8.1	4.3	2.6	13	1.8	48	18
99	2,4,5	2,4	50	29	9.7	0.8	2.8	1.8	1.7	4.6	6.3
101	2,4,5	2,5	28	56	14	7.0	5.2	23	3.1	70	28
105	2,3,4	3,4	28	18	5.2	0.9	1.3	3.8	0.7	11	5.7
110[b]	2,3,6	3,4	10	29	6.4	5.3	6.4	16	2.3	38	20
118[b]	2,4,5	3,4	54	56	15	3.8	4.8	16	3.2	41	19
138[b]	2,3,4	2,4,5	145	110	26	20	13	46	6.9	131	62
149	2,3,6	2,4,5	21	39	7.2	9.6	5.3	19	3.2	66	39
151	2,3,5,6	2,5	13	16	7.4	2.0	2.5	4.7	1.9	16	18
153[b]	2,4,5	2,4,5	170	100	34	13	14	33	7.6	95	56
156	2,3,4,5	3,4	9.1	8.5	1.5	1.6	1.0	5.5	0.4	11	5.0
170	2,3,4,5	2,3,4	28	16	3.7	4.4	2.4	7.8	1.0	27	14
180[b]	2,3,4,5	2,4,5	87	38	17	8.9	9.6	15	4.5	67	90
183	2,3,4,6	2,4,5	34	8.2	1.8	2	1.3	2.7	0.8	11	5.2

续表

	位置		北大西洋(深海)			南大西洋(表层)				南大西洋(深海)	
	样品		Grenadier	Halibut	Halibut	Hake	Hake	Snok	Snok	Klingclip	Klingclip
	采集年份		1992	1994	1998	1994	1998	1994	1998	1994	1998
	取代物										
PCB NO.	1 环	2 环									
187	2,3,5,6	2,4,5	83	24	9.9	3.3	4.5	4.5	3.2	21	19
194	2,3,4,5	2,3,4,5	12	2.6	1	0.3	0.2	0.7	0.3	3.9	2.9
195	2,3,4,5,6	2,3,4	5.5	0.7	0.4	0.2	0.2	0.4	0.1	2.0	1.4
206	2,3,4,5,6	2,3,4,5	8.4	0.8	0.4	nq	0.2	nd	0.1	2.3	1.1
	ΣPCB(7)		520	400	120	55	47	145	27	440	265
	ΣPCB(24)		850	665	195	92	83	235	50	735	430
	总 PCBc		2 080	1 600	480	220	188	580	108	1 760	1 060

nd:未检出;nq:未定量;a:μg/kg(脂重);b:PCB 同类指示物;c:总 PCB = ΣPCB(7) ×4。

表 3.5 南北大西洋鱼类体内 OCPs 的含量[a]

采样位置	北大西洋(深海)			南大西洋(表层)				南大西洋(深海)	
样品	Grenadier	Halibut	Halibut	Hake	Hake	Snok	Snok	Klingclip	Klingclip
采集年份	1992	1994	1998	1994	1998	1994	1998	1994	1998
2,4' - DDD	9.2	nq[b]	2.7	nd[c]	3.4	8.7	1.1	15	nd
4,4' - DDD	170	107	52	4.4	21	6.5	10	42	6.2
2,4' - DDT	25	48	26	8.9	3.7	13	2.0	57	nq
4,4' - DDT	242	123	42	9.3	30	6.4	14	28	44
2,4' - DDE	nq	26	2.8	nd	1.2	nd	0.3	23	nd
4,4' - DDE	640	250	95	36	65	28	51	35	125
∑DDT[d]	1 090	555	220	59	125	63	78	200	175
Trans - chlordane	0.9	34	14	nq	1.4	nd	1.3	nd	nd
Cis - chlordane	21	68	40	2.2	5.6	nq	1.6	nq	2.5
Trans - nonachlor	60	55	47	2.5	6.4	nq	3.6	8	4.3
Cis - nonachlor	40	31	18	nq	2.4	nq	1	nq	1.8
∑chlordanes(4)[e]	122	188	120	4.7	16	–	7.5	8	8.6
dieldrin	38	67	44	3.7	5.0	5.3	5.0	nq	3.2
#26	36	62	34	nq	10	2.7	4.5	6.5	6.9
#50	76	90	59	2.5	14	nq	6.4	16	9.5
#62	179	178	62	nq	6.5	12	3.6	1	5.1
∑toxaphenes(3)[f]	291	330	155	2.5	31	15	15	22	22
α - HCH	6.2	7.0	9.5	1.4	0.2	3.9	0.4	19	1.1
γ - HCH[g]	5.5	4.8	1.9	10.8	0.4	11	0.6	79	34
∑HCH	11.7	12	11.4	12	0.6	15	1.0	98	35
HCB	53	72	35	7.0	8.1	7.4	5.6	nd	11

a：μg/kg(脂重)；

b：未定量；

c未检测出；

d：2,4 - DDD,4,4' - DDD,2,4' - DDT,4,4' - DDT,2,4' - DDE,4,4' - DDE；

e：cis - chlordane, trans - chlorane, cis - nonachlor, trans - nonachlor；

f：#26, #50, #62；

g：α - HCH + γ - HCH。

3.2.4 北太平洋生物的污染

北太平洋生物的污染程度基本上和大西洋的数据处于相同数量级(表3.6,表3.7)。不同的是深海POPs只是表层水的大约3~4倍,并且PCB含量低于DDT,在大西洋PCB含量与DDT相当,甚至高于DDT含量。表3.6和表3.7概括了Monterey海湾鱼样的PCB数据及OCPs数据。但是发现Chlordane,toxaphene却是在表层水中的含量高于深海。可能的原因是近期或者过去农药的输入,他们和更早使用的DDT不同,还没有达到深海。

表3.6 蒙特里峡谷鱼类和无脊椎动物体内OCPs的含量[a](北太平洋,加利福尼亚州)

化合物	Petrale sole 1995 表层海	Rock fish 1994 表层海	Dover sole 1995 深海	Thornyhead 1995 深海	Brittle star 1995 深海
2,4' - DDD	8.2	nq[b]	33	32	92
4,4' - DDD	33	29	35	117	180
2,4' - DDT	5.7	13	45	31	47
4,4' - DDT	68	28	87	285	190
2,4' - DDE	21	63	22	14	127
4,4' - DDE	1 125	1 740	2 160	1 940	2 705
∑DDT[c]	1 260	1 875	2 380	2 420	3 340
trans - chlordane	4.5	nq	nq	nd[d]	36
cis - chlordane	8.7	12	6.5	6.7	54
trans - nonachlor	35	32	15	20	18
cis - nonachlor	6.6	6.7	5.7	7.1	22
∑chlordanes(4)[e]	54	51	28	33	130
Dieldrin	1.3	7.6	5.6	7.6	66
#26	21	22	nd	nd	nd
#50	8.9	12	11	16	nq
#62	37	37	13	24	80
∑toxaphenes(3)[f]	67	71	24	40	80
α - HCH	8.3	14	7.9	7.9	5.9
γ - HCH	2.7	5.7	12	9.4	5.9
∑HCH[g]	11	19	20	17	12
HCB	6.0	23	7.8	nq	7.3

a:数值单位为μg/kg(脂重);

b:未定量;

c:2,4 - DDD,4,4' - DDD,2,4' - DDT,4,4' - DDT,2,4' - DDE,4,4' - DDE;

d:未检出;

e:cis - chlordane,trans - chlorane,cis - nonachlor,trans - nonachlor;

f:#26,#50,#62;

g:α - HCH + γ - HCH。

表 3.7　蒙特里峡谷鱼类和无脊椎动物体内 PCBs 的含量[a]（北太平洋，加利福尼亚洲）

	样品采集时间		Petrale sole 1995 表层海	Rockfish 1994 表层海	Dover sole 1995 深海	Thornyhead 1995 深海	Brittle star 1995 深海
	1 环	2 环					
28[b]	2,4	4	2.1	3.9	4.8	5.5	3.6
44	2,3	2,5	1.9	2.7	1.6	0.9	9.3
49	2,4	2,5	2.1	3.7	3.8	2.3	8.0
52[b]	2,5	2,5	7.5	16	21	23	32
66	2,4	3,4	3.9	7.4	6.5	4.7	10
87	2,3,4	2,5	8.0	16	14	8.0	15
95	2,3,6	2,5	12	27	33	22	39
101[b]	2,4,5	2,5	28	60	70	45	50
105	2,3,4	3,4	7.3	11	nd[c]	nd	14
110	2,3,6	3,4	16	35	13.3	14	33
118[b]	2,4,5	3,4	22	37	50	43	40
138[b]	2,3,4	2,4,5	52	84	153	176	74
149	2,3,6	2,4,5	23	50	50	38	43
151	2,3,5,6	2,5	6.2	11	12	8.4	9.5
153[b]	2,4,5	2,4,5	54	75	163	234	66
156	2,3,4,5	3,4	4.2	6.4	12	19	4.5
170	2,3,4,5	2,3,4	14	14	19	92	8.7
180[b]	2,3,4,5	2,4,5	24	27	83	390	28
183	2,3,4,6	2,4,5	6.0	6.8	20	62	5.2
187	2,3,5,6	2,4,5	14	16	31	8.2	15
194	2,3,4,5	2,3,4,5	2.3	1.4	12	109	21
195	2,3,4,5,6	2,3,4	0.9	1.0	4.0	17	0.9
206	2,3,4,5,6	2,3,4,5	0.8	0.9	7.3	58	1.0
	∑PCB(7)		190	300	545	915	295
	∑PCB(24)		325	525	800	1400	545
	总 PCB[d]		760	1 200	2 180	3 660	1 180

nd:未检出；

a:数值单位为 μg/kg(脂重)；

b:PCB 同类指示物；

c:未检出；

d:总 PCB = ∑PCB(7) ×4。

研究发现 DDT 在所有样品中均占优势(图 3.3)。

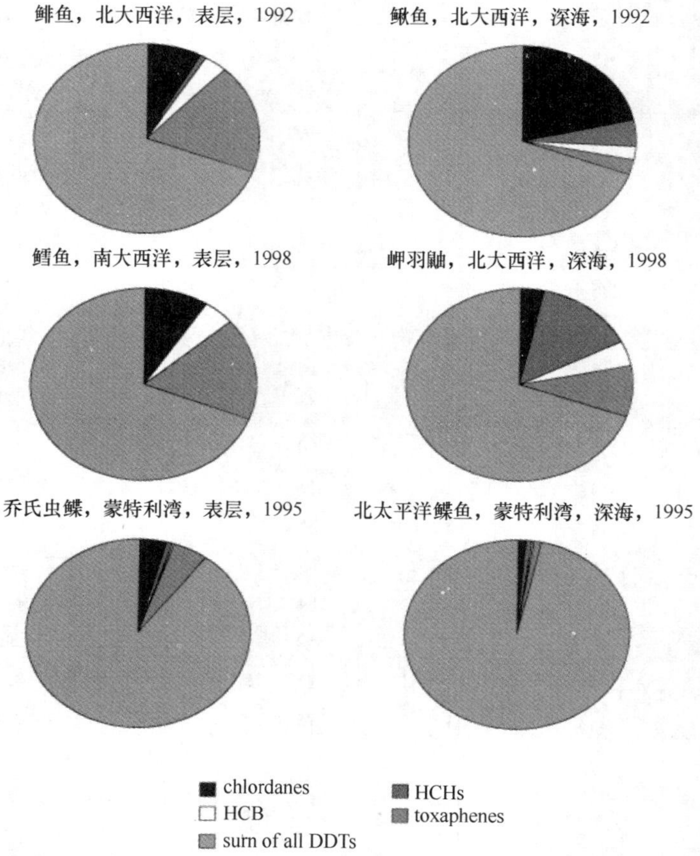

图 3.3 三个调查区域表层和深海鱼类体内 OCPs 的比例

总的来讲,该研究发现,在南、北大西洋,北太平洋蒙特芮海峡及其峡谷中的深海鱼类和无脊椎动物体内 POPs 的含量与相应地区表层水中的鱼类相比有显著的增加。这说明随着有机碳的迁移及在深海和深渊的生物圈内的再循环,OCPs 污染物存在着一个长期的纵向迁移。1984 年 Kramer 等曾报道在北大西洋 POPs 易富集在深海动物群,但是,此研究中并没有明显的依据可以证实这点。这可能是由于颗粒物的吸附及生物富集作用导致那些 20 世纪 70—80 年代产生的 POPs 已经在深海底部。因而持续性 OCPs 污染物只是部分被海底的活体吸收并在生物体内循环,另外一部分可能会进入沉积相。所以我们认为深渊的生物圈更像 POPs 的一个储库而不是一个汇。在海洋环境中,海底的沉积相是最终的归宿,然而,对于深海动物群来说由于这种潜在的污染问题引起的后果还没有得到证实。

3.3 海洋生物体内 POPs 的富集与浓缩

3.3.1 生物富集的概念

生物体从周围的环境中蓄积某种元素或难分解的化合物，使该物质在体内的浓度超过环境中的浓度，这种现象叫生物富集。一些有毒有害的元素在生物体中不断富集，给环境带来危害，一些人们通常认为没有毒性的物质，经过生物的不断富集，最终也显示出对生物的危害。这些危害可以经过生物链的传递，最终影响到人体的健康，因此这些生物的富集过程日益受到人们的重视。

人们通常使用生物富集系数或生物富集因子（bioconcentration factor，简称 BCF）表示平衡时生物内对某种元素或者化合物的富集程度，它具体可以用下式表示：

$$BCF = \frac{\text{平衡时污染物在生物体内的浓度}}{\text{污染物在环境中的的浓度}}$$

上式中的分子和分母的单位必须相同，如 ng/L，BCF 的范围较大，可以从 1 到1 000 000以上。其中本文所针对的生物是水生生物，故分母又可以表示为污染物在水体中的浓度。应当指出以上所定义的生物富集因子，必须与其他描述元素或化合物在生物体中浓度增加的术语相区别，如生物放大以及生态放大，这些术语与污染物经过食物链产生的浓度逐级增加有关。而本文所指的生物富集因子主要是指生物在水中通过生物膜表面的吸收，进入生物体内，使污染物在体内的浓度高于体外的浓度。

3.3.2 生物富集因子的测定方法

有关生物富集因子的测定方法，OECD 组织提出了多种方法，总体分来有以下几种。

3.3.2.1 静态法

静态法就是把生物体暴露在溶有污染物的静态水体中，不断检测水体中和生物体中的污染物浓度，直到平衡。分别得到水体和鱼体中的污染物浓度，代入上式即可求出 BCF。这种方法比较简单，容易操作，但不能够很好的反映真实的情况。

3.3.2.2 流水法（flow - through approach）

实验器材与静态法相同，不过实验水体是不断流动的，保证水体中化合物浓度的恒定，监测生物体内污染物的浓度，直到平衡。

3.3.2.3 动力学模型法

1957 年，Branson 等人提出了一种简单的生物富集过程的动力学模型，在这个模型基础上通过测定动力学参数来得到生物富集系数（BCF）。这种模型的基本关系如下所示：

$$C_w \Leftrightarrow C_f$$

$$\frac{\mathrm{d}C_f}{\mathrm{d}t} = K_1 C_w - K_2 C_f$$

式中，C_w 表示水体中化合物的浓度，C_f 表示生物体中化合物的浓度，K_1 表示化合物中水体向生物体富集的动力学常数，K_2表示化合物从生物体向水体清除的动力学常数。

当富集实验开始时，生物体内的污染物浓度为零，则有：

$$C_f = 0 \rightarrow \frac{\mathrm{d}C_f}{\mathrm{d}t} = K_1 C_w$$

这时，C_f 对时间作图，曲线的斜率就是 $K_1 C_w$，从而可以求得 K_1（在一段时间内可假设 C_w 为定值）。

富集实验进行到一定程度之后，把生物转移到不断流动的清水中，则有：

$$C_w = 0 \rightarrow \frac{\mathrm{d}C_f}{\mathrm{d}t} = -K_1 C_f$$

由上式积分得：$\ln C_{f1} - \ln C_{f2} = K_2(t_2 - t_1)$用 $\ln C_f$ 对 t 作图可求得 K_2。

当富集达到平衡时，$\frac{\mathrm{d}C_f}{\mathrm{d}t} = 0$，由(2)得：$K_1 C_w = K_2 C_f$

$$\mathrm{BCF} = \frac{C_f}{C_w} = \frac{K_1}{K_2}$$

3.3.3 生物富集因子的估算方法

所有估算生物富集因子的方法，都是基于实验室测定的数值。试验过程中，污染物在水体中的浓度保持相对稳定，并且需要测出化合物在平衡时的浓度。传统的生物富集系数的估算方法基本分为以下几类。

3.4.3.1 通过正辛醇/水分配系数 K_{ow}进行估算

Veith 等人利用一系列的鱼种和 84 种不同的化合物经过实验得出以下方程用于估算 BCF：

$$\log\mathrm{BCF} = 0.76\log K_{ow} - 0.23$$

该方程估算 BCF 的过程如下：

(1)要有一个测定的或估算的 K_{ow}值；

(2)把该值代入方程式，求出 logBCF；

(3)其反对数是化合物在水生生物中富集因子的近似值。

这种通过分配系数估算 BCF 值，效果最好，研究最深入，应用也最广泛。不过通过 K_{ow} 估算 BCF 也具有一定的局限性，主要表现在两个方面。第一，对于易于代谢转化的化合物，往往得到较高的算值。这是因为，用 K_{ow} 估算 BCF 时，仅仅是把生物富集过程作为一个简单的分配的过程来看待，没有考虑到化合物进入生物体内后的代谢转化作用。第二，由于很大一部分化合物被转移进入粪便，排除体内，和水中存在的有机质大大降低了高分配系数化合物的生物有效性以及高分配系数化合物具有较大的分子体积和重量无法通过细胞膜等原因，使得对于 $\log K_{ow}$ 大于 6.0 的化合物，BCF 的估算值往往偏高。

3.3.3.2 通过水溶解度 S_w

Kenaga 和 Goring 在实验室通过各种鱼种和 36 种有机化合物进行一系列的研究推得的，具体方程式为：

$$\log BCF = 2.791 - 0.564\log S$$

式中：S 表示污染物在水中的溶解度。

方程标志着水溶解度和生物富集之间的本质关系，不过这种方法只是适用于在水中的溶解度为 10^{-6} 范围内污染物。

3.3.3.3 通过土壤吸附系数 K_{oc} 进行估算

土壤吸附系数（K_{oc}）和生物富集因子之间的关系是经验性的，土壤对一定的有机化合物的亲和力，可能同化合物与生态系统中某些部分的亲和力有关。Kenaga 和 Goring 从有关的少数土壤吸附系数测定值推导出以下的方程式：

$$\log \mathrm{BCF} = 1.119\log K_{oc} - 1.579$$

当然还有其他很多的科学家提出了不同的回归方程式，但这些估算方法（包括前面的 3 种），是基于测定或计算的有机污染物的理化特性及其与生物体测定的生物富集因子之间的关系确定的。其估算的精确度，受测定各种相关性参数的技术精度所限制，对于 POPs 这种在环境中分布较广，性质复杂的有机污染物尤其如此。而且生物富集过程并非一个简单、机械的分配过程，它受到很多因素的制约和影响，只有应用多参数分析的方法，在大量的实验数据的基础上，才能找出更为合理的估算方法。

3.3.4 有关的生物富集模型

建立一个合理的、有效的模型，不仅可以帮助我们了解富集过程的生物机制，而且可以比较准确地预计出污染物在生物体内所达到的浓度，具有很好的指导性意义。

3.3.4.1 生物富集的动力学模型

1975 年 Branson 等人建立一种简单而实用的生物动力学模型（两室模型），这是一个基本的模型，在以后的动力学模型研究基本上都是在这个模型的基础上进行补充和发展的。1981 年 Bruggeman 等人就提出多室（三室）模型，这种模型考虑了污染物通过食物而被富集的因素，是一个更为全面的生物累积模型。它把鱼体分为三个室：脂肪是“储藏室”，血液是“转运室”，腮是“交换室”（见图 3.4）。

图中：K 表示数率常数；K_1 = 吸收数率常数；K_2 = 净化速率常数；K_R = 降解速率常数；K_A =

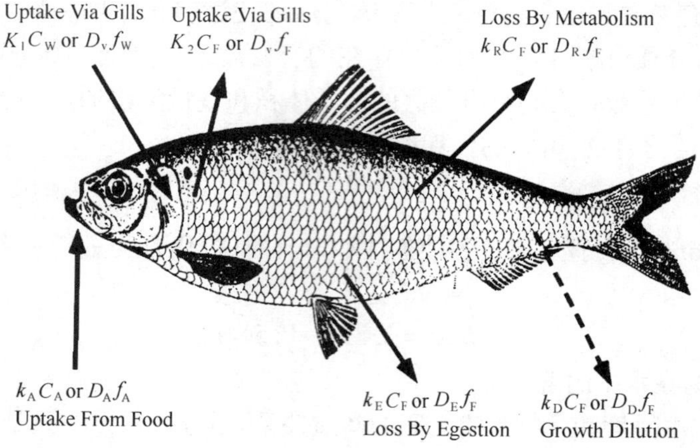

图 3.4　污染物在生物体内的动力学模型

摄食速率常数；K_E = 排除速率；K_D = 生长稀释速率。Cw = 鱼体内溶解态的污染物的浓度；C_f = 鱼体内污染物的整体浓度；C_A = 食物中污染物的浓度。Fw，f_f和f_A分别表示和Cw，C_f和C_A相对应的逸度迁移速率。D代表逸度速率常数（Mackay，1991）。

3.3.4.2　逸度模型

逸度模型最早是Mackay等人于1979年提出，于1983年完善。Gobas等人将其引用到生物富集的研究中。用逸度模型的方法对生物富集的研究的动力学方程进行处理可得到下式：

$$V_f Z_F \mathrm{d}f_F/\mathrm{d}t = V_L Z_L \mathrm{d}f_L/\mathrm{d}t = D_f(f_F - f_L) - D_E f_F$$

其中：V_F、V_L分别代表鱼体和脂肪的体积（m^3）；Z_f、Z_L分别代表鱼体和脂肪的逸度容量[mol/（m^3 · Pa）]；f_F、f_L分别表示鱼体和脂肪的逸度（Pa）；D_t是鱼-水迁移速率常数[mol/（Pa · h）]；D_E是化合物被鱼体清除进行粪便的速率常数。进一步推导可得：

$$1/K_1 = V_F(1/Q_w + 1/[Q_L K_{ow}])$$

$$1/K_2 = L_F V_F(K_{ow}/q_w + 1/Q_L)$$

$$1/K_E = [V_F L_F/(G_O L_G)][(G_O L_G/Q_{WF})K_{ow} + (G_O L_G/Q_{LF}) + 1]$$

其中：Q_w、Q_L分别表示化合物在水体和脂肪中的迁移速率常数；G_O是排便速率常数（m^3/h 粪便）；Q_{WF}、Q_{LF}分别表示化合物在鱼体内被肠胃吸收时，在水相和脂肪相中的迁移速率常数（m^3/h）；Q_w、Q_L、Q_{WF}、Q_{LF}对于不同化合物和鱼种的值，可以通过实验的方法得到。

实验测得得K_1、K_2、K_E对上述方程的拟合效果较好，证明了这种模型的合理性。

3.3.5　海洋生物体内POPs的富集

表3.9列出了不同种类的POPs在各种海洋生物体内的浓度，包括处于食物链中不同地位的浮游动物、鱼类、海鸟和哺乳动物等，它们的数量级变化范围在零点几到几十万纳克每克

之间。POPs 在生物体内的浓度顺序有类似的趋势。Fisk 等(2001)得到浮游动物(*Calanus hyperboreus*)中 *POPs* 的浓度大小顺序是:*PCB* > HCH > DDT > CHL。Choi 等(2001)研究日本黑尾鸥中 POPs,得到的浓度由大到小依次是:PCBs > DDTs > HCHs > CHLs = HCB > non - orthoPCBs > PCDD/Fs。Corsolini(2002)等发现南极磷虾和银鱼中 PCBs 浓度比 HCB 和 p,p′-DDE 高两个数量级,POPs 浓度从大到小依次是:磷虾中 PCB > DDE > HCB;银鱼中 PCB > HCB > DDE。表 3.9 中的数据也呈现这样的趋势,一般说来,大部分海洋生物体内 POPs 的浓度顺序由大到小为:PCBs > DDTs、HCHs > CHLs、HCB > PCDD/Fs。

表 3.9　POPs 在海洋生物体内的浓度

采样地点	采样时间	生物种类	POPs 种类	浓度/(ng/g)	文献
南极	1987	鱼	HCB	17.1 ~ 26.0	
			P,P′ - DDE	3.7 ~ 7.2	Weber, et al. ,2003
	1996		HCB	15.5 ~ 20.4	Weber, et al. ,2003
			P,p′ - DDE	5.0 ~ 14.5	
中国珠江口	1996	翡翠贻贝	HCHs	<1.1	
			DDTs	9.5 ~ 191	
			PCBs	82.8 ~ 615.1	
纳米比亚(非洲南部)	1997	海豹	PCBs	4 ~ 697	Weber, et al. ,1999
			DDT	11 ~ 1 115	
			CHL	3 ~ 159	
			toxaphene	10 ~ 63	
			dieldrin	4 ~ 36	
挪威海域	1998	*C. hyperboreus*(浮游动物)	PCB	30.1	
			HCH	11.8	
			DDT	4.74	
			CHL	4.44	
北欧 Barents 海	1999	小海雀	PCBs	3 483	Borga, et al. ,2005
		布鲁尼海雀	PCBs	1 545	
		黑海雀	PCBs	2 383	
		三趾鸥	PCBs	7 981	
南极罗斯海	1999—2000	磷虾	HCB	0.37	Corsolini, et al. ,2002
			P,p′ - DDE	0.86	
			PCBs	167.40	

续表

采样地点	采样时间	生物种类	POPs 种类	浓度/(ng/g)	文献
美国俄勒冈州	1988	雄鲸	PCBs	415×10^3	Hayteas, et al., 2000
			P, p′ - DDE	368×10^3	
	1993	雄鲸	PCBs	19.5×10^3	
			P, p′ - DDE	151×10^3	
	1995	雌鲸	PCBs	117×10^3	
			P, p′ - DDE	519×10^3	
	1996	雌鲸	PCBs	276×10^3	
			P, p′ - DDE	494×10^3	
	1997	雄鲸	PCBs	3.9×10^3	
			P, p′ - DDE	4.4×10^3	

海洋生物对 POPs 的富集是与其所处的环境条件密切相关的。Bent 等(2000)发现,改变营养盐状况会改变藻类的生物浓缩的情况。在氮缺乏的条件下,绿藻 *Selenastrum capricornutum* 中的一些有机污染物的 BCFs 提高了 9 倍之多,这是因为绿藻的总脂肪含量从海藻干重的 17% 提高到了 44%。PCB105、PCB31、PCB49、PCB53 和 DDT 的 BCF 分别提高了 1.5、6.3、8.9、8.9 和 6.6 倍(Halling - Sùrensen, et al., 2000)。

3.3.6 不同性别生物体对 POPs 富集的差异

雌性和雄性生物体内的有机污染物浓度的差异随污染物的种类和生物个体不同而不同。目前还没有足够的文献说明生物体内的 POPs 的浓度与性别有什么固定的关系。Hobbs 等(2001, 2003)对加拿大海域的雌雄鲸做了研究,结果如表 3.10。可以发现虽然每种污染物的情况不完全相同,但总体情况表现为雄鲸体内的大多数污染物浓度大于雌性体内的浓度。

表 3.10 加拿大不同海域雌雄鲸体内 POPs 的浓度

采样地点	采样时间	POPs 种类	雄鲸脂肪内浓度/(ng/g)	雌鲸脂肪内浓度/(ng/g)	文献
加拿大纽芬兰	1971—1972	PCB	3 790	2 490	Hobbs, et al., 2001
		DDT	6 880	4 470	
		CHL	849	664	
		CBZ	350	264	
		HCH	265	217	

续表

采样地点	采样时间	POPs 种类	雄鲸脂肪内浓度/(ng/g)	雌鲸脂肪内浓度/(ng/g)	文献
加拿大新斯科舍	1971—1972	PCB	9 720	12 000	
		DDT	29 100	26 900	
		CHL	1 460	1 570	
		CBZ	231	231	
		HCH	177	164	
加拿大圣劳伦斯河口	1994—1998	PCB	11 800	12 200	Hobbs,et al. ,2003
		DDT	9 440	3 560	
		CHL	2 040	1 400	
		HCH	531	295	
		toxaphene	7 980	2 390	

3.3.7 生物成体和幼体对 POPs 富集的差异

许多文献的数据表明,生物幼体中的 POPs 一般来说低于成体中的水平(表 3.12),这与幼体暴露在含有 POPs 的环境中的时间较短有关。例如贝加尔湖(Lake Baikal)迁徙性浮游捕食动物年龄与 POPs 浓度的关系(Hayteas,et al. ,2000)(表 3.11)。从表 3.11 可以看出,随着年龄的增加,POPs 浓度升高,POPs 在水生动物组织中逐渐积累。

表 3.11 贝加尔湖迁徙性浮游捕食动物 POPs 浓度与年龄的关系

年龄/a	脂肪浓度/%	PCDD	PCDF	PCB
5	3.7	0.96	6.0	18
6 ~ 7	4.2	1.79	12.4	43
8 ~ 9	7.2	1.63	16.1	39

注:浓度单位 pg/g TQE 可抽提脂肪。

但是也有一些例外情况,Norstrom 等(1988)发现成年北极熊体内的氯丹浓度要明显低于未成年的北极熊(0 ~ 4 岁),但是其他种类的 POPs 却没有明显的不同(Norstrom,et al. ,1988)。POPs 浓度在 5 ~ 6 岁的雄性北极熊中呈轻微减少趋势,而后随年龄趋于稳定(Bernhoft,et al. ,1997)。

Hobbs 等(2003)发现,白鲸年轻的个体体内的有机污染物水平要比较老的个体的低,活体组织 POPs 含量与死亡组织切片的浓度量级差别不大,但在活体组织样品中存在的灭蚁灵、

HCB、DDTs 和许多高度含氯的 PCBs 的比例比死亡组织中的要低(Hobbs, et al., 2003)。因此只在死亡的动物体内测量有机污染物的浓度有可能高估这些动物的整体有机污染物水平，尤其是高度含氯的有机污染物。

表 3.12　生物成体和幼体中 POPs 的浓度

采样地点	采样时间	POPs 种类	生物种类	浓度 /(ng/g)	生物种类	浓度 /(ng/g)	文献
日本北海道	1998	HCHs	黑尾鸥脂肪组织	192	黑尾鸥蛋	149	Choi, et al., 2001
		CHLs		101		74	
		DDTs		1 907		1 522	
		PCBs		4 893		2 329	
		PCDDs		38.3		28.4	
		PCDFs		37.9		24.5	
南极罗斯海	1999—2000	HCB	银鱼（幼体）	2.46	银鱼（成体）	4.85	Corsolini, et al., 2002
		P, p′-DDE		1.77		2.01	
		PCBs		503.85		348.18	
加拿大圣劳伦斯湾	1995	PCB	母体海豹脂肪组织	6 813	海豹幼仔脂肪组织	1 505	Sormo, et al., 2003
		DDT		2 553			
		CHL		574		247	
		Mirex		78		8	
		HCB		21		21	
		α-HCH		39		33	

3.3.8　POPs 在食物网的富集与传递

在海洋生物群落中，从细菌或有机物开始，经草食动物至各级肉食动物，依次形成捕食者与被捕食者的营养关系称为食物链。食物网是多种食物链的复杂化，它是由各种生物所形成的错综复杂的营养关系。物质与能量经过海洋食物链和食物网络进行转化与流动，使海洋生态系统中物质循环与能量流动的一个基本过程。海洋浮游和底栖植物是最主要的初级生产者，它们为甲壳、软体动物等提供食物。草食动物则被一级肉食动物（如海星、鱼类等）所食。一级肉食动物又被二级肉食动物（大型鱼类和无脊椎动物）所食。随后，二级再被三级（凶猛鱼类和哺乳动物）所食。初级、一级、二级、三级……建构成食物链。

与陆地上食物链相比，海洋中各种生物建立起的食物链是非常有效的。海洋食物链在通常情况下，比陆地食物链具有更多环节，一般而言，海洋食物链较长，经常多达 4 ~5 级。其中许多环节分支复杂，再加上多种食物链交互交错，网络型的层次与营养关系比陆地的更多样、更复杂。因此，在海洋中用食物网络更能确切表达海洋生物之间的营养关系。

海洋食物链大体上是：浮游植物—浮游动物—植食性鱼类—肉食性鱼类—海鸟/哺乳动物。一般情况下，POPs 在海洋食物链中各营养级生物体内的累积水平会随着营养级的提高而提高，产生生物放大作用。

3.3.8.1 POPs 转移

Leland 等（2000）通过对 15 年来密执安湖银大马哈鱼（Coho salmon）、大鳞大马哈鱼（Chinook salmon）、湖红点鲑（Lake trout）及其喂食者中 PCB 浓度数据的分析，估算了这几种鱼的 PCB 净营养转移系数 γ_j。结果显示，20 世纪 70—80 年代早期，银大马哈鱼、大鳞大马哈鱼 γ_j 呈下降趋势，湖红点鲑 γ_j 呈上升趋势，其原因不明，原文作者认为将该变化趋势与生态变化相联系欠妥。自 1983 年以来，γ_j 基本保持常数，银大马哈鱼、大鳞大马哈鱼和湖红点鲑的 γ_j 分别为 0.5、0.60 和 0.55。

3.3.8.2 营养级与生物富集水平的关系

Auli K 等（2005）对俄罗斯拉多加湖水生动物 POPs 浓度的监测也说明了 POPs 浓度从被捕食者到捕食者的生物放大。环斑海豹 PCB 和 DDT 浓度与其食物胡瓜鱼和欧白鲑相比分别被浓缩了 12 和 29 倍。

但这并不是绝对的。生物放大的效果取决于不同营养级上的生物对某一物质的摄取和消除的相对速度，因此，处于食物链中部的生物体内所积累的该物质浓度，也有可能大于营养级比它高的生物。Kucklick（2002）的研究表明，阿拉斯加北部的环斑海豹—北极熊食物链中，以环斑海豹为食的北极熊体内 DDT 和氯丹的浓度较环斑海豹的要低（表 3 - 13），说明北极熊将 DDT 和氯丹代谢掉的能力比环斑海豹强（Kucklick，et al.，2002）。

表 3.13 美国阿拉斯加北部（1996 年）环斑海豹—北极熊食物链中的 POPs 分布情况

POPs 种类	环斑海豹体内浓度/（ng/g）	北极熊体内的浓度/（ng/g）
HCHs	380	515
HCB	17.4	183
DDTs	562	74.8
PCBs	732	3 395
CHL	753	720
dieldrin	38.6	130

对南极 Elephant Island 附近海域中几种鱼类体内的 POPs 浓度的研究表明（Weber 等，

2003)，与食磷虾和食鱼的鱼相比，食底栖无脊椎动物的鱼体内的 POPs 的浓度水平较高，说明 POPs 强烈地结合在水体沉积物中，使这些化合物更容易由海底生物群落进入海底食物链。

Hope 等(1998)测定了北太平洋中途岛海洋生物组织内的 PCB 的浓缩模式，指出生物浓缩系数(BCF)的对数 logBCF 与辛醇－水分配系数(K_{ow})的对数 $\log K_{ow}$ 的关系可由 species－specific 抛物线模型充分说明，即随着 $\log K_{ow}$ 的增加，logBCF 一般是先增加后降低。

生物浓缩系数是平衡时生物体内的化学物质的浓度与水中的化学物质的浓度之比。常常是在实验室中将有机体暴露于化学物质浓度被控制的水体中(Oliver and Niimi,1988)。但是在天然环境中，组织内残留的浓度不仅仅受暴露的水环境的影响，还受食物中浓度的影响。因此，实际上它是生物体内的浓度与水环境加食物的化学物质浓度之比。此外，在天然环境中生物体与环境中物质的平衡受很多因素的影响，特别是对于半衰期较长的物质和平衡较缓慢的物质来说，因此在天然环境中的得到的 BCF 常常有别于实验室中得道的(Oliver and Niimi,1985)，这是今后的研究中值得注意的一个问题。

3.3.9 影响 POPs 在生物体内蓄积量的因素

影响 POPs 在生物体内蓄积量的因素主要有：①化合物氯取代的位置和氯取代的多少。总的说来，随着氯的增加，代谢速率减慢，容易蓄积。氯取代的位置也很重要，邻、对位有氯取代的 POPs 的代谢速度较慢，毒性较大。②与生物体本身有关：与生物体在食物链中的位置有关。营养级别越高，所受的毒害就越大；与摄食方式有关。即使同种生物生活在同样的环境中，由于摄食方式的不同，受污染的程度也会不同。研究发现：在 PCB、DDT、毒杀酚和氯丹污染的地区，以高级哺食者海豹为食的加拿大海象要比以软体动物为食的海象受到的污染严重；与生物的代谢特征有关。生物体代谢特征的差异会导致 POPs 在不同生物体内的滞留时间有较大的差异。如二噁英在鼠体内的半衰期只有几周，而在人体内却有 7～9 a。此外，同一生物体对不同的 POPs 代谢能力也不同，这些对于研究生物放大作用很重要。

3.4 PAHs 代谢产物作为环境 PAHs 暴露的指示物

在水生生态系统中 PAHs 是常见的的物质，尤其在工业化程度较高的河口、港湾和码头，复杂的 PAHs 混合物在这些地方经常被发现。由于 PAHs 的疏水性，在沉积物中 PAHs 的浓度可能要比周围水体高上千倍(James, et al. ,1993)。生活在被 PAHs 的环境中的鱼，通过鳃和表皮或摄入被污染的沉积物和食物来吸收 PAHs，通常情况下，鱼体的抗氧化酶系统能迅速的代谢 PAHs 成羟基类物质，这有利于鱼体的代谢。然而，根据化学结构和暴露水平，PAHs 和它的代谢产物对鱼和其他生物体有“三致”作用。

肝是 PAHs 代谢的主要场所，代谢产物被分泌到胆汁中在被排泄之前储存在胆囊中，分析胆汁中的代谢产物是非常方便和相对较快的方法来监测鱼体中多环芳烃(PAHs)的污染。生物标志物方法是一个适当的方法来衡量环境污染物的暴露及效应的生物反应。通常运用和推荐的三种监测在污染鱼体中的PAHs的生物标志物为:PAHs的胆汁代谢产物、肝中EROD的活性和在肝或血中DNA加合物情况。这些生物标志物和PAHs的致毒效应有一定的相关性。分析胆汁中PAHs的代谢产物浓度和代谢种类来监测水生生态系统的健康情况和污染来源的方法已经被建立。在现场监测中利用PAHs代谢产物作为PAHs暴露的生物标志物比直接分析PAHs具有更多优点(Levine,et al. ,1997),代谢产物的种类和浓度可以指示环境中PAHs的存在、有机体的摄入效率和生物转化能力。

3.4.1 典型的PAHs代谢产物

PAHs被吸收后,依赖体内许多酶系统的连续作用,经氧化、还原、水解、结合等代谢过程,发生一系列的改变,使大部分成分因极性或水溶性增强而有利于排除体外,或者因结构的变化而使毒性降低,但也有少部分产生较原毒性更强的中间产物或衍生物,如苯并(a)芘本身不直接致癌,而经代谢转化后才具有致癌作用。生物转化过程中存在着多系列的酶促反应,不同类型的酶促反应生成代谢产物也有差别。

3.4.1.1 1-OH芘(1-hydroxy pyrene)

芘是PAHs家族中广泛和普遍的物质,在燃料的热解和石油加工过程中都会大量产生,同时在排放的生活污水中也发现芘的存在,它是指示PAHs暴露的最好指示物(Zhou,et al. ,1999;Lin,et al. ,2005)。1-OH芘是芘的主要中间代谢产物,它与生物转化第二阶段的一些官能团共轭,这些共轭物不断的被排出体外,研究表明PAHs污染物和胆汁中芘的代谢物水平之间有比较明确的相关性(Myers,et al. ,1991)。

3.4.1.2 1-OH菲(1-hydroxy phenanthrene)

菲能长时间的悬浮在空气中,它的降解产物是水体中PAHs污染的主要来源。1-OH菲来源于菲,在化石燃料,尤其是煤、石油和它们提炼产物的燃烧过程中都会有1-OH菲的产生。在胆汁中菲的代谢产物比例通常比芘的代谢产物低,这可能是菲与沉积物有较强的结合力降低了它的生物转化效率(Yuan,et al. ,2002),也有可能是菲的一些低分子量的代谢物容易随尿排出,导致它在胆汁中水平降低。

3.4.1.3 1-OH䓛(1-hydroxy chrysene)

1-OH䓛是䓛的一个代谢产物,与䓛相关的大量化合物来自内燃机的尾气,在高速公路和主要公路附近检测到高水平的䓛的污染物。

3.4.1.4 1-OH B苯并(a)芘、3-OH B苯并(a)芘和7,8D-OH B苯并(a)芘

苯并(a)芘在自然界中存在极为广泛,主要存在于煤、石油、油页岩、焦油和沥青中,也可由一切含碳氢化合物在不完全燃烧以及还原时高温处理产生。进入生物体的苯并(a)芘被细胞色素P450活化形成苯并(a)芘的环氧化中间产物,实验表明,它可诱发实验动物呼吸道肿

瘤，流行病学研究提示苯并(a)芘与人类肺癌的发生有关。苯并(a)芘是前致癌物，进入机体后需经微粒体酶代谢激活，才可转变成能与DNA共价结合的终致癌物。1-OH苯并(a)芘、3-OH苯并(a)芘和7,8D苯并(a)芘是苯并(a)芘和其衍生物的代谢产物，通过对苯并(a)芷型代谢产物与萘型代谢产物比值的研究可以推测石油烃的来源(Krahn, et al., 1992)。

3.4.2 PAHs代谢产物作为生物标志物的应用

PAH代谢产物在胆汁中含量较高，并且具有很强的荧光，因此常常运用荧光的方法分析PAHs代谢产物，可以对水环境作出指示作用。

3.5.2.1 萘和芘在胆汁中的代谢比率

代谢比率是某一化合物在生物体内某一器官、组织的代谢产物与该化合物浓度的比值。它体现了该化合物在体内代谢的难易程度，代谢比率越高，说明该化合物在体内越易代谢，代谢比率越低，说明该化合物在体内越难代谢。由于萘在鱼体内的主要代谢产物是1-OH 萘，芘的主要代谢产物是1-OH芘，因此可以应用1-OH萘与萘的比值，1-OH芘和芘的比值分别指示萘和芘在鱼体内的代谢难易程度。林建清指出萘在胆汁总的代谢比率比芘的低得多，在鲈鱼胆汁中，芘比萘容易代谢和清除，无论从毒理学实验还是现场试验均表明：鱼(鲈鱼、真鲷)胆汁中1-OH芘的浓度能很好地指示水体的芘污染程度，1-OH芘可作为指示水体芘污染程度的生物标志物。

3.5.2.2 萘型代谢产物和苯并(a)型代谢产物的比率

研究表明石油源的PAHs污染物是以两环和三环为主的化合物，没有四环或五环以上的化合物，因此萘型的代谢产物与苯并(a)型代谢产物的比率可以从一定程度上反应PAHs的来源。高的比率表明暴露在含萘丰富的石油产品环境中，例如澳大利亚轻原油；低的比率说明暴露在热解源的石油化合物环境中，像石油烃的燃烧。Krahn等人对暴露在原油泄漏地区红鲑的研究获得比率为1 300，而对木焦炭污染地区的红鲑比率为110。Marthe等(2002)对石油化工业地区的海域研究获得萘型代谢产物和苯并(a)型代谢产物的比率为188。测定不同采样点之间胆汁中萘型和苯并(a)芘型代谢产物的比率可以推测不同站点PAHs的来源。

3.5.2.3 胆汁中PAHs代谢产物水平与环境中PAHs浓度和暴露时间之间的关系

Endre等(2002)人研究表明胆汁中PAHs代谢产物的浓度在暴露的前三天迅速升高.在接下来的四天里虽然也有升高但和前三天相比较升高的速率明显下降，同样的结果Levine等(1997)也发现。也有一些研究表明胆汁中PAHs代谢产物可以作为一个敏感的方法来检测油污染。Hellou和Upshall(1995)对暴露在不同浓度原油中的比目鱼的研究发现，鱼胆汁中PAHs代谢产物的浓度与原油的浓度有很好的相关性。在实验室剂量试验中，Britvic等(1993)发现当鲤鱼被注射8×10^{-6}科威特油当量浓度时，胆汁中代谢物明显升高。别的实验也证实了水中PAHs浓度与胆汁中代谢物水平之间有很好的相关性(Camus, et al., 1998)。

由于外界环境的多变性和影响生物体的复杂外部因素，单一的生物或化学指标并不能很好的反应环境的实际污染情况和对生物体效应。因此在利用胆汁中 PAHs 代谢产物为生物标志物时，同时也有其他指标作为补充，达到尽量反应实际情况的目的。Marthe 等(2002)通过测定澳大利亚菲利普湾沙丁鱼的 EROD 活性、山梨醇脱氢酶和 PAHs 胆汁代谢产物表明该地区自 20 世纪 90 年代以来 PAHs 的污染情况并没有大的改观。Frank Verweij 等(2004)通过对智利河 Oncorhynchus mykiss MFO 活性和胆汁 PAHs 代谢产物的研究表明：肝 BaPMO[苯并(a)芘单加氧化酶]的活性和胆汁中 PAHs 的代谢产物之间成正相关，同时指出生物指示物 MFO 的活性和 PAHs 的代谢产物是一个非常好的方法来评价 PAHs 的暴露水平。

3.4.3 PAHs 代谢产物测定方法

生物体组织内或体液内的污染物和其代谢产物的测定曾被广泛地用于评价环境污染状况。PAHs 代谢产物具有很强的荧光，因此常常运用荧光的方法测定 PAHs 代谢产物的含量和种类。常见的分析方法有反相高效液相色谱(HPLC - F)、同步荧光(SFS)、固定波长荧光法(FF)和 GC - MS 等。

高效液相色谱和荧光检测器联用法(HPLC - F)来测定鱼胆汁中 PAHs 代谢产物，是通过样品的保留时间和峰高与标准 PAHs 代谢产物的保留时间和荧光峰高来定性和定量的，此方法现在运用比较广泛，其最大的优点是灵敏度高，可以较好的分离 PAHs 代谢产物的所有组分，样品制备简单，缺点是在分离过程中非 PAHs 代谢产物组份也被分离出，这些成分可能是不必要的。高效液相色谱法的主要缺点是费用比较高，流动相要求的纯度较高。

同步荧光(SFS)法具有选择性好、快速、灵敏度高、仪器设备相对简单等特点。同步荧光法测定 PAHs 代谢产物的方法实践中已有应用，Ariese 等(2000)用 SFS 方法对 PAHs 代谢产物浓度的测定和用 HPLC - F 方法测定的值在 380/430 nm 有显著的相关性。但对复杂的多组分环境样品，难以选择同时测定的光谱条件，同时当被测物的 Stockes 位移较小而选择小的 $\Delta\lambda$ 时，同步荧光法仍有散射光的干扰。

另一个快速测定 PAHs 代谢产物浓度的方法是固定双波长荧光法，该方法相对比较准确、快速，同时可以减少散射光的干扰(张勇，等，2002)。Edith 等(1996)用 HPLC - F 和 FF 方法分别对大头鱼肝脏胆汁 PAHs 萘型和苯并(a)芘型的代谢产物进行了测定，结果发现，全部的 HPLC - F 值和 FF 值具有很高的相关性(r^2的范围从 0.89 ~ 0.99)，但是通过 HPLC - F 测的苯并(a)芘型代谢产物的值都比 FF 测定的值高，萘型的代谢产物值也高。

3.4.4 影响代谢产物的因素

多种因素可以影响外源化学物质的生物转化代谢过程，其实质是这些因素能对催化生物转化过程的各种酶类的功能和活性产生影响，使外源化学物质生物转化的途径和速度发生变化，导致对机体的生物学作用和机体对外源化学物质的反应等发生变化(惠秀娟，2002)。因此,研究代谢酶的变化是研究各种因素对生物转化代谢影响的关键。

3.4.4.1 环境中PAHs水平

PAHs代谢产物在胆囊中的浓度主要依赖暴露PAHs的水平,PAHs水平高的地区,该地区鱼胆汁中PAHs代谢产物的浓度也相应的升高(Law,et al.,1997)。P. J. Ruddock等(2002)通过对英国5个入海口鳗鱼胆汁中代谢产物的研究表明,高的PAHs水平地区其代谢产物在鱼胆汁中的浓度也高。

3.4.4.2 物种差异和个体差异

物种、品系和个体之间在生物转化代谢上的差异主要是由各自的遗传因素决定的,同一外源化学物质在不同的动物体内的代谢情况可能完全不同,不同的物种虽然均具有催化某种生物转化反应的酶类,但其活力不同。活力将影响外源化学物质进行该反应的速度,使统一外源化学物质在不同种类动物的半衰期不同,毒性作用程度不同(Grete,et al.,2004)。个体之间存在着年龄、性别、健康情况、饥饿程度等生理因素也会影响生物转化的过程。Edith等(1996)通过对同一地区的海鳗、比目鱼和家鳝胆汁中PAHs代谢产物研究表明,海鳗体内PAHs代谢产物浓度高于比目鱼和家鳝,同时也发现3种鱼类雌鱼胆汁中PAHs代谢产物浓度高于雄鱼。

3.4.4.3 季节、盐度、温度、昼夜变化等环境因素

季节、盐度、温度等因素也是通过改变机体正常的生理功能,进行影响机体对外源化学物质的反应。

参考文献

戴树桂. 2002. 环境化学. 北京:高等教育出版社,324.

高会旺,张英娟,张凯. 2002. 大气污染物向海洋的输入及其生态环境效应,地球科学进展,17(3):326-330.

高会旺,张英娟,张凯. 2002. 大气污染物向海洋的输入及其生态环境效应. 地球科学进展,17(3):326-330.

黄俊,余刚,钱易. 2001. 我国的持久性有机污染物问题与研究对策. 环境保护,11:3-6.

惠秀娟. 2002. 环境毒理学. 北京:化学工业出版社.

李阳,张清敏,戴树桂. 2003. 涕灭威及其复合污染对斑马鱼胚胎DNA的影响. 应用生态学报,14:982-984.

牟一萍. 2003. 持久性有机污染物POPs,全球性环境新课题. 中国标准化,1:69.

苏丽敏,袁星,赵建伟,等. 2003. 持久性有机污染物(POPs)及其归趋研究. 环境科学与技术,26(5):61-54.

王东利,张晓鸣,刘玉敏. 2003. 持久性有机污染物的环境行为及对人体健康的危害. 国外医学卫生学分册,30(3):169-173.

余刚,黄俊,张彭义. 2001. 持久性有机污染物:倍受关注的全球性环境问题. 环境保护,4:37-39.

张珞平,陈伟琪,林良牧,等. 1996. 厦门西港和香港维多利亚港表层沉积物中多环芳烃的含量分布和来源分析. 海洋学报,18(4):120-124.

Aas E, Baussant T, Balk L, et al. 2000. PAH metabolites in bile, cytochrome P4501A and DNA adducts as environmental risk parameters for chronic oil exposure: a laboratory experiment with Atlantic cod. Aquat Toxicol, 51:241-258

Aas E, Beyer J, Goksr A. 2000. Fixed wavelength . uorescence(FF) of bile as a monitoring tool for polyaromatic hydrocarbon exposure in fish: an evaluation of compound specificity, innerlilter effect and signal interpretation. Biomarkers,5:9 – 23.

AMAP. 1997. Arctic Pollution Issues: a state the Arctic Environmental Report. Arctic Monitoring and Assessment Programme.

Anders M B. Giessinga, Lawrence M. Mayera, Thomas L. Forbesb. 2003. Synch ronous . uorescence spectrometry of 1 – hydroxypyrene: a rapid screening method for identi. cation of PAH exposure in tissue from marine polychaetes. Marine Environmental Research,56:599 – 615.

Atlas E, Giam C S. 1988. Ambient concentration and precipitation scavenging of atmospheric organic pollutants. Water, Air and Soil Pollution,38:19 – 36.

Bernhoft A, Wiig, SkaareJ U. 1997. Organochlorines in polar bears(*Ursus maritimus*) at Svalbard. Environ. Pollut,95: 159 – 175.

Bidleman T F, Olney C E. 1974. Chlorinated hydrocarbons in the Sargasso Sea atmosphere and surface water. Science,183,516 – 518.

Borga K, Wolkers H, Skaare J U, et al. 2005. Bioaccumulation of PCBs in Arctic seabirds: in. uence of dietary exposure and congener biotransformation. Environmental Pollution,397 – 409.

Britvic S, Lucic D, Kurelec B. 1993. Bile fluorescence and some early biological effects in fish as indicators of pollution by xenobiotics. Environ. Toxicol. Chem,12:765 – 773.

Brorstrom L E. 1996. Atmospheric deposition of persistent organic compounds to the sea surface. J. Sea. Recearch. , 35:81 – 90.

Cadle S E, Dasch J M, Mulawa P A. 1985. Atmospheric concentrations and the deposition velocity to snow of nitric acid, sulfurdioxide and various particulate species. Atmospheric Environment,19:1819 – 1827.

Camus L, Aas E, Børseth J F. 1998. Ethoxyresorufin – Odeethylase activity and fixed wavelength fluorescence detection of PAHs metabolites in bile in turbot(*Scophthalmus maximus L.*)//Exposed to a dispersed topped crude oil in a continuous flow system. Marine Environ. Res,46(1 – 5):29 – 32.

Choi J, Matsuda M, Kawano M, et al. 2001. Chlorinated persistent organic pollutants in black – tailed gulls(*Larus Crassirostris*) from Hokkaido, Japan. Chemosphere,1375 – 1382.

Corsolini S, Romeo T, Ademollo N, et al. 2002. POPs in key species of marine Antarctic ecosystem. Microchemical Journal,187 – 193.

Corsolini S, Romeo T, Ademollo N, et al. 2002. POPs in key species of marine Antarctic ecosystem. Microchemical Journal,187 – 193.

Edithl C Lin, susan M cormier, Jonia. 1996. TORSELLA. Fish Biliary Polycyclic Aromatic Hydrocarbon Metabolites Estimated by Fixed – Wavelength Fluorescence: Comp – arison with HPLC – Fluorescent Detection. Ecotoxicity and environment safety,35:16 – 23.

Eggens ML, Opperhuizen A, Boon JP. 1996. Temporal variation of CYP1A indices, PCB and 1 – OH pyrene concentration in flounder, *Platichthys flesus*, from the Dutch Wadden Sea. Chemophere,33:1579 – 1596.

Endre V J, Woodhead R J, Matthiessen P. 2002. A rapid screening method for the biomonitoring of PAH exposure. for exposure of fish to oil spilled into the Columbia River. Marine Envi – Aquat. Toxicol,26:273 – 286.

FiskA T, Stern G A, Hobson K A, et al. 2001. Persistent organic polluitants(POPs) in a small, herbivorous, arctic marine zooplankton(Calanur hyperboreus):trends from April to July and the influence of lipids and Trophic Transfer. Marine Pollution Bulletin,43:93 – 101

Frank Verweij,Kees Booij,Karel Satumalay,et al. 2004. Assessment of bioavailable PAH,PCB and OCP concentrations in water,using sem – ipermeable membrane devices(SPMDs),sediments and caged carp. Chemosphere,54:1675 – 1689.

GESAMP. 1989. The Atmospheric Input of Trace Species to the World Ocean. WMO Reports and Studies No.38, Joint Group of Experts on the Scientific Aspects of Marine Pollution,Geneva.

Goldberg ED. 1975. Synthetic organohalides in the sea. Proc. Royal Soc. Lond,189:277 – 289.

Goldberg E D. 1975. Synthetic organohalides in the sea. Proceedings of the Royal Society London, Series B, 189, 277 – 289.

Goss K – U. 1994. Predicting the enrichment of organic compounds in fog caused by adsorption on the water surface. Atmospheric Environment,28:3513 – 3517.

Grete Jonsson,Ingrid C Taban,K are B Jogensen,et al. 2004. Quantitative determination of de – conjugated chrysene metabolites in . sh bile by HPLC – . uorescence and GC MS. Chemosphere,54:1085 – 1097.

Halling – Sùrensen B,Nyholm N,Kusk K O,et al. 2000. Inluence of nitrogen status on the bioconcentration of hydrophobic organic compounds to selenastrum capricornutum. Ecotoxicology and Environmental Safety,45:33 – 42

HAYTEAS D L,DUFFIELD D A. 2000. High levels of PCB and p,p' – DDE found in the blubber of Killer Whales (*Orcinus orca*). Marine Pollution Bulletin,40:558 – 561.

Hellou J, Upshall C. 1995. Monocyclic aromatic hydrocarbon in bile of flounder exposed to a petroleum oil. Intern. J. Environ. Anal. Chem Toxicol,60,101 – 111.

Hill J,Johnston I A. 1997. Photomicrographic atlas of Atlantic herring embryonic development Journal of Fish Biology,51:960 – 977.

Hobbs K E,Muir D C G,Michaud R,et al. 2003. PCBs and organochlorine pesticides in blubber biopsies from free – ranging St. Lawrence River Estuary beluga whales (*Delphinapterus leucas*),1994 – 1998. Environmental Pollution, 291 – 302.

Hobbs K E,Muir D C G,Mitchell E. 2001. Temporal and biogeographic comparisons of PCBs and persistent organochlorine pollutants in the blubber of fin whales from eastern Canada in 1971 – 1991. Environmental Pollution, 243 – 254.

Hope B, Scatolini S, Titus E. 1998. Bioconcentration of chlorinated biphenyls in biota from the north Pacific ocean. Chemosphere,36:1247 – 1261.

Hu N,Sedmera D,Yost H J,et al. 2000. Structure and function of the developing zebra fish heart. The Anatomical Record,260:148 – 157.

Iwata H,Tanabe S,Norio S,et al. 1993. Tatsukawa,Distribution of persistent organochlorines in the oceanic air and surface seawater and the role of the ocean on their global transport and fate. Environ. Sci. Technol. 27:1080 – 1098.

James M O,Kleinow K M. 1993. Trophic transfer of chemicals in the aquatic environment. In Aquatic Toxicology: Molecular,Biochemical,and Cellular Perspectives(D. C. Malins and G. K. Ostrander,Eds.),1 – 36.

Jeffrey S Brown,Scott A. Steinert. 2003. DNA damage and biliary PAH metabolites in flatfish from Southern California bays and harbors, and the Channel Islands. Ecological Indicators, 3:263 – 274.

John P Incardona, Tracy K Collier, Nathaniel L. 2004. Scholz Defects in cardiac function precede morphological abnormalities in fish embryos exposed to polycyclic aromatic hydrocarbons. Toxicology and applied pharmacology, 196:191 – 205.

Jones K C, de Voogt P. 1999. Persistent organic pollutants (POPs): state of the science. Environmental Pollution, 100:209 – 221.

Jones K C, de Voogt P. 1999. Persistent organic pollutants (POPs): state of the science. Environ. Pollut, 100(1 – 3): 209 – 221.

Jones K G, Sewart A P. [J]. Crit. Rev. Environ. Sci. Tech., 1997, 27(1): 1 – 85.

Jordi D, Rainer L, Wendy A O, et al. 2002. Oceanic Biogeochemical Controls on Global Dynamics of Persistent Organic Pollutants. Environ. Sci. Technol, 36, 4229 – 4237.

Kelakaschus S, et al. 2002. The Air – Sea Equilibrium and Time Trend of Hexachlorocyclohexanes inthe Atlantic Ocean between the Arctic and Antarctica Environ. Sci. Technol, 36:138 – 145.

Kimmo A Maenpaa, Olli – Pekka Penttinen, Jussi V K Kukkonen. 2004. Pentachlorophenol (PCP) bioaccumulation and effect onheat production on salmon eggs at different stages of development. Aquatic toxicology, 68:75 – 85.

Koester C J, Hites R A. 1992. Wet and dry deposition of chlorinated dioxins and furans. Environmental Science and Technology, 26:1375 – 1382.

Kopone K, Kukkonen J V K, Lindstrom – Seppa P. 1998. Chemical Accumulation and Biotransformation Enzyme Activities of Rainbow Trout Embryos in Waterborne Exposure to PCB – 77. Marine Environmental Research, 46: 475 – 478.

Krahn M M, Burrows D G, Ylitalo G M, et al. 1992. Mass spectrometric analysis for aromatic compounds in bile of. shsampled after the Exxon Valdez oil spill. Environ. Sci. Technol, 26 :116 – 126.

Kucklick J R, Struntz W D J, Becker P R, et al. 2002. Persistent organochlorine pollutants in ringed seals and polar bears collected from northern Alaska. the Science of the Total Environment, 45 – 59.

Law R J, Dawes V J, Woodhead R J, et al. 1997. Polycyclic aromatic hydrocarbons (PAH) in seawater around England and Wales Mar. Pollut. Bull, 34:306 – 322.

Levine S, Czosnyka H, Oris J T. 1997. Effect of the fungicide clotrimazole on the bioco – ncentration of benzo[*a*]pyrene in gizzard shad (*Dorosomacepedianum*): *in vivo* and *in vitro* inhibition of cytochrome P4501A activity. Environ. Toxicol. Chem, 16:306 – 311.

Ligocki M P, Leuenberger C, Pankow J F. 1985a. Trace organic compounds in rain – II. Gas scavenging of neutral organic compounds. Atmospheric Environment, 19:1609 – 1617.

Ligocki M P, Leuenberger C, Pankow J F. 1985b. Trace organic compounds in rain – III. Particle scavenging of neutral organic compounds. Atmospheric Environment, 19:1619 – 1626.

Lin E L C, Cormier S M, Torsella J A. 1996. Fish biliarypolycyclic aromatic hydrocarbon metabolites estimated by. xed – wavelength . uorescence: comparison with HPLC – . uorescent detection. Ecotoxicol. Environ. Saf, 35:16 – 23.

Lin ELC, Cormier SM, Racine RN. 1994. Synchronous fluorometric measurement of metabolites of polycyclic aromatic hydrocarbons in the bile of brown bullhead. Environ Toxicol Chem, 13:707 – 715.

Marthe Monique Gagnon, Holdway D A. 2002. EROD activity, serum SDH and PAH biliary metabolites in sand. at-

head(Platycephalus bassensis) collected in Port Phillip Bay, Australia. Marine Pollution Bulletin, 44 :230 - 237.
Muir DCG, Grift NP, Lockhart WL. 1995. Spatial trendsand historical profiles of organochlorine pesticides in Arcticlake sediments. Sci. Tot . Env. , (160/161) :447 - 457.
Norstrom R J, Simon M, Muir D C G, et al. 1988. Organochlorine contaminants in arctic marine food chains: identification, geographical distribution, and temporal trends in polar bears. Environ. Sci. Technol, 22: 1063 - 1071
Ockenden W A, et al. Environ. Sci. Technol. , 1998, 32: 2795 - 2803.
Oliver B G, A J. 1985. Bioconcentration factors of some halogenated organics for rainbow trout: limitations in their use for prediction of environmental residues. Environ. Sci. Technol, 19: 842 - 849.
Oliver B G, Niimi A J. 1988. Trophodynamic analysis of polychlorinated biphenyl congeners and other chlorinatrd hydrocarbons in the Lake Ontario ecosystem. Environ. Sci. Technol, 22, 388 - 397.
Palm A, Cousins I, et al. 2004. Evaluation of sequentially - coupled POP fluxes estimated from simultaneous measurements in multiple compartments of an air - water - sediment system, Environmental Pollution, 128: 85 - 97.
Pilar F, Joan O G. 2003. On the global distribution of persistent organic pollutants. Chimia, 57(9): 514 - 521.
Pirrone N, Keeler G J, Holsen T M. 1995. Dry deposition of semivolatile organic compounds to Lake Michigan. Environmental Science and Technology, 29: 2123 - 2132.
Pudykiewicz J, Reimer K, Smith J, et al. 1997. Chapter 2: Sources, occurrence and pathways//Jensen J, Adare K, Shearer R. (Eds.). CanadianArctic Contaminants Assessment Report. Indian and Northern A. airs Canada, Ottawa, 25 - 182.
Reynolds W J, Feist S W, Jones G J, et al. 2003. Comparison of biomarker and pathological responses in . ounder (Platichthys . esus L.) induced by ingested polycyclic aromatic hydrocarbon(PAH) contamination. Chemosphere, 52 :1135 - 1145.
Ruddock P J, Bird D J, McCalley D V. 2002. Bile Metabolites of Polycyclic Aromatic Hydrocarbons in Three Species of Fish from the Severn Estuary. Ecotoxicology and Environm - ental Safety, 51: 97 - 105.
Sinkkonen S, Paasivirta J. 2000. Degradation half - life times ofPCDDs, PCDFs and PCBs for environmental fate modeling. Chemosphere, 40 :943 - 949.
Slinn S A, Slinn W G N. 1980. Predictions for particle depositon on natural waters. Atmospheric Environment, 14, 1013 - 1016.
Sormo E G, Skaare J U, Lydersen C, et al. 2003. Partitioning of persistent organic pollutants in grey seal(*Halichoerus grypus*) mother pup pairs. The Science of the Total Environment, 145 - 155.
Stegeman JJ, Lech JJ. 1991. Cytochrome P - 450 monooxygenase systems in aquatic species: carcinogen metabolism and biomarkers for carcinogen and pollutant exposure. Environ Health Persp, 90: 101 - 109.
Strachan W M J, Eisenreich S J. 1988. Mass balancing of toxic chemicals in the Great Lakes: the role of atmospheric deposition. Appendix from the workshop on the estimation of atmospheric loadings of toxic chemicals in the Great Lakes basin. Guild Inn, Scarborough, Ontario, October, 29 - 31.
Strand A, Hov é. 1996. A model strategy for the simulation of chlorinated hydrocarbon distribution in the global environment. Water, Air and Soil Pollution, 86, 283 - 316.
Strmac M, Oberemm A, Braunbeck T. 2002. Effects of sediment eluates and extracts from differnetly polluted small rivers on zebrafish embryos and larvae. Journal of Fish Biology, 61: 24 - 38.

Sundqvist K L, Windfors H, et al. 2004. Air – sea Gas Exchange of HCHs and PCBs and Enantiomers of γ – HCHs in the Kattegat Sea Region. Environmental Pollution, 128: 73 – 83.

Upshall C, Payne J F, Hellou J. 1993. Induction of MFOenzymes and production of bile metabolites in rainbow trout (*Oncorhynchus mykiss*) exposed to waste crankcaseoil. Environ. Toxicol. Chem, 12: 2105 – 2112.

Vallack HW, Bakker DJ, Brandt I, et al. 1998. Controlling persistent organic pollutants – what next. Environmental Toxicology and Pharmacology, (6): 143 – 175.

Vetter W, Weichbrod M, Scholz E, et al. 1999. Levels of organochlorines (DDT, PCBs, toxaphene, chlordane, dieldrin and HCHs) in blubber of south African fur seals (*Arctocephalus pusillus pusillus*) from Cape Cross/Namibia. Marine Pollution Bulletin, 38: 830 – 836.

Voldner E C, Barrie L A, Sirois A. 1986. A literature review of dry deposition of oxides of sulphur and nitrogen with emphasis on long – range transport modelling in North America. Atmospheric Environment, 20: 2101 – 2123.

Wania F, Axelman J, Broman D. 1998. A review of processe. s involved in the exchange of persistent organic pollutants across the air—sea interface, Environmental Pollution, 102: 3 – 23.

Wania F, Ho J T, Jia C Q, et al. 1998. The effects of snow and ice on the environmental behaviour of hydrophobic organic chemicals. Environmental Pollution, 102: 25 – 41.

Wania F, Mackay D. 1993. Global fractionation and cold condensation of low volatility organochlorine compounds in Polar Regions. Ambio, 22: 10 – 18.

Wania F, Mackay D. 1996. Tracking the distribution of persistent organic pollutants. Environ. Sci. Technol, (30): 377 – 392.

Wania F, Mackay D. 1999. The evolution of mass balance models of persistent organic pollutant fate in the environment. Environ. Pollut., 100: 223 – 240.

Wania F. 1997. Modelling the behaviour of non – polar organic chemicals in an ageing snow pack. Chemosphere, 35, 2345 – 2363.

Weber K, Goerke H. 2003. Persistent organic pollutants (POPs) in antarctic fish: levels, patterns, changes. Chemosphere, 667 – 678.

Yuan SY, Chang JS, Yen JH. 2001. Biodegradation of phenanthrene in river sediment. Chemosphere, 43: 273 – 278.

Zhou JL, Fileman TW, Evans S. 1998. Fluoranthene and pyrene in the suspended particulate matter and surface sediments of the Humber Estuary, UK. Mar Pollut Bull, 36: 587 – 597.

第4章 海洋环境中 POPs 的污染现状

4.1 世界海洋环境中 POPs 的污染现状

海洋作为一个巨大的生态系统,也成了各类污染物的汇聚地。有机污染物(包括 POPs)、重金属等可以经过各种途径进入海洋。进入海洋环境的这些污染物有些可以通过海洋的自净作用分解或者降解,但是当这些污染物的含量超过海洋的自净能力时,就会严重影响海洋水体的质量,进而威胁到海洋生态系统中生物群落的种类与分布。另外,污染物的生物放大与生物富集作用,可以使其沿着生物链进行传递。最终会影响到处于食物链顶端的人类。

2008 年美国《科学》周刊上首次刊登了人类对海洋影响的环境地图(图4.1),反映了人类活动对海洋环境的影响状况(Halpern, et al. ,2008)。科学家把人类对海洋的影响分成四大类:气候变化、污染、渔业和海运,受人类影响最严重的海洋基本都位于人口最稠密的地区,例如:影响最严重的是不列颠岛附近海域,爱尔兰和苏格兰海岸附近的北海,英吉利海峡以及大

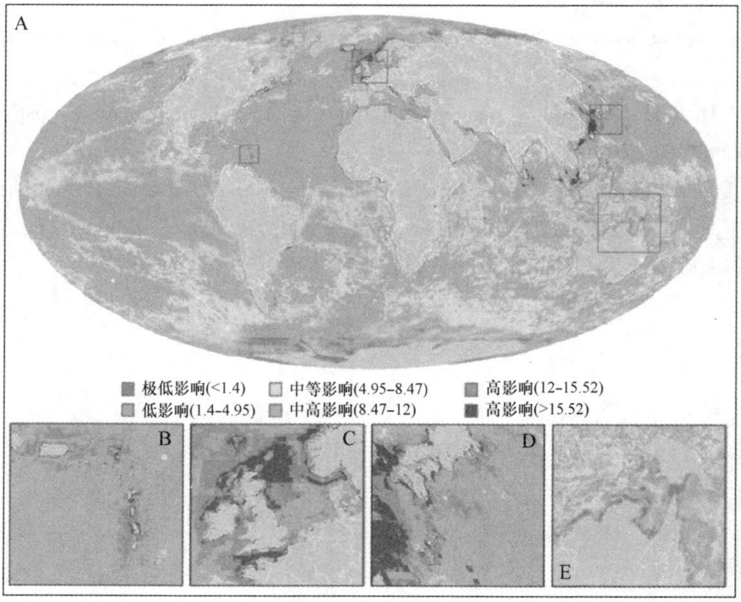

图 4.1 人类污染对海洋影响的环境地图

西洋北部海域也遭受严重的生态破坏。受影响严重的海域还包括中国南部和东部海域,加勒比海,北美东海岸,地中海,红海,波斯湾,白令海以及大西洋西部的一些海域。

4.1.1 大洋的石油污染

在这些区域,海洋污染很严重,石油开采和利用、农业使用化肥和农药等对海洋的污染都不容忽视(邮轮的燃油泄漏对海水污染尤为严重)。而海运往往把一个海域的生物随船底带到另外一个海域,造成生物入侵现象。从图 4.1 可以看出,北半球的污染较南半球严重,北半球的大西洋和太平洋都受到严重的污染。

太平洋是地球上的第一大洋,面积 17 968 万 km^2,它从北极一直延伸至南极,覆盖着地球约 1/2 的海洋及约 1/3 的总面积。大西洋面积 9 336.3 万 km^2,约占海洋面积的 25.4%,约为太平洋面积的一半。大西洋航运发达,世界海港约有 75% 分布在这一海区,货运量居各大洋第一位,海运的主要货物是石油和石油制品,因此是石油污染物最为集中的地方。太平洋属于污染较轻的,但日本周围,东海、南海和北美沿岸海面上也常被石油薄膜或团块充斥,只有赤道及南太平洋是很少有石油污染物的海域。海洋主航道和海洋油田是石油污染物最为集中的地方,大西洋及其所属海域、日本海、东海、南海、渤海是油船必经之地和石油产地,所以海面上也常被石油薄膜或团块充斥。

4.1.2 北美、南美沿岸的 POPs 污染

双壳类如贻贝因其分布广泛、有固着的生活习性、易于采集、对盐度耐受范围宽、抗压能力强和对各种化学物都有很高的生物富集能力(Goldberg, et al., 1978),而被用于监测在近岸水域中痕量有毒污染物的污染水平。美国早在 20 世纪 70 年代就开展了一些贻贝监测计划相关研究,对海洋环境中典型的污染物(重金属、DDTs、PCBs、烃类、放射性物质等)在美国的太平洋沿岸、大西洋沿岸贻贝和牡蛎体内浓度的时空分布进行了研究(Farrington, et al., 1983)。1976—1978 年的 3 年间,铅、PCBs、石油烃类污染物浓度在美国东西海岸的大城市地区有相似地理分布特征(图 4.2),这说明沿海环境中铅、PCBs、石油烃主要来源于工业排放等人为活动。另外在旧金山、波士顿等大型港口城市地区的样品中发现了高浓度的 PCBs,同时东海岸的 PCBs 的整体浓度高于西海岸,这说明美国东海岸地区的人为活动尤其是工业活动较西海岸强烈,污染也相对高。

为了进一步了解污染物在长期时间尺度上的变化特征,美国国家海洋和大气管理署(NOAA)与 1984 年制定了 NS&T 计划(1986—1993),以监测化学污染物在时间及空间尺度上的分布趋势,测定生物体对污染程度的响应,以期预测污染的增强或是减弱。NOAA 又于 1985 年通过了 NS&T 的贻贝监测计划,对美国沿岸水体中特定污染物现阶段及长时间尺度上的分布进行分析,提供这些环境污染物在海洋中短期内的变化趋势信息。而国际的贻贝计划始于 20 世纪 90 年代,是在全球范围内开展的区域性海洋环境质量监测计划

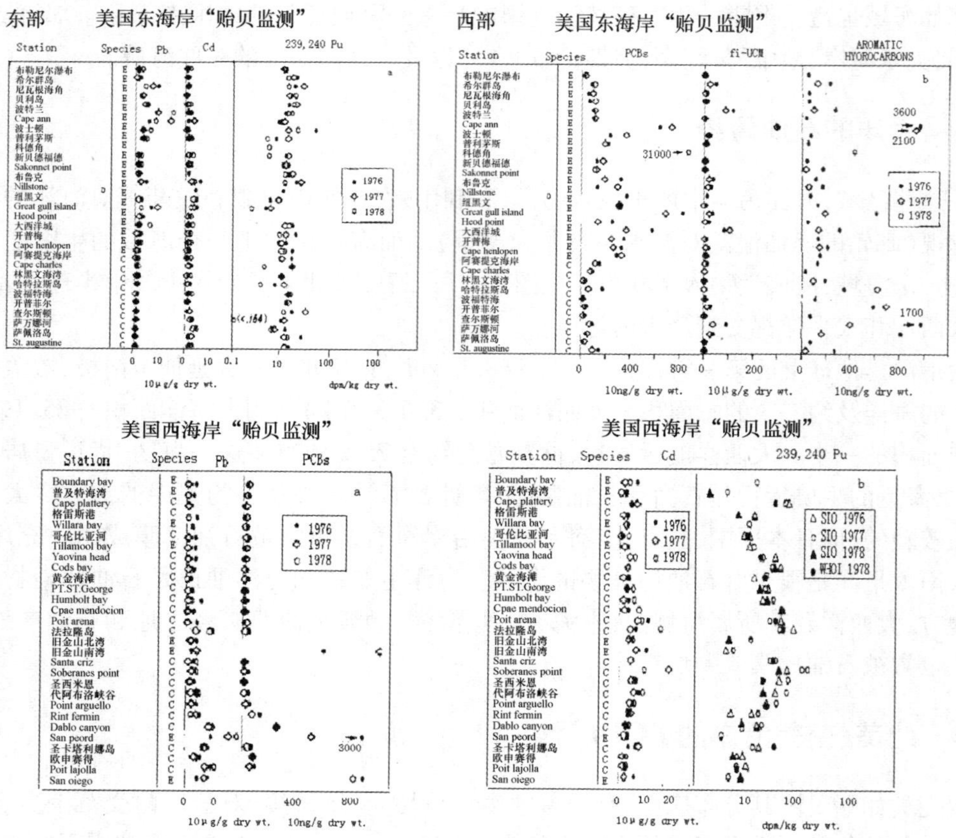

图 4.2 美国东西海岸贝类体内 PCBs 和重金属 Pb 等的污染浓度(1976—1978)
(Farrington, et al. ,1983)

(IMW,1991—1992)。

NS&T 计划的研究结果表明,从 1986—1993 年美国近海及河口地区大多数污染物在贝体中都有下降的趋势,尤其是在 70—80 年已被禁止的有机锡和有机氯类化合物(O' Connor, 1996)(图 4.3)。

NS&T 计划和 IMW 计划,对美国北部、中部和南部美洲沿岸的大尺度环境状况进行了一个覆盖范围很广的研究(127 个采样点),包括美国、拉丁美洲的整个海岸,同时将墨西哥湾、加勒比海作为研究重点,研究的有机污染物包括 DDTs、氯丹类农药、PCBs、PAHs。Sericano (1995)比较研究了两个计划的研究结果,发现在墨西哥海岸的北部海湾,DDTs、CHLs、PCBs、PAHs 的总浓度呈现出较为均匀的分配,很少的站点有极高或极低的浓度。相比,其中北部的墨西哥海湾北部海岸污染显著比较高。图 4.4 显示了从 1991—1992 所调查的有机物污染物在美国及拉丁美洲的近岸水域的地理分布。

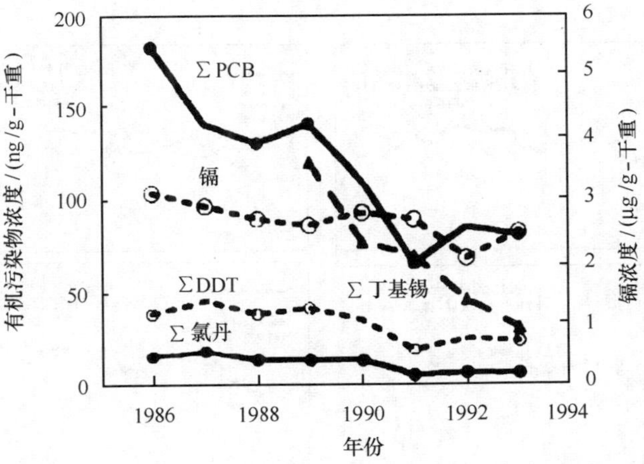

图 4.3　美国东西海岸贝类体内 PCBs、OCPs 和重金属镉浓度的污染浓度(1986—1993)(O' Connor,1996)

1993 年后 NOAA 的 NS&T 计划继续对美国沿岸进行贻贝监测研究,从1986—2001 年,美国大洋沿岸的污染有一定的降低,农药(如 DDTs)和工业化学品(如 PCBs),在全美国各地呈现出显着的下降趋势(图 4.5)。

4.1.3　大西洋沿岸的 POPs 污染

大西洋沿岸几乎都是各大洲最发达的地区,经济水平较高,贸易、经济交往频繁,是世界环球航运体系中的重要环节和枢纽。这种重要的地理位置,使大西洋的海洋污染表现得尤为显著,尤其是一些边缘海,如北海、地中海、波罗的海等。人们也在大西洋沿岸开展了大量海洋污染研究调查工作,研究表明大西洋东海岸北大西洋的污染明显高于南大西洋,也就是欧洲地区相比于非洲地区,污染更严重;但是低纬度的非洲沿海岸污染物的浓度明显的高于非洲高纬度地区。从图 4.6 的空间分布可以看出,英国的英吉利海峡上空的大气污染相对明显。

而早在 20 世纪 70 年代末,英国也进行了广泛的贻贝监测计划:包括苏格兰农业、渔业部(DAFS),英格兰农业、渔业、粮食部(MAFF),北爱尔兰农业部(DANI),威尔士水质局(WWA)(表 4.1),这些部门研究结果表明,英国的一些主要港口海湾存在有机氯化合物的污染。MAFF 80% 的样品中 PCBs 的浓度低于50 μg/kg(湿重)。相比 WWA 和 DANI 的样品研究结果,PCBs 的浓度范围分别为 6 ~ 104 μg/kg、0 ~ 2.8 μg/kg(湿重),PCBs 的高浓度出现克莱德湾(374 μg/kg)及克罗默蒂湾(1 183 μg/kg)。

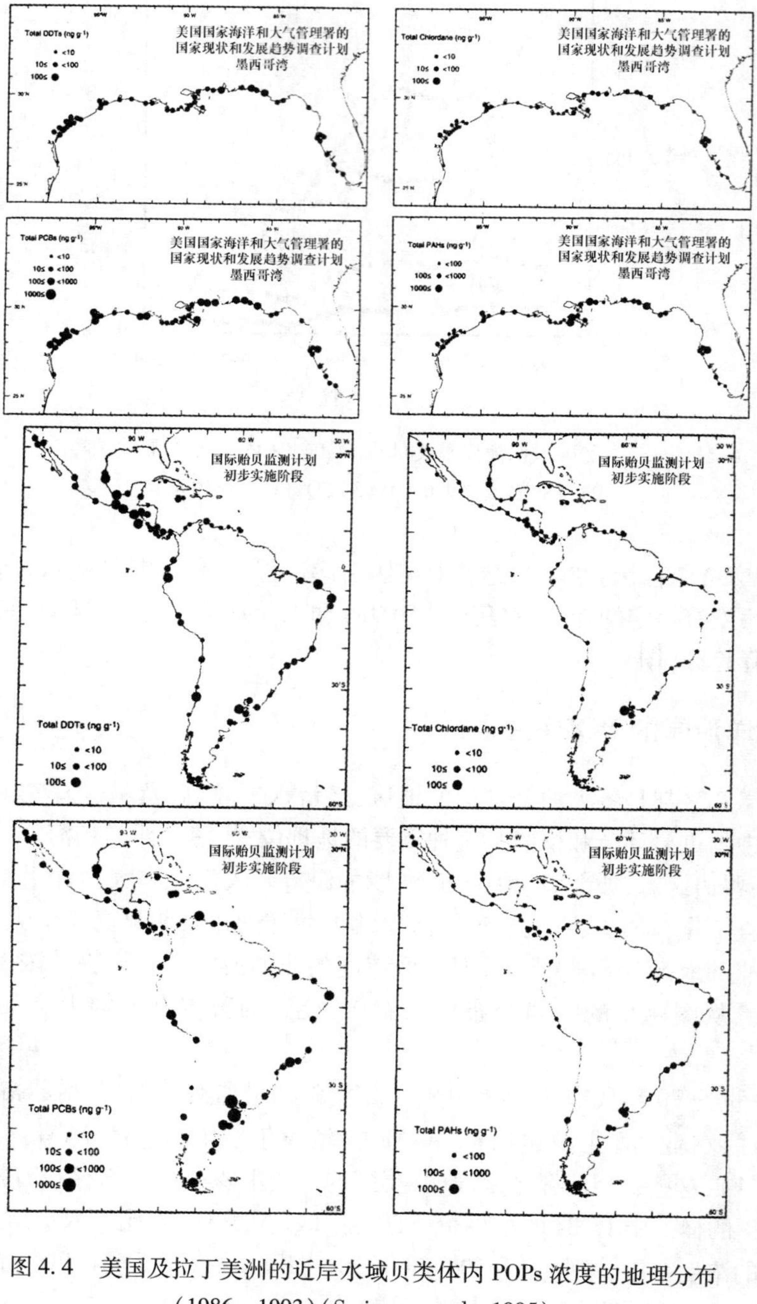

图 4.4　美国及拉丁美洲的近岸水域贝类体内 POPs 浓度的地理分布
（1986—1993）（Sericano，et al. ，1995）

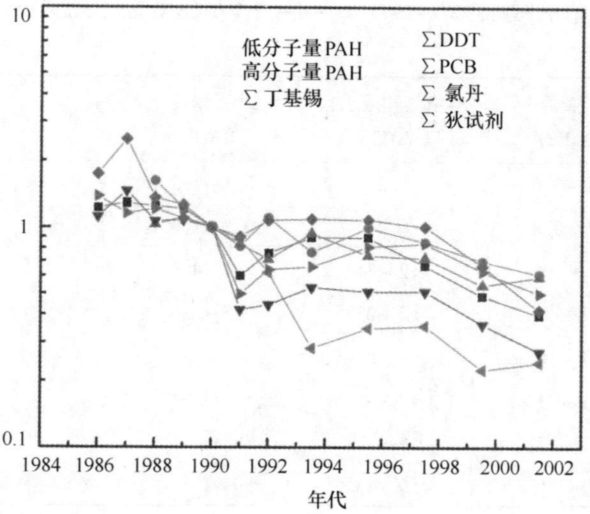

图 4.5　美国近岸水域贝类体内 POPs 浓度(1985—2001)
与 20 世纪 90 年代 POPs 浓度的比值(Hameedi,2004)

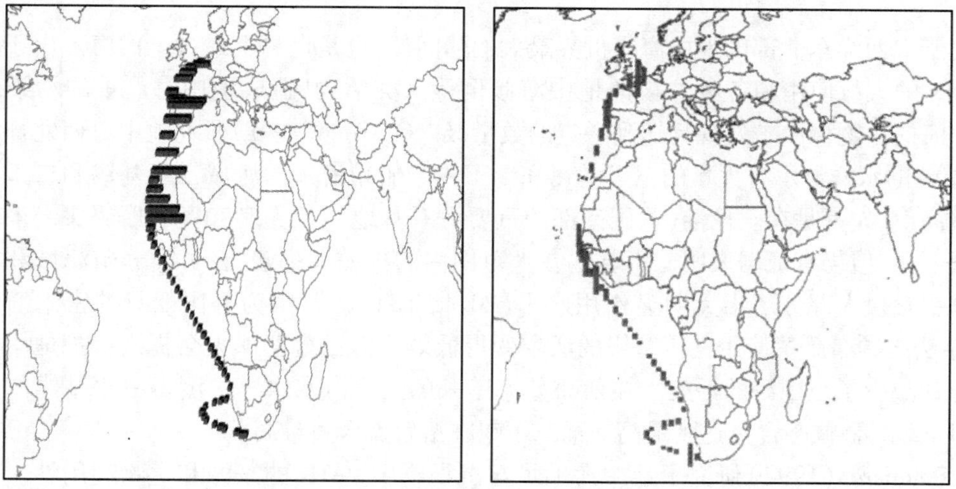

图 4.6　大西洋沿岸海域上空大气中 PAHs(ng/m^3)和 HCB(pg/m^3)的浓度分布
(Jaward,et al.,2004;Barber,et al.,2005)

另外,对欧洲地区受污染较典型的海域,研究也较多,尤其是北海、地中海和波罗的海海域。

表 4.1　英国贻贝监测计划(1977—1979 年)——贝壳类(*Mytilus edulis*)体内污染物的浓度范围

单位:μg/kg(湿重)

有机氯类污染物	苏格兰(DAFS)	英格兰和威尔士(MAFF)	北爱尔兰(DANI)	威尔士(WWA)
α-HCH	<1~3.0	<2	0.1~1.3	nd
γ-HCH	<1~8.8	<2	0.2~2.6	0.4~6.8
Dieldrin	<1~405	<2~31	<1~4.0	<0.4~6.6
DDE	<1~42	<2~23	0.5~2.8	<0.50~3.3
DDD	<1~16	<2~60	nm	nm
DDT	<1~33	<2~68	nm	nm
总 DDT	<3~63	nm	nm	<0.5~8.9
PCBs	<12~1 183	<50~150	0~2.8	<6~104

nm:未测。

4.1.4　地中海的 POPs 污染

位于大西洋东北部的地中海是世界最大的陆间海,也是世界上最古老的海。由于石油泄露,OCPs 的大量使用和各种垃圾向地中海倾倒等人类活动,造成地中海严重的污染。POPs 在地中海的生物体中被发现且达到一定的数量级。C Alzieu(1991)研究地中海西北部海域的 54 个站位的水样显示有大量的三丁基锡和二丁锡。船舶密集的海域三丁基锡和二丁锡浓度达到最高值,尤其是在土伦港(法国南部的重要海军基地),比尤利和圣利摩码头。虽然潮汐不是很明显,但仍有证据表明三丁基锡在大范围内的扩散和降解,在贝类养殖海域和海岸带三丁基锡含量大部分超出无明显作用水平(20 ng TBT/L)。因为外国船只的密集涌入使得 1982 年法国颁布严禁使用三丁基锡的法令变得低效。但巴塞罗那大会提出保护地中海环境的措施却减少了地中海的污染。在西班牙海岸采的五个海水水样中测得三丁基锡的含量是 21~94 ng/L,颗粒态含量达到最高。而二丁锡在溶解态含量最高。

P Baumarda(1997)研究了地中海贻贝与沉积物中 PAHs 的来源和生物利用性。底泥中的 PAHs 浓度从不到 1 ng/g 发展到 8 500 ng/g。最高浓度出现在海港附近的样品中,远离污染源的巴利阿里群岛平均值大约是 30 ng/g。港口沉积物样品显示船务繁忙的区域污染严重(总 PAHs 1 700~8 400 ng/g)。其他位点浓度属于低值(小于 1 ng/g)到中等浓度(小于 1 000 ng/g)。

除了在旺德尔港和巴塞罗那采的贻贝样品中 PAHs 浓度达到中等量外,其他海域的浓度都很低。在地中海海域中,生物体对富集 PAHs 底泥的生物利用度与污染源相关。热解性 PAHs(如五环和六环多环芳烃)基本上不被利用,然而石油烃却在生物体内大量富集。

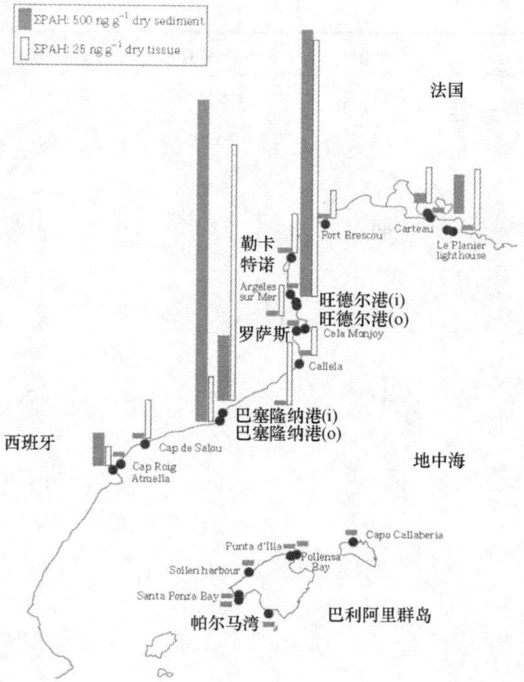

图 4.7　PAHs 的来源和生物利用度(P. Baumarda, et al. ,1997)

I:代表海港内位点,O 代表海港外的位点。其中巴利阿里群岛没有贻贝样品

M M Storelli 等(1998)研究了地中海叉状鳍鳕鱼肝脏中 PCBs 和 DDTs 的含量分布,DDTs 33 ~ 838 ng/g(湿重),59 ~ 638 ng/g(脂重),PCBs 77 ~ 1 307 ng/g(湿重),140 ~ 273 ng/g(脂重)。DDTs 和 PCBs 的浓度与(Storelli, et al. ,2004)研究该区域叉状鳍鳕鱼所报道的肝脏中的浓度一致,Kelly 和 Campbell(1994)和 Stange 和 Klungsoyr(1997)研究表明该海区受 DDTs 和 PCBs 污染较少。从表 4.2 表明在污染严重水域捕获的鳕科肝脏中的浓度高。

表 4.2　叉状鳍鳕鱼肝脏中 PCBs 和 DDTs 的最小,最高和平均值(P. Baumarda, et al. ,2008)

单位:ng/g(湿重)

	最小值	最大值	平均值	标准偏差
脂肪/%	18.3	63.0	47.8	11.7
p. p′DDD	nd	7	1	2
p. p′DDE	33	772	206	178
p. p′DDT	nd	49	4	11
o. p′DDD	nd	9	2	3

续表

	最小值	最大值	平均值	标准偏差
∑DDD	33	838	214	191
∑DDT′	59	1 638	481	400
三氯联苯				
PCB 20	nd	8	3	3
四氯联苯				
PCB 52	nd	11	2	3
PCB 60	nd	11	2	3
PCB 77	nd	2	0.7	0.8
五氯联苯				
PCB 101	nd	25	10	7
PCB 105	nd	24	6	6
PCB 118	7	112	29	24
PCB 126	nd	0.3	0.2	0.1
六氯联苯				
PCB 138	20	303	80	65
PCB 153	29	485	130	106
PCB 156	nd	50	11	13
PCB 169	nd	0.7	0.09	0.2
七氯联苯				
PCB 180	13	267	66	57
十氯联苯				
PCB 209	nd	30	3	7
∑PCB	77	1 307	342	281
∑PCB′	140	2 734	715	588

4.1.5 北冰洋的 POPs 污染

北冰洋(Arctic Ocean)是跨经度最多的大洋和地球上最小的洋。大致以北极为中心，四周为北美大陆、欧亚大陆和格陵兰。面积 1 310 万 km^2。平均水深 1 205 m，最深处 5 527 m。有三条横贯海底的海岭。中央一条罗蒙诺索夫海岭，把北极海盆分为欧亚海盆与美亚海盆。

Atlas E 等(1981)的研究表明，北极地区已经成为 POPs 的汇集地，尤其是以 OCPs 为代表的 POPs 含量大大高于人们的估计，主要原因是通过大气的长途输送而汇集，而由于极地地区的低温使海水中有机物难以转化或降解最新的研究表明北极地区大气中的含量急剧下降，导致海一气交换发生逆转，表层海水中的重新挥发到大气中，使该地区成为的二次污染源这些研究主要集中在北太平洋及格陵兰岛地区，而白令海及楚科奇海地区仅有非常有限的资料。

姚子伟等(2002)在对白令海考察时发现24站位中有22个检出了α-HCH，最高浓度为608 pg/L，在楚科奇海的15站位中有14个检出，最高浓度为641 pg/L。对比相关文献，海水中的浓度在过去几年持续下降，只有20世纪90年代初数据的四分之一，与20世纪年80代初相比下降更大(图4.8)。

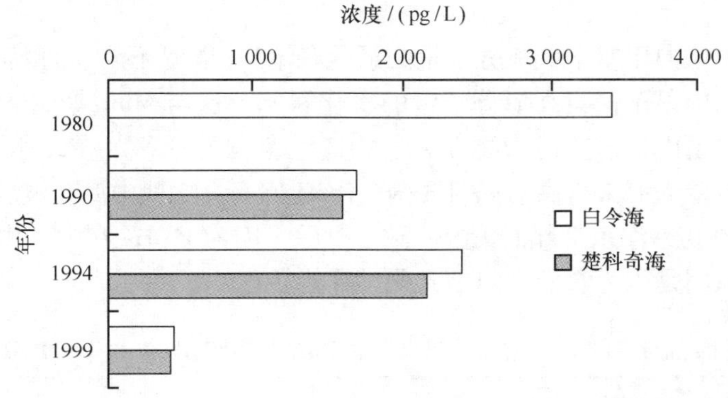

图4.8　近年20来白令海及楚科奇海HCHs变化趋势

白令海区的α/γ-HCH比率值在5.0左右，而楚科奇海在1.9~3.8之间，两者之间存在明显差异这表明两个海区的OCPs的来源存在较大的差异，其中白令海区的OCPs是从低纬度地区大量使用工业的HCHs地区经长途输运过来的，而楚科奇海区较低的α/γ-HCH比率值表明较近距离的污染源及该地区周边存在着可能的林丹释放源(表4.3)。

除了HCHs和DDTs之外，在白令海及楚科奇海地区发现了其他几种OCPs，例如艾氏剂、狄氏剂和硫丹I等。

表4.3　白令海和楚科奇海总HCHs平均含量及α/γ-HCH比率值

白令海	HCHs/($pg \cdot L^{-1}$)	α/γ-HCH	楚科奇海	HCHs/($pg \cdot L^{-1}$)	α/γ-HCH
56°N	312.7	4.8	67°N	225.5	19
57°N	491.8	5.7	68°N	651.5	2.6
58°N	577.7	4.2	69°N	285.3	3.8
59°N	580.0	5.5	70°N	442.5	3.6
60°N	331.7	4.8	71°N	460.0	3.0
61°N	456	-	72°N	523	3.7

R. Bruhn 等(1999)从北海、波罗的海和北冰洋格陵兰海域总共采集不同性别和年龄的 40 个海港海豚鲸脂样品。检测各个样品中的氯化联苯、OCPs、DDT、HCHs 和 PCBs 含量。并测部分样品中的多氯代二苯并二噁英和多氯二苯并呋喃含量。检测发现北海中幼体样品中总氯化联苯为 14.9 mg/g 和波罗的海17.0 mg/g的相近，却明显比北冰洋格陵兰海域的 1.3 mg/g 高出一个数量级。各海域样品中 PCBs、DDT、HCHs 含量平均值排列顺序是：格陵兰 < 北海 < 波罗的海。HCHs 最高浓度(0.14 mg/g)在北冰洋格陵兰样品中测得，而且只在格陵兰海域样品中测得 DDT。该海域的生态危机主要是由绿化联苯 118 和 170 造成的，类二噁英起支配作用。

北冰洋样品中倾向于富集低氯分子量的氯化联苯(可能源于波罗的海和地中海)，而地中海和波罗的海样品中易于富集高氯分子量的氯化联苯。这与 Muir 等(1990，1992)研究结果相似。这可能主要是由于这些污染物在大气中的大范围的迁移。在北冰洋样品中 HCHs 含量也比地中海和波罗的海来得高。同时 α/γ - HCH 比率也比地中海和波罗的海高，这与 Iwata 等(1993)所报道北冰洋东南部的情况一致。这除了因为 HCHs 在大气中的大范围迁移外，还有一个重要的原因是因为它们之间的光化学异构转化(表 4.4)

表 4.4 波罗的海、北海和北冰洋港湾海豚鲸脂中 CB153，DDE，DDT 和 γ - HCH 含量 单位：mg/g

地区	CB 153	p. p′ - DDE	p. p′ - DDT	γ - HCH	参考文献	年份，样品数量，性别年龄(年)，单位
北海	3.01	1.42	< dl′	0.39	本研究	94 - 95，11，雌 + 雄，1 - 3，μ/gl.
北海	2.05	5.08	1.18	0.40	Granby and Kinze (1991)	86 - 88，3，雌 + 雄，0 - 4，μg/g(湿重)
波罗的海	2.93	4.75	< dl′	0.57	本研究	93 - 96，18，雌 + 雄，1 - 3，μg/gl.
波罗的海	6.60	8.20	7.10		Berggren et al.，(in press)	85 - 96，13，雌 + 雄，9 - 3，μg/gl.
波罗的海	4.93	6.89	5.18	0.38	Granby and Kinze (1991)	86 - 88，15，m + f，0 - 4，μg/g(湿重)
北冰洋	0.18	0.78	0.31	0.02	本研究	95，11，雌 + 雄，0 - 12，μg/gl.
北冰洋	2.11/0.23	5.85/0.46	2.33/0.16	0.02/0.01	Granby and Kinze (1991)	88，2，雌 + 雄，6 - 7，μg/g(湿重)

注：检测限是 1.5 ng/g(脂肪含量)。

4.1.6 亚太海域的 POPs 污染

翡翠贻贝(*Perna viridis*)在亚洲近岸海域有广泛的分布,同时在这个区域也是一种商家价值很高的海产品,它是亚洲日常饮食中很重要的一部分,基于其极强的富集能力,Monirith (2003)、Ramu(2007)等开展了亚太地区的贻贝监测计划(The Asia - Pacific mussel watch program,APMW),该计划始于 1994 年,附属于亚太区国际贻贝监测计划,调查研究了亚洲发展中国家近岸海域 POPs 的污染水平和分布趋势。结果显示:1994—2001 年,在所有亚洲近岸水域的贻贝样品的软组织中,PCBs 和 OCPs 如 DDTs,HCHs,CHLs 和 HCB 均被检测出,OCs 的污染现状因采样的国家和当地的位置不同而不同(图 4.9 至图 4.12),在所分析的 OCs 中,DDTs (达 61 000 ng/g lipid)的浓度最高,其他 OCs 的污染程度为:PCBs > CHLs > HCHs > HCB(Monirith,et al. ,2003)。以下内容主要引用 Monirith(2003)在 Marine pollution bulletin 上发表的文章。

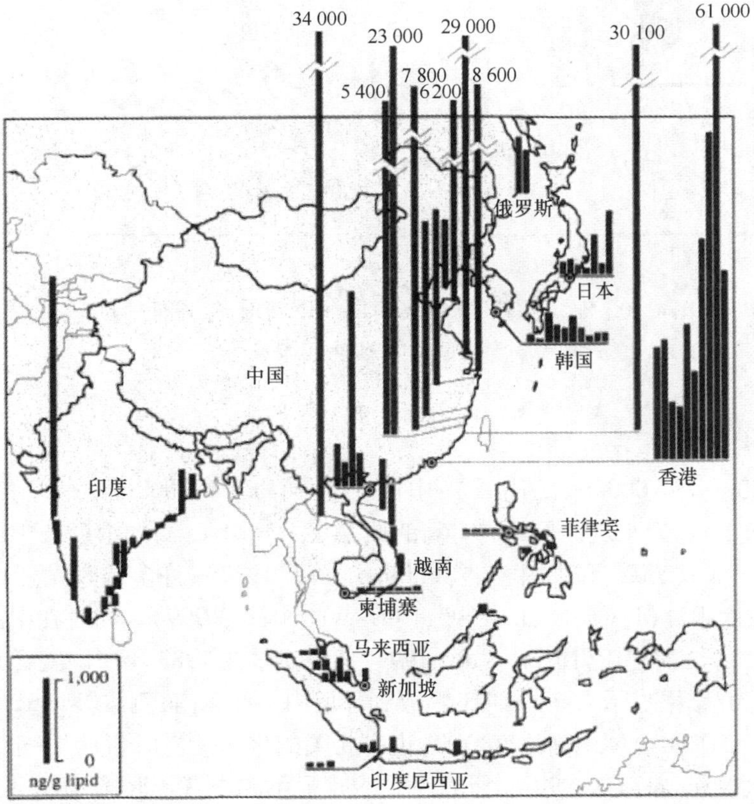

图 4.9 亚太国家沿海区域 DDTs 的浓度分布(1994—2001 年)
(Monirith,et al. ,2003)

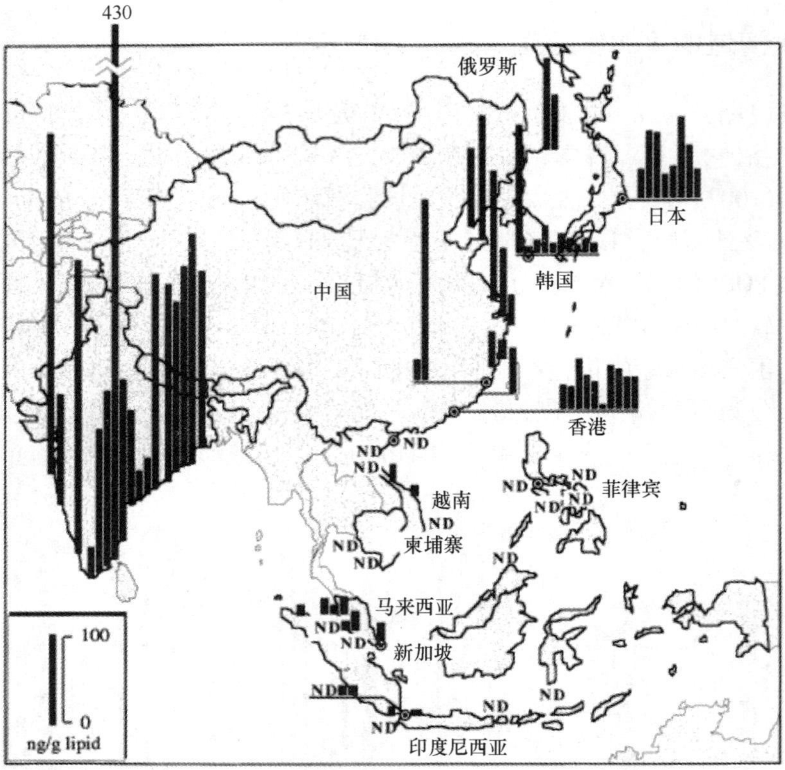

ND:未检出

图 4.10　亚太国家沿海区域 HCHs 的浓度分布(1994—2001 年)
(Monirith, et al. ,2003)

4.1.5.1　DDTs

在中国(830 ~ 54 000 ng/g 脂重)、中国香港(640 ~ 61 000 ng/g 脂重)、越南(220 ~ 34 000 ng/g 脂重)近岸水域贻贝体内有高的残留水平。DDTs 高的浓度在中国(Hong, et al. , 2000; Klumpp, et al. ,2002)和中国香港(Phillips, 1985, 1989),许多调查发现在中国河流沉积物中 DDT 的浓度很高(Hong, et al. ,1995,1999; Wu, et al. ,1999)。同时在中国也有大量的工业 DDT(大于 105 t)的使用(Nhan, et al. ,1999)。虽然早在 1983 年中国就官方的禁止了 DDT 的使用,但是研究结果显示有新的 DDT 释放到环境中。在越南,鱼体(Kannan, et al. ,1995)和鸟类(Minh, et al. ,2002)体中高浓度 DDT,也有相关的报道。同时,每年一般有超过 20 000 t 的农药使用量(Nhan, et al. ,1998)。此次的研究也显示越南有新近的 DDTs 使用。总体而言,菲律宾、柬埔寨、印度尼西亚、马来西亚的贻贝体中 DDTs 的残留水平较低,说明在这些国家 DDTs 相对较少。

亚太地区贻贝体中 DDT 化合物的组成如图 4.13,中国、中国香港、越南、俄罗斯远东地区

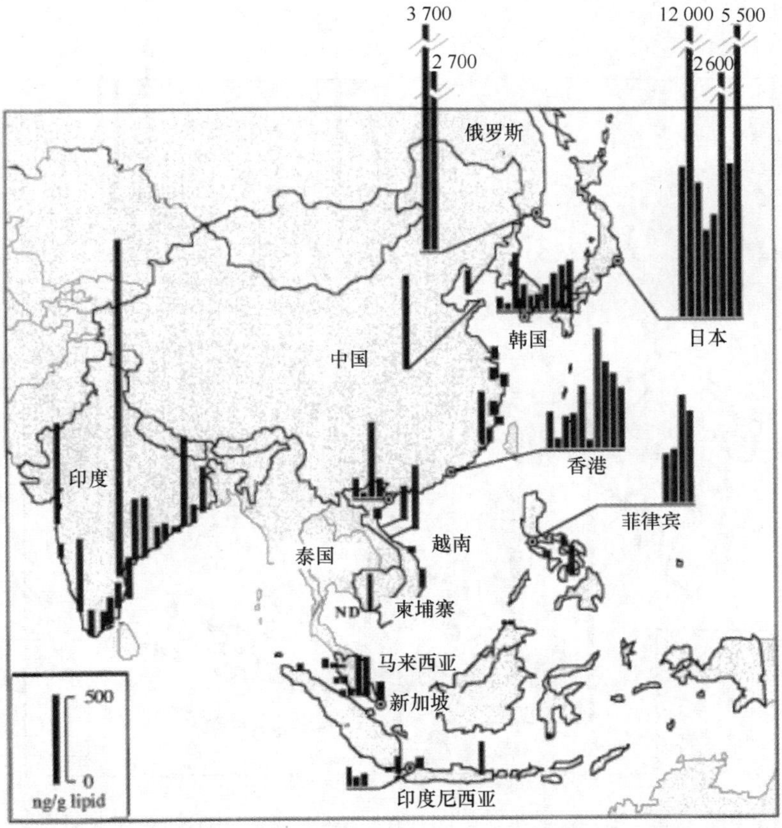

图 4.11 亚太国家沿海区域 PCBs 的浓度分布(1994—2001 年)
(Monirith, et al., 2003)

贻贝体中 p,p' - DDT 的残留高于 p,p' - DDE。有报道表明中国近岸水体沉积物含 p,p' - DDT 的比例非常高达 80%(Hong, et al., 1995; Wu, et al., 1999)。中国、中国香港、越南的沉积物、蛤蜊、鱼样品中同样也显示出很高比例的 p,p' - DDT(Kannan, et al., 1995; McConnell, et al., 1996; Nhan, et al., 1999, 2000; Tanabe, 2000)。总 DDTs 中相当高的 p,p' - DDT 组分再一次表明中国、中国香港、越南存在最近的 DDTs 排放源。来自俄罗斯的贻贝体中 DDTs 的残留水平较低,但是 p,p' - DDT 的比例高达 50%。高比例的 p,p' - DDT 同样存在于俄罗斯的水、气、沉积物、海豹体中(Iwata, et al., 1995; McConnell, et al., 1996; Nakata, et al., 1995)。俄罗斯的贻贝体中 p,p' - DDT 的低浓度和高比例指出了工业 DDT 的使用。这项研究中,贻贝体中 DDTs 的组成和残留水平,表明一些亚洲发展中国家为了农业和公共健康仍在使用 DDT。

4.1.5.2 HCHs

贻贝体中极高的 HCHs 浓度(20 ~ 430 ng/g 脂重)被发现于印度,相对高的 HCHs 浓度也

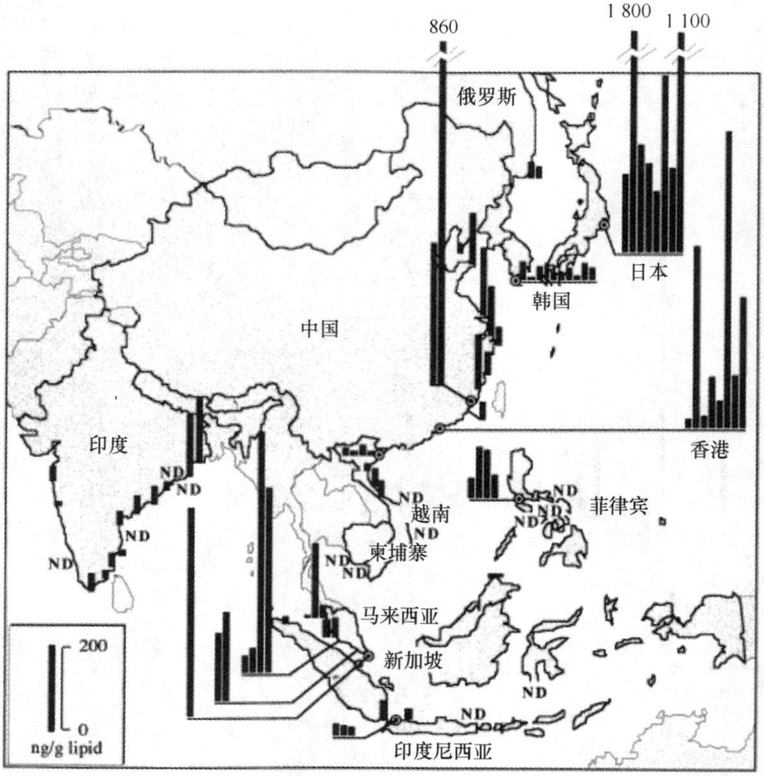

图 4.12　亚太国家沿海区域 CHLs 的浓度分布(1994—2001 年)
(Monirith, et al., 2003)

发现于中国(2.1～110 ng/g 脂重)和俄罗斯(34～57 ng/g 脂重)。印度贻贝体中的 HCHs 的浓度与以前相同地区的研究所监测到贻贝体中的 HCHs 浓度值(140～590 ng/g 脂重)(Kan－atireklap, et al., 1998)具有可比性。印度是世界上工业 HCH 最大的使用者(Li, et al., 1998)。自 1983 年印度就禁止了工业 HCH 使用于农业如蔬菜、水果、油料作物以及谷物的保存,但是为了公共健康,对于某些特定粮食作物 HCH 的使用是被允许的(Li, et al., 1998)。已有报道指出中国农业地区沉积物中 HCHs 的浓度很高(Wu, et al., 1999)。中国也是世界上工业 HCH 最大的使用者和消费者之一(Li, 1999)。在俄罗斯的的大气、水、土壤(Iwata, et al., 1995)、贝加尔湖区海豹(Nakata, et al., 1995)和鸟类(Kunisue, et al., 2002)中也检测出 HCHs。在前苏联,残留库存杀虫剂的使用是被允许的(Zhulidov, et al., 2000)。贻贝体中 HCHs 的污染的贡献很有可能是这些库存 HCH 在农业、林业、市政的积极使用。

亚太地区贻贝体中 HCH 同分异构体的组成如图 4.13,在 HCH 的同分异构体中,印度、俄罗斯和中国的贻贝样品中 α－HCH(达 45%)主要化合物。已有研究检测出,在印度、中国

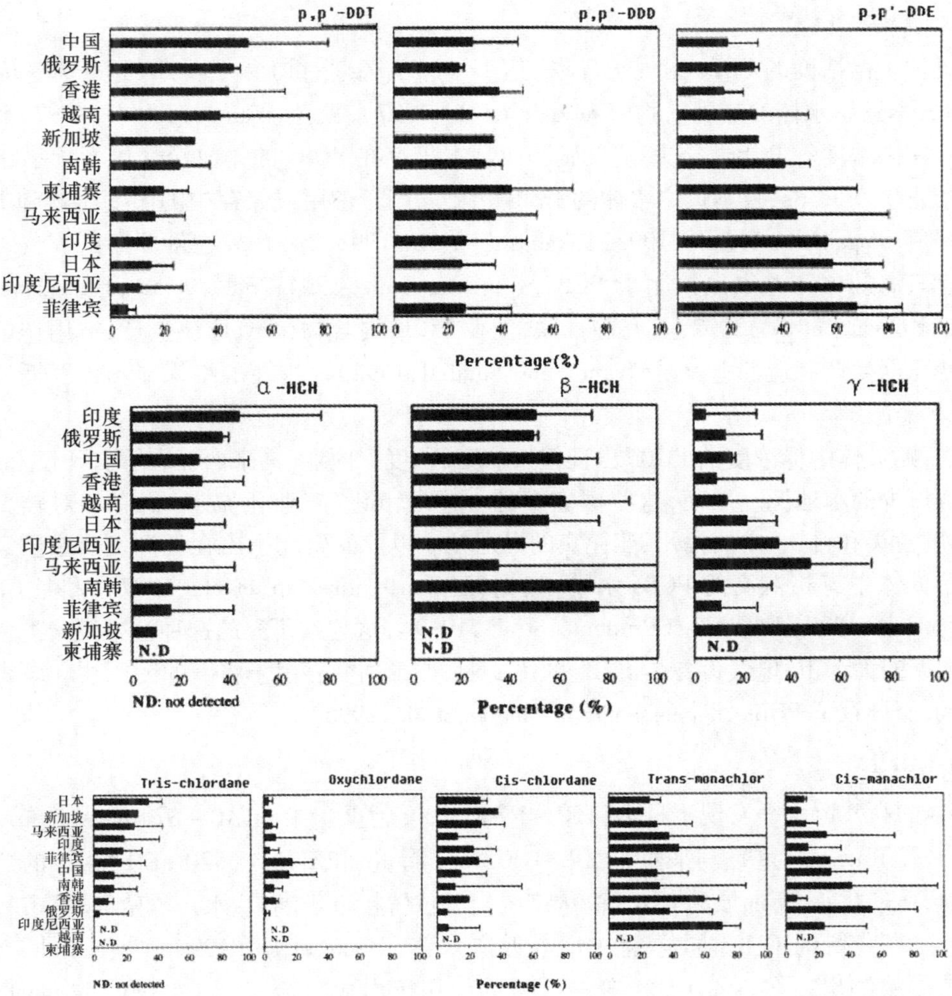

图 4.13　亚太国家沿海区域 DDTs,HCHs,CHLs 的组成分布(1994—2001 年)
(Monirith,et al. ,2003)

(Kannan,et al. ,1995;Kan - atireklap,et al. ,1998)的贻贝和鱼体中,α - HCH 差不多有相同的比例。α - HCH 的主导比值反映出在印度和中国有新近的工业 HCH 混合物(55 ~ 70% α - ,5 ~ 14% β - ,10 ~ 18% γ - ,和 6 ~ 10% δ - 异构体)的使用。新加坡和马来西亚贻贝体中有高百分比的 γ - HCH(达 90%)。以前研究报道也也指出在马来西亚有林丹(纯 γ - HCH)的使用(Tan and Vijayaletchumy,1994;Kannan,et al. ,1995),这支持了此次研究的结果。印度、俄罗斯和中国的贻贝样品高浓度的 HCHs,可能是这种化合物在这些国家可能部分仍在继续使用中。

4.1.5.3 PCBs

贻贝体中高浓度的 PCBs 出现于日本(达 12 000 ng/g 脂重)和俄罗斯(达 3 700 ng/g 脂重)。在日本近岸水体的哺乳动物(Prudente et al.,1997)、鱿鱼(Yamada,et al.,1997)和鲔的报道仍存在高浓度的 PCBs。这些结果显示在日本仍存在 PCBs 的排放源。尽管日本在 1972 年已经禁止生产 PCBs,日本近岸水体的 PCBs 污染归因于使用或储存中的旧变压器和电容器的继续释放(Loganathan,et al.,1993;Takahashi,et al.,1998,2000)。在俄罗斯的大气、水、沉积物、土壤、海豹和鸟类中也检测出 PCBs(Kuklick,et al.,1994;Iwata,et al.,1995;Nakata,et al.,1995;Kunisue,et al.,2002)。在前苏联,工业 PCBs 混合物(Sovol)被生产,被用作电力电容器和变压器生产制造的电解质(Ivanov and Sandell,1992)。现在的结果显示俄罗斯还存在 PCBs 的本地源。

总之,贻贝体中低浓度的 PCBs 出现于柬埔寨、印度尼西亚、马来西亚、越南、印度和中国,这暗示着极少的本地源。然而,这些国家中的一些城市化(工业化城市)仍有相对较高的浓度,如印度孟买和科钦、中国福州、菲律宾的马尼拉。以前的研究指出在亚洲发展中国家的近岸水体贻贝体中有相对高的 PCBs 水平,如曼谷(Kan－atireklap,et al.,1997)、科钦(Kan－atireklap,et al.,1998)和马尼拉(Prudente,et al.,1999),这与本研究的这种污染模式类似。在发展中国家的大都市,电气设备是 PCBs 的主要源,如泰国曼谷由于将旧的变压器和电容器废弃在郊区,而导致了 PCBs 污染的事件(Watanabe,et al.,1996)。

4.1.5.4 CHLs

CHLs 的高残留水平发现于日本(150～1 800 ng/g 脂重)、中国(40～870 ng/g脂重)、中国香港(18～750 ng/g 脂重)、马来西亚(17～630 ng/g 脂重)和新加坡(520 ng/g脂重)的贻贝体中。中国、马来西亚、新加坡的 CHLs 高浓度的出现位置接近于港口、水产养殖区、城市和人口稠密地区。高残留的 CHLs 同样也在日本近岸水体(Ueno,et al.,1999)、鲸(Minh,et al.,2000)、鲔中检测出。在日本 CHLs 曾被大量的使用于白蚁防治直到 1983 年(Loganathan et al.,1993),现在仍然有排入海洋环境。尽管菲律宾和印度贻贝体内 CHLs 的浓度较低,但是在这些国家接近渔业港口、城市和工业化地区,也有相对较高 CHLs 残留。Prudente 等(1999)也在菲律宾邻近城市化和工业化地区的近岸水体贻贝体中发现了相似的 CHLs 值。在亚洲发展中国家所发现这种空间分布,说明在人口高度集中、工业化以及渔港地区,CHLs 用于防治白蚁。

亚太地区贻贝体中 CHLs 化合物的组成如图 4.13,组成图分布特点显示,在日本、新加坡、马来西亚、印度、菲律宾和中国都有新近工业 CHLs 的使用。日本、新加坡、马来西亚、印度、菲律宾和中国贻贝体中 CHLs 的浓度和组成分布,反映了这些国家的沿海环境中新近有 CHLs 输入。

4.1.5.5 HCB

亚太地区贻贝体内 HCB 的浓度分布大体上是一致的,在采集于工业化的城市地区(如中国青岛、胶州湾,印度孟买,日本东京湾)的样品中,发现有相对高的浓度。HCB 不仅是杀菌剂,同时在许多农药、工业化学品的使用中以副产品的形式产生。此外,HCB 也通过垃圾焚烧释放到环境中(van – Birgelen,1998)。因此现在的结果反映出 HCB 产生于工业化和人口密集的城市。另外,HCB 有易挥发、不稳定的特性(Calamari, et al. ,1991;Kannan, et al. ,1995),贻贝体中 HCB 的残留是其有限源和不稳定性质的反映。

4.1.5.6 国际间的比较

通过亚洲国家贻贝 OCs 的平均值和 90 百分点值比较其污染级别,结果显示,相比于亚太其他区域,日本、中国香港、菲律宾贻贝中有相对较高的 PCBs 和 CHLs 浓度。有趣的是,平均值和 90 百分点浓度值与相应国家的 GNP 相当一致。因为 GNP 是经济地位的指标,所以 PCBs 和 CHLs 污染似乎与工业和人类活动密切相关,有高速经济增长率的国家,PCBs 和 CHLs 污染也上升。除了中国、越南和印度,亚洲发展中国家中,DDT 和 HCH 的污染水平与相应国家的 GNP 都很一致,DDT 和 HCH 的污染与每个国家的经济地位和农业活动相关,尤其是中国、越南、印度。将亚洲一些国家贻贝体内 OCs 的浓度与世界各地双壳类中 OCs 的浓度相比,总的来说,亚洲发展中国家 PCBs 的浓度比发达国家低,亚洲发展中国家 DDTs 和 HCHs 的浓度比发达国家高,明显地反映出亚洲发展中国家仍在使用杀虫剂。

通过贻贝估计可能的排放源。基于亚洲国家贻贝体中 OCs 的残留模式和浓度,可以很清楚地看出每个国家 OCs 的污染模式都是不同的。如前所述,中国、中国香港、越南的贻贝体中有高浓度的 DDTs。印度、中国和俄罗斯贻贝体中有高残留水平的 HCHs,而日本、俄罗斯、中国香港有高浓度的 PCBs,日本、中国、中国香港和马来西亚有高浓度的 CHLs。通过现有的研究,列出不同 OCs 在贻贝体中有高浓度的 3 个国家或地区:DDTs,中国、中国香港、越南;HCHs,印度、中国和俄罗斯;PCBs,日本、俄罗斯、中国香港;CHLs,日本、中国、中国香港。这些国家似乎在亚洲相应的 OCs 可能排放源中起着重要的作用,同时在全球的 OCs 分布和污染上也扮演着类似的角色。

采用贻贝作为生物学指标监测亚洲近岸水体海洋污染的结果,清晰地呈现了亚太区域 OCs 污染的状态,其中中国、中国香港、越南的近岸水域受到严重的 DDTs 污染,印度和中国海洋环境的 HCHs 污染严重,菲律宾、马来西亚、新加坡海洋水体中 PCBs 和 CHLs 污染严重。贻贝 OCs 残留的存在,使人类健康受到很大的关注,因为贻贝是最有价值的海水养殖生物体,也是一种重要的商业性海产品,尤其是在发展中国家。基于以上的研究,将对 OCs 残留,包括研究生态毒性风险评价去阐明污染物的变化趋势和对人类及亚洲发展中国家的野生动物的影响,继续的监测是有必要的。

4.2 中国海洋环境中 POPs 的污染现状

进入 21 世纪以来,中国沿海经济发展和人类活动频繁,浅海、滩涂水产养殖膨胀,港口、码头海运活跃,以及海上石油的开发,城市化速度达到前所未有的发展速度,使大量工业废水和生活污水排泄入海,使部分海域遭到不同程度的污染,对海洋生物、沿海居民生活环境、海水质量以至人们的健康都有一定影响。

中国沿海污染源主要包括:工矿企业、农业、城镇生活、港口、船舶和油田等。据不完全统计,中国沿海的主要污染源共231处,其中直接入海排污口112处,混合入海排污口31处。随河流入海口91处,沿海油田3处,海港31处,海上平台5处(1986年)。我国近海的四大海区,渤海、黄海、东海和南海附近的城市规模一般都比内地城市大,工业发展程度也比较高。这些城市向其沿岸的海区和河流排入大量的含有各种污染物的城市废弃物和工业废水,排入河流的那些废弃物最终也会进入海洋。进入海洋的这些污染物有一部分会在光和其他的化学条件下发生降解与转化,但是有些化学物质,如POPs,由于其化学性质较为稳定,半衰期比较长,难降解,因而会在环境中长期存在,并且由于其具有较高的亲脂憎水性从而很容易被营养级较低生物体所吸收,在其体内累积,进而沿着食物链逐级放大,最终会影响高级生物甚至人类的健康。

《20世纪末中国海洋环境质量公报》显示:近20年来,我国海洋污染快速蔓延的势头得到了一定程度的减缓,但海洋环境质量恶化的总趋势至今仍未得到有效地遏制。主要表现为:①污染范围不断扩大,大部分河口、海湾以及大中城市邻近海域污染日趋严重。1998年我国近海海域水质劣于国家一类海水水质标准的面积已达约20万km^2,比1992年扩大近1倍。②近海海域主要受营养盐污染和有机污染,并逐年加重;局部海域油污染和重金属污染仍较突出;人工合成的有毒有机物质在近岸海水、沉积物和海洋生物体内普遍检出。

4.2.1 中国近海海域POPs污染

4.2.1.1 海水中POPs污染

据1997—2007年资料(表4.5),中国近海海域水体中HCHs的含量不高,除南海大亚湾外,均低于我国一类海水水质标准中规定的浓度限值(HCHs <1 μg/L)。其中大连湾和海南岛的东寨港和小海湾的含量较低,约3 ng/L。中国近海海域水体中DDTs的含量不高,除大亚湾的部分海域外,均低于我国一类海水水质标准中规定的浓度限值(DDTs <0.05 μg/L)。

表4.5 中国各海域水体中HCHs,DDTs和PCBs的浓度

	20世纪80年代/(ng/L)		20世纪90年代/(ng/L)		21世纪/(ng/L)	
	HCHs	DDTs	HCHs	DDTs	HCHs	DDTs
渤海	160~203	10~50			50~750	
黄海	9~235		0.96~3.34	0.65~2.02		
东海	3~690	160~1 200	0.58~515	0.16~234		
南海	1~104	ND	35.5~1 228.6	26.8~975.9	1.31~1 230	0.27~975.9

在近岸河口区域，张祖麟等(2000,2001,2002)研究了福建九龙江、闽江及广东珠江口水体中PCBs的空间分布，其浓度分布范围分别为0.36～1 505 ng/L，0.204～2.473 μg/L和0.033～1.064 μg/L。丘耀文等(2002)测定了大亚湾水体中OCPs和PCBs的含量，水体中HCHs介于35.5～1228.6 ng/L，DDTs为26.8～975.9 ng/L，PCBs为91.1～1 355.3 ng/L。杨清书等(2005)测定了珠江干流河口水体中OCPs的含量，结果表明，洪季、枯季水体中OCPs总量(颗粒相和溶解相)分别是9.7～26.3 ng/L、41.7～122.5 ng/L；洪季、枯季HCHs总量分别为5.8～20.6 ng/L、13.8～99.7 ng/L，DDTs总量分别是0.52～1.13 ng/L、5.85～9.53 ng/L，珠江干流河口水体的DDT/(DDE+DDD)比值向口门方向有逐渐递增趋势，表明沿程(特别是东江网河区)不断有浓度相对较高的DDT输入或仍有新使用的DDT农药进入珠江干流水体。

4.2.1.2 沉积物中POPs的污染

根据我国的海洋环境质量公报显示，2007年我国近岸海域沉积物质量状况总体良好，沉积物污染的综合潜在生态风险低，部分海域沉积物受到石油类、DDTs和PCBs等的污染。近海和外海沉积物质量总体良好，综合潜在生态风险低，但渤海中部局部海域沉积物已受到DDTs的污染，南海外海沉积物已受到PCBs的污染。

中国沿海海域沉积物中OCPs含量不高(表4.6)，HCHs，DDTs和PCBs均低于我国一类海洋沉积物规定的标准。另外沉积物中HCHs和DDTs的含量都呈下降趋势。

表4.6 中国各海域沉积物中HCHs，DDTs的浓度

	20世纪90年代/(ng/g 干重)		21世纪初(ng/g 干重)	
	HCHs	DDTs	HCHs	DDTs
渤海	5.77－323.07	0.97－154.87		
黄海	7.53－92.30	2.12－72.30	0.03－5.78	0.73－5.72
东海		6.17－73.70	0.14－0.94	1.91－23.0
南海	0.28－4.16	0.14－20.27	0.16－1.50	0.03－76.13

M. MA等(2001)在1997年对我国的渤海和黄海的沉积物中持久性有机污染(DDT、PCB、PAHs)的含量作了研究，他们的结果表明DDT、PCBs、PAHs的最高含量出现在胶州湾附近黄海的沉积物中，分别为1 417.08 ng/g、14.9 ng/g、5 734.2 ng/g(表4.7)。该区域有350万人，有800多家工厂，每年向该海区排入数以千万吨的工业废水和烟尘，并且也会发生一些油轮撞击事件，截至到1988年，溢油总量达2 129.6 t。另外，由于胶州湾的水交换速度比较缓慢，因此该区域的沉积物中污染物的含量比较高。同时，也说明人类活动是影响该海域沉积物中POPs的主要因素。

与其他污染物相比，沉积物中PCBs的含量并不高，这说明渤海和黄海沿岸的污染在过去的20几年中并没有明显的增加。

尽管DDT已经禁用了20多年了,该海区的DDT含量仍比较高,这表明我国自从20世纪70年代开始应用DDT以来,DDT对该海域的影响很大。渤海海域的辽河和胜利油田对该海区也有比较明显的影响。

另外,油田附近的沉积物中PAHs的含量也相对比较高,这说明我国渤海和黄海在过去的20几年内起污染情况有较明显的增加趋势。

表4.7　渤海和黄海沉积物中污染物的水平(ng/g干重)

污染物	所检测的含量/%	平均含量	最高值	最低值
p,p'-DDE	85	6.58	48.00	-
p,p'-DDT	90	97.03	667.12	-
p,p'-DDD	85	54.26	556.26	-
o,p'-DDT	75	19.62	143.67	-
DDTs	100	177.52	1 417.08	0.37
萘	80	16.4	71.7	-
芴	75	13.9	100.1	-
Phen	100	92.9	530.6	9.1
菲	80	17.1	137.9	-
荧蒽	100	216.3	1 582.1	6.3
蒽	100	173.0	1 051.6	5.0
䓛	75	159.7	1 737.7	-
苯并(a)蒽	65	88.8	981.0	-
苯并(a)芘	50	31.8	278.5	-
苯并(e)芘	60	67.4	645.7	-
PAHs	100	877.2	5 734.2	20.4
PCBs	95	3.4	14.9	-

Ying Wu等(2001年)报道了我国近海的黄海沉积物岩心中正烷烃和PAHs的含量分布情况。她研究发现黄海海域沉积物中有机污染物的含量要明显高于世界上其他海域,并且其主要来源于石油的污染,并且长江是主要的一个输入源,较高的有机物含量说同样说明了人类活动对该海域的影响是比较明显的。

4.2.1.3　中国近海海域生物污染

我国在近岸海域也实施了贻贝监测计划,旨在通过监测海洋贝类体内污染物的残留水平,评价我国近岸海域的污染程度和变化趋势。监测的贝类主要品种有菲律宾蛤仔、文蛤、四角蛤蜊、紫贻贝、翡翠贻贝、毛蚶、缢蛏和僧帽牡蛎等。多年调查和监测结果表明,我国近岸海域贝类体内的DDTs、镉、铅和砷的残留水平总体呈现下降趋势,DDTs的残留水平下降幅度显著。而长江口、广西、莱州湾和渤海湾近岸海域贝类体内的石油烃残留水平均呈现上升态势。

薛秀玲等(2001)对福建省15个缢蛏和牡蛎样品中的OCPs(HCHs、DDTs)、PCBs及有机磷农药残留进行了监测,并对其污染来源进行了探讨。结果表明,DDTs平均值为8.84 ng/g(湿重),检出率很高。福建省内的闽江口和泉州湾的污染程度相对较高,但贝类体内污染物的含量均在食用卫生标准的控制下。

方展强等测定了珠江河口区翡翠贻贝体内OCPs和PCBs的含量,结果显示:HCHs为ND~1.1 ng/g(脂重),DDTs为9.5~191 ng/g(脂重),PCBs为82.8~615.1 ng/g(脂重)。贻贝选择性积累含5~6个氯原子数的PCB异构体。

王益鸣等(2005)浙江沿岸海产品中OCPs的残留水平。结果表明,1998年与2003年,浙江沿岸生物体内HCH均值分别为6 ng/g(湿重)和5 ng/g(湿重),总体呈微弱下降趋势;而DDT均值由1998年的28 ng/g(湿重)上升到2003年的58 ng/g(湿重),上升了107%,其中软体动物和甲壳动物中2003年的DDT超标率为97.1%,比1998年的61.5%也有明显上升。

J R Oh等(2005)对黄海的有机氯(包括OCPs和PCBs)污染情况进行了报道,他们发现不仅在沉积物中有较高浓度水平的有机氯化合物,而且在一些生物体的组织和器官中也有相当浓度水平的污染物(表4.8)。与邻近其他海区相比,黄海区域DDTs、PCBs的浓度明显较高,这与黄海所处的地理位置是分不开的,该海区的船运业比较发达,溢油和船撞击事件的发生对该海区的哺乳动物产生较大威胁,有害藻华的发生近几年也有明显增高的趋势,尤其是靠近人为工程的区域,最终会引起该海区的渔业结构的改变等等。

表4.8 鱼的肌肉与肝脏组织中有机氯化合物的浓度 单位:ng/g(湿重)

化合物	最低值	最高值	平均值	偏差	最低值	最高值	平均值	偏差
	肌肉组织				肝脏器官			
∑氯苯	nd	0.83	0.21	0.32	0.33	3.82	1.04	0.97
∑五氯苯甲醚	nd	0.95	0.45	0.36	nd	0.27	0.076	0.079
∑六六六	1.74	7.64	4.06	2.05	0.49	7.16	2.05	1.87
∑氯丹	0.16	4.2	1.49	1.22	0.07	3.81	0.68	1.26
∑异狄氏剂	nd	0.06	0.01	0.02	nd	1.00	0.093	0.288
硫丹Ⅱ	nd	1.04	0.22	0.39	nd	nd	–	–
灭蚁灵	nd	0.05	0.01	0.02	nd	nd	–	–
∑DDTs	1.33	22.87	12.19	7.19	1.75	62.76	11.58	18.32
∑PCBs	2.62	11.95	7.16	3.49	0.93	20.98	6.20	6.57

4.2.2 中国近海重点河口、海湾 POPs 的污染

河口区是人类生活以及工农业发展最为迅猛的地区，所以接受并保留了大量的有机污染物，据报道 1983 年以前平均每年有 1 200 t 的有机氯通过河流进入海洋。1983 年 OCPs 被禁用之后，大量的 PCBs 被应用于变压器和电容器的制造，继续造成河口港湾区域 POPs 的污染。

4.2.2.1 大连湾和锦州湾

大连港是我国重要的航运港口，大连湾海域也是我国水产养殖业的主要基地之一，多年监测结果表明，大连湾海域水体中无机氮、无机磷和石油类的含量较高，有机污染严重，自 20 世纪 70 年代以来曾多次发生赤潮，并且随着城市工业化程度的加强，陆源污染物的排放越来越多，海域环境污染日趋严重。锦州湾位于我国内海的北部，属于辽东湾的一部分。锦州湾历来水产资源丰富，沿岸名胜古迹繁多，海滨自然风景优美。锦州湾沿岸有许多石油、化工、冶金、机械、国防、电子、轻纺工厂。这些工厂每年都为国家生产大量产品，同时也产生许多废水。这些废水经由小凌河、大凌河、六股河、王宝河注入锦州湾，造成一定的污染。

李洪等(1996)研究了大连湾和锦州湾表层沉积物中 DDTs 和 PCBs 的含量，DDTs 分布范围在 2.118 ~ 72.299 ng/g，平均值为 21.746 ng/g；PCBs 含量范围在 1.021 ~ 153.132 ng/g，平均值为 19.104 ng/g，推断大连湾和锦州湾表层沉积物中 DDTs 和 PCBs 主要来自工农业污水和城乡居民生活废水。其分布特征与两湾潮流特征有关。陆源氯代烃类化合物入海后直接受近岸潮流场控制，在近岸海域迁移沉淀，形成高含量区域性和由近岸向湾里及湾口呈递减趋势分布特征。大连湾与锦州湾相比较，表层沉积物中 DDTs 含量锦州湾大于大连湾；PCBs 含量则大连湾大于锦州湾。

4.2.2.2 胶州湾有机污染状况

胶州湾位于山东半岛东南部海岸，是黄海伸入内陆的天然海湾，具有港口、外贸、旅游和海洋科研等多种开发功能，对青岛市的经济发展有着举足轻重的作用。社会经济发展也带来环境问题，特别是污染物排放量的增加，胶州湾几乎接纳了周边地区所产生的各种废弃物质。

杨永亮等(2003)对胶州湾表层沉积物中 PAHs 含量 82 ~ 4 562 ng/g 属中等污染水平。高含量集中在胶州湾东部海域，毗邻工业集中与人口密集的青岛市区。研究区的 PAHs 含量处于低 - 中等的水平，但 PAHs 化合物中的芴和蒽含量较高，已超出按照生物毒性影响实验获得的沉积物质量标准，应引起足够的重视。胶州湾表层沉积物中 PAHs 几乎全部由人类活动产生，来源为煤炭燃烧、木材燃烧、石油类高温裂解及油类污染，除海波河口站位以油类污染为主，其他站位的 PAHs 来源比例较为接近。

周明莹等(2006)对胶州湾河流入海口水中 HCHs、DDTs 含量水平及变化特征进行了研究，结果表明：①各河流监测点 HCHs 检出率为 100%，DDTs 检出率为 60%；②大沽河监测点 HCHs 含量最高，平均含量为 6.3 ng/L，洪江河最低，平均含量为 4.6 ng/L；③DDTs 含量以墨水河为最

高，平均含量为 3.6 ng/L，而桃源河 5 次调查均未检出。④5—6 月份，4 条河流的水体中 OCPs 含量普遍偏低，HCHs 含量范围为 3.0 ~ 4.8 ng/L。8—9 月份降雨量较大，沉积于土壤和空气中的农药残留物，经雨水冲刷汇于江河所以造成结果偏高，HCHs 含量范围为5.0 ~ 9.6 ng/L。

表 4.9　胶州湾河流入海口水质监测的结果（周明莹，等，2006）　　单位：ng/L

采样时间	大沽河		墨水河		桃源河		洪江河	
	HCHs	DDTs	HCHs	DDTs	HCHs	DDTs	HCHs	DDTs
2005 - 05	3.3	nd	3.2	3.0	3.0	nd	4.8	nd
2005 - 06	3.7	nd	3.1	4.7	4.7	nd	4.1	5.0
2005 - 07	6.5	0.5	5.6	5.0	6.2	nd	2.2	nd
2005 - 08	9.6	1.0	7.4	nd	5.0	nd	5.4	4.1
2005 - 09	8.3	2.5	7.9	5.5	6.0	nd	6.5	nd
月平均	6.3 ± 2.8	0.8 ± 1.0	5.4 ± 2.3	3.6 ± 2.2	5.0 ± 1.3	nd	4.6 ± 1.6	1.8 ± 2.5

从表 4.9 可以看出，胶州湾河流各监测点 HCHs 含量水平为：大沽河、墨水河、桃源河、洪江河依次由高到低，DDTs 为：墨水河、洪江河、大沽河、桃源河依次由高到低。4 条河流中 HCHs 和 DDTs 含量均未超过《海水水质标准》一类标准值（HCHs≤1 μg/L，DDTs≤0.05 μg/L）（GB309721997）。

4.2.2.3　长江口、杭州湾及其邻近海域

长江口是我国经济最发达、人口最密集、工业最集中的地区，随着近年长江流域经济、社会的快速发展，人类活动对长江流域的扰动日益加剧，作为我国长江流域尤其是上海、江苏等地的纳污水体，长江口正日益受到工业排污、农田径流、城市生活废水污染、船舶航运产生的油污染等点源、面源和流动源污染。长江口及邻近海域营养盐、污染物含量显著增加，该地区已成为我国沿海水质恶化范围最大、富营养化乃至赤潮多发的区域。同时长江口河段又属于中等强度的感潮河段，因此区域内水质污染复杂，污染指标来源十分广泛，污染途径多种多样，但人为污染是主要原因之一。长江到目前为止是输入东海陆源污染物最大的来源。

袁骐等（2005）调查研究了 2000—2003 年春夏季长江口及邻近海域海水及沉积物中油类的分布特征。结果表明，调查水域海水中油含量分布范围为0.011 ~ 0.38 mg/L，平均含量为 0.089 mg/L；其中春季平均含量为 0.090 mg/L，夏季平均含量 0.079 mg/L；表明夏季各站的含量变化更为显著。春季长江口及其邻近海域主要受江浙沿岸水的影响，随着长江冲淡水向外扩展，油含量由口内逐步向外降低；舟山东北部高值区的大小则主要受在该区域生产作业船只数量影响。

2003 年沉积物油类年平均含量为 92.94 μg/g，其中春季平均含量为86.85 μg/g，夏季为 95.20 μg/g，长江河口水域平均含量最高。水体中油含量和沉积物总油含量之间不存在镜像

关系。以《渔业水质标准》和《海洋沉积物质量》一类标准计算，调查区域水体单项指数大多高于1，平均值为1.73，沉积物单项指数都小于1，平均为0.19；无论水体还是沉积物，均以长江河口水域的污染最为严重。

陈卓敏(2006)对杭州湾潮滩表层沉积物样品中的PAHs进行了定量分析。结果表明，沉积物中PAHs总含量范围为45.78～849.93 ng/g。PAHs的空间分布总体呈现钱塘江杭州河段＞杭州湾南岸＞杭州湾北岸。PAHs含量分布与有机碳(TOC)含量存在良好的线性关系，受人类活动和水动力条件的影响较大。样品中PAHs的燃烧来源所占的比重较大，呈现出油料燃烧与木材、煤燃烧的混合污染来源特征。

4.2.2.4 福建沿岸海域POPs的含量分布特征及其污染来源

1. 闽江流域及闽江－马祖海域

闽江是福建省最大的河流，自竹岐以下(距海95 km)属于河口段，近年来随着经济的发展该河口段的生态环境遭受到不同程度的污染。张祖麟(2002)于2001年10月在闽江流域采集了9个站位的表层水，5个站位的间隙水以及2个纵剖面的表、中、底层水和6个站位的表层沉积物样品，采用GC－ECD和GC－MSD对闽江口各介质中的PAHs和OCs进行了分析(表4.10)，结果显示：闽江口的水质在HCHs方面符合国家海水一级标准，DDTs方面则超过该标准，沉积物中PAHs的含量较高，闽江口水、沉积物、土壤以及植物体OCPs组分间的正相关性表明河口水体中该类污染物主要来源于陆地土壤的施用。PCBs的分布范围为0.204～2.473 μg/L(平均值0.985 μg/L)(张祖麟，2002)。1995—1996年，Hong Huasheng(2000)对闽江－马祖海域表层沉积物中PAHs，PCBs，HCHs和DDTs等进行了2个航次的调查研究，发现闽江－马祖海域表层沉积物中PAHs的含量在124～776 ng/g，有机氯化合物DDTs的含量相比于PCBs和HCHs含量明显较高，因此，闽江－马祖海域表层沉积物基本上未受到PCBs和HCHs的污染，只受到DDTs的轻度沾污。根据DDT与其代谢产物的比值可推测出，该海域近期无新的DDT输入；PAHs和OCs的含量分布表明，闽江径流的输入是闽江－马祖海域有毒有机污染物的主要来源。

表4.10　沉积物中的POPs含量比较　(ng/g 干重)

地理位置	年份	PAHs /(ng/g 干重)	PCBs /(ng/g 干重)	DDTs /(ng/g 干重)	BHCs /(ng/g 干重)
闽江流域	1996	316.8～1260.7	8.71～30.55 (16.43)	6.17～30.70 (16.34)	
闽江口－马祖海域	1996	124～776	nd～0.76(0.10)	1.10～14.34 (4.20)	0.03～0.59(0.18)
湄洲湾海域	2000	197～300(256)			
厦门西港	1998	247～480(367)	nd～0.32	nd～0.06(0.025)	nd～0.14(0.056)

2. 湄洲湾海域

湄洲湾位于福建省沿海中部，是一深入内陆的半封闭狭长形海湾。湄洲湾水深港阔、浪小、无泥沙、不冻、不淤，是我国东南沿海大型天然深水良港。近年来，湄洲湾港口、石化和能源工业发展迅速，这些工业的发展对于该海域的 PAHs 污染具有较大的环境风险。2000 年 10 月，林建清(2003)在湄洲湾海域采集了 6 个站位的沉积物样品(图 4.14)，采用 GC/MS 法分析了其中的 PAHs 的含量，总量分布在 196.7 ~ 299.7 ng/g(干重)，平均值为 256.1 ng/g，通过特征组分的比值(菲/蒽，荧蒽/芘)及 16 种 PAHs 中四、五和六环总含量的百分比的分析表明：湄洲湾表层沉积物中的 PAHs 主要来源于燃料的高温燃烧。

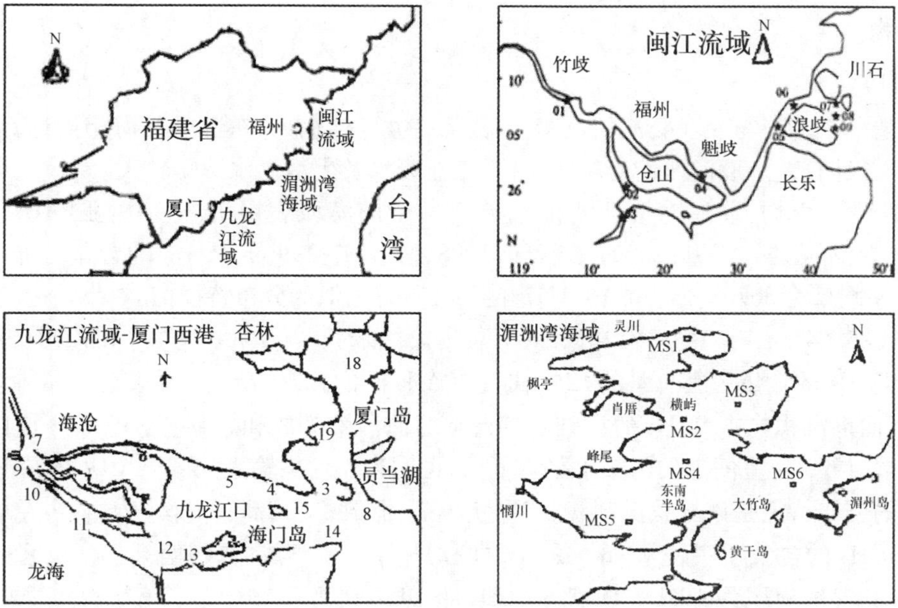

图 4.14　福建沿岸海域 POPs 研究采样站位

a. 闽江流域；b. 九龙江流域 - 厦门西港；c. 湄洲湾海域

3. 九龙江流域

九龙江是福建的第二大河流，发源于福建省西南部博平山脉东面，流经 2 市 6 县，流域面积 11 909 km^2，水系总长 1 148 km，有北溪、西溪、南溪 3 条主要支流，为厦门、漳州等地提供着重要的淡水资源。九龙江流域是福建省重要的农业生产基地，农业活动造成的农药、化肥等使用后对河流的非点源污染目前已上升为影响水质的重要因子。

针对九龙江河口水体中 POPs 的环境行为、污染水平及其对河口的影响进行了初步的探讨(张祖麟，2001)，九龙江口水中 OPs 的含量范围是 134.8 ~ 354.6 ng/L，平均 227.2 ng/L；其

5 种 OPs(甲胺磷、敌敌畏、马拉硫磷、氧乐果、乐果)在各站位均占主要成分;九龙江口水体中的 OPs 的含量与其他地区比较,污染水平居中;OPs 组分在九龙江河口水体中的行为特征说明,河口区的 OPs 的行为受复杂的来源输入及河口的水动力影响;通过风险评价发现,甲胺磷、氧乐果、敌敌畏等农药对河口的生态环境安全已经构成一定的威胁,加强这类农药施用的环境管理势在必行。

2000 年 12 月采集九龙江流域的水体、沉积物等,重点分析其中的 PCBs(张祖麟,2001)。结果发现,九龙江流域与国内以及世界其他湖泊、海洋相比较,PCBs 的污染(分布在 0.36 ~ 1 505 ng/L,平均值 355 ng/L)显得严重;对之进行生态风险评价,发现其足以引起对生态环境的危害,有关部门应该加强对 PCBs 类污染源的管理,妥善处理可能引起多氯苯的污染物。

4. 厦门西港

厦门港处于工业与农业交汇的位置,其西部有九龙江输入,东部与外海相接,为半封闭港湾,水交换条件较差。厦门西港受船舶航行、工业废水及生活污水影响较大。

(1)表层沉积物:通过对厦门西港和厦门 - 金门海域表层沉积物中的 PAHs,PCBs 和 OCPs 的分析(张祖麟,2001;2002;王新红,1998;陈伟琪,1996),PAHs 的含量分布在 247 ~ 480 ng/g(平均值为 367 ng/g),16 种 PAHs 的污染具有相似的分布特征;其中茚并 - [1,2,3] - 芘 MW276(85.64 ng/g)、蒽 MW178(82.05 ng/g)、二苯并 - [a,h] - 蒽 - MW278(59.23 ng/g)等 3 种 PAHs 的含量占其总量的 62%;通过 PAHs 间的相互对比、环数及分子量等多种分析表明,厦门西港沉积物中 PAHs 的污染来自人类的油污染排放和燃料;与 1993 年厦门港的调查结果比较,1998 年厦门港的污染水平降低了,说明近年污染输入的减少。OCPs 在厦门西港沉积物中的分布特征是以异狄氏剂、乙醛异狄氏剂、七氯、艾氏剂、林丹等为主,占总农药含量的 50%,HCHs 的含量顺序是 $\gamma > \delta > \alpha > \beta$,即林丹($\gamma$ - HCH)在厦门西港的污染含量相对较高。DDTs 的含量顺序为 DDT > DDE > DDD,即 DDT 在沉积物中的降解产物主要为 DDE。PCBs 主要以 4 ~ 5 氯联苯为主,8 氯联苯的检出说明近年有新的污染来源。通过 1986 年、1993 年与 1998 年的数据比较可知,厦门港的有机氯污染呈降低趋势。PCBs 和 OCs 在厦门港的总体上有着相似的分布特征,表示它们有着相近或相似的污染来源,且主要来自市区。从总体上讲,厦门港的 PAHs 和 OCPs 及 PCBs 污染与其他港口、河口及世界水平相比处于轻度污染水平。

(2)柱状沉积物:POPs 作为海区人为污染的历史见证可在沉积物中得以保存和记录。1994 年 10 月,我们在厦门西港采集沉积物柱状样,研究 PCBs 和 OCs 的垂直分布特征,了解厦门西港现今及过去几十年 PAHs 的含量及分布变化,并追踪其污染来源。总的来说,厦门西港沉积物柱状样中的 PAHs 在纵向上变化不是很大,分布相对还是较为均匀,其污染来源主要是港口船舶油类污染与城市工业生活污水的排放。其含量相比于世界沿海港口城市的 PAHs 含量还是很小的,说明厦门西港现今及历史上受 PAHs 的污染还较轻微,但也应引起足够的重视。厦门西港内湾沉积物中 HCHs、DDTs 和 PCBs 含量较厦门港湾口高，湾口沉积物未受到这些有机氯化合物的明显污染，而西港内湾曾于 20 世纪 80 年代末至 90 年代初受到 PCBs 的中度污染，且近年还有较强的 DDT 污染源输入。

5. 福建沿岸海域有毒有机污染物在生物体内的富集

海洋生物可通过海水、悬浮颗粒物、沉积物和食物等从它们的生存环境中富集污染物，因此生物体内污染物含量的高低往往反映了其所处环境相应污染物的背景水平。1995—1996 年间我们在厦门岛东部和闽江口沿岸的 7 个站点采集了贝类样品，分析了 HCHs、DDTs 和 PCBs 在经济贝类体中的含量与组成分布（表 4.11），发现这些经济贝类已受到 HCHs、DDTs 和 PCBs 的沾污，但其含量均远低于食用卫生标准，其中牡蛎对有机氯污染物的富集能力较强，可作为沿海有机氯污染监测较理想的生物指示种。

表 4.11 生物体中 POPs 含量比较

地理位置	年份	PCBs/(ng/g 干重)	DDTs/(ng/g 干重)	BHCs/(ng/g 干重)
厦门岛东部（经济贝类）	1995—1996	nd ~ 234	75.2 ~ 2 143	0.18 ~ 345
闽江口（经济贝类）	1995—1996	nd ~ 6.79	21.5 ~ 2 396	nd ~ 5.07

4.2.2.5 珠江口

珠江三角洲位于亚热带地区，是一种非常独特的网河型三角洲，区内汊道纵横，交错如织，水流相通，由于受河流和海洋两大动力的共同制约，动力条件复杂多变。珠江是中国第 3 大河流，其入海径流量居全国第 2 位；珠江干流在广州市区分为前、后航道，并在黄埔再次汇流，接东江三角洲网河径流进入狮子洋；东江三角洲网河区各汊道流经制造业非常发达的东莞市，四口分流汇入狮子洋，最后由虎门流入伶仃洋。因此珠江干流河口在污染物的排放、净化和循环等方面起着非常重要的作用。

1. 大气污染

王俊等（2007）研究了珠江三角洲地区大气中 PCBs 的含量与分布。利用大气被动采样装置，共设立了包括香港在内的珠江三角洲 21 个大气被动采样点。结果表明，珠三角内地的佛山是 PCBs 的高污染地区（2 000 pg/m^3），内地采样点 PCBs 含量范围 260 ~ 2 000 pg/m^3，平均值 670 pg/m^3。香港 PCBs 含量范围 170 ~ 470 pg/m^3，平均值 300 pg/m^3。香港每个采样点的 PCBs 含量都接近平均值，含量比较低。珠三角大气中 PCBs 含量与世界其他地区相比属中度污染区域。

表 4.12　珠江口气溶胶中 16 种 PAHs 的浓度分布范围　　单位:ng/m³

采样站位	广州(n=17)	香港(n=4)	澳门(n=6)	澳门(n=10)
萘	nd~0.23	0.02~0.41	nd~0.75	nd~tr
苊	nd~0.17	nd	nd	nd~0.06
二氢苊	nd~0.18	nd	nd	nd~tr
芴	nd~0.14	nd	nd~0.06	tr~0.17
菲	tr~4.94	nd	0.83~2.05	0.16~1.45
蒽	nd~tr	nd	tr~0.21	tr~0.25
荧蒽	0.12~11.54	0.04~1.04	1.12~3.01	0.42~2.84
芘	0.10~12.31	nd~1.25	1.15~4.34	0.64~5.65
苯并(a)蒽	tr~16.29	nd~1.61	0.40~2.42	0.32~6.48
䓛	0.15~33.53	nd~1.49	0.83~3.39	0.90~10.51
苯并(b+k)荧蒽	0.23~58.97	0.05~4.39	nd~7.99	2.44~14.77
苯并(a)芘	0.08~25.03	nd~1.91	nd~2.61	0.74~7.90
茚并(1,2,3-cd)芘	0.16~22.16	nd~1.43	0.83~4.21	1.70~10.60
二苯并(a,h)蒽	tr~6.12	nd~0.13	tr~0.51	0.42~2.56
苯并(ghi)苝	0.18~25.75	nd~1.75	1.04~7.24	1.93~17.08
总 16 种多环芳烃	1.29~200.90	0.12~14.88	9.01~38.63	9.75~80.31
参考文献	Fu,et al.,1997		Qi,et al.,2001a	

2. 水体污染

杨清书等(2004)对珠江干流河口水体中 OCPs 进行测定,在广州前河道及狮子洋共设了 6 个采样点。6 个水样均检出有 21 种 OCPs(OCPs)。包括 HCHs、DDTs 和 ∑其他 OCPs(艾氏剂、狄氏剂、异狄氏剂、硫丹 I、异狄氏剂醛、异狄氏剂酮、硫丹硫酸盐、硫丹 II、七氯、七氯环氧化物和甲氧 DDT)。

OCPs 的定量分析结果显示,洪、枯季珠江干流河口水体中 OCPs 总量(颗粒相和溶解相)分别是 9.7~26.3 ng/L、41.7~122.5ng/L;珠江干流河口水体中 BHCs 和其他 OCPs 的浓度大于 DDTs 的浓度。具体数据见表 4.13。

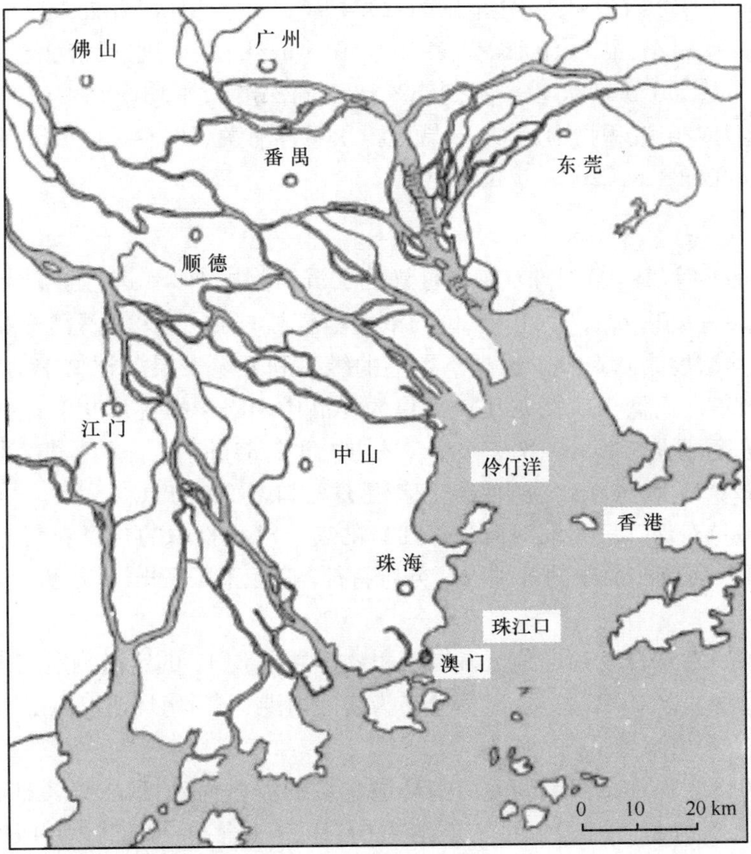

图 4.15 珠江三角洲地形图

表 4.13 珠江干流河口水体中 OCPs 的定量结果

单位:ng/L

名称	珠江广州前河道		狮子洋	
	洪季	枯季	洪季	枯季
DDTs	0.95	6.68	0.8	8.4
HCHs	11.6	90.6	12.0	23.9
其他含氯有机农药总量	4	18.8	5.7	32.4

杨清书(2004)对澳门水域水柱不同水深水体进行垂线采样,根据水样颗粒相和溶解相 OCPs(OCPs)的定量分析结果,表层水 HCHs 的含量为:18.26 ng/L;DDTs 的总量为:29.76 ng/L;其他 OCPs 总量为 16.54 ng/L。含量明显高于珠江广州河段和狮子洋。

Xiaojun Luo(2004)分别采集珠江广州河段和澳门水域水柱,并对其进行分析,21 种农药被检出。广州河段 OCPs 的浓度变化范围为:23.4 ~61.7 ng/L(0.5m 处表层水到 6.72m 不同深度),平均浓度为 34.6 ng/L;HCHs 为:19.3 ~59.6 ng/L。澳门水域水柱 OCPs 的浓度范围为:25.2 ~67.8 ng/L(0.5 m 处表层水到 4.8 m 不同深度),平均 50.9 ng/L,最高浓度值为 67.8 ng/L,可能为表层沉积物中的 OCPs 颗粒再次悬浮有关,HCHs 和 DDTs 的浓度范围分别为 8.7 ~27.0 ng/L和 8.8 ~29.7 ng/L。

3. 沉积物污染

Hong huasheng 等(1999)对珠江口伶仃洋表层沉积物中 OCPs 进行了测定,HCHs 的浓度变化范围为:0.28 ~1.23 ng/g。虎门点位的浓度值较高,接近于深圳海湾样品中 HCHs 的含量;其研究区平均浓度为 0.68 ng/g,高于香港的维多利亚港表层沉积物中的含量 0.58 ng/g(Hong, et al., 1995),而低于从九龙江口采集的样品中 HCHs 的含量 9.1 ng/g(Chen, et al., 1986)。DDTs 浓度范围为 1.36 ~8.99 ng/g,平均浓度 2.84 ng/g,最高值和次高值均出现在深圳海湾(8.99 ng/g,5.38 ng/g),说明深圳海湾是珠江口 OCPs 的源。

麦碧娴(2000)对珠江三角洲河流和珠江口的表层沉积物中的含氯农药进行了定量分析(表 1),实验表明:所有样品中的各种农药分布特征均为:珠江广州河段、狮子洋、西江依次由高到低。

康跃惠(2000)对珠江三角洲地区表层沉积物样品中 OCPs 的定量测定结果表明,OCPs 在各区样品中均检出。以 OCPs 总量计,其分布为澳门内港、澳门南环湾、珠江广州河段、狮子洋和伶仃洋、西江依次由高到低。

康跃惠(2001)于珠江口西侧的澳门南环湾水域的泥质河滩打钻,采集柱状沉积物样品。钻孔深为 73 cm,对柱样中 OCPs 的测定结果为:HCHs(含α - BHC、β - BHC、γ - BHC、- 2BHC)、DDTs(o,p - DDD;p,p - DDD;DDE;DDT)和 OCPs 总量所测定的结果为分别 0.48 ~26.28 ng/g、1.92 ~ 39.13 ng/g、7.25 ~86.35 ng/g,平均值分别为 3.88 ng/g、10.53 ng/g、27.45 ng/g(干重);和文献报道的珠江口在 20 世纪 80 年代初的数据相比,近年来 OCPs 含量已大幅度降低。

罗孝俊等(2005)研究发现:珠江三角洲河流、河口及南海北部近海区域沉积物中的 PAHs 总量分布范围在 255.9 ~16 670.3 ng/g,整体污染水平处于中偏低下水平。分布特征为珠三角河流 > 伶仃洋 > 南海;珠江广州段是高污染区;沿南海近海海域 4 条剖面,随离岸距离增加,浓度下降。西江、伶仃洋及珠江部分站点石油污染比重大,南海近海则受燃烧来源比重大。PAHs 来源诊断指标表明,珠江三角河流及伶仃洋更多受石化燃料燃烧的影响,南海近海区则主要受木柴、煤燃烧的影响。与 1997 年样品的对比表明,PAHs 污染程度无明显下降,但区域内 PAHs 来源从以煤燃烧为主转变为以油燃烧为主,这种近期能源结构的转变在沉积速率较快的珠三角河流及伶仃洋表层沉积物中得到反映。

邢颖等(2006)发现珠江口包括珠江河口和香港、澳门两个特别行政区的浓度远超过海洋与河口沉积物中 PCBs 的 PEL 值(189 ng/g),最高在香港"新界"地区达 491 ng/,澳门内港达

339 ng/g,维多利亚港也有数个采样点超过 ISQG 值,表明这些地区有严重的 PCBs 污染。污染物浓度低于 ISQG(interim sediment quality guideline)值,对暴露的生物体的威胁尚可接受,极少引起生物负效应;污染物浓度介于 ISQG 和 PEL(probable effect level)之间,对暴露的生物体有潜在威胁,会偶尔引起生物负效应;污染物浓度高于 PEL,对暴露的生物体有严重的或紧急的威胁,会经常引起生物负效应。

陈社军,麦碧娴等(2005)研究发现,东江和珠江是 PBDEs 的高污染区,含量为 12.7 ~ 7 361 ng/g,其中 BDE209 平均含量为 1 199 ng/g,是目前世界上已报道沉积物中含量最高的区域之一。在几乎所有被分析的样品中 BDE209 都是最主要的同系物。东江和珠江的 PBDEs 主要来自东莞和广州的本地排放,而西江的 PBDEs 主要通过大气的传播输入。另一个高污染区澳门水域被验证是珠江三角洲水体环境中有机污染物的"汇"。

参考文献

陈社军,麦碧娴,曾永平,等 . 2005. 珠江三角洲及南海北部海域表层沉积物中多溴联苯醚的分布特征 . 环境科学学报,25(9):1265 - 1271

陈伟琪,洪华生. 2004. 珠江口表层沉积物和悬浮颗粒物中的持久性有机氯污染物 . 厦门大学学报:自然科学版,43(增刊):230 - 235.

陈伟琪,张骆平,徐立,等. 1996. 厦门—金门海域表层沉积物中 HCHs、DDTs 和 PCBs 的含量与分布. 厦门大学学报:自然科学版,35(6):936 - 940.

陈伟琪,张珞平,王新红,等. 2001. 厦门岛东部和闽江口沿岸经济贝类中持久性 OCPs 和多氯联苯的残留水平. 台湾海峡,20(3):329 - 334.

陈伟琪,张珞平,徐立,等. 1996. 厦门港湾沉积物中 OCPs 和多氯联苯的垂直分布特征. 海洋科学,(2):56 - 60.

陈卓敏. 2006. 杭州湾潮滩表层沉积物中多环芳烃的分布及来源 . 2006 年环境质量公报 .

康跃惠,麦碧娴 . 2000. 珠江三角洲地区水体表层沉积物中有机污染状况初步研究 . 环境科学学报,20(增刊):164 - 170.

康跃惠,麦碧娴 . 2000. 珠江三角洲河口及邻近海区沉积物中含氯有机污染物的分布特征 . 中国环境科学,20(3):245 - 249.

康跃惠,盛国英. 2001. 珠江澳门河口沉积物柱样中 OCPs 的垂直分布特征 . 环境科学,22(1):81 - 85.

林建清,王新红,洪华生,等 . 2003. 湄洲湾表层沉积物中多环芳烃的含量分布及来源分析. 厦门大学学报,42(5):633 - 638.

麦碧娴,林峥 . 2001. 珠江三角洲沉积物中毒害有机物的污染现状及评价 . 环境科学研究,14(1):19 - 23.

麦碧娴,林峥 . 珠江三角洲河流和珠江口表层沉积物中有机污染物研究——多环芳烃和 OCPs 的分布及特征. 环境科学学报,20(2):192 - 197.

牛青山,亓靓. 2006. 影响胶州湾海域海水水质的主要污染源分析——李村河及其主要支流流域水质现状评价. 海岸工程.

王新红,徐立,陈伟琪,等. 1997. 厦门西港沉积物中多环芳烃的垂直分布特征和污染追踪. 中国环境科学,17(1):19 - 22.

王新红,徐立,陈伟琪,等.1998.厦门-金门海域表层沉积物中多环芳烃在丰枯水期的含量及分布变化特征.厦门大学学报(自),37(6):903-907.

魏复盛.2001.有毒有害化学品环境污染及安全防治建议.中国工程科学,3(9):37-40.

杨清书,麦碧娴.澳门水域水体OCPs的垂线分布特征.环境科学.24(3):428-430.

杨清书,麦碧娴.珠江干流河口水体OCPs的时空分布特征.环境科学.25(2):150-156.

姚子伟,江桂斌,蔡亚歧.等.2002.北极地区表层海水中持久性有机污染物和重金属污染的现状.科学通报,47(15):1196-1200.

袁骐,蒋玫,王云龙.2005.长江口及邻近水域油污染分布特征.海洋环境科学,24(2):17-19.

张祖麟,陈伟琪,洪华生.2001.九龙江口水体中OCPs分布特征及归宿.环境科学,22(3):88-92.

张祖麟,陈玮琪,哈里德,等.2000.九龙江口水体中多氯联苯的研究.云南环境科学,19(Suppl):124-129.

张祖麟,洪华生,哈里德,等.2000.厦门西港表层沉积物中有机氯的污染特征及变化趋势.环境科学学报,20(6):732-735.

张祖麟,洪华生,余刚.2002.闽江口持久性有机污染物——多氯联苯的研究,环境科学研究,22(6):788-791.

张祖麟,王新红,哈里德,等.2001.厦门西港表层沉积物中多环芳烃(PAHs)的含量分布特征.海洋通报,20(1):35-39.

张祖麟,余刚,洪华生,等.2002.河口水体中有机磷农药的环境行为及其风险影响评价.环境科学,23:73-78.

张祖麟.2001.河口流域有机农药污染物的环境行为及其风险影响评价[博士学位论文].厦门大学.

Oh J R, Choi H K, Hong S H, et al. 2005. A preliminary report of persistent organochlorine pollutants in the Yellow Sea. Baseline, Marine Pollution Bulletin, 50: 208-236.

Alzieu C, Michel P, Tolosa I, et al. 1991. Organotin compounds in the Mediterranean: a continuing cause for concern. Marine Environmental Research, 32: 4, 261-270.

Atlas E, Glam C S. 1981. Global transport of organic pollutants: ambient concentrations in the remote marine atmosphere. Science, 211: 163-165.

Balls P W. 1985a. Trace metals in the northern North Sea. Marine Pollution Bulletin, 16: 203-207.

Balls P W. 1985b. Copper, lead and cadmium in coastal waters of the western North Sea. Marine Chemistry, 15: 363-378.

Barber J, Sweetman A, Van Wijk D, et al. 2005. Hexachlorobenzene in the global environment: emissions, levels, distribution, trends and processes. Science of the Total Environment, 349, 1-44.

Baumarda P, Budzinskia H, Michona Q, et al. 1998. Origin and Bioavailability of PAHs in the Mediterranean Sea from Mussel and Sediment Records. Coastal and Shelf Science, 47: 11, 77-90, 7.

Boyle E A, Huested S. 1983. Aspects of surface distributions of coper, nickel, cadmium and lead in the north Atlantic and North Pacific. In C. S. Wong, E. Boyle, K. W. Bruland, J. D. Burton, &E. D. Goldberg, Trace Metals in Seawater. New York: Plenum Press.

Bruhn R, Kannan N, Petrick G, et al. 1999. Persistent chlorinated organic contaminants in harbour porpoises from the North Sea, the Baltic Sea and Arctic waters. Science of the Total Environment, 237: 11, 351-361.

Calamari D, Bacci E, Focardi S, et al. 1991. Role of plant biomass in the global environmental partitioning of chlorinated hydrocabons. Environ. Sci. Technol. ,25:1489 – 1495.

Farrington J,Goldberg E,Risebrough R,et al. 1983. US "Mussel Watch" 1976 – 1978: an overview of the trace – metal, DDE, PCB, hydrocarbon and artificial radionuclide data. Environmental Science & Technology, 17, 490 – 496.

Fei Jan Lin,Shih Chieh Hsu,Woei Lih Jeng. 2000. Lead in the southern East China Sea. Marine Envionmenntal Research 49:329 – 342.

Flegal A R,Patterson C C. 1993. Vertical concentration profiles of lead in the central Pacific at 15°N and 20°S. Earth and planetary Science Letters,64:19 – 32.

Goldberg E D,Bowen V T,Farrington J W,et al. 1978. The mussel watch. Environ. Conserv. ,5,101 – 125.

Halpern B, Walbridge S, Selkoe K, et al. 2008. A global map of human impact on marine ecosystems. Science, 319,948.

Hameedi M. 2004. NOAA's mussel watch project context,challenges and future,National Water Quality Monitoring Council,San Jose,CA.

Hong H, Chen W, X L, et al. 1999. Distribution and fate of organochlorine pollutants in the Pear River Estuary. Mar. Pollut. Bull. ,39:376 – 382.

Hong H,Wang X,Xu L,et al. 2000. Trace organic pollutants in the southeast estuarine environments of China. Journal of Environmental Science and Health,Part A 35:1833 – 1847.

Hong H,Xu L,Cheng J C,et al. 1995. Environmental fate and chemistry of organic pollutants in the sediment of Xiamen and Victoria Harbours. Mar. Pollut. Bull. ,31:229 – 236.

Hong Hua – sheng,Wang Xin – hong,Xu Li,et al. 2000. Trace orgnanic pollutants in the southeast estuarine environment of china. Journal of Environmental Science and Health Part A—Toxic/Haz. Subst. & Environmental Eng. ,35 (10):1833 – 1847.

Huh C A,Chen H Y. 1999. History of lead pollution recorded in East China Sea sediments. Marine Pollution Bulletin, 38:545 – 549.

Ivanov V,Sandell E N. 1992. Characterization of polychlorinated biphenyl isomers in Sovol and trichlorobiphenyl formulations by high – resolution gas chromatography with electron capture detection and high – resolution gas chromatography – mass spectrometry technique. Environ. Sci. Technol. ,26:2012 – 2017.

Iwata H,Tanabe S,Sakai N,et al. 1993. Distribution of persistent organochlorines in the oceanic air and surface seawater and the role of ocean on their global transport and fate . Environ Sci Technol,27 :1080 – 1098.

Iwata H,Tanabe S,Ueda K,et al. 1995. Persistent organochlorine residues in air,water,sediments,and soils from the Lake Baikal region,Russia. Environ. Sci Technol. ,29:801 – 972.

Iwata H,Tanabe S,Ueda K,et al. 1995. Persistent organochlorine residues in air,water,sediments,and soils from the Lake Baikal region,Russia. Environ. Sci Technol. ,29:801 – 972.

Jaward F,Barber J,Booij K,et al. 2004. Spatial distribution of atmospheric PAHs and PCNs along a north south Atlantic transect. Environmental Pollution,132,173 – 181.

Kan – atireklap S,Tanabe S,Sanguansin J,et al. 1997. Contamination by butyltin compounds and organochlorine residues in green mussel(Perna viridis,L.)from Thailand coastal waters. Environ. Pollut. ,97:79 – 89.

Kan – atireklap S,Yen N T H,Tanabe S,et al. 1998. Butyltin compounds and organochlorin residues in green mussel

(Perina viridis L.) from India. Toxicol. Environ. Chem., 67: 409 – 424.

Kannan K, Tanabe S, Tatsukawa R. 1995. Geographical distribution and accumulation features of organochlorine residues in fish in Tropical Asia and Oceania. Environ. Sci. Technol., 29: 2673 – 2683.

Klumpp D, Huasheng H, Humphrey C, et al. 2002. Toxic contaminants and their biological effects in coastal waters of Xiamen, China. I. Organic pollutants in mussel and fish tissues. Marine pollution bulletin, 44: 752 – 760.

Kuklick J R, Bidleman T F, McConnell L L, et al. 1994. Organochlorines in the water and biota of Lake Baikal, Siberia. Environ. Sci. Technol., 28: 31 – 37.

Kunisue T, Minh T B, Fukuda K, et al. 2002. Seasonal variation of persistent organochlorine accumulation in birds from Lake Baikal, Russia, and the role of the south Asian region as source of pollution for wintering migrants. Environ. Sci. Technol., 36: 1396 – 1404.

Li Y F, Bidelman T F, Barrie L A, et al. 1998. Global hexachlorocyclohexane use trends and their impact on the Arctic atmospheric environment. Geophys. Res. Lett., 25: 39 – 41.

Liu R, Wu S, Wang B. 1996. Distribution and evaluation of the organic chlorine pesticide and PCB in economic shellfish from north of the Changjiang mouth. Marine Environmental Science, 15(3): 29 – 35.

Loganathan B G, Tanabe S, Hidaka Y, et al. 1993. Temporal trends of persistent organochlorine residues in human adipose tissue from Japan, 1928 – 1985. Environ. Pollut., 81: 31 – 39

Ma M, Feng Z, Guan C, et al. 2001. DDT, PAH and PCB in sediments from the Intertidal Zone of the Bohai Sea and the Yellow Sea. Marine Pollution Bulletin, 2: 132 – 136.

Maskaouia K, Zhoub J L, Honga H S, et al. 2002. Contamination by polycyclic aromatic hydrocarbons in the Jiulong River Estuary and Western Xiamen Sea, China Environmental Pollution, 118: 109 – 122.

McConnell L L, Kucklick J R, Bidleman T F, et al. 1996. Air water gas exchange of organochlorine compounds in Lake Baikal, Russia. Environ. Sci. Technol., 30: 2975 – 2983.

Minh T B, Kunisue T, Yen T H, et al. 2002. Persistent organochlorine residues and their bioaccumulation profile in resident and migatory birds from North Vietnam. Environ. Toxicol. Chem., 21: 2108 – 2118.

Minh T B, Watanabe M, Tanabe S, et al. 2000. Widespread contamination by tris(4 – chlorophrnyl) methane and tris (4 – chlorophenyl) methanol in cetaceans from North Pacific and Asian coastal waters. Environ. Pollut., 110: 459 – 468.

MoHHHH A, 李若钝. 1995. 世界海洋石油污染物的地理分布及其消亡规律的研究. 海岸工程, 14: 27 – 30.

Monirith I, Ueno D, Takahashi S, et al. 2003. Asia – Pacific mussel watch: monitoring contamination of persistent organochlorine compounds in coastal waters of Asian countries. Marine pollution bulletin, 46: 281 – 300.

Nakata H, Tanabe S, Tasukawa R, et al. 1995. Persistent organochlorine residues and their accumulation kinetics in Baikal seal (Phoca sibirica) from Lake Baikal, Russia. Environ. Sci. Technol., 29: 2877 – 2885.

Nhan D D, Am N M, Carvalho F P, et al. 1999. Organochlorine pesticides and PCBs along the coast of North Vietnam. Sci. Total Environ., 237/238: 363 – 371.

Nhan D D, Am N M, Hoi N C, et al. 1998. Organochlorine pesticides and PCBs in the Red River Delta, North Vietnam. Mar. Pollut. Bull., 36: 742 – 749.

Nhan D D, Carvalho F P, Am N M, et al. 2000. Chlorinated pesticides and PCBs in sediments and molluscs from freshwater canals in the Hanoi region. Environ. Pollut., 112: 311 – 320.

Nicolas E, Ruiz – Pino D, Buat – Menard P, et al. 1994. Abrupt decrease of lead concentration in the Mediterranean sea: a response to antipollution policy. Geophysical Research Letters

O' Connor T. 1996. Trends in chemical concentrations in mussels and oysters collected along the US coast from 1986 to 1993. Marine Environmental Research, 41, 183 – 200.

Phillips D J H. 1985. Organochlorines and trace metals in greenlipped mussels Perna viridis from Hong Kong water: a test of indicator ability. Mar. Ecol. Prog. Ser., 21: 251 – 258.

Phillips D J H. 1989. Trace metals and organochlorines in the coastal waters of Hong Kong. Mar. Pollut. Bull., 20: 319 – 327.

Pollutants in the Pearl River Estuary. Marine Pollution Bulletin, 1999. 39(1 – 12): 376 – 382.

Prudente M, Tanabe S, Watanabe M, et al. 1997. Organochlorine contamination in some odontoceti species from the North Pacific and Indian Ocean. Mar. Environ. Res., 44: 415 – 427.

Ramu K, Kajiwara N, Sudaryanto A, et al. 2007. Asian Mussel Watch Program: Contamination Status of Polybrominated Diphenyl Ethers and Organochlorines in Coastal Waters of Asian Countries. Environ. Sci. Technol, 41, 4580 – 4586.

Sericano J, Wade T, Jackson T, et al. 1995. Trace organic contamination in the Americas: an overview of the US national status & trends and the international Mussel Watch' programmes. Marine pollution bulletin, 31, 214 – 225.

Storelli M M, Barone G, Giacominelli – Stuffler R G O. 2008. Marcotrigiano, Levels and profiles of DDTs and PCBs in a gadiform fish (Phycis blennoides) from Mediterranean Sea. Marine Pollution Bulletin, 56: 1353 – 1376.

Sturchio N C, Chiaello R P, Chieng L, et al. 1997. Lead adsorption at the calcite – water interface: synchrotron X – ray standing wave and X – ray re – ectivity studies. Geochimica et Cosmochimica Acta, 61, 251 – 263.

Takahashi S, Lee J S, Tanabe S. 1998. Contamination and specific accumulation of organochlorine and butyltin compounds in deepsea organisms collected from Suruga Bay, Japan. Sci. Total Environ., 214: 49 – 65.

Takahashi S, Tanabe S, Kawaguchi K. 2000. Organochlorine and butyltin residues in mesopelagic myctophid fishes from the western North Pacific. Environ. Sci. Technol., 34: 5129 – 5136.

Tan G H, Vijayaletchumy K. 1994. Organochlorine pesticide residue levels in Peninsular Malaysian Rivers. Bull. Environ. Contam. Toxicol., 53: 351 – 356.

Tanabe S, Mori T, Tatsukawa R. 1983. Global pollution of marinemammals by PCBs, DDTs and HCHs (BHC) s. Chemosphere, 12: 1269 – 1275.

Tanabe S, Prudente M S, Kan – atireklap S, et al. 2000. Mussel watch: marine pollution monitoring of butyltins and organochlorines in coastal waters of Thailand, Philippines and India. Ocean Coast. Manage., 43: 819 – 839.

van – Birgelen A P J M. 1998. Hexachlorobenzene as a possible major contributor to the dioxin activity of human milk. Environ. Health Perspect., 106: 683 – 688.

Watanabe S, Laovakul W, Boonyathumanondh R, et al. 1996. Concentrations and composition of PCB congeners in the air around stored used capacitors containing PCB insulator oil in a suburb of Bangkok, Thailand. Envrion. Pollut., 92: 289 – 297.

Wu Y, Zhang J, Zhou Q. 1999. Persistent organochlorine residues in sediments from Chinese river/estuary systems. Environ. Pollut., 96: 217 – 226.

Xiaojun Luo, Bixian Mai. 2004. Polycyclic aromatic hydrocarbons (PAHs) and organochlorine pesticides in water columns from the Pearl Riverand the Macao harbor in the Pearl River Delta in South China. Marine Pollution Bulletin, 48:1102 – 1115.

Yamada H, Takayanagi K, Tateishi M; et al. 1997. Organotin compounds and polychlorinated biphenyls of livers in squid collected from coastal waters and oceans. Environ. Pollut. ,96:217 – 226.

Zhulidov A V, Headley J V, Pavlov D F, et al. 2000. Riverine fluxes of the persistent organochlorine pesticides hexachlorcyclohexane and DDTin the Russian Federation. Chemosphere, 41:829 – 841.

第5章 海洋环境中POPs的分析检测技术

5.1 样品的采集与保存

为了了解有机污染物、重金属等有害物体的种类、空间分布、污染的范围、污染现状和变化趋势，用以评估污染对生态环境和对人体健康造成的潜在危害程度，布点取样，分析测定是唯一可行的办法。但如何对污染区域进行科学布点，合理使用有限的人力、财力进行取样，准确测定，这是一项带策略性的原则问题。虽然ISO1038和一些讨论性文章提出了一些布点取样的建议，但至今尚未对布点取样的原则和策略达成共识，本章主要根据《海洋检测规范GB17378.3－1998——第三部分样品采集、贮存与运输》中部分采样原则、一些文献及以往取样的经验基础上总结出布点取样的策略方法。

采集样品的目的是为了了解环境质量现状，包括污染来源、种类、数量、主要污染物的成分、排放方式、排放去向、排放地点、排放强度等，是风险管理决策的基础，其中布点、采样是质量保证和质量控制关键的第一个环节。

5.1.1 采样布点原则

一般采样布点可以参考美国环保局(EPA)或各国环境监测标准，但根据调查目的不同，采样要求会有所区别，一般采集样品应具有较高的代表性，样品需表征某整体环境，采样时不可能全面布点，只能以点代面，以尽可能少的采样点来代表整体环境。采样的主要站点应合理地布设在环境质量发生明显变化或有重要功能用途的区域，如：近岸河口区或重大污染源附近。

在着手调查的污染范围内，着眼于整体污染区域，污染物的物理化学性质、毒性及对生态系统和人体可能的毒害进行布点。布点应避免主观臆断，否则其取样测定结果极可能是带偏见，而不能反映客观实际。布点取样前应对污染区域的现有资料、已有调查观测记录、污染来源、地理地质、水文等进行综合评述，以了解其污染历史沿革，对污染性质和范围有基本认识。

(1)随机布点：在污染区内随机布点，其结果会比主观设点捕捉到更多的污染信息。但仍对平均污染浓度反映不客观，也不能确保捕捉到重污染区(图5.1)。

(2)层状布点：经过不同形式取样，随机布点取样，层状布点比较后，在对大面积、复杂的区域进行布点取样，没有必要首先寻找污染热点，也不应该只设点在工业区、人口密集区去记录最高污染浓度，以避免评估危险毒害时出现较大偏差。在合理设计取样方案时应首选层状取样布点，即污染区域分成若干垂直或水平，纵向或横向区域，每层内稀疏布点取样(图

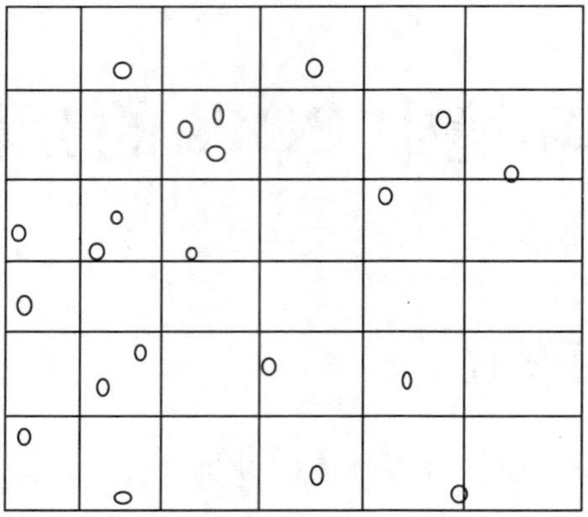

图 5.1　随机布点示意图

5.2）。对一个城市来说，可用层状取样原则，划分重污染区、一般污染物和对照区，并评估三个区域的百分比，这样就可以大致了解该城市污染空间分布和污染程度。通过这样层状取样布点可了解到基本的空间分布和浓度。

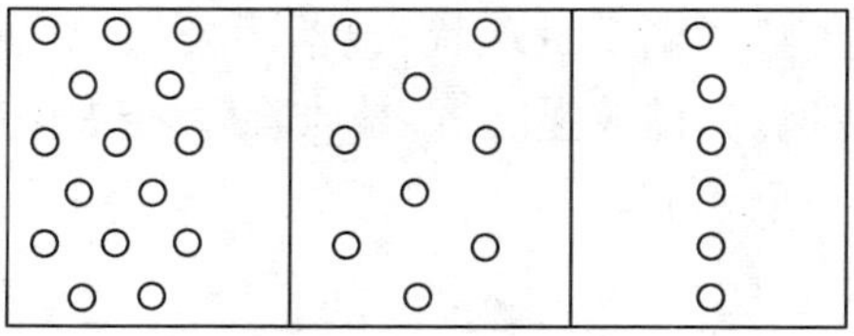

图 5.2　层状布点示意图

（3）方格布点：国际环境部长会议（CCME，加拿大）推荐的覆盖整个污染区的均匀方格布点，每个方格 25 m 长宽，每个方格内又按 W 或 X 字取样，混合成一个样品（图 5.3）。系统方格布点是在层状布点的基础上进行的，若调查区域较小、人力财力充足，可不必经过层状布点，直接进入系统方格布点，此布点可详细了解到污染的分布，探查出可能的未估计到的污染区域和污染热点，准确评估对污染物引起的健康危害程度。若遇到污染区域大，可放大方格到 30 ~ 50 m^2 作为一个点，以减少样品数量，节省财力物力。系统方格布点显然会接近客观实际，故能客观的反应出整个区域的污染状况。

（4）W 字或 X 字布点：英国诺丁汉大学生物科学学院提出的 W 字或 X 字布点作为取样具体操作原则。在一个取样区域内，W 字或 X 字的起点、终点、转折处、交叉点 5 个位置进行取样，然后混成一个样代表此区域，也常有分开 5 个位置取的样品分别测定，然后以统计形式进行处理，并得到平均值和标准偏差。安格鲁 - 塞克逊统计近似法（Anglo - Saxon Approach）可用于处理数据，也可获得污染热点，取到所需信息。

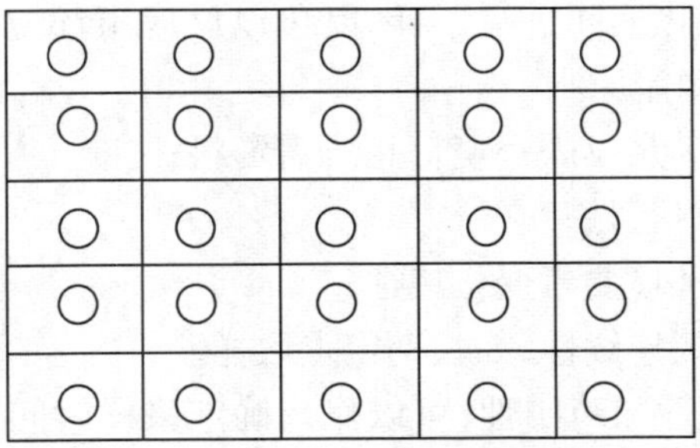

图 5.3　方格布点取样示意图

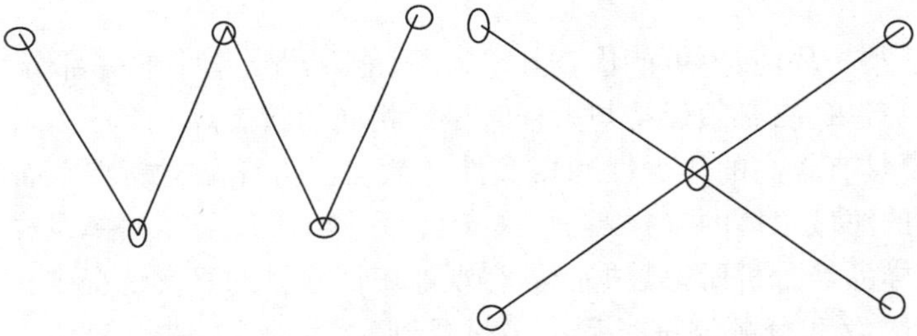

图 5.4　W 字和 X 字布点示意图

5.1.2　采样布点影响因素

影响站点布设的因素很多,但主要应根据下列原则:

(1)能够提供有代表性信息;

(2)设点周围的环境地理条件;

(3)动力场状况(潮流场和风场);

(4)社会经济特征及区域性污染源的影响;

(5)设点周围安全程度;

(6)经济效益分析;

(7)尽量考虑测点在地理分布上的均匀性,并尽量避开特征区划的系统边界。

5.1.3　采样时间和采样频率

气候变化、温度变化、水流变化、风力风向变化均和时间紧密相关。如空气污染和季节、风向密切相关,对于一个经常受空气污染困扰的地区在阵雨过后取样,其结果完全不能说明空气污染实际状况。一般选择每年四季分别取样、冬夏两季取样、雨季旱季取样。

在环境质量可能发生变化期间进行采样，既可以反应出环境质量的变化，又可以花费较小代价，采样时间和频率的确定原则：

(1)如何以最小工作量满足反映环境信息所需资料；

(2)技术上的可能性和可行性；

(3)能够真实地反映出环境要素变化特征；

(4)尽量考虑采样时间的连续性，如长期定点取样。

环境质量分析具有准确性和简明性，可以作为确定采样时间和频率的一种方法，根据以往的监测资料绘制出污染物变化曲线，在变化的期望上确定采祥时间和采样频率。

5.1.4 样品采集的一般要求

样品只能表征某一环境，不可能检查其整体，只能取出尽量小的一部分，用以代表所要表征的整体。样品一旦采完，必须保持与采样时尽量相同的状态。

合格的样品要具有较高的代表性和真实性。欲使所得样品对所要表征的整体具有代表性，必须对被监测的海域水体的采样断面、采样点、采样时间、采祥频率及样品数目进行周密的考虑与设计，使样品经分析所得数据能够客观地表征水体的真实情况。

样品在采集、贮存和分析测试过程中极易受到沾污，比如：来自船体、采水装置、实验设备、玻璃器皿、化学药品、空气及操作者本身所产生的沾污。样品中的待测成分也可因吸附、沉降或挥发而受到损失。

5.1.5 质量保证措施

为保证在允许误差范围内获取有代表性的样品，应在采样全过程进行质量控制。

运输空白：检测挥发性有机污染物必备，用于检测挥发性化合物样品在运输时是否受污染，可同时以不含待测物且类似样品基质的样品(如黏土、砂或实验室试剂水等)，在实验室装入样品容器密封，携带至采样现场，再带回实验室分析。

野外空白：检测挥发性有机污染物时必备，将不含待测物且类似于样品基质的样品(如黏土、粉砂、砂或实验室试剂水)于检验室装入样品容器密封，携带至采样现场，于采样开始时打开容器盒至采样完成时盖上，再与样品一同携回供检测，以确定现场操作时引入的沾污。

设备空白：使用现场重复采集并与样品直接接触的采样器时，需每批次提供一个设备空白。采样器具在采集土壤并完成除污程序后，使用试剂水或淋洗剂冲淋采样器材并收集此淋洗液作为设备空白，可判知采样器材污染情形和除污手续的完整。若使用抛弃式采样器，设备空白可免。

现场重复样品：采集同一采样点的样品两份(尤其是远距离、昂贵样品更应用平行样保存作备用)，将其视为两个样品放置不同容器，以取质地接近且距离也接近为原则，取平行样以防止样品包装、运输、保存或分析过程中的损坏造成样品缺失。补采的样品已不是原有的时间和环境状况，不能反应原有的环境质量。

采样过程应如实填写采样记录，至少必须包括下列项目：项目名称、采样地点（经纬度）、采样人员、环境描述、气候状况及其他采样资料（如采样器材、采样方法、样品质地、颜色等）。

5.1.6 样品采集

5.1.6.1 水样采集

对水样进行监测分析，首先要采集水样。采样的原则是所取水样必须具有代表性，能够真实地反映水体的质量。采集瓶或装水容器必须事前洗干净，以免杂质进入水样中，影响水样质量，采样前先用水样洗涤容器2~3次。

采集表层水，用桶、瓶等容器直接采取。一般将容器沉至水下0.3~0.5 m处采集。

采集深层水。将带有重锤的具塞采样器沉入水中，达到所需深度后（从拉伸的绳子标度上看出），拉伸瓶口塞子上连接的细绳，打开瓶塞，待水样充满后提出来。

从采集到分析的一段时间内，由于环境条件变化，微生物新陈代谢活动和化学反应的影响，水样的某些物理参数及化学成分会发生变化。为了将这些变化降低到最低程度，应采取必要的保护措施。

冷藏或冷冻。其作用是抑制微生物活动，减慢物理挥发和化学反应速率。

加入化学试剂。加入酸或碱调节pH，能使一些化学成分在水样中保持稳定；加入生物抑制剂，可抑制微生物的氧化还原作用；加入氧化剂或还原剂，可使一些待测成分转化为稳定的化学物质，而且不干扰以后的分析测定。

5.1.6.2 沉积物采集

水、底质/沉积物和水生生物组成了一个完整的水环境体系。底质/沉积物能记录给定水环境的污染历史，反映难降解物质的积累情况以及水体污染的潜在危险。底质的性质对水质、水生生物有着明显的影响，是天然水是否被污染及污染程度的重要标志。所以，底质样品的采集监测是水环境监测的重要组成部分。底质监测断面的设置原则与水质监测断面相同，其位置应尽可能与水样采集段面相重合，以便于将沉积物的组成及其物理化学性质与水质监测情况进行比较。

由于底质比较稳定，受水文、气象条件影响较小，故采样频率远较水样低，一般每年1~2次即可。沉积物样品采集量视监测项目、目的而定，一般为1~2 kg，如样品不易采集或测定项目较少时，可予酌减。采集表层底质样品一般采用挖式（抓式）采样器或锥式采样器。前者适用于采样量较大的情况，后者适用于采样量少的情况。管式泥芯采样器用于采集柱状样品，以供监测底质中污染物质的垂直分布情况。如果水域水深小于3 m，可将竹竿粗的一端削成尖头斜面，插入床底采样。当水深小于0.6 m时，可用长柄塑料勺直接采集表层底质。

凡装样的广口瓶均需用氮气充满瓶中空间，放置阴冷处，最好采用低温冷藏。一般情况下也可以将样品放置阴暗处保存。

样品瓶事先编号，装样后贴标签，并用特种铅笔将站号及层次写在样品瓶上，以免标签脱落。塑料袋上需贴胶布，用记号笔注明站号和层次，并将写好的标签放入袋中，扎口封存。认真做好采祥现场记录。

样品的现场描述应包括以下几点。

(1)颜色：颜色往往能反映沉积物的环境条件。

(2)嗅：样品采上后，立即用嗅觉鉴别有无油味、硫化氢味及其味道的轻重。

(3)厚度：沉积物表面往往有一浅色薄层，能指示其沉积环境。取样时，可用玻璃试管轻插入样品中，取出后，量取浅色层厚度。柱状取样时可描述取样管打入深度，样柱实际长度及自然分层厚度。

(4)生物现象：包括贝壳含量及其破碎程度、含生物的种类及数量、生物活动遗迹、其他特征。

沉积物样品的上述特性应清晰、准确、简要地记入采样记录中。

5.1.6.3 生物样采集

通过采集海洋生物样品可以了解污染物在生物体内的积累分布和转移代谢规律、评价海域污染物含量及其随时间变化的状况、计算污染物在海洋环境中的质量平衡程度、评价海域环境质量，为保护海洋生物资源、保护人群健康提供技术支持。

通常海洋生物样品来源包括：生物测站的底栖拖网捕捞、近岸定点养殖采样、渔船捕捞、沿岸海域定置网捕捞及垂钓、市场直接购买等。种类包括经济鱼类、贝类、某些藻类、底栖生物、浮游动植物等。

生物样品采集的原则：

(1)能积累污染物并对污染物有一定的忍受能力，其体内污染物含量明显高于其生活水体；

(2)被人类直接食用或作为食物链被人类间接食用的海洋生物；

(3)大量存在、分布广泛，易于采集；

(4)有较长的生活周期，至少能活一年以上的种类；

(5)生命力较强，最好样品采集后依然呈活体；

(6)固定生息在一定海域范围，游动性小；

(7)样品适当大小，以便有足够肉质供分析；

(8)生物种群中的优势种和常见种。

考虑样品的代表性和评价环境质量的需要，采样位置主要应在近岸海域，原则上在水质站位和底质测站都应设置生物测站。选择采样位置要避开局部影响，不要设在紧靠污染源的地方。

以生物生长处于比较稳定期采样，一般说来可在冬末初春季节采样。如果为了解在不同季节里生物体内所含污染物的变化情况，在每个季节里都应采样。选择生物种群中年龄、大小和重量占优势的类型。

在采样时，应注意采样工具对待测项目的影响，测定有机污染物不能使用一般塑料工具，应采用一些不锈钢、搪瓷器具，鱼类和贝类的解剖可以用不锈钢材质的刀具、镊子、剪刀等。

采样时如实记录下采样日期，采样位置（如经纬度）和采样深度，使用的采样方法，采集的生物种类。如果已作好样品鉴定，应记下样品的年龄、大小、重量、性别等以及待分析项目、贮存方式、处理方法等。

包装好的样品，尽可能迅速送回实验室，在运送过程中，应采取有效措施避免腐烂变质。保护好样品及样品包装上的标志，以免发生混乱或损害。

5.2 样品前处理技术

在一个完整的样品分析过程中，大致可以分为 4 个步骤：①样品采集，②样品前处理，③分析测定，④数据处理与报告结果。其中样品前处理所需时间最长，约占整个分析时间的三分之二。通常分析一个样品只需几分钟至几十分钟，而分析前的样品处理却要几小时。因此样品的前处理是分析过程中一个重要的步骤，样品前处理过程的先进与否，直接关系到分析方法的优劣。

对环境中的有机污染物，一般都属于半挥发性有机物，在预处理时通常利用它们的亲脂性，用有机溶剂将其从基质中萃取出来，再利用它们亲脂性的强弱、分子量的大小和其他物理化学性质，通过不同的手段将它们与干扰物分离，再经浓缩或衍生化制成能直接进入仪器的样品溶液。前处理中最常见的问题是样品污染和目标化合物的损失，前者增加了样品中的污染物，造成正误差或假阳性；后者则使样品中的目标化合物丢失，造成负差或漏检。两者均破坏了样品的真实性。

在前样品处理过程中可能发生的污染主要来自几方面：一是使用的器皿清洁不测定，或前处理仪器设备中样品的公共通道在前一个样品处理结束后没有及时清洗彻底，从而导致前一样品对后一样品的污染；二是使用的溶剂、药品纯度不够，含有污染物；三是溶剂接触含有污染物的材质，最常见的是塑料类的。为此，要严格清洗所有器皿，避免使用和接触塑料器材，对所有使用的溶剂和化学品进行纯度的质控检查。若在方法空白中污染物超标时，要仔细检查，找出污染源，并及时改正。

在前处理中造成目标化合物损失的主要因素有：萃取不完全、泄露、吸附、萃取液转移损失等，主要发生在萃取、净化、溶液浓缩及溶液转移过程中。如何减少目标化合物在前处理环节的损失和提高其回收率是有机污染物分析的瓶颈。

5.2.1 样品萃取技术

样品的萃取方法应根据样品的基质、目标化合物的性质及实验室条件进行选择。用经典的有机溶剂提取时，要求提取溶剂的极性与分析物的极性相近，也即采用“相似相溶”原理，使分析物能进入溶液而样品中而与其他物质处于不溶状态。萃取过程中最关键的问题是选用适当的萃取溶剂，对水样，溶剂与样品基质不互溶，溶剂在样品基质中的溶剂度要尽量小，而目标化合物在溶剂中的溶解度要远远大于在样品基质中的溶解度。对于固体样品，为了提高萃取效率，溶剂需要对样品基质有一定的穿透力，为此常选用混和溶剂，如极性强的溶剂混入弱极性或非极性的溶剂，以增强其在样品基质中的穿透力，提高萃取效率。常用溶剂极性排列见表5.1。

表5.1 常用溶剂的极性排列

溶剂	化学式	溶剂强度参数(E)	偶极矩(μ)	介电常数(χ)	水溶解度/%
戊烷	C_5H_{12}	0.00	–	1.84	0.01
已烷	C_6H_{14}	0.00	–	1.88	0.01
环已烷	C_6H_{12}	0.04	–	2.02	0.012
二硫化碳	CS_2	0.15	0	2.64	0.005
四氯化碳	CCl_4	0.18	0	2.24	0.008
苯	C_6H_6	0.32	0	2.30	0.058
乙醚	$(C_2H_5)_2O$	0.38	1.15	4.3	1.3
氯仿	$CHCl_3$	0.40	1.01	4.8	0.07
二氯甲烷	CH_2Cl_2	0.42	1.60	8.9	0.17
四氢呋喃	C_4H_8O	0.45	1.63	7.6	混溶
丙酮	CH_3COCH_3	0.56	2.88	–	混溶
二噁烷	$C_4H_8O_2$	0.56	0	2.2	混溶
乙酸乙酯	$CH_3COOC_2H_5$	0.58	1.78	6.0	9.8
戊醇	$C_5H_{11}OH$	0.61	–	5.0	10.0
乙腈	CH_3CN	0.65	3.92	–	混溶
丙醇	C_3H_8OH	0.82	1.68	20.3	混溶
二甲亚砜	$(CH_3)_2SO$	0.75	3.96	4.7	混溶
二甲基甲酰胺	$HCON(CH_3)_2$	–	3.82	36.7	混溶
甲醇	CH_3OH	0.95	1.70	32.7	混溶
水	H_2O	大	1.85	80.0	–

5.2.1.1　液体样品

1. 液液萃取

液液提取(LLE,liquid - liquid extraction)是指根据分配定律,用与液体样品(一般是水)不混溶的溶剂与样品液体接触、分配、平衡,使溶于样品液体相的化合物转入提取溶剂相的过程。这种分离技术,主要用于物质的分离和提纯,具有装置简单、操作容易的特点,能用来分离、提纯大量物质。溶剂萃取过程的有机相,称溶剂相(solvent phase)或溶剂层(solvent layer)。

液液萃取是环境水样分析中最常用的方法,利用半挥发性有机污染物的亲脂性,用适当的有机溶剂将其从水相中萃取出来。萃取的过程是被萃取的有机物在萃取液(有机相),与样品(水相)中的溶解平衡及分离的过程。液 - 液萃取的效率(C)取决于被萃取物在有机相及水相的分配系数(P),萃取液体积(V_o)与样品体积(V_a)的体积比,及萃取次数(n)。液 - 液萃取的效率(F)等于转移到有机相的目标化合物的量(Q_o)与其萃取前在水样中的总量(Q)之比:

$$F = Q_o/Q$$

$$Q = Q_a + Q_o = CV_a$$

式中:Q_a——萃取后 H 标化合物在水相的残留量;

C——目标化合物在样品中的原始浓度。

平衡时:

$$P = c_o/c_a \qquad (5.1)$$

式中:C_0及 C_a——目标化合物在有机相中及水相中的浓度。

$$F = \frac{c_0 \times V_o}{c \times V_a} = \frac{c_c \times V_o}{c_a \times V_a \times c_o \times V_o} = \frac{PV_o}{PV_a + V_a} \qquad (5.2)$$

设 $V_r = V_o/V_a$

则

$$F = \frac{PV_o}{PV_o + V_a} = \frac{PV_r}{PV_r + V_a} \qquad (5.3)$$

由式(5.2)可知萃取效率主要取决于目标化合物在有机相及水相的分配系数并随有机相的体积的增加而提高。当 $P = 10$ 时,用与样品等体积的溶剂进行一次萃取,即 $V_r = 1$,可将91%的目标化合物转移至有机相。显然这样做是不实际的。为减少溶剂用量,提高萃取效率,需要采取多次或连续萃取的方法。若每次以相同体积的有机溶剂对水样进行萃取,经 n 次萃取后,则水相中残留的目标化合物量为:

$$Q_a = \left(\frac{1}{PV_r + 1}\right)^n \times cV_a$$

n 次萃取液中所提取出的目标化合物总量 Q_{oe} 为:

$$Q_{oe} = cV_a - Q_a = cV_a - \left(\frac{1}{PV_r + 1}\right) \times cV_a = cV_a\left[1 - \left(\frac{1}{PV_r + 1}\right)^n\right]$$

n 次萃取的效率为:

$$F\% = \frac{Q_{oe}}{cV_a} \times 100 = \left[1 - \left(\frac{1}{PV_r + 1}\right)^n\right] \times 100 \qquad (5.4)$$

必须指出,上面所指的分配系数是有机物分子在有机相及水相两相中浓度的比。由此而推导出的公式也只适用于有机物的分子。对于不离解的有机物,其在水相中均只以分子状态存在。因此上述回收率的公式反映了实际萃取过程中目标物的回收率。对于能在水相里离解的有机物,如具有弱酸性的酚类化合物,及具有弱碱性的胺类化合物,其在水相中的量是其分子与离子之和以有机酸 HA 为例,其在水相中是以 HA 及 A^- 的形式存在,该有机物在有机相及水相的实际分配系数 P_a 为:

$$P_a = \frac{[HA]_o}{([HA]_w + [A^-])} \qquad (5.5)$$

式中:$[HA]_0$,$[HA]_w$ 一该有机酸分子在有机相及水相中的浓度;$[A^-]$—该有机酸离子在水相中的浓度。

n 次萃取的效率为:

$$F\% = \left[1 - \left(\frac{1}{P_aV_r + 1}\right)^n\right] \times 100$$

由于 $P_a < P$,分子离解使萃取效率降低,降低的程度与有机酸分子在水相离解产生的离子浓度$[A]$的大小有关,而其又取决于该有机酸的离解常数 K_a 及水相的 pH:

$$K_a = [H^+][A^-]/[HA]_w \qquad (5.6)$$

平衡时有:

$$P = [HA]_o/[HA]_w \qquad (5.7)$$

由式(5.5)、(5.6),(5.7)可得

$$P_a = \frac{P}{1 + K_a \times 10^{\mathrm{pH}}} = \frac{P}{1 + 10^{\mathrm{pH-PK_a}}}$$

欲使萃取效率不受离解的影响,必须保证水相中有机酸主要以分子状态存在,即$[A^-] \leqslant 0.01[HA]$,为此由式(5.6)可知,水相的 pH 至少应低于 $\mathrm{PK_a}-2$。同样,对于有机碱,水相的 pH 则至少应高于 $\mathrm{PK_b}+2$(注:$\mathrm{K_b}$ 为碱离解常数)

除 pH 外,水相的离子强度对萃取效率也有着较大的影响,在水相中加入电解质,常用的有氯化钠及硫酸钠,由于盐析效应可降低有机物在水相的溶解度,促其进入有机相,从而提高萃取效率。

常见的液 - 液萃取有三种:摇瓶萃取,液 - 液连续萃取及液 - 液微萃取。

(1)摇瓶萃取:摇瓶萃取是最常用的液 - 液萃取方法,主要用于萃取半挥发性有机污染物,若用二氯甲烷萃取 3 次,每次溶剂体积为 60 mL。应当注意替代标准物溶液应能与水样混合,为此溶液中必须含有适量比例的甲醇或丙酮。每次萃取时用手或摇瓶机摇动 2 ~ 3 min。摇瓶过程应注意使溶剂与水样充分接触,但又不能过于激烈,

以防形成难以分离的悬浮溶剂微粒,而导致萃取效率的降低萃取后静置,分层后将溶剂

分出，再进行下次萃取，3 次萃取液混合后，经无水硫酸钠干燥，便可进行下步净化。

以上摇瓶萃取步骤对于中性的半挥发性化合物可得到较好的回收率，但对于弱酸性或弱碱性的化合物，为获得较好的回收率必须调节样品的 pH。GC－MS 方法分析半挥发性有机污染物中，目标化合物除中性化合物外，还包括具有弱酸性的酚类化合物及具有弱碱性的胺类化合物。为使所有的目标化合物都得较好的回收率，必须使萃取在适当的 pH 值下进行，做法是先用硫酸将水样酸化至 pH 为 2，如上所述萃取 3 次，将中性及弱酸性的目标化合物萃取至有机相，然后再用氢氧化钠溶液将水样调至 pH 为 10，再同样萃取 3 次酸性萃取液及碱性萃取液各经干燥后，合并，再进行下面的净化步骤。

摇瓶萃取的优点是简单、快速，缺点是完全手工操作，操作不当容易造成回收率低，尤其是对极性强的化合物。

（2）连续液－液萃取：连续液－液萃取是在多次萃取能提高萃取效率的理论基础上发展起来的自动萃取的方法，它使用专门设计的玻璃仪器进行萃取。连续萃取：分为高密度溶剂和低密度溶剂两类连续萃取法。

当萃取溶液剂相的密度比被萃取溶剂相的密度高时，采用图 5.2 这种装置。圆底烧瓶中的高密度溶剂受热蒸发，蒸气在回流冷凝管中冷凝后形成萃取剂液滴，经转向口进入低密度被萃取溶液，在流经被萃溶液时，将待分离物质萃取，萃取溶剂相经底部的弯管流回圆底烧瓶，如此循环，连续萃取。

萃取溶剂相的密度比被萃取溶剂相的密度小时，采用图 5.1 这种装置。圆底烧瓶中的低密度萃取剂受热蒸发，蒸气在回流冷凝管中冷凝后形成萃取剂液滴，滴入接收管中，当管中液柱的压力足够大时，萃取溶剂从管底部流出，流出的萃取组分萃取进低密度萃取溶剂相，流回圆底烧瓶，如此循环，连续萃取。

（3）液相微萃取：液相微萃取（Liquid－phase Microextraction，LPME）是 20 世纪 90 年代兴起的一种新型的样品前处理技术。液相微萃取是 1996 年发展起来的一种新型的样品前处理技术，最初是由 Jeannot 和 Cantwell 基于液－液萃取的基础上提出的。2001 年第一次报道了使用一滴悬挂在样品上部空间顶空微萃取（HSM）水样中的 VOC，后来 Theisetal 描述了它的许多基本原理，包括模型的动力学研究等，该方法展现了微萃取技术的一个新的研究领域。单滴液相微萃取是基于 1～10 μL 溶剂微滴的液相微萃取（图 5.3）。用微量进样器抽取一定体积的有机溶剂，将针尖浸入到水样中或放置在水样的上部空间，推出溶剂，水样中的分析物通过扩散作用分配到有机溶剂中，从而实现萃取，这种方法一般比较适合于萃取较为洁净的液体样品。这种萃取方式萃取由分析物在相间的平衡实现，操作简单，但液滴容易脱落移位，难以萃取复杂基质。Pedersen 等提出了以多孔性中空纤维为基础的新型微萃取技术（图 5.4），将萃取溶剂固定到中空纤维的微孔里，再将接受相通过微量注射器注入到中空纤维的的空腔内，这样就较好地保护了有机相，同时由于中空维的多孔性，增加了溶剂与样品接触的表面积，从而提高了萃取效率，减小了溶剂损失，降低了复杂基质的影响。

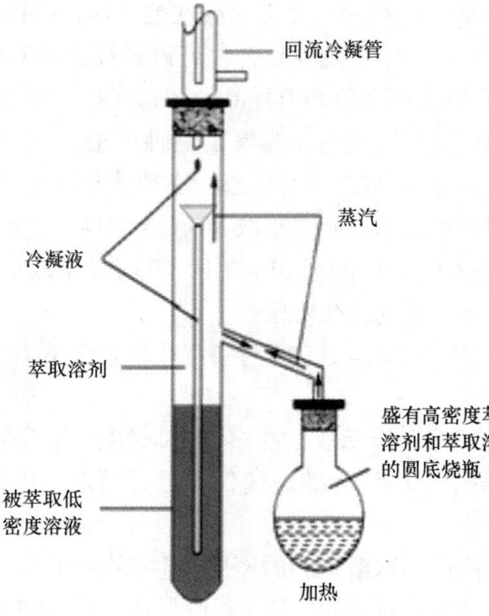

图 5.1　低密度溶剂萃取

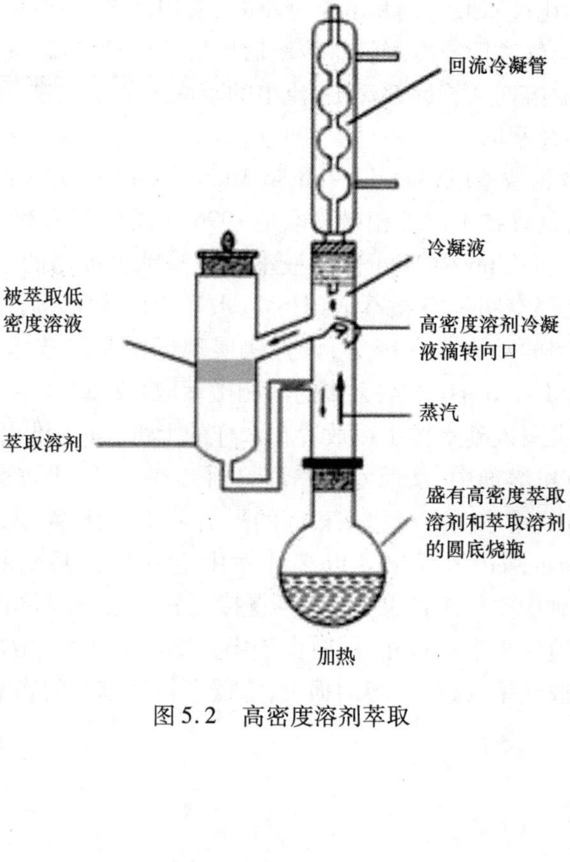

图 5.2　高密度溶剂萃取

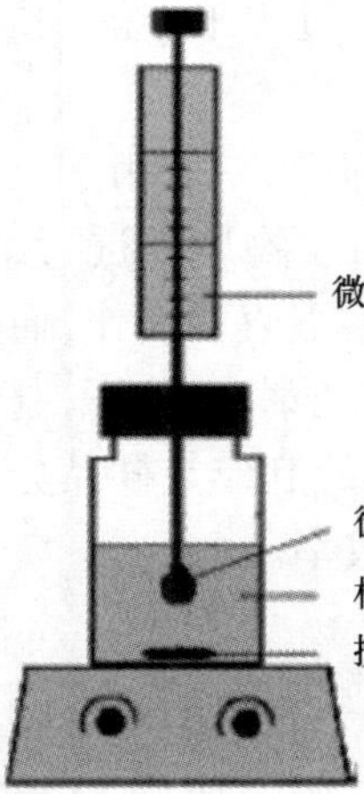

图 5.3　悬挂液滴的液相微萃取

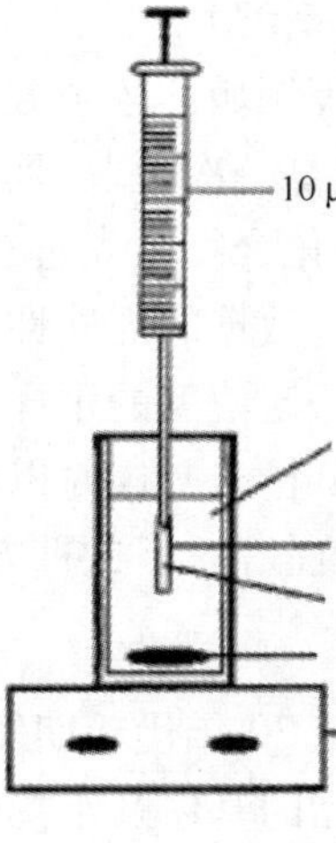

图 5.4　中空纤维的液相微萃取

这种技术克服了传统液－液萃取技术的诸多不足,仅使用微升级甚至纳升级的有机溶剂进行萃取,适应了现代分析科学微型化发展的要求,属于绿色分析技术。该技术基本原理是建立在样品与微升级甚至纳升级的萃取溶剂之间的分配平衡基础上的,即采用微滴溶剂置于被搅拌或流动的溶液中,从而实现溶质的微萃取。

液相微萃取是一个基于分析物在样品及小体积的有机溶剂(或受体)之间平衡分配的过程。对于直接液相微萃取体系,当系统达到平衡时,有机溶剂中萃取到的分析物的量由下式计算确定:

$$n = K_{odw}V_dC_0V_s/(K_{odw}V_d + V_s) \tag{5.8}$$

其中:n 为有机溶剂萃取到的分析物的量;C_0 为分析物的初始浓度;K_{odw} 为分析物在有机液滴与样品之间的分配系数;V_d、V_s 分别为有机液滴和样品的体积。对于顶空液相微萃取体系,当体系达到平衡后液滴中分析物的萃取量 n 可按下式计算②:

$$n = K_{odw}V_dC_0V_s/(K_{odw}V_d + K_{hs}V_h + V_s) \tag{5.9}$$

其中:K_{hs} 为分析物在顶空与样品之间的分配系数;V_h 为样品的顶空的体积。从(5.8)、(5.9)式中可以看出,平衡时有机溶剂(或受体)中所萃取到的分析物的量与样品的初始浓度呈线性关系。

与传统的萃取技术相比,LPME 技术具有如下优点:①它适应了绿色分析技术发展的需要。经典的液－液萃取技术至少需要消耗毫升级有机溶剂,而液相微萃取技术仅需微升级有机溶剂,从而可以把对环境产生污染的有机物质控制在最低限度。②微滴溶剂萃取省去经典的液－液萃取法中所需相分离及合并过程,因而操作变得更加简单方便。③富集倍数大,萃取效率高。已有文章报道富集倍数达 1 000 倍,如此高的富集倍数是经典液－液萃取技术所难以达到的。④便于实现联用化。高富集倍数的液相微萃取技术便于与具有微量进样方法的特定仪器联用,可使分析方法的灵敏度提高两个数量级以上。⑤此外,样品溶液用量少

(1 ~10 mL 左右)也是液相微萃取的另一特点。至今液相微萃取经过十来年的发展,已经在环境、生物、食品、药物等领域的各个方面有广泛的应用。

但由于液相微萃取是一次萃取,且溶剂体积小,故萃取不可能完全,一般用于亲脂性强的化合物。对于极性强的化合物要先进行衍生化,形成亲脂性强的衍生物后在进行萃取,由于萃取不完全,为提高分析数据的准确性,标准曲线不宜通过标准物溶液直接制作,而是在空白水中加入标准物,配成一定浓度的水样再加入定量的内标物。然后经萃取、分析,制定出浓度与响应值的关系曲线,分析未知样时以此曲线定量。由于标准曲线的制作与样品分析步骤完全相同,分析结果准确度较高,但这种方法得到的回收率是相对回收率。

2. 固相萃取

固相萃取是20世纪70年代后期发展起来的样品前处理技术,它利用固体吸附剂将目标化合物吸附,使之与样品的基体及干扰化合物分离,然后用洗脱液洗脱或加热,从而达到分离和富集目标化合物的目的。该项技术具有回收率和富集倍数高、有机溶剂消耗量低、操作简便快速、费用低等优点,易于实现自动化并可与其他分析仪器联用。在很多情况下,固相萃取作为制备液体样品优先考虑的方法因此取代了传统的液－液萃取法,如美国环保署将其用于水中农药含量的测定。

固相提取的原理可以看作是一个简单的液相色谱过程,吸附剂为固定相,样品中的溶剂(水)或洗脱时的溶剂为流动相,见图5.5和图5.6。它是利用吸附剂对农药和干扰性杂质吸着能力的差异所产生的选择性保留,对样品进行提取和净化。这种保留可通过改变吸附剂的类型、调整样品和洗脱溶剂的类型、pH值、离子强度和体积等来满足不同分析的需要。固相提取有多种吸附剂类型可供选择,而且各种新的吸附剂也在不断地被开发出来(表5.2)。

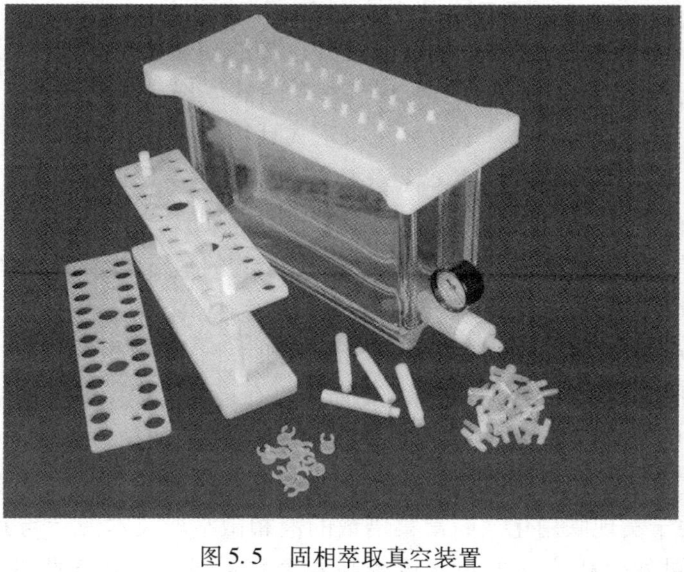

图5.5 固相萃取真空装置

固相提取吸附剂根据其对中性有机化合物的保留机制和溶剂洗脱能力，常分为正相和反相吸附剂两类（normal-phase and reversed-phase adsorbent）。正相吸附剂（如硅胶、弗罗里硅土、中性氧化铝等）属极性保留，溶剂极性越强，洗脱能力越强；反相吸附剂（如 C_{18}、C_8、C_2、CH、PH 等）属非极性保留，溶剂极性越强，洗脱能力越弱。由于有机污染分析中的固相提取主要用于水样，要使其中有机物被保留而提取出来，就要使水的洗脱能力最弱，所以要使用反相吸附剂进行提取。最常用的反相吸附剂是 C_{18}（十八碳烷基键合硅胶），其粒子大小一般为 40 μm、孔径 6 ~ 10 nm（60 ~ 100Å），适于在 pH 为 2 ~ 8 范围下中等极性（K_{ow} = 100 ~ 1 000）残留农药的提取。正相吸附剂主要用于提取后样品的净化处理。

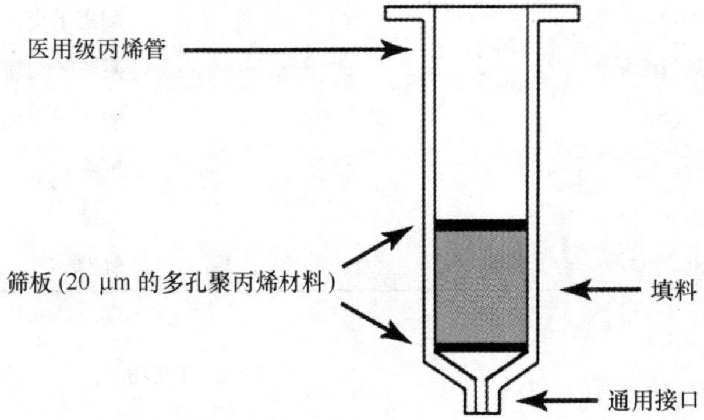

图 5.6　固相萃取小柱

其典型的固相提取操作包括四个步骤（图 5.7）。首先是柱的活化和平衡，用适当的溶剂冲洗以活化吸附剂表面，然后再用水冲洗让柱子处于湿润和适于接受样品溶液的状态；然后是上样，将用水稀释的样品溶液加在柱上，减压使样品通过柱子；第三步是清洗，即净化步骤，以比水极性稍弱、能洗脱杂质而让分析物保留的溶剂过柱，去除干扰物；最后是洗脱步骤，用少量极性再弱些的溶剂将分析物洗脱回收，用于测定。

表 5.2　商业化固相提取的吸附剂类型

吸附剂类型	分子作用
十八碳烷基（C_{18}）	疏水
辛烷基（C_8）	疏水
环已烷基（CH）	疏水
乙烷基（C_2）	疏水、氢键
苯基（PH）	分散、疏水
丙烯酸（Acrylic acid）	离子交换、氢键

续表

吸附剂类型	分子作用
丙烯酰胺(acrylamide)	离子交换、氢键
氰丙基(CN)	分散、疏水
二醇基(2OH)	氢键
氨丙基(NH_2)	氢键(质子受体)
苯磺酰丙基(SCX)	阳离子交换
磺酰丙基(PRS)	阳离子交换
羧甲基(CBA)	阳离子交换
二乙氨丙基(DEA)	阴离子交换
三甲胺丙基(SAX)	阴离子交换
硅胶	氢键
中性氧化铝	氢键
弗罗里硅土	氢键

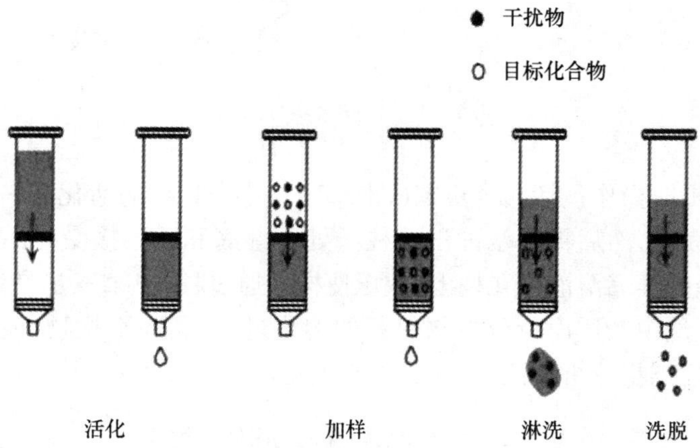

图 5.7　固相萃取工作原理

3. 固相微萃取

固相微提取(SPME)是在固相提取基础上发展起来的,1989 年由加拿大 Waterloo 大学的 Pawliszyn 等人首次提出,见图 5.8。它实际是利用固相提取的方式实现对样品的分离和净化,但所用的固相材料及其分离机制不同。SPME 法不是将待测物全部分离出来,而是通过残留农药在样品与固相涂层之间的平衡来达到分离目的。将涂渍有吸着剂的玻璃纤维浸入样品中,样品中的残留农药通过扩散原理被吸附在吸着剂上,当吸着作用达到平衡后将玻璃纤维取出，通过加热或溶剂洗脱使农药解吸，然后用 GC 或 HPLC 进行分析测定。农药吸着量与样品中残留农药的原始浓度成正比关系，因此可以进行定量分析。SPME 发展非常迅速，在短短的十多年来已有 3 部专著、数百篇文献，应用于水、土壤、食品、及生物体液等样品中有机氯、有机磷、硫代氨基甲酸酯、取代脲、三嗪类、二硝基苯胺等残留农药的提取分析。

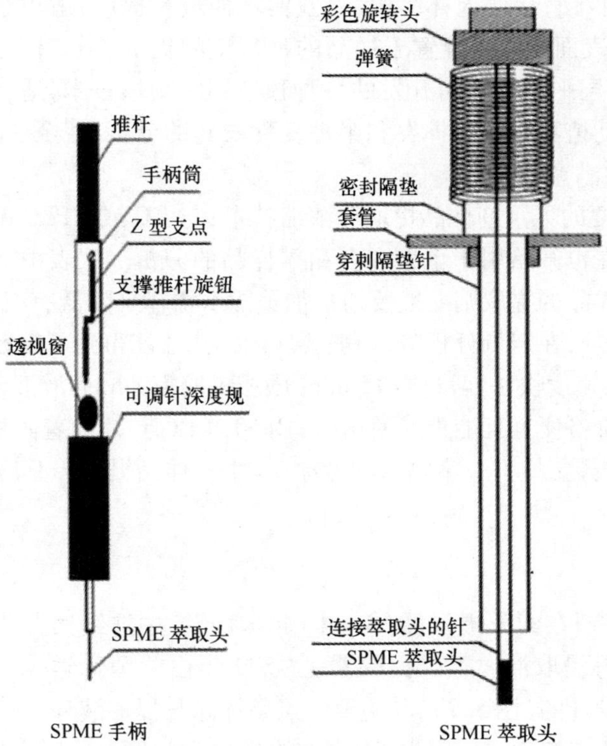

图 5.8　固相微萃取装置

SPME 过程的优化主要考虑提取用的纤维（吸着剂）类型、提取时间、离子强度、基体有机质及溶剂的含量、以及解吸温度和时间等因素。最早的涂渍纤维是用聚二甲基硅氧烷（polydimethyl siloxane，PDMS）和聚丙烯酸脂（polyacrylate，PA）作吸着剂。现在又有聚乙二醇 – 二乙烯基苯（carbowax – divinylbenzene，CW – DVB）、PDMS – DVB 和 CW – PDMS 等涂渍纤维面市，适合于更强极性农药的提取和 SPME – HPLC 联用，但它们存在稳定性问题，使用条件要求较高。涂层厚度根据需要调节，涂层越厚固相吸附量越大，可提高检测灵敏度，但涂层太厚则挥发性有机物进入固相层达到平衡的时间越长，分析速度则越慢。提取时间从 20 分钟到 60 分钟，短的几分钟，长的则数小时。样品中加一价或二价无机盐（如氯化钠或硫酸钠）有利提高提取效率，但高浓度的盐对纤维涂层的稳定性有影响，一般认为低于 20% 的浓度最合适。SPME 多是在室温下操作，但为提高有机氯、有机磷和三嗪类农药的提取效率，将温度升至60℃左右较好。样品的pH值一般认为对中性农药的提取没有影响,但对离子化农药则要调整pH值后再提取。另外,为增加农药的扩散,进行搅拌或振荡有利于提取。解吸温度应在200~300℃范围,时间数分钟至1小时,具体依农药性质和基质组成而定。

SPME有两种操作方法:直接固相提取法(D-SPME)和顶空固相提取法(HS-SPME)。D-SPME是将涂渍纤维直接插入样品中,对残留农药进行提取,适用于气体、液体样品的分析。HS-SPME是将表面涂渍纤维置于样品的顶端空间提取,不与样品直接接触,是根据气相中的残留农药与涂层平衡分配而开发的一种顶空固相提取技术,适合于各种基体的样品,包括大气、水、土壤、动植物组织中挥发和半挥发性农药的分析,甚至在较低温度时也能得到检测限低于10^{-9} g的满意结果。

SPME是一种简便的无溶剂样品提取和浓缩技术,与GC或HPLC配合,大量用于分析水样中的残留农药,现在也开始用于土壤和食品等样品的分析。从表中看出,水样的提取较简单,但土壤和食品等样品的提取则一般要通过加蒸馏水稀释来降低有机溶剂或基体有机物对吸着作用的影响。另外,在定量分析时,一般要用内标法才能得到可靠数据。

SPME操作简便、速度快,一般只需15 min(固相提取需1 h,而液液提取需4~18 h),所需样品量少,所用纤维价格便宜且能重复使用(可用50次以上)。随着固相新涂层的不断推出,如离子交换涂层(无机物提取)及生物亲和型涂层(生物样品提取),其应用范围将日益扩大。

5.2.1.2 固体样品

1. 索氏萃取

用适当的提取溶剂在索氏提取器(Soxhlet extractor)中连续回流提取几个小时,获得提取液。索氏提取器是1879年由德国化学家Franz van Soxhlet设计的(图5.9),其主要特点是样品与提取液分离,利用虹吸管通过回流溶剂浸渍提取,不会有溶质饱和问题,可达到完全提取的目的。这一方法提取彻底,可作为其他提取方法提取效率的参照标准。但一般需时较长,要提取8 h左右或以上。使用时将样品盛装在滤纸筒中放入回流提取管内,上部接上冷凝管,下接圆底烧瓶。溶剂装在底部圆底烧瓶中,置水浴上加热。至溶剂沸点后,溶剂蒸气从回流提取管的侧管进入冷凝管,冷凝后滴流在样品上将残留有机污染物提取出来。待回流溶剂达到虹吸管高度后,由于虹吸作用流入底部烧瓶。如此重复多次,直至污染物被完全提取出来。这一方法不适宜于对热不稳定化合物的提取。

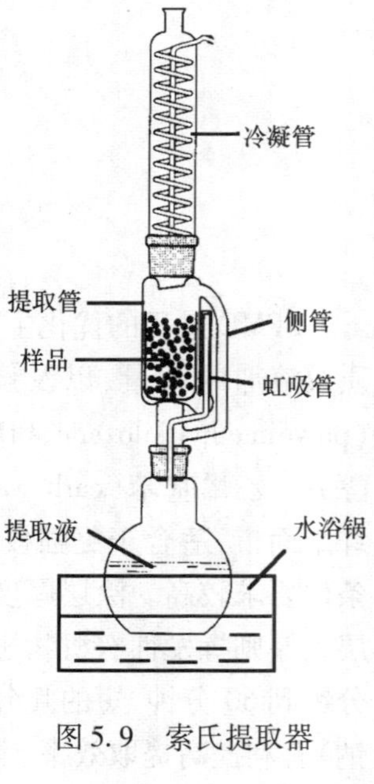

图5.9 索氏提取器

索氏提取器是最常用的提取器,每一个农药残留分析实验室都必备。提取方法的建立往往要以它为标准。最近,通过将索氏提取器加装自动取样器和溶剂自动分流器已制成全自动的索氏提取器,实现了溶剂完全提取自动化。

索氏提取和溶剂萃取,兼有富集和排除基体干扰的效果,过去美国 EPA 500,600,800 系列方法大都采用这个方案,其缺点是要耗用较大量的有机溶剂(数百毫升),并易引入新的干扰(溶剂中的杂质等),还需要费时的浓缩步骤,并易导致被测物的损失。

2. 超声波萃取(Ultrasound extraction)

20 世纪 80 年代,国外的许多环保工作者已经致力于超声波萃取技术的研究工作。1988 年,W H Griest 为了使超声波萃取技术得到比其他萃取方法更好的结果,对萃取条件进行仔细调整,如样品组成、萃取时间及超声波能量作用在样品上的比率等,在这些条件下,萃取大环 PAHs 时,通过提高能量大大提高了萃取效率;1992 年,A Beard 等利用超声波萃取了 PCBs;2000 年,孙福生等采用超声萃取土壤中的 16 中 PAHs,反相高效液相色谱分离测定,色谱分离周期41 min,大大优于索氏萃取法;2002 年,熊双喜等在超声波浴槽系统中提取土壤样品中的苯,获得满意效果;杨丽莉等采用超声萃取代替传统的索氏提取,用毛细管柱气相色谱法测定土壤中的六六六和 DDT 的残留量,能满足环境监测的要求;2003 年,钟爱国等采用超声波提取技术提取了土壤和沉积物中的酚;2004 年,郎印海等应用超声提取红壤和黄棕壤中的 13 种 OCPs,固相萃取柱纯化,用气相色谱进行分析,对不同提取溶剂、提取时间、提取次数与提取效率的关系进行了研究。

超声对萃取的强化作用最主要的原因是空化效应,即存在于液体中的微小气泡,在超声场的作用下被激活,表现为泡核的形成、振荡、生长、收缩乃至崩溃等一系列动力学过程,及其引发的物理和化学效应。气泡在几微秒之内突然崩溃,可形成高达 5 000 K 的局部热点,压力可达数十乃至上百个兆帕,随着高压的释放,在液体中形成强大的冲击波(均相)或高速射流(非均相),其速度可以达 100 m/s。伴随超声空化产生的微射流、冲击波等机械效应加剧了体系的湍动程度,加快相相间的传质速度。同时,冲击流对动植物细胞组织产生一种物理剪切力,使之变形、破裂,并释放出内含物,从而促进细胞内有效成分的溶出。另外,超声波的热作用和机械作用也能促进超声波强化萃取。超声波在媒质质点传播过程中其能量不断被媒质质点吸收变成热能,导致媒质质点温度升高,加速有效成分的溶解。超声波的机械作用主要是超声波在介质中传播时,在其传播的波阵面上将引起介质质点的交替压缩和伸长,使介质质点运动,从而获得巨大的加速度和动能。巨大的加速度能促进溶剂进入提取物细胞,加强传质过程,使有效成分迅速逸出。

3. 快速溶剂萃取

快速溶剂提取是由 Bruce E Richter 等于 1995 年提出的一种新的全自动提取技术装置见图 5.10。该法适用于固体和半固体样品的制备,仅用极少的溶剂,利用升高的温度加快解析动力达到加速提取的目的。在高温和高压下提取的时间从传统的溶剂提取的数小时降低到以分钟计,ASE 极大地减少了样品制备的繁琐操作,在 ASE 自动提取样品的同时,实验人员还可做其他的样品准备工作,ASE 使得样品制备变成自动化流程,已被美国 EPA 接受为环境、食品和其他固体、半固体样品的标准提取方法。

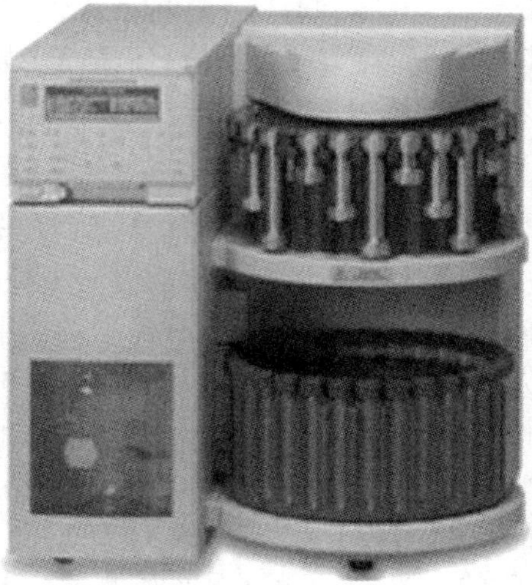

图 5.10　快速溶剂萃取装置

ASE 的基本原理是利用升高温度和压力，增加样品的溶解度和溶质扩散效率。通过升高温度能够打断溶剂与溶质之间的作用力，降低溶剂的黏度，还能够降低溶剂基质的表面强度。升高压力能够使溶液的沸点升高，使溶剂在较高的温度下保持液态，同时压力可以使溶剂进入基质微孔，与基质更全面地接触。加速溶剂萃取尽管是近些年发展起来的新技术，萃取所用的有机溶剂用量很少，一般 10 g 样品仅需 15 mL 溶剂；速度快，完成一次萃取仅需 15 min；基体影响小，对不同基体可以用相同萃取条件；萃取效率高、选择性好、方法简便、安全性好、自动化程度高。该技术的不足之处是不适用于高温下易降解的样品。

快速溶剂提取的步骤是，将样品置于不锈钢提取池内，提取池由加热炉加热至 50 ~ 200℃，通过泵入溶剂使池内工作压力达到 100 atm* 以上。样品接收池与提取池相连，通过静压阀(static valve)定期地将提取池内溶剂释放到接收池内，提取池内的压力同时得到缓解。经过静态提取 5 ~ 15 min 以后，打开静压阀，用脉冲氮气将新鲜溶剂导入提取池冲洗残余的提取物。快速溶剂提取每 10 g 样品约需 15 mL 溶剂，每个样品的提取时间一般少于 20 min。

快速溶剂提取可用于环境样品中农药、PAHs、PCBs 及碱、中、酸性化合物的提取，但对于水果和蔬菜等富含水分的样品，样品中常需要加入硅藻土，以减少水分影响。

4. 微波辅助萃取(张兰英，2008)

微波萃取(microwave extraction，ME，或 microwave aided extraction，MAE)始于 1986 年，匈

---

* atm 已废止。1 atm = 1.013×10^5 Pa。

牙利学者 K. Ganzler 报道了应用微波能可以加速提取食品中的某些有机成分，为有分析特别是环境有机分析试样的预处理开辟了一条新路。不久，K. Ganzler 又将微波萃技术应用于提取植物细胞中的天然产物。后来，由 Pare 将此技术细化、完善，并申请专利。

微波技术用于样品制备中是近年来发展起来的。它是指利用微波为能量进行样品处的各种方法。它可以用于样品溶解、干燥、灰化及浸取等方面，以往微波制备样品主要用无机分析，自 20 世纪 80 年代末期开始，已逐步扩展到有机分析，由于其设备简单、高效、快速，可以同时处理多种样品，因而是一种极有发展前途的样品制备与前处理技术，受到人越来越多的关注。

据报道，微波萃取较超临界萃取起步晚，微波技术应用于有机化合物萃取的第一篇文发表于 1986 年，R. N. Gedye 等将样品放置于普通家用微波炉里，通过选择功率挡、作用时间和溶剂类型，只需短短的几分钟就可萃取传统加热需要几个小时甚至十几个小时的目标物质。微波辐射技术应用研究的前景再次激发了人们探索的兴趣。20 世纪 90 年代初，由加拿大环境保护部和加拿大 CWT - TRAN 公司携手开发了微波萃取系统（microwaveassisted process，MAP），现已广泛应用到香料、调味品、天然色素、中草药、化妆品和土壤分析等领域，并且于 1992 年开始陆续取得了美国、墨西哥、日本、西欧、韩国的专利许可。

微波萃取法的适用范围很广，可用于提取土壤、沉积物中的 PAHs 和杀虫剂、除草剂以及多种酚类化合物和其他中性、碱性有机污染物；可提取沉积物中的 OTs、三烷基和磷酸三烷基醋；可提取食品中的某些有机物成分、植物种子和鼠粪中的某些生物活性物质及肉食品中的药物残留。此外，还有以微波萃取法从植物和鱼组织中提取芳香油和其他油类，从薄荷、海鸥芹、雪松叶和大蒜中提取天然产物等。

微波萃取的原理在传统的萃取过程中，能量首先无规则地传递给萃取剂，然后萃取剂扩散进人基体物厚从基体溶解或夹带多种成分扩散出来，即遵循加热一渗透进基体一溶解或夹带一渗透的模式示意图见 5.11。微波萃取法则是利用微波能来提高萃取效率的一种新技术，不同物质的介电不同，其吸收微波能的程度不同，由此产生的热能及传递给周围环境的热能也不相同。黴波场中，吸收微波能力的差异使得基体物质的某些区域或萃取体系中的某些组分被选性加热，从而使得被萃取物质从基体或体系中分离。

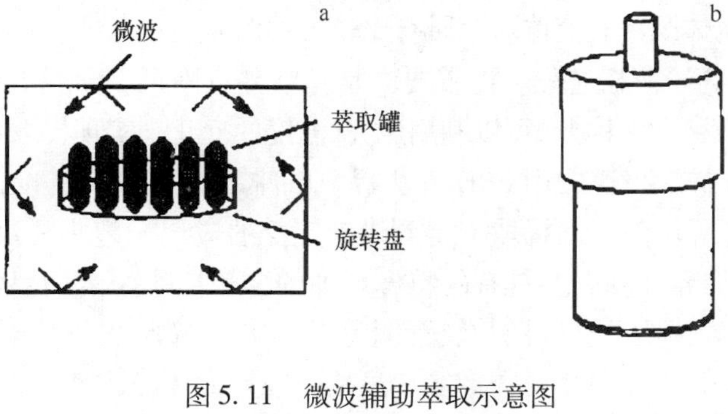

图 5.11　微波辅助萃取示意图

微波萃取的机理可从两方面考虑：一方面，微波辐射过程是高频电磁波穿透萃取介质，到达物料的内部维管束和腺胞系统。由于吸收微波能，细胞内部温度迅速上升，使其细胞内部压力超过细胞壁膨胀承受能力，细胞破裂，细胞内有效成分自由流出。在较低的温度下被萃取介质捕获并溶解，通过进一步过滤和分离，便获得萃取物料。另一方面，微波生的电磁场加速被萃取成分向萃取溶剂界面扩散速率，用水作溶剂时，在微波场下高速转动成为激发态，这是一种高能量不稳定状态；或者水分子汽化，加强萃取组分的力；或者水分子本身释放能量回到基态，所释放的能量传递给其他物质分子，加速其热，缩短萃取组分的分子由物料内部扩散到萃取溶剂界面的时间，从而使萃取速率提高数同时还降低了萃取温度，以便于最大限度保证萃取的效率。

由于传统的萃取过程中能量累积和渗透过程以无规则的方式发生，萃取的选择性很差。有限的选择性只能通过改变溶剂的性质或延长溶剂萃取的时间来获得，前者由于同时受溶解能力和扩散系数的限制，选择面很窄，后者则大大降低了萃取效率和速度。一方面，由于微波萃取能对萃取体系中的不同组分进行选择性加热，因而成为至今惟一能使目标组分直接从基体分离的萃取过程，具有较好的选择性；另一方面，微波萃取由于受溶剂亲和力的限制较小，可供选择的溶剂较多。此外，热传导、热辐射造成的热量损失使得一般加热过程的热效率较低，而微波加热利用分子极化或离子导电效应直接对物质进行加热，因此加热效率高、升温快速均匀，大大缩短了萃取时间，提高了萃取效率。

微波萃取技术与现有的其他萃取技术相比有明显的优势。传统热萃取是以热传导、热辐射等方式由外向里进行，而微波萃取是通过偶极子旋转和离子传导两种方式里外同时加热。与传统热萃取相比，微波萃取具有以下特点：质量稳定；可有效地保护食品、药品以及其他化工物料中的有用成分；产量大、产生废物少；对萃取物具有高选择性，萃取效率高，纯度高；省时，可节省 50% ~90% 的时间；溶剂用量少（可较常规方法少 50% ~90%），操作费用低；低耗能，无污染，属于绿色工程；生产线组成简单，节省投资，符合环境保护要求。

5. *超临界流体提取法*（SFE，supercritical fluid extraction）

物质处于其临界温度和临界压力以上状态时，向该状态气体加压，气体不会液化，只是密度增大，具有类似液态性质，同时还保留气体性能，这种状态的流体称为超临界流体（supercritical fluid）。因此，超临界流体既具有液体对溶质有比较大的溶解度的特点，又具有气体易于扩散和运动的特性，传质速率高于液相过程。更重要的是在临界点附近，压力和温度的微小变化都可以引起流体密度的很大变化。因此，可以利用压力、温度的变化来实现提取和分离过程。

自从 Zosel（1978）首次报道应用 SFE 方法提取咖啡因以来，这一方法已在食品、香料、药物、环境、化工、农业等领域的分离提取上得到迅速广泛的应用。超临界流体提取法利用超临界流体在临界压力和临界温度以上具有的特异增加的溶解性作为溶剂，从液体或固体基体中提取出特定成分，以达到提取分离目的，装置图见图 5.12。超临界流体对有机化合物的溶解度的增加非常惊人，一般能增加几个数量级。虽然超临界流体的溶剂效应普遍存在，但实际上由于要考虑溶解度、选择性、临界点数据以及化学反应的可能性等一系列因素，适于作为超临界提取的溶剂并不很多。常用的超临界流体有：二氧化碳、氨、乙烯、乙烷、丙烯、丙烷和水等。

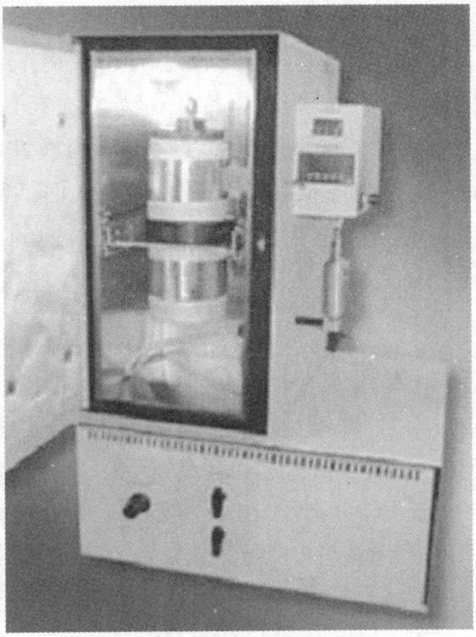

图 5.12　超临界萃取装置图

在各超临界流体中以二氧化碳最受关注，由于超临界二氧化碳密度大，溶解能力强，传质速率高，同时二氧化碳的临界压力适中，临界温度 31℃，分离过程可在接近于室温条件下进行，便宜易得，无毒，惰性以及极易从提取产物中分离出来等一系列优点，当前绝大部分超临界流体提取都是以二氧化碳为溶剂。其他值得注意的超临界流体溶剂有轻质烷烃（$C_3 \sim C_5$）和水。

采用二氧化碳提取，特别适于处理烃类及非极性酯类化合物，如醚、酯和酮等。但是，如果样品分子中含有极性基团，则需要在体系中添加调节剂（或称助溶剂），以增加对极性物质的溶解能力。SFE 法能快速、高效地从固体样品中分离出待测物。

5.2.2　萃取液净化技术

有些环境样品组成比较复杂，如污染源、生活污水、动物组织等，经初步予处理后，还伴存有相当量的共萃取的类脂物或其他杂质，还不能直接进行色谱分析，需要做进一步的处理。对于类脂物质，可以利用化学反应，如皂化、铬酸、硫酸氧化，也可利用一些简单的色谱方法，根据极性，分子尺寸或分子形状继续作进一步的处理。处理的目的是进一步突出待测物，利于最终的分析检测。为避免待测物的损失，影响重现性，一般以采用比较温和的方法为宜，如吸附色谱、凝胶渗透色谱（GPC）或高效液相色谱等。

吸附色谱，一般采用极性吸附剂，如硅胶、氧化铝、硅酸镁（俗称弗洛里土），仍是迄今比较常用的除去类脂物的方法。环境样品中的待测物一般极性较小，吸附弱而先流出，分子量较大的类脂物则留在吸附柱上。吸附剂的活化或去活化是本法成败的关键。柱层析法（column chromatography）是一种应用最普遍的方法。前面介绍的固相提取法就是简化的柱层析技术，它也具有净化的功能。柱层析法的基本原理是将提取液中的农药与杂质一起通过一根适宜的吸附柱，使它们被吸附在表面活性的吸附剂上，然后用适当极性的溶剂来淋洗，农药一般先被淋洗出来，而脂肪、蜡质和色素等杂质保留在吸附柱上，从而达到分离、净化的目的。随着高灵敏度检测方法的出现，样品不断微量化，柱层析净化吸附剂的用量只用 2 ~ 3 g，有的只用 0.5 g 来净化样品，微量层析柱一般为 5 mm 粗，淋洗液 10 mL 左右，达到量少、快速的目的。

5.2.2.1 凝胶渗透色谱

值得重视的是，近年美国 EPA 规定，凡是土样（包括淤泥）提取液均要用凝胶渗透层析（gel permeation chromatography，GPC）作净化处理，去除脂肪、聚合物、共聚物、天然树脂、蛋白质、甾类等大分子化合物以及细胞碎片和病毒粒子等杂质。在环境复杂基体中存在着大量这类大分子杂质，它们在进行 GC 或 LC 分析测定时一般不能通过色谱柱，虽然不会对检测器产生反应，但由于堵塞进样阀和柱子，造成柱子寿命缩短和结果产生偏差，同时其降解物也可能影响到检测器。

凝胶渗透层析是利用多孔的凝胶聚合物将化合物按分子大小选择性分离的机制，即由于大分子化合物不能进入填料粒子的孔内，溶剂淋洗时只能在粒子间隙通过，而小分子化合物能在粒子孔内穿行，二者运行路径的距离不一样，大分子的路径短，最先流出，小分子的路径长，最后流出。这样就能把最先流出的大分子化合物去除而得到净化。农药残留样品净化中最常用的凝胶渗透层析填料是各种不同孔径大小和粒子大小的苯乙烯 - 二乙烯苯共聚物（SDVB），如 SX - 3，通过控制其聚合时的交联度来获得所需孔径的凝胶粒子。由于大多数农药的分子量都在 400 以下，选择一定孔径的填料就可很容易地去除提取液中分子量在 400 以上的杂质。淋洗剂一般用二氯甲烷、1:1 二氯甲烷 - 环戊烷或 1:1 乙酸乙酯 - 环戊烷。高聚物分子和固定相颗粒间相互作用及不同尺寸的高聚物分子分离过程见图 5.13 和图 5.14。

使用凝胶渗透层析作净化处理不会有不可逆保留问题，而且一根柱子可以重复使用上千次，速度快、成本低，适用于动植物组织、果蔬、加工食品、土壤、牛奶、血液、水等几乎所有样品的净化处理。现在已有商业化凝胶渗透层析自动净化装置（图 5.15），可同时处理 60 个样，非常方便、快速。

5.2.2.2 硅胶柱净化

硅胶（silica gel）是硅酸钠溶液中加入盐酸而制得的溶胶沉淀物，经部分脱水而得无定形的多孔固体硅胶。硅胶柱层析在样品净化中使用很普遍，它能有效地去除糖等极性杂质，特别是它对 N - 甲基氨基甲酸酯农药不会象在弗罗里硅土或氧化铝中那样不稳定。通常也需活化处理去除残余水分，使用前再加入一定量的水分以调节其吸附性能。硅胶的活化温度在 400 ~ 450℃，活化 5 小时。操作时，一般硅胶的量为 5 ~ 50 g，含水量在 0 ~ 10% 之间，初始用

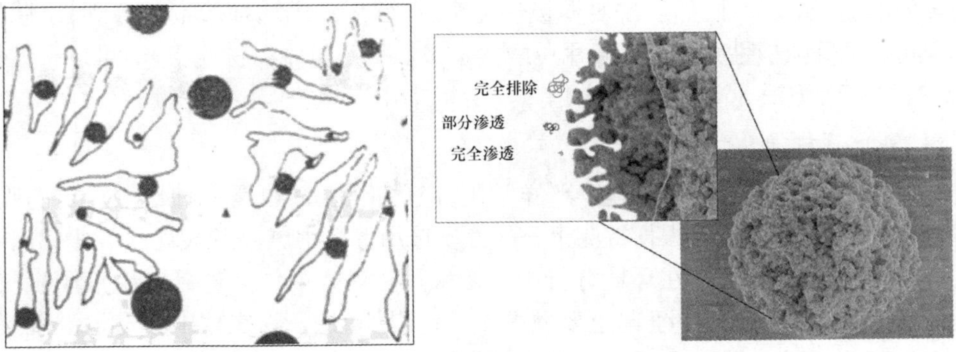

图 5.13　高聚物分子和固定相颗粒间相互作用示意图

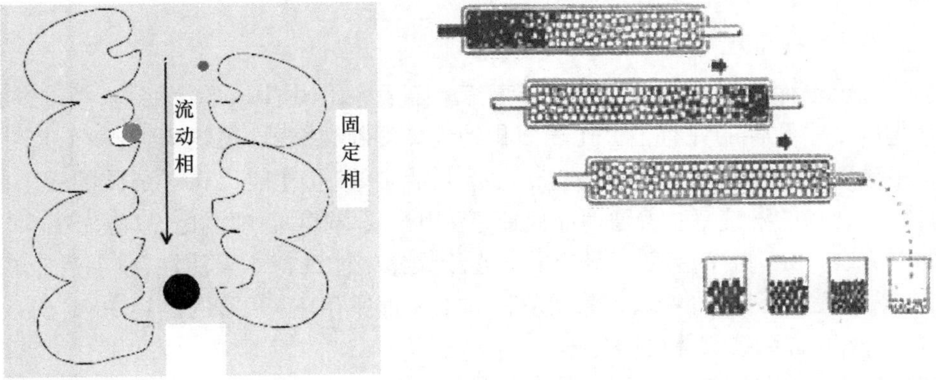

图 5.14　不同尺寸的高聚物分子分离过程

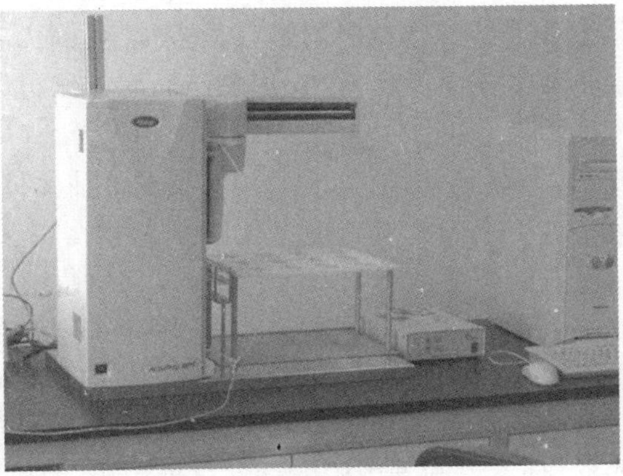

图 5.15　凝胶渗透色谱整机图

弱极性溶剂淋洗，如戊烷或已烷，洗脱弱极性化合物，然后逐渐增加溶剂的极性，洗脱极性较强的化合物。糖等强极性化合物一般用甲醇等强极性溶剂也难以洗脱下来，可以很方便地去除（详见美国 EPA 方法 3630 硅胶净化）。

5.2.2.3 氧化铝柱净化

氧化铝（alumina）不如弗罗里硅土那样常用，但价格便宜，也是一种比较重要的吸附剂。它有酸性、中性、碱性之分，可根据待测组分的性质选用。其中碱性及酸性的氧化铝因活性较强会引起目标化合物的损失，在环境分析中不常采用。最大的特点就是淋洗液用量较少，但一般由于氧化铝的活性比弗罗里硅土要大得多，因而目标化合物在柱中不易被淋洗下来，当用强极性溶剂时，则目标物与杂质又会同时被淋洗下来，所以在应用前必须将氧化铝进行去活处理。一般来说，10 g 氧化铝的柱子所处理的萃取液所含的有机物最多不能超过 0.3 g。详见美国 EPA 方法 3610 氧化铝柱净化（表 5.3）。

5.2.2.4 弗罗里硅土柱净化

弗罗里硅土也称硅镁吸附剂，主要由硫酸镁与硅酸钠作用生成的沉淀物，经过过滤、干燥而得。它是一个多孔性的并有很大比表面积的固体颗粒，比表面值达 297 m^2/g，极性强于硅胶。弗罗里硅土要经过 650℃ 的高温加热 1 ~ 3 h 活化处理，才能提高对杂质的吸附能力，而不影响目标化合物的淋洗率。普通商品仅通过 110℃ 或 260℃ 温度活化，故应先在 650℃ 温度下重新加热一次。处理后的弗罗里硅土贮放在干燥器中能维持 4 天活性，过期后应在使用前在 130℃ 加热过夜，国外不少实验室将弗罗里硅土一直保存在 130℃ 的烘箱中（详见表 5.3 美国 EPA 方法 3620 硅酸镁载体柱净化）。

弗罗里硅土的活性可以通过测定其表面积值来加以控制。Mills 提出一种简便的方法测定弗罗里硅土的活性。据估算，认为 1 g 弗罗里硅土能吸附分子量为 200 的化合物 100 mg，活性较合适。一般选用月桂酸来作为被吸附的物质，通过测定月桂酸被弗罗里硅土吸附的量来求出弗罗里硅土的活性。利用月桂酸作被吸附物有很多优点，因为它的分子量在 200 左右，是一种固体，比较容易提纯，很容易溶于已烷中，用酸碱滴定方法可以直接被测定，测定的具体步骤如下。

取 2 g 弗罗里硅土放入 25 mL 三角瓶中，在 130℃ 温度下活化处理过夜，冷却到室温时，加入 20.0 mL 月桂酸溶液（内含月桂酸 400 mg），塞上塞子，摇荡 15 min，待吸附剂沉下后，用 10.0 mL 移液管移出 10 mL 月桂酸溶液到另一个 125 mL 三角瓶中（注意避免任何弗罗里硅土吸入），加入 50 mL 中性乙醇及 3 滴酚酞指示剂，用 0.05 mol/L 的氢氧化钠溶液滴定，求出 1 g 弗罗里硅土吸附月桂酸的 mg 数，即所谓月桂酸值（lauric acid value），通常以 LA 表示。

一般应用弗罗里硅土的活性指标 LA 为 110 以上，而市售的弗罗里硅土的 LA 值为 75 ~ 116 不等，LA 值越低的弗罗里硅土，则其中硫酸钠含量就越高，范围在 0.15% ~ 2.4% 之间。通常可以用水洗涤以去除硫酸钠，然后再在 650℃ 温度下活化 5 h，这样处理后，月桂酸值就可以达到要求。弗罗里硅土的 LA 值偏低，也可以加大用量来达到净化的目的。

5.2.2.5 酸碱分配净化

在分析酚类或有机酸污染物时，常利用酸碱分配净化的方法将它们与中性及碱性物质分开，以便于进一步的净化或分析。其做法是用碱性（$pH > 11$）水溶液洗涤萃取液，将其中的酸性有机物转移至水相，从而与中性或碱性化合物分开，然后将水相酸化至 $pH < 2$，再用有机溶剂将酸性有机化合物萃取出来，达到净化的目的。控制好 pH 是酸碱分配净化中的关键。pH 不到位会使转移不完全，过量的酸、碱则可能引起某些目标化合物的降解（详见美国 EPA 方法 3650）。

5.2.2.6 化学净化

化学净化法（chemical cleanup methods）是用强酸、强碱将样品基体消解掉，留下农药母体或其可测知降解物的净化方法。这些方法主要是针对稳定的 PCBs、PBDEs 和 OCPs 而建立的。例如，毒杀芬、氯丹、艾氏剂、七氯的分析，先用发烟硫酸处理提取物，使脂类和色素物质水解后去除。同样，浓碱也用于脂类的水解（皂化）。有些酶，如木瓜蛋白酶、胃蛋白酶，可用来降解净化样品中的肽类杂质。

5.2.2.7 除硫方法

环境样品，尤其是沉积物样品中含有大量的、以多原子聚合状存在的元素硫。这些元素硫是亲脂性的，在样品萃取及净化的过程中，其行为与有机氯或有机磷农药相似，而且他们在多种气相色谱的检测器上都有较强的相应，在色谱过程中他们往往以很宽的峰带出现，对分析造成强烈的干扰。因此，当样品中含硫时一定要进行硫净化。

最常用的除硫方法就是使萃取液通过稀酸洗过的活化铜粉，其中的硫元素在铜粉表面放映生成硫化铜而离开萃取液。活化不完全的铜粉去硫效率低。在处理过程中，用于活化铜粉的酸可能会造成某些目标物的降解，导致分析误差，因而必须将活化处理后的铜粉残留的酸洗净（详见表 5.3 美国 EPA 方法 3660）。

表 5.3 美国 EPA SW-846 系类中样品净化方法

方法	方法名称	原理	适用范围
3610	氧化铝净化	吸附	非极性或弱极性物质，如 OCPs、PAHs 等，可以用 SPE 小柱代替
3611	氧化铝柱净化和分离石油废弃物	吸附	非极性或弱极性物质，如 OCPs、PAHs 等，可以用 SPE 小柱代替
3620	Florisil 净化	吸附	非极性或弱极性物质，如 OCPs、PAHs 等，可以用 SPE 小柱代替
3630	硅胶净化	吸附	非极性或弱极性物质，如 OCPs、PAHs 等，可以用 SPE 小柱代替
3640	GPC 净化	按尺寸分离	大范围的半挥发性有机物和农药，除去高沸点、相对分子质量高的干扰物
3650	酸碱分配净化	酸碱分配	将酸性或碱性有机物与中性有机物分离，如氯酚与 PAHs 分离
3660	硫净化	氧化/还原	除去萃取液中干扰仪器分析的硫
3665	浓硫酸/高锰酸净化	氧化/还原	PCBs 分析前除去有机脂类物质，可能破坏某些 OCPs（艾氏剂、狄氏剂、硫丹等）

5.2.3 溶剂转化及衍生化

在样品制备过程中经常遇到这样的问题，即萃取所使用的溶剂不适宜作为净化过程中所需要的溶剂，或不适宜作为仪器分析所需要的溶剂。例如最常使用的萃取溶剂——二氯甲烷，不仅不宜作为硅胶、氧化铝、弗罗里硅土净化柱的进样溶剂，也不能作为 GC/ECD 仪器的进样溶剂，因此进样前需将二氯甲烷转化为正己烷。其做法是将二氯甲烷浓缩至 1 ~ 2 mL，加入 10 mL 正己烷，再浓缩定容至 1 mL，以除净原溶液中的二氯甲烷。溶剂交换只能是用高沸点的溶剂取代低沸点的溶剂，反过来是行不通的，除非能做到在不损失目标化合物的条件下将萃取液中的高沸点的溶剂蒸干，再用较低沸点的溶剂将残渣溶解。

衍生化是前处理中的一项重要内容。在环境分析中衍生化的主要目的有两个，一个是将极性化合物转变为非极性化合物，使其易于被有机溶剂从样品中萃取出来，并使其沸点大大降低，从而有利于气相色谱分析，如 OTs 的测定时需烷基化。衍生化的另一个目的是在目标化合物分子中引入在分析仪器上有很高响应值的集团，从而大大提高检测灵敏度。

5.2.4 样品浓缩

由于农药残留分析中分析物在样品中的量非常少，而且常规溶剂提取法所用溶剂的量相对来说就非常大，从样品中提取出来的残留农药溶液，一般情况下浓度都是非常低的，在作净化和检测时，必须首先进行浓缩（concentration），使检测溶液中待测物达到分析仪器灵敏度以上的浓度。目前一些新的提取方法，如固相提取、吹扫捕集法等可实现样品浓缩。

在浓缩过程中，必须注意残留农药损失和样品污染二个问题。由于样品提取液体积非常大，一般都在几十到几百毫升范围，要浓缩到几毫升之内，容易引起残留农药损失，特别对于蒸气压高或亨利常数高、稳定性差的农药，更应该注意不能蒸干。这些农药甚至在样品制备好以后，都应存放在密闭和低温条件下。

常用的浓缩方法有减压旋转蒸发法、K－D 浓缩法、氮气吹干法（gas blowing evaporation）等，可结合实际需要选择使用。

1. *减压旋转蒸发法*

减压旋转蒸发法（vacuum rotary evaporation）利用旋转蒸发器（图 5.16），可以在较低温度下使大体积（50 ~ 500 mL）提取液得到快速浓缩，操作方便，但残留农药容易损失，且样品还须转移、定容。

旋转蒸发器是为提高浓缩效率而设计的，其原理是利用旋转浓缩瓶对浓缩液起搅拌作用，并在瓶壁上形成液膜，扩大蒸发面积，同时又通过减压使溶剂的沸点降低，从而达到高效率浓缩目的。

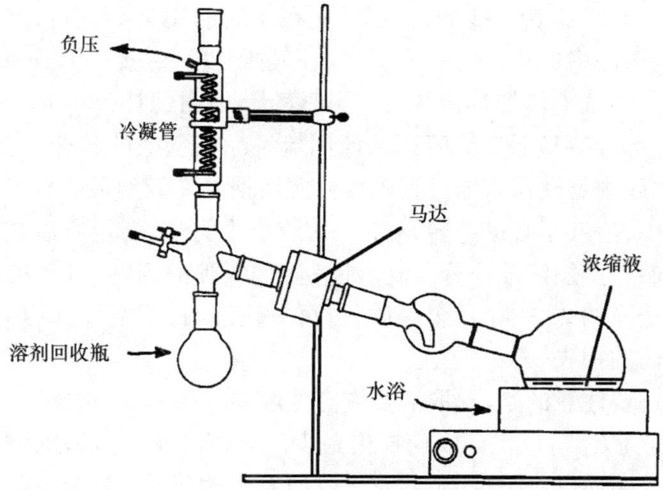

图 5.16　旋转蒸发仪

2. K－D 浓缩法

K－D 浓缩法(Kuderna－Danish evaporative concentration)是利用 K－D 浓缩器(图 5.17)直接浓缩到刻度试管中,适合于中等体积(10～50 mL)提取液的浓缩。K－D 蒸发浓缩器是为浓缩易挥发性溶剂而设计的,其特点是浓缩瓶与施耐德分馏柱连接,下接有刻度的收集管,可以有效地减少浓缩过程中农药的损失,且其样品收集管能在浓缩后直接定容测定,无需转移样品。

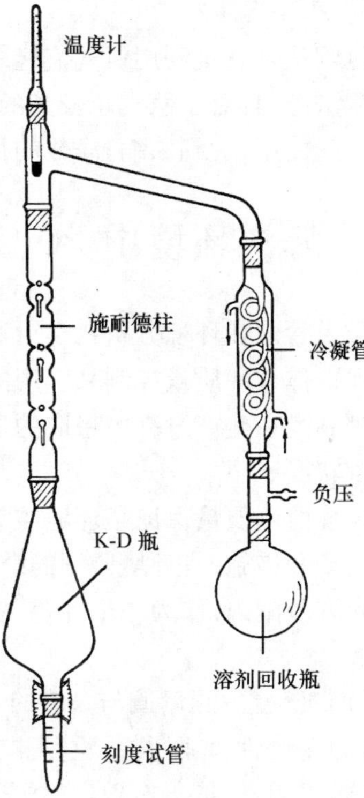

图 5.17　K－D 浓缩仪

从各浓缩方法的使用情况来看,以 K－D 浓缩器的使用较为普遍,各国标准农药残留量分析,大都用 K－D 浓缩器浓缩。K－D 浓缩器可以在常压下进行浓缩,也可以在减压下进行(一般丙酮、二氯甲烷等溶剂宜在常压下浓缩,而苯等溶剂只可适当减压进行),但真空度不宜太低,否则沸点太低,提取液浓缩过快,容易将样品带出造成损失。K－D 浓缩器的水浴,温度不宜过高,一般以不超过 80℃ 为好,也有用蒸气加热。为了提高浓缩速度,K－D 瓶也可以用金属套空气浴加热(但温度不能超过沸点)。使用时,上样量为浓缩瓶体积的40% ~60%。为减少农药损失,应在使用前用1 mL有机溶剂将柱子预湿。然后,刻度收集管放入水浴中加热(注意:不要将水浸过刻度试管接口),而K－D浓缩瓶的圆底部分正好处于水浴的蒸气上。加热沸腾后,溶剂蒸出,施耐德柱(Snyder column)可以防止部分溶剂冲出,同时一部分冷却下来的溶剂又能回流洗净器壁上的农药,使农药随溶剂回到蒸馏瓶中。实验证明,施耐德柱在浓缩过程中可使农药损失降低到最小程度。浓缩后的溶液留在底部的刻度试管中,溶液不必进行转移,K－D瓶也不需洗涤,定容后进行净化或检测。但这一方法也和减压旋转蒸发浓缩一样,需要注意溶剂爆沸的问题,可在提取液瓶中加入几粒预先用正己烷回流洗净的20~40目金刚砂,也可以用沸石,但由于沸石为多孔性物质,作高度浓缩时易招致农药的损失。

在浓缩过程中还要注意的是,提取液要作高度浓缩时(一般指浓缩到500 μL以下),则用2球的小型施耐德柱为好,可以保证农药损失最少。对于净化后溶液的浓缩,必须更加警惕,因为提取物中油脂等杂质已经很少,必要时可以加入几微升不干扰分析的抑蒸剂,如乙二醇、硬脂酸和石蜡等,以避免农药损失。此外,为了考察样品的浓缩过程,也可以单独进行标准农药的浓缩回收率试验,一般以达到90%以上回收率为宜。

3. 氮气吹干法

氮吹法是直接利用氮气流轻缓吹拂提取液,加速溶剂的蒸发速度来浓缩样品,只适合于小体积浓缩,且对于蒸气压较高的农药比较容易损失。现在,在许多实验室都是联合固相提取柱一起使用,达到浓缩、净化的目的。

5.3 海洋环境中POPs分析的质量控制与质量保证

质量管理在环境分析化学行业中占有极其重要的地位,是环境分析的生命线。它是通过质量保证体系和质量控制来实现的。质量保证系统是一个确保数据质量为宗旨的管理体系;质量控制是在生产过程中采取的一系列保证质量的措施及质量控制指标,通过数据标明产品的质量状况。

环境监测质量保证是环境监测工作的全面质量管理,它包含了保证监测数据正确可靠的全部活动和措施,是环境监测的全面管理。质量保证的作用在于将监测数据的误差控制在限定的允许范围内,作为一个完整的质量保证归宿是应保证监测数据具有如下五方面的质量特征。

(1)准确性:测量值与真值的一致程度。

(2)精密性:均一样品重复测定多次的符合程度。

(3)完整性:取得有效益检测数据的总额满足预期计划要求的程度。

(4)代表性:监测样品在空间和时间分布上的代表程度。

(5)可比性:在监测方法、环境条件、数据表达等可比条件下所获得数据的一致程度。

环境监测质量控制，是指在环境监测的各技术环节中的质量控制，他们都是质量保证的重要组成部分。实验室分析质量控制是分析人员在分析过程中使用适宜的质控技术，使分析结果的精密度和准确度能达到质量指标的要求。

5.3.1 质量保证的主要内容

环境监测质量保证的主要内容包括设计一个良好的监测计划，根据监测目的需要和可能、经济成本和效益，确定对监测数据的质量要求；规定相应的分析测量系统和质量控制程序。为保证取得合乎可比性、完整性、代表性、精密性与准确性要求的监测结果，还应组织人员培训，编制分析方法和各种规章制度等。

5.3.2 质量控制体系

数据质量的核心是数据的真实性，即分析结果，必须反应采样点样品的真实情况。为此，所分析的样品必须与采样的情况一致，这是有采样及样品管理质量保证体系来实现的；分析的结果必须真实反应样品的情况，这是通过建立适当的分析方法，并在分析中采取一系列质量控制措施来实现的(图 5.18)。

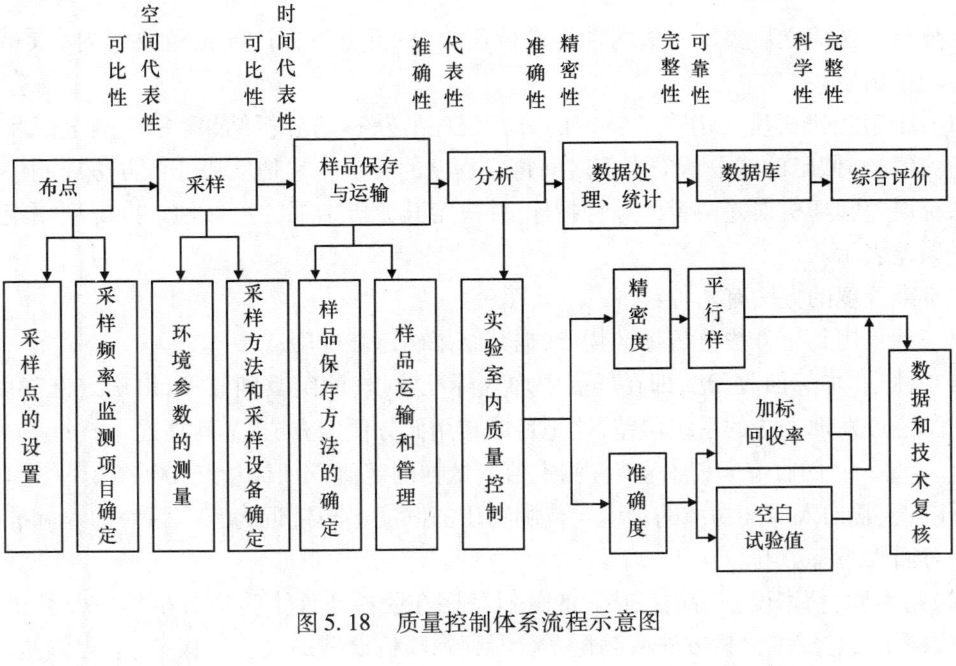

图 5.18　质量控制体系流程示意图

5.3.2.1 分析方法的建立

为获得可靠的分析结果，必须使用可靠的分析方法。分析方法的建立包括：方法选择、方法试探、方法验证与评价、方法确定。

1. 方法选择

（1）根据实验室的技术力量、仪器色设备和目标化合物、样品基质首选标准方法如国家标准、行业标准或国际标准方法，通过认可的实验室要采用已经认可的标准方法或非标方法。若无现成的方法，可通过网络检索，从美国环保局（EPA）公布的标准分析方法中选择。美国 EPA 在指定污染物标准分析方法方面，起步最早、工作量投入最大、资料最完全。

（2）没有标准方法可采取知名的技术组织、有关科学杂志发表的适用有效的方法，并进行方法验证。如应用环境参考样品做准确度控制试验，用环境样品做精密度控制试验，方法达到与现行的标准方法等效，并形成有效的技术文件备案。

2. 方法试探

选好方法后要对所选的方法进行试探。首先配制标准溶液，在仪器上进样，观察被分析物质在仪器上的相应、色谱分离情况、干扰因素等。根据所得信息优化仪器条件，建立标准曲线。然后将标准溶液以相当于标准曲线范围中的中点、下限、上限的浓度掺入纯净的基质中，经样品前处理步骤，观察各前处理步骤的回收率，优化前处理步骤。

3. 方法验证和评价

在分析方法建立后要对方法的性能进行评价，评价分析方法的最重要的内容是准确度、精密度和检出限。

（1）准确度：准确度是用一个特定的分析程序所获得的分析结果（单次测定值和重复测定值的均值）与假定的或公认的真值之间符合程度的度量。它是反映分析方法或测量系统存在的系统误差和随机误差两者的综合指标，并决定其分析结果的可靠性。准确度用绝对误差和相对误差表示。

评价准确度的方法有两种：

第一种是用某一方法分析标准物质，据其结果确定准确度；

第二种是“加标回收”法，即在样品中加入标准物质，测定其回收率，以确定准确度，多次回收试验还可发现方法的系统误差，这是目前常用而方便的方法，其计算式是：

$$回收率 = (加标试样测定值 - 试样测定值)/加标量 \times 100\%$$

所以，通常加入标准物质的量应与待测物质的浓度水平接近为宜。因为加入标准物质量的大小对回收率有影响。

（2）精密度：精密度是指用一特定的分析程序在受控条件下重复分析均一样品所得测定值的一致程度，它反映分析方法或测量系统所存在随机误差的大小。极差、平均偏差、相对平均偏差、标准偏差和相对标准偏差都可用来表示精密度大小，较常用的是标准偏差。在讨论精密度时，常要遇到如下一些术语。

①平行性：平行性系指在同一实验室中，当分析人员、分析设备和分析时间都相同时，用

同一分析方法对同一样品进行双份或多份平行样测定结果之间的符合程度。

②重复性：重复性系指在同一实验室内，当分析人员、分析设备和分析时间三因素中至少有一项不相同时，用同一分析方法对同一样品进行的两次或两次以上独立测定结果之间的符合程度。

③再现性：再现性系指在不同实验室（分析人员、分析设备、甚至分析时间都不相同），用同一分析方法对同一样品进行多次测定结果之间的符合程度。

通常同一实验室内精密度是指平行性和重复性的总和；而不同试验室间精密度（即再现性），通常用分析标准溶液的方法来确定。

在评价分析方法时通常是将相当于标准曲线中间点浓度的被检物加入空白基底中，按照试剂样品进行全程分析，将分析结果统计处理。方法的准确度用结果的回收率表示，而方法的精密度用结果的相对标准偏差（RSD）表示。

（3）检出限：检出限（Detection Limit，DL 或 Limit of Detection，LOD）；在《环境水质监测质量保证手册》中对检出限的定义为，特定分析方法在给定的置信度内可从样品中检出待测物质的最小浓度或最小量。检出限是以一定的置信水平为基础的量值，并且随介质、被分析组分以及分析方法的不同而不同。美国自然资源办公室（DNR）以产生的信噪比大于 5 所对应的浓度来作为 LOD，而美国水和废水标准检验法将 LOD 定为能产生 2（或 1.645）倍于空白样品分析的平均标准偏差的信号所对应的待测物浓度。

仪器的检出限（Instrument Detection Limit，IDL）：是指分析仪器能够检测的被分析物的最低量或浓度，这个浓度与特定的仪器能够从背景噪音中辨别的最小响应信号相对应。比如色谱仪的检出限是产生至少 2 倍于基线噪音的进样量。仪器的检出限不考虑任何样品制备步骤的影响，因此，其值总是比方法的检出限要低。仪器的检出限一般不用于最终的数据报告，而主要用于数据的统计分析以及不同仪器的性能比较。

方法检出限（Method Detection Limit，MDL）：方法的检出限与仪器的检出限相似，但考虑了样品分析前的所有制备过程的影响。方法检出限定义为 99% 置信度下某基体中能检出的化合物的最小浓度。在实际操作中，对含目标化合物的低浓度（该浓度值是估计检出限的 3 ~5 倍，从仪器信噪比的 2.5 ~5.0 倍相对应的浓度值中选取检出限的估算值）样品进行至少 3 次平行测定，测定结果的标准偏差与单边检验 99% 置信度下的 t 值之乘积即为方法检出限。t 值与测定次数的对应关系见表 5.4。

表 5.4　t 检验值

样品测定次数	3	4	5	6	7	8	9	10
t 值	6.96	4.54	3.75	3.36	3.14	3.00	2.90	2.82

定量限（Limit of Quantitation，LOQ）：被测组分的浓度能产生比空白足够大的信号，这个信号能够被良好实验室在常规操作条件下以指定的置信水平定量检出，这个浓度就是定量限。

一般以产生10倍试剂空白的标准偏差信号所对应的浓度作为定量限。LOQ随介质、分析方法和分析对象的不同而不同。

上述4个定义相应的数值有这样的近似关系，即：IDL∶LOD∶MDL∶LOQ = 1∶2∶4∶10。

应用定量限(Practical Quantitation Limit，PQL)：是指在实际操作和常规分析上能达到的定量限，这个定量限能保证检测结果有较高的准确性(置信度 > 99.9%)；POL一般为MDL的3~10倍，是指能够准确测定的最低浓度，而不仅仅是能检出。

报出限(Reporting limit or reporting level)：是一个任意值，低于这个值的数据不报出。报出限可以采取统计的方法确定，也可以根据分析人员的经验和判断估计。低于报出限的结果可以以"<报出限"来表示。

现在被广泛用来评价分析方法的检出限一般采用方法检出限(MDL)。美国EPA规定，在测定MDL时，最少测定7个重复的低浓度加标样品，加标的浓度要适宜，一般为预期MDL值的1~5倍，并按照给定分析方法的全过程进行处理和测定。

MDL的计算公式如下：

$$\text{MDL} = S \times t(n-1, 1-a=0.99)$$

式中：n = 重复测定的加标样品数；S = n次加标测定浓度的标准偏差；t = 自由度为$n-1$时的Student's t值(可查表得到)，$1-a$为置信水平。

MDL的测定步骤如下。

①分析系统的准备：进行MDL测定的分析仪器系统必须通过了必要的质量控制检查，并运行正常。同时应保证系统的"干净"，尽量避免以前测定的样品对系统的污染。

②校正曲线的选择：正确的校正曲线应覆盖被分析样品的预期浓度范围。建议校正曲线的最低浓度点取定量限附近，其余点覆盖实验室可能遇到的有代表性的样品浓度。

③选择合适的加标浓度：MDL是根据同一浓度的7个或7个以上样品多次测定的精密度来确定的，而用于精密度计算的测定结果的标准偏差与浓度有关。因此，选择合适的加标浓度非常重要。按照美国EPA的方法，最佳的加标浓度为预期检出限的1~5倍；同时，加标样品的响应信号还要能够从背景噪声中分辨出来，即还要考虑信噪比(S/N)。

由于精密度与浓度有关，计算的MDL值必须大于加标浓度的1/10，即加标浓度要小于计算的MDL的10倍，这是测定MDL时允许的样品最高浓度；另一方面，计算的MDL值不得高于加标浓度。下列不等式可用于评价计算的MDL是否合适：

$$\text{加标浓度} < 10 \times \text{计算的 MDL}$$

④重复样品的制备：严格按照分析方法的要求制备和处理7个以上浓度适宜的重复加标样品。

⑤进行空白测定：一是为了了解背景污染的情况；二是有些分析方法要求减去空白，此时应进行空白值平行测定，并取其平均值。

⑥MDL的计算：根据上述MDL的计算公式，在计算MDL时有以下几个值得注意的地方。

a. 标准偏差采用样本标准差 s 而不是总体标准差 σ。

b. 采用正确的 t 值。

c. 有效数字：在计算过程中不要进行数值修约，计算到最后的结果时再根据方法的报告要求修约到合适的位数。MDL 结果要往上修约，而不能往下。

⑦MDL 合理性验证：MDL 值计算出来以后，需要判断其是否合理有效。这种判断除了根据分析工作者的经验以外，可以从下列五个方面来判断。

a. 加标浓度是否超过 10 倍 MDL 值？如果是，则说明加标样品浓度太高了，需要调整以后重新测定。

b. MDL 是否比加标浓度高？如果是，则加标浓度太低。

c. MDL 是否能满足有关法规的要求。

d. 信噪比是否在合适的范围。

e. 加标样品的回收率是否合理。

根据 MDL 进行数据评价时，应注意以下两点：

a. 如果某被测物的浓度等于或低于 MDL，说明该物质在样品中存在的可能性低于 99%并且随着浓度值降低，置信度值急剧下降，结果以“<MDL”表示。

b. 当检测浓度大于 MDL 而小于 LOQ 时，表明样品中存在被测物质的可能性在 99% 以上，但定量值的准确性存在疑问，只能确定浓度值在 MDL 和 LOQ 之间，数据值可供参考；当测定浓度大于 LOQ 时，样品中 99% 的可能性存在被测物，定量结果的置信度高，数据可以无条件报出。

4. 方法确定

新建立的方法经过验证与评价，如果可达到项目的要求，就可以根据标准方法初步建立质控范围，并完成方法的标准操作程序，开始进行样品分析。

5.3.2.2 分析质量控制措施

1. 标准曲线(Standard Curve)

标准曲线是表述待测物质浓度或量与测量仪器响应值之间的函数关系，制好校准曲线是取得准确测定结果的基础。校准曲线通常有两种，省略前处理过程用标准溶液直接测量的响应值所制备校准曲线为标准曲线；同环境样品操作步骤一致，未省略前处理步骤的校准曲线为工作曲线，二者统称为校准曲线。校准曲线需经线性检验、斜率检验、截距检验合格后方能投入使用。

直线回归方程

$$Y = ax + b$$

对于环境分析与监测工作中的标准曲线，应力求相关系数 $|r| \geq 0.99$，否则，应找出原因，加以纠正，并重新进行测定和绘制。

2. 空白样(Blank)

①现场淋洗空白(无目标待测物加入,基体与实际样品相同):在现场采样时产生,解释来自于采样至分析过程(如现场条件、容器、保存剂、运输、贮存、样品预处理、测试等环节)的污染情况;②运输空白(空白样品在现场或实验室准备好,随实际样品一起运输,在旅途中密封):在现场采样时产生,评价来自于容器、保存剂、运输、贮存、样品预处理、测试等过程的污染情况;③方法空白(除目标待测物外,其余试剂均存在的相同基体样品,用于检测实验室是否有污染):在实验室预处理和分析时产生,评价样品预处理和测试体系的污染情况;④试剂空白(样品预处理和测试时使用试剂造成的空白):在实验室预处理和分析时产生,检查来自于样品预处理时使用的特定试剂的污染情况;⑤仪器空白(在测试过程中获得):在分析过程中产生,了解来自测试体系的污染情况。并非每批样品都需测定所有的空白,只有当怀疑某环节可能会出现问题或项目有要求时,才有针对性地选择测定相应的空白。

各种空白样品中每种干扰物的浓度要求有所不同,有的不能高于目标化合物的方法检出限,有的不得高于该物质控制浓度的5%,或不得高于样品中该化合物检出浓度的5%。

3. 实验室控制加标样(Lab control spike,LCS)

实验室控制掺标样或称为空白加标样品,是将分析目标物掺入空白基质,与每批样品(不多于20个)经完全相同的步骤进行制备及分析。作为标准方法的质控样品,实验室控制样所加标准的回收率体现出该分析方法在没有样品基质干扰情况下的准确度,是衡量试验情况的重要数据。对照空白加标样品的结果和样品基质加标的结构,有助于了解样品基质对目标化合物检出的影响。

4. 基质加标和基质加标平行样(Matrix Spike and mitrix spike duplicate,MS/MSD)

在测定样品的同时,往同一样品的子样加入一定量的标准物质并进行测定。将其测定结果扣除样品测定值以计算加标回收率,一般控制在90% ~110%范围内,这是目前实验室中常用的评价准确度的方法。

加标回收率测定中应注意的几个问题:①新加标准物质的形态应和待测物的形态相同,不应将标准溶液加入到经过预处理后的待测样中,尤其是测定环境样品中挥发酚、氨氮、硫化物、石油类等待测成分,这样不能反映预处理过程中待测物的污染或损失情况;②加标液体积应不大于样品溶液总体积的0.5%,否则在计算回收率时应考虑加标后对样品的稀释作用;③由于加标样和样品的分析条件完全相同,其中干扰物质和不正确的操作等因素所导致的效果相等。此时尽管加标回收率合格,也不能确切反映测定结果的准确度;④当加标液选用绘制校准曲线的标准贮备液或其稀释液时,尽管加标回收率合格,也不能确切反映测定结果的准确度;⑤平行加标进行加标回收率测定时,既可判断测定结果的精密度,又能更好地反映测定结果的准确度。

5. 替代标准加标物(surrogate spike,SS)

替代标准加标物是指性质与目标化合物相似,而在环境样品中不存在的化合物。在样品处理前加入，经样品分析后计算其回收率，用以评价该样品的包括前处理在内的整个分析过程的效率和以评估方法对目标化合物的测量准确性。替代物主要用于环境有机分析，一般选用具有代表性的目标化合物的氘代物。为了对每个样品的分析数据做出可靠的评价，每个样品，包括质控样品都必须在前处理前加入替代物。

在对分析质量要求更高的场合，为对每个目标化合物的分析数据的质量都能做出明确的判断，要在样品制备前加入每个目标化合物的氘代物（替代物），再在萃取液中加入内标物，分析后通过内标物计算替代物的回收率，而用替代物做为内标计算目标化合物的浓度，这就是所谓同位素稀释法。氘代物的回收率清楚地标明样品前处理的操作情况及样品基质对回收率的影响，而以它为内标计算目标化合物的浓度则可使样品前处理及样品基质对回收率的影响得到修正，这样得到的数据更准确。这是由于目标化合物与其氘代物的物理化学性质及其相近，在整个分析过程中两者的损失是相等的。

6. 内标物（Internal Standard）

内标物是用来协助进行定量计算的，在样品中不存在的化合物。美国固体废弃物监测分析测试方法 SW－846 中的色谱/质谱方法（GC/MS），多推荐用内标法定量，用于校正分析测试过程中的变化因素（如进样量、温度漂移等）。内标物的性质在分析测试系统中与目标待测化合物相似，但在样品中不存在。推荐的内标物常为溴代物、氟代物、稳定的同位素标记物，或在自然界中存在可能性极小的物质，例如，挥发性有机物（VOC）的内标物有溴氯甲烷、1，4－二氟苯、氯苯－d5；半挥发性有机物（SVOC）的内标物有 1，4－二氯苯－d4、北－d12、萘－d8、蒽－d10、菲－d10、屈－d12。要保证所选用内标物的测定不受目标化合物、替代物或基体干扰物的影响，在 GC/MS 上较容易实现，因为质谱可实现色谱上共流出物的分离。而在单纯的气相色谱法和液相色谱法中，添加内标物会增加色谱的分离负担，所以内标校正并不普遍应用。内标物在上机测试前、样品预处理后加入样品、校正标准和质控样品，各种样品中内标物的浓度相同。

7. 标准参考物质（Standard Reference Materials）

国际标准化组织（ISO）只命名了一级标准物质为 CRM（Certified Reference Material）；美国标准局（NBS）称其为 SRMs（Standard Reference Materials）。

其指某些具有确定含量的组分，在实际样品定量测定中用作计算被测组分含量的直接或间接的参照标准的一类物质。确定这类物质中的指定组分含量的标准值，须选用若干种可靠的方法，由一定数量的技术熟练的分析人员独立地仔细地进行化学分析，再由相互协同工作的分析人员将测得值集中起来加以数学分析，并用数理统计方法进行处理，最后由参加人员作出评定，得出标准值。

标准参考物质除用作含量测定的标准外，也常用来发现在分析标准物本身或分析组成与标准参考物质大致相似的试样时所产生的人为误差、操作误差以及某些方法误差等。此外，在研究确定某种新的方法的准确度时，也常应用标准参考物质。

借助于标准参考物质，可以发现存在于实验室内的系统误差，最常见的使用方法是仪器标定和质量考核，前者如 pH 计测定的标准用标准缓冲溶液。后者如控制样、考核样所用的标准参考物质，即在样品测定的同时，测定已知浓度的标准参考物质，以检验测定操作水平的可靠程度。当测定者已知测定的浓度值时，可检验实验条件是否合格，称控制样或已知测定样；当测定者不知测定的浓度值，称考核样，常用于质控考核与检验用。

5.4 海洋环境中 POPs 的分析检测方法

5.4.1 海洋生物和沉积物样品中 PAHs 的萃取、净化和 GC/MS 分析

环境中多环芳香烃类污染主要来自石由烃类溢漏和木，煤，石油烃等有机物的不完全燃烧。自然界多环芳香烃类化合物，包括带硝基，硫基，羟基……有成百上千种。但一般以 15 种典型的多环芳香烃测定，计算其总量以代表环境中多环芳香污染状况。在这 15 种典型多环芳香烃中，即四环以上大分子量多环芳香烃具有致突变，致畸，致癌特性，四环以下的多环芳香烃则具有促进癌肿成长的特性。所以对人体健康具有重大的潜在威胁。就其测定方法而言，本方法是在美国罗得岛大学海洋研究生院地球化学实验室测定方法和美国环保局（EPD，USA）方法的基础上，结合香港城市大学生物及化学系（AoE）实验室实际情况建立起来的，该方法采用 EI 离子源的气相色谱－质谱法（GC/MS EI/SIM）模式，对样品进行测定，方法稳定可靠。

5.4.1.1 适用范围

此方法可用于海洋生物和沉积物中 PAHs 的测定，也可以扩大到其他土壤、河流或湖泊沉积物和动物测定。

5.4.1.2 方法原理

采用有机溶剂将沉积物或生物样中的 PAHs 提取后，样品萃取液经浓缩、净化后用气相色谱－质谱法进行检测（GC/MSD）。

5.4.1.3 试剂与处理

（1）试剂

除非另有说明，分析时均须使用色谱级，有机溶剂浓缩 300 倍不得检出 PAHs 类物质。水为 MilliQ 水或等效超纯水。

——丙酮（色谱纯）；

——甲醇（色谱纯）；

——二氯甲烷（色谱纯）；

——正己烷（色谱纯）；

——无水硫酸钠（分析纯，经450℃灼烧4 h）；

——铜粉（分析纯，50 g 铜粉在 2 mol/L 盐酸中浸泡 2 h，然后用 20 mL 丙酮、20 mL正己烷洗涤，浸泡在正己烷中待用）；

——硅胶 70 ~ 230 目（60 ~ 200 μm ），直径 6 nm，350℃活化 5 h；

——中性氧化铝（50 ~ 200 目），160℃活化 24 h，10% 水去活化；

——石英砂，50 ~ 70 目，混合溶剂（丙酮，二氯甲烷 1∶1 ）中浸泡 2 h，放入 450℃的马弗炉中灼烧 5 h。

（2）标准

——替代物——萘 - D8，苊烯 D10，菲 D10，屈 D12 和芘 D12 等 5 种氘代 PAHs；

——内标——间三联苯（m - Terpheny1）；

——多环芳香烃混和物标准 SMA - 300 USA，包括：萘，苊烯，苊，芴，菲，蒽，荧蒽，䓛，苯并（b）荧蒽，苯并（k）荧蒽，苯并（a）芘，二苯并（a、h）蒽，苯并（g，h，i）芘，茚并苯（1，2，3 - cd）芘等；

——生物样标准参照物质 SRM2974，2977 和 2978（USA），贻贝（*Mytilus edulis*），国家标准和技术研究所，盖塞斯堡，马萨渚塞州，美国；

——沉积物标准参照物质 S - 3B，HS - 4B，H - 5B 和 HS - 6，海洋沉积物标准参考物用以 PAHs 测定，加拿大，海洋生物科学研究所。

（3）标准溶液的配制

——PAHs 混标：将多环芳香烃混和物标准 SMA - 300 USA 配制的标准混合溶液。混合系列标准曲线是：5. 0 ng/mL，10. 0 ng/mL，20. 0 ng/mL，50. 0 ng/mL，100 ng/mL，200 ng/mL，500 ng/mL 和1 000 ng/mL（正己烷相）。

——内标——间三联苯：将内标用正己烷配制成约 2. 000 μg/mL（准确至0. 001 μg/mL）的储备液。在每个样品进样前加入 50 μL 的同位素标准混合溶液定容至 200 μL，这样 4 种同位素标准的浓度为 500 ng/mL，当溶液体积变化时，仍以 200 μL 的体积计算。

——配制氘代同位素替代物标准混合物：将同位素混合标准萘 - D8，苊烯D - 10，䓛 D - 10，䓛 D - 12 和花 D - 12 配于正己烷中，每种同位素标准的准确浓度为 1. 0 μg/ml。五种替代物，加入到样品中一同萃取，按照就近原则，用于定量计算分析组分的回收率。

（4）标准存储：PAHs 混合标准、内标、替代物应储存在 0℃以下。所有不同浓度的标准系列、内标和同位素标准都应存放在 - 10℃的冰箱中。

注：分析人员应将所有的标准、内标、同位素标准从冰箱后取出后在室温中恒温 1 h 后方可使用。

5. 4. 1. 4　仪器和设备①

——天平（精确至0. 001 g）；

① 玻璃仪器和聚丙烯容器使用前应用清洁剂浸泡过夜，自来水洗 3 次，MilliQ 水洗 3 次，然后用甲醇、二氯甲烷各荡洗 3 次，注射器用丙酮洗 9 次后用二氯甲烷洗 5 次。

——不锈钢组织匀浆机；
——－20℃冰箱（生物样品保存）；
——0℃冰箱（沉积物或土壤样品保存）；
——聚四氟乙烯有机溶剂洗瓶（二氯甲烷、正己烷）；
——洗涤剂；
——玻璃瓶和聚丙烯容器；
——搅拌器；
——陶瓷研钵；
——索氏提取装置；
——玻璃纤维套筒；
——水浴设备，含加热器和温度控制；
——氮气钢瓶；
——定时器；
——旋转蒸发仪；
——10 mm×50 cm的广口玻璃滴管带旋扭开关；
——螺口样品瓶；
——注射器；
——凝胶渗透色谱系统（GPC）。

5.4.1.5　样品预处理

1. 设备清洗

所有玻璃器皿、聚丙烯托盘、搅拌器、不锈钢汤匙均需要在洗涤剂浸泡过夜，然后用自来水冲洗彻底后，由Milli－Q水洗3次，然后用甲醇和二氯甲烷分别荡洗三次。

处理完每个样品后，搅拌器都需要加以清理。其设计出于安全原因无法用有机溶剂冲洗所有部件。然而，所有可拆卸的部件（如钢板、刀片、螺旋泵）应取下用清洁剂清洗，然后用自来水冲洗后，由Milli－Q水洗3次，然后用甲醇和二氯甲烷分别荡洗3次。其余样品处理工具以相同的程序清洗。

2. 样品采集和保存

生物样品采集后需铝箔包好装入塑料袋中，如果现场采集的沉积物样品，需放入预先清洗干净的广口瓶或聚丙烯塑胶袋内。生物样和沉积物样品都需标明采集地点、时间并立即放入冰盒中，尽快运回实验室保存。

在实验室，所有的生物样分析前必须－20℃冷冻保存，所有的沉积物和土壤样品必须低于－4℃保存，做好记录。化学处理前应在实验室内室温放置至解冻后进行。

3. 样品匀浆、萃取和净化

（1）化学处理和索氏提取：生物样为贻贝时，则去壳，使用全部软组织作为样品，鱼样则应去头，内赃，去鳞片及鳍后剩余部分样品进行切碎匀浆。匀浆后样品称取约 2.00 g 放置铝盘称重，在烘箱 105℃ 烘干 10 h 后再称重计算其含水量。沉积物则搅拌均相后，称取2 ~ 3 g 测定其含水量。

生物样品均浆后称取 8 ~ 10 g 样品，沉积物样品均相后称取 10 ~ 15 g 样品，放进研钵内，加入 30 g 无水硫酸纳，用碾槌研磨混合物成粉末状，若含水量大，则可以多加 10 ~ 20 g 无水硫酸钠。除水步骤也可用冷冻干燥仪将样品冷冻干燥至恒重，然后转移进索氏提取器玻璃毛套管内，在水浴约 65 ~ 70℃ 上进行索氏提取 18 h，保持索氏溶剂浸泡回流 30 次以上，索氏提取溶剂由丙硐：正已烷：二氯甲烷以比例 1∶1∶1 混合，总体积为 150 mL 左右。沉积物萃取时在园底烧瓶内放入约 2 g 2 mol/L 盐酸活化，用蒸馏水洗涤后，浸泡在正已烷的铜粉参加索氏提取以除去硫。生物样索氏提取的溶液用施转减压蒸馏浓缩至 20 mL，准确移取 2 mL 浓缩液放进预先称重的玻瓶内，让其自然挥发至干，称重后，把其增加重量计其成脂肪含量。其余 18 mL 再浓缩至 1 mL，用硅胶色谱柱除酯或凝胶渗透色谱（GPC）除去脂肪，沉积物则不必测定脂肪含量，只用硅胶色谱柱进行分离即可。

（2）硅胶色谱分离和 GPC：硅胶色谱柱通常用以对沉积物样品进行分离，即用 8 g 120 目硅胶装在直径约 2 cm，长度为 60 cm 的玻璃管，下端带施转开关，用玻璃毛垫底，加入 8 g 120 目硅胶（预先在 400℃ 马弗炉烘烤 5 h 进行活化）。在硅胶柱上层放置 2 ~ 3 g 无水硫酸纳以除去溶液中水份。硅胶柱色谱分离后的溶液用施转减压蒸馏器浓缩至 0.5 mL，转移至综色气相色谱注射小瓶内，待上机分析。

如果用 GPC，通常用以对生物样品进行分离，仪器 GILSON FC 203 B 112UV/VIS Detector 可用二氯甲烷作流动相，采集脂肪流出后，硫流出前的流出溶液，用施转减压蒸馏器浓缩至 0.5 mL，转移至棕色气相色谱注射小瓶内，待上机分析。

5.4.1.6　质量控制

每组 20 个样品做质量控制，其中包括溶剂空白、方法空白平行，样品加标平行样测定。

（1）溶剂空白：将试验过程中所用的试剂总量浓缩至体积约 0.2 mL 进样，看看是否有任何干扰。

（2）现场空白：现场采样是容易引入周围环境的干扰，每个步骤和容器都应真实样品一样做现场空白，但不放入样品，每个采样点至少做一个现场空白。

（3）方法空白：方法空白就是不放入样品，但处理过程等同于真实样品包括匀浆、索氏抽提、层析柱净化、GPC 净化，进样前浓缩等，需做平行样测定。

（4）样品加标或标准参考物质（SRM）的测定

a. 样品加标实验：本方法采用氘代同位素标准做替代物，在样品处理前加入样品中，氘代同位素 PAHs 是环境中不存在但和 PAHs 的理化性质很接近的物质，通过检测同位素替代物的回收率来计算相应 PAHs 的加标回收率，每种同位素标准的回收率应大于 80%。

b. 标准参考物质（SRM）的测定：SRM 中每种 PAHs 的浓度已知，所以标准参考物质和实际样品同时检测以确定方法回收率。生物标准参照物质 SRM2974,2977 和 2978(USA)可用于测定生物样品方法回收率,而沉积物标准参照物质 S－3B,HS－4B,H－5 和 HS－6(Canada)可用于土壤和沉积物样品回收率的测定。贻贝组织和海洋沉积物中各种 PAHs 的回收率应大于 80%。

5.4.1.7　用 GC/MS(EI/SIM 模式)检测

1. GC－MS 检测

气相色谱(Agilent Technologies 6890N)装有 30 m HP－1mass 或 HP－5mass 石英毛细管柱(直径 0.25 mm 内壁涂层厚 0.25 μm。质谱仪 Agilent Technologies 5973 inert 质谱检测器。间一三联苯被用作内标,进行定量计算。也可以用一系列低度到高浓度多环芳香烃标准建立标准计算曲线,如 5×10^{-9},10×10^{-9},20×10^{-9},50×10^{-9},100×10^{-9},200×10^{-9},500 和 $1\,000\times10^{-9}$进行注射,数据输入计算机中的标准计算曲线程序,以求计算机自动计算,但需检查计算机积分是否正确,不正确时用人工积分。

气相色谱升温程序为:起始温度 80℃保持 2 min,然后每分钟计温 8℃直到 280℃保持 20 min,共 47 min,注射口温度 280℃。质谱以选择离子监控摸式进行,按不同滞留时间内采集 M/Z 128,152,154,166,178,202,228,230,252,276,278 等特征离子质荷比。

2. 标准曲线定量,内标校准

(1)目标化合物:典型的多环芳香烃类:萘、苊烯、苊、芴、菲、蒽、荧蒽、䓛、苯并(b)荧蒽、苯并(k)荧蒽、苯并(a)芘、二苯并(a,h)蒽、苯并(g,h,i)芘、茚并(1,2,3－cd)芘。

(2)内标:直接进样和样品化学处理前加入同位素替代物标准,以计算被回收率。

(3)进样前添加间三联苯标准:根据溶液体积建立的标准工作曲线。需保证仪器进样前每个样品的体积均为 200 μL,50 μL 内标(2×10^{-6}正己烷相)在进样前加入至样品中,体积 200 μL 时浓度为 500×10^{-6}。

(4)标准工作曲线:配制一系列不同浓度的 PAHs 标准曲线,浓度分别为 1.0×10^{-6}、5.0×10^{-6}、10.0×10^{-6}、20.0×10^{-6}、50.0×10^{-6}、100×10^{-6}、200×10^{-6}、500×10^{-6}和 $1\,000\times10^{-6}$。GC/MS 仪器条件确定后按照浓度由低到高的顺序进 GC－MSD,其标准曲线的相关性 $r=0.998$ 或更大。

5.4.1.8　计算与质控要求

1. 计算

各多环芳香烃化合物定性依据于各个特征离子质荷比和滞留时间,定量则依据峰面积和浓度成正比,由标准计算曲线自动进行计算。然后按下式进行最后计算:

$$C=\frac{Cs\times V(0.2\ \text{mL})\times F}{\text{干重或脂重}}$$

式中:C 为组织中 PAHs 类化合物的浓度;$F=1.11$(20 mL/18 mL,2 mL 用做脂肪测定);Cs 为

测定注射液中由标准曲线计算出来的浓度。

如果是沉积物样品，PAHs浓度用同样的公式计算，但 $F=1$，因为沉积物没有脂肪，所以

$$C=\frac{Cs\times V(0.2\ \mathrm{mL})}{\text{干重}}$$

替代物校准标准曲线计算的结果。比较内标本身(原始的)峰面积与萃取、净化和检测后的峰面积，面积大于原始面积的80%表示方法回收率大于80%符合要求。

(2)质控要求：所有的样品都需做平行样，QC要求如下。①信噪比大于3；②M/Z 值相同，仪器保留时间误差 ± 0.05 min；③回收率要求每个多环芳香烃化合物要高于80%，苯易于挥发，在施成压蒸馏浓缩时不要蒸干，仍可以保持回收率80%以上；④平行样取平均值，相对偏差小于20%。

5.4.1.9 PAHs标准谱图(图5.19)

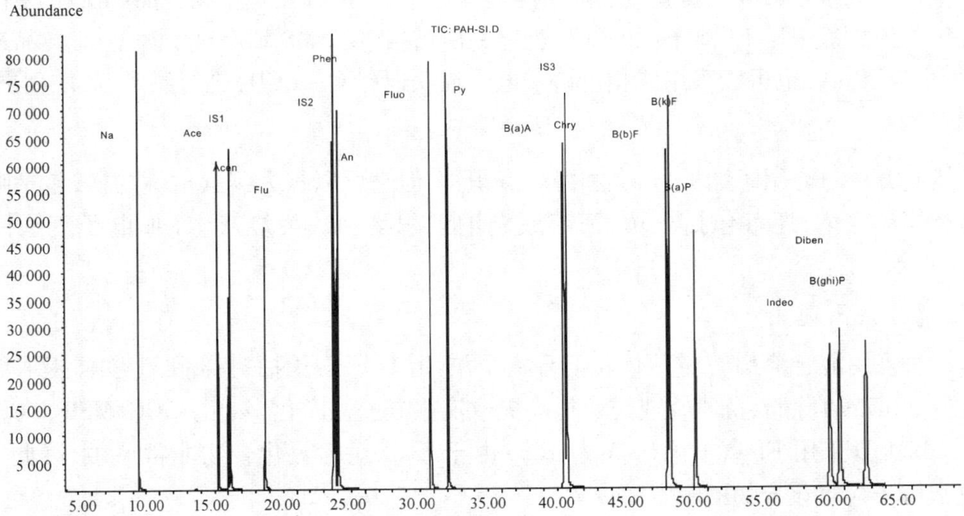

图5.19 PAHs标准谱图

Naphthalene 萘、Acenaphthylene 苊烯、Acenaphthylene 苊烯 - d10(Is1)、Acenaphthene 苊、Fluorene 芴、Phenanthrene 菲 - d10(Is2)、Phenanthrene 菲、Anthracene 蒽、Fluoranthene 荧蒽、Pyrene 芘、Benzo(a)anthracene 苯并(a)蒽、Chrysene - d10 䓛 - d10(Is3)、Chrysene 䓛、Benzo(b)fluoranthene 苯并(b)荧蒽、Benzo(k)fluoranthene 苯并(k)荧蒽、Benzo(a)pyrene 苯并(a)芘、Indeno(1,2,3 - cd)pyrene 茚苯(1,2,3 - cd)芘、Dibenzo(a,h)anthracene 二苯并(a,h)蒽、Benzo(g,h,i)perylene 苯并(g,h,i)芘(二萘嵌苯)

5.4.2 生物和沉积物样品中PCBs的萃取、净化和GC/MS、GC/ECD分析

PCBs类污染物共有209个同类化学物，由于它的化学稳定性和不可燃性，这类化合物被

大量地用作热交换剂、润滑剂、增塑剂、有机稀释剂、杀虫剂、阻燃剂、变压器和电器的界质和纸张无碳复印。自1930年以来，全世界各国共生产近100万吨PCBs。环境中PCBs类污染物主要来自它制品的大量使用、扩散、工业废水排放而进入环境，由于它的脂溶性，易被人体脂肪所富集，而对人体健康造成危害。主要危害是造成皮肤、指甲、牙龈和口腔黏膜色素沉淀、形成痤疮、严重时会引发肝炎、肝硬化、腹水而死亡。PCBs类污染物被怀疑具有致突变、致癌特性。

本测定方法是结合日本松山的爱媛大学海洋环境研究中心（田边信介教授，Rrof. Shinsuke Tanabe）、香港浸会大学裘搓环境科学研究所（黄铭洪教授 Prof. M H Wong）、香港城市大学生物及化学系（林群声教授 Prof. Panl K. S. Lam、胡绍燊教授 Prof. Rudolf S. S. Wu）、美国罗得岛大学海洋研究生院地球化学实验室测定方法（奎恩教授 Prof. James G Quinn）和美国环保局（Dr. James S. Latimer，EPA USA）实验室操作步骤总结而成并结合香港城市大学生物及化学系（AoE）实验室实际情况建立起来的，用以测定生物样品和沉积物中PCBs类污染物。该方法采用EI离子源的气相色谱－质谱法（GC/MS EI/SIM）模式，对样品进行测定，方法稳定可靠。也可以采用气相色谱－电子捕获器（GC－ECD）进行测定，灵敏度更高。

5.4.2.1　适用范围

虽然此方法只介绍了贻贝、鱼类和海洋沉积物，但它可以扩大到其他生物样，包括哺乳动物和鸟类等动物体，还可包括土壤、河流或湖泊沉积物、水、焚烧灰尘（如电子废物回收焚烧）等。

5.4.2.2　方法原理

本方法采用混合溶剂（二氯甲烷: 正己烷: 丙酮 1:1:1）索氏抽提样品，生物样提取液用凝胶渗透色谱（GPC）除脂，沉积物或土壤样品提取液用硅胶柱净化，然后用GC/MSD、GC－ECD测定。GC/MSD采用EI离子源（SIM模式）；由于ECD对含氯化合物非常灵敏，因此，GC－ECD更常用于含氯化合物的测定。

5.4.2.3　试剂与处理

1. 试剂

除非另有说明，分析时均须使用色谱级试剂，有机溶剂浓缩300倍不得检出有机氯类物质。水为MilliQ水或等效超纯水。

——甲醇；

——正己烷；

——二氯甲烷；

——丙酮；

——无水硫酸钠；

——硅胶：70～230目（60～200 μm）；

——铜粉:2 mol/L 盐酸活化,用蒸馏水洗涤后,浸泡在正已烷中;

——石英砂,50 ~ 70 目,混合溶剂(丙酮,二氯甲烷为 1∶1)中浸泡 2 h,放入 450℃的马弗炉中灼烧 5 h。

2. 标准

——内标八氯萘 Octachloronaphthalene(OCN);

——内标十氯联苯,PCB209(DCB);

——同位素标准:萘 - D8,菲 - D10,䓛 - D12 和苝 - D12;

——28 种 PCBs 同族物混合标准(SRM2262):PCB - 1,8,18,29,50,28,52,104,44,66,87,77,154,118,188,153,105,138,126,187,128,200,180,170,195,194,206,209;

——标准参考物质:SRM 1941,19416,海洋沉积物产品,美国国家标准和技术研究所,盖塞斯堡,马萨渚塞州,美国 20899;

——标准参考物质:SRM2974,2977,2978,冰冻干燥贻贝(*Mytilus edulis*)肉质产品,国家标准和技术研究所,盖塞斯堡,马萨诸塞州,美国 20899。

3. 标准溶液溶液配制

——PCBs 混合标准溶液(SRM2262,28 种 PCBs)用正已烷稀释,制备 1.0×10^{-9}、5.0×10^{-9}、10.0×10^{-9}、20.0×10^{-9}、50.0×10^{-9}、100.0×10^{-9}、200.0×10^{-9}、500×10^{-9} 系列标准容易用于进样并建立自动计算的标准工作曲线。

——用固态纯八氯萘配制 5.0 μg/ml 溶液作为内标;

——用正已烷配制同位素标准浓度为 6.4×10^{-6};

——所有的外标和内标均保存在°C 冰箱中,使用前需在实验室室温中保持 1h。使用时,当全部标准溶液体积少于容器体积一半时,则不能再当定量标准使用,使用中已使用的标准溶液若有剩余不能再倒进原标准液中。

5.4.2.4 仪器和设备

——凝胶渗透色谱仪;

——不锈钢切割器;

——－20℃冰柜;

——0℃冰箱;

——旋转蒸发器;

——氮吹仪;

——冷冻干燥仪;

——索氏提取器;

——层析柱;

——分析天平(准确至 0.001 g);

——超声清洗器；

——马弗炉；

——氮气钢瓶；

——烘箱等实验室设备。

5.4.2.5 样品预处理

1. 样品萃取

生物样品应用锡箔包裹后放在塑胶袋内封口，后储存在 -20℃冰箱，沉积物样品应放在广口瓶或聚丙烯塑胶袋内储存在0℃或 -4℃冰箱中，化学处理前应在实验室内室温放置至解冻后进行。

生物样为贻贝时，则去壳，使用全部软组织作为样品，鱼样则应去头，内赃，去鳞片及鳃后剩余部分样品进行切碎匀浆。

匀浆后样品放置铝盘称重2.00 g，在烘箱105℃烘干10 h后再称重计算其含水量。沉积物则搅拌均相后，称取2~3 g测定其含水量。

生物样品均浆后称取8~10 g样品，沉积物样品均相后称取15~20 g样品，放进研钵内，加入30 g无水硫酸钠，用碾槌研磨混合物成粉未状，若含水量大，则可以多加10~20 g无水硫酸钠，然后转进索氏提取器玻璃毛套管内，在水浴约65~70℃上进行索氏提取18 h，保持索氏溶剂浸泡回流30次以上，索氏提取溶剂由丙碉：正已烷：二氯甲烷以比例1:1:1混合，总体积为150 mL左右。沉积物萃取时在园底烧瓶内放入约2 g 2 mol/L盐酸活化，用蒸馏水洗涤后，浸泡在正已烷的铜粉参加索氏提取以除去硫。生物样索氏提取的溶液用施转减压蒸馏浓缩至20 mL，准确移取2 mL浓缩液放进预先称重的玻瓶内，让其自然挥发至干，称重后，把其增加重量计其成脂肪含量。其余18 mL再浓缩至1 mL，用硅色谱柱除酯或凝胶渗透色谱（GPC）除去脂肪，沉积物则不必测定脂肪含量，只用硅胶色谱柱进行分离即可。

（2）样品净化

硅胶色谱柱通常用以对沉积物样品进行分离，即用8 g 120目硅胶装在直径约1 cm，长度为50 cm的玻璃管，下端带施转开关，用玻璃毛垫底，加入8 g 120目硅胶（预先在400℃马弗炉烘烤5 h进行活化）。在硅胶柱上层放置2~3 g无水硫酸钠以除去溶液中水分。硅胶柱色谱分离后的溶液用施转减压蒸馏器浓缩至0.5 mL，转移至棕色气相色谱注射小瓶内，待上机分析。

如果用GPC，通常用以对生物样品进行分离，仪器GILSON FC 203 B 112UV/VIS Detector可用二氯甲烷作流动相，采集脂肪流出后的流出溶液，用施转减压蒸馏器浓缩至0.5 mL，转移至棕色气相色谱注射小瓶内，再让其自然蒸发或氮气吹至约200 μL，再转移至带三义脚的小套管内（Insert），加入10 μ同位素菲，屈和苝标准溶液作为内标，用以气相色谱—质谱联机带质谱以离子源/选择离子监测（EI/SIM）运行，测定PCBs各同类化合物。

5.4.2.6　用 GC/MS(EI/SIM 模式)或 GC/ECD 检测

安捷伦色－质联机 6890 N 色谱－5975 系列质谱检测器(Agilent Technologies 6890N)装有 30 m HP－5 mass 石英毛细管柱(直径 0.25 mm 内壁涂层厚 0.25 μm。质谱检测器 Agilent Technologies 5975 inert EI/CI MSD。28 个 PCBs 同类化合物:PCB－1,8,18,29,50,28,52,104,44,66,87,77,154,118,188,153,105,138,126,187,128,200,180,170,195,194,206,209 等共 28 个。八氯化萘被用作内标,可进行定量计算。也可以用一系列低度到高浓度 PCBs 标准溶液建立起来的标准计算工作曲线,以求计算机自动计算。

气相色谱升温程序为:起始温度 80℃保持 2 min,然后每分钟计温 8℃直到 280℃保持 20 min,共 47 min,注射口温度 280℃。质谱以选择离子监控摸式进行,按不同滞留时间内采集 M/Z:256,292,326,360,394,430 和 498 等特征离子质荷比。

标准工作曲线:当调节 GC/MS 或 GC/ECD 在良好工作状态下,则固定仪器控制程序及载气流速参数,然后注射配置好的系列标准溶液。从低浓度 1.0×10^{-9} 开始逐步注射到高浓度 500×10^{-9},然后所得数据逐步输入计算机标准工作曲线程序中,当线性显示 99.99% 时则建立文件名并保存好,以备样品进样时自动计算。

其中同位素标准对所有系类标准溶液和所有样品,逐个在进样前加入 10 μL 6.4×10^{-6} 同位素标准溶液加入 200 μL 的待测溶液中,则同位素标准在待测液中浓度为 320×10^{-9}。并以此计算 PCBs28 种同类物的浓度。

5.4.2.7　计算

各 PCBs 同类化合物定性依据于各个特征离子质荷比和滞留时间,定量则依据峰面积和浓度成正比,由标准计算曲线自动进行计算。然后按下式进行最后计算。

生物样品:

$$C = \frac{Cs \times V_{\text{溶液体积}} \times 20/18}{\text{样品干重或脂肪重量}}$$

沉积物样品:

$$C = \frac{Cs \times V_{\text{溶液体积}} \times 20}{\text{样品干重}}$$

以 ng/g(干重)或 ng/g(脂重)表示最后浓度。Cs 为计算机标准工作曲线自动计算出的浓度值。

八氯化萘用作内标可以直接计算各化合物浓度,也可用以检查计算机中标准计算曲线和计算结果,若比较八氯化萘加入样品参加索氏提取,硅胶色谱分离和最后 GC/MS 分析,和原有八氯化萘溶液的 GC/MS 峰面积比值,则可计算出回收率。回收率要求每个 PCBs 同类化合物要高于 90%,如果回收率超出 100% 仍然可以接受,尤其是采用气相色谱－电子捕获器(GC－ECD)进行测定,灵敏度高的情况下更可以接受。

5.4.2.8 PCBs 标准图谱(图 5.20)

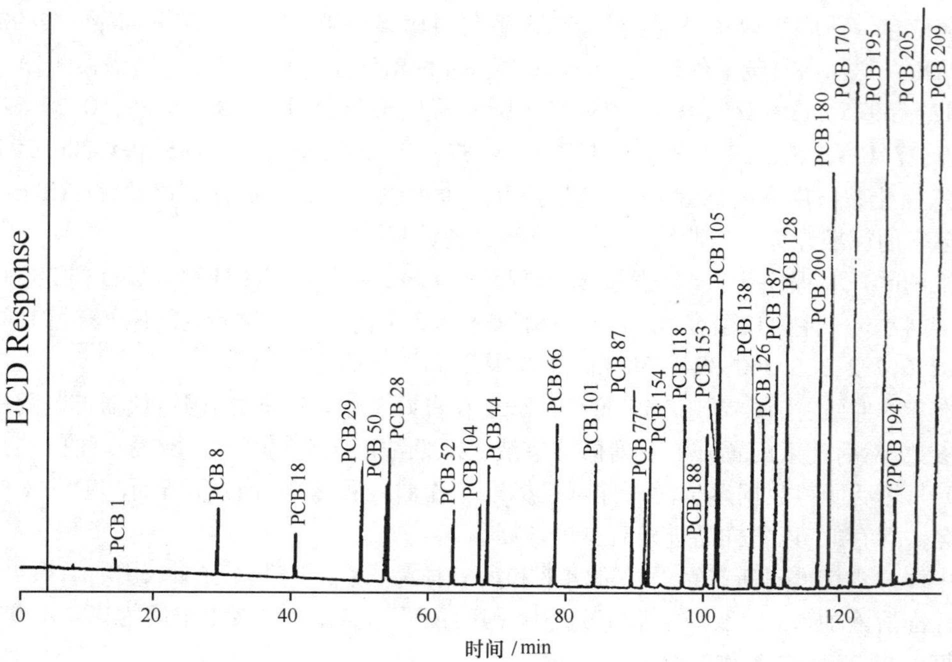

图 5.20 PCBs 标准图谱

5.4.3 海洋环境样品中(海水、生物和沉积物)OTs 的测定——GC/FPD

20 世纪中期以来,OTs 被广泛用于工业、农业、各种杀虫剂、除草剂、纺织品防霉以及海洋船只防污,是目前引入海洋环境中毒性最大的物质之一。海洋中有机锡污染主要是丁基锡和苯基锡的污染。在海上航行的轮船和海上建筑物的防污漆中加入三丁基锡(TBT)和三苯基锡(TPT),杀死附着在船只上的真菌、藻类和软体动物,这是海洋环境中有机锡的主要来源。除此之外,入海的陆地排污河和海边的污水处理设施(特别是造船厂废水的排放)也是沿海有机锡污染的重要来源。大部份 OTs 均具有毒性,能引起雌性软体动物变性,对人体神经系统、胆管、肝脏、皮肤和内分泌系统均有毒害和影响。。

有机锡(Organotin)是一类结构式为 $RnSnX_4-n$(R 代表烷基或芳香基,$1 \leqslant n \leqslant 4$,X 代表阴离子基团,如卤素离子、氢氧根离子等)的化合物,有机锡类化合物沸点较高,需要通过衍生化反应生成沸点较低的衍生物后才能进行气相色谱分离。相对于格氏试剂衍生法对操作条件的严苛要求(试剂需重蒸,严格无水)。本方法是在日本 Tanabe 教授实验室测定有机锡方法的基础上,结合厦门大学环科中心、实验室仪器、设备、试验目的建立起来的。方法论述海洋沉积物、生物样中 OTs 用戊基化衍生净化后,用 GC－FPD 进行测定。

5.4.3.1 适用范围

此方法可用于海水、海洋生物和沉积物,但它可以扩大到其他水样、哺乳动物和鸟类等生物体和土壤、河流或湖泊沉积物。

5.4.3.2 方法原理

采用甲苯和冰醋酸提取海水、海洋生物、沉积物样品中有机锡物质后经格氏试剂衍生,样品经浓缩、净化后用气相色谱-火焰光度法进行检测(GC/FPD)。

5.4.3.3 试剂与处理

除非另有说明,分析时均须使用色谱级,有机溶剂浓缩300倍不得检出有机锡类物质。水为MilliQ水或等效超纯水。

——正己烷($H_3C(CH_2)_4CH_3$);

——丙酮(CH_3COCH_3);

——甲苯($C_6H_5CH_3$);

——苯(C_6H_6);

——冰醋酸(CH_3COOH);

——乙醚($CH_5-O-C_2H_5$):分析纯;

——金属钠(Na):分析纯;

——碘(I_2):分析纯;

——镁粉(Mg):分析纯;

——二苯甲酮($C_6H_5COC_6H_5$):分析纯;

——10%苯正己烷:分别量取50 mL苯,450 mL正己烷,混合均匀;

——50%苯正己烷:分别量取250 mL苯,250 mL正己烷,混合均匀;

——溴代正戊烷:分析纯;

——溴代正丙烷:分析纯

——0.5%吡咯烷二硫代甲酸铵98%(APDC),称取2.6 g吡咯烷二硫代甲酸铵,溶解于500 mL Milli-Q水,摇匀;

——20%氯化钠溶液:氯化钠(分析纯),450℃灼烧4 h,冷却后称取200 g,加入800 mL MilliQ水溶解,摇匀保存;

——1MH2SO4:量取约28 mL浓硫酸(分析纯)缓慢逐滴加至470 mL MilliQ水,摇匀冷却;

——无水硫酸钠(Na_2SO_4):分析纯,450℃加热4 h,干燥器中保存;

——Folrisil:60~100目,450℃灼烧4 h,干燥器中保存;

——有机金属氯化丁基锡混合标准贮备液(20 μg/mL):一丁基锡(MBT)、二丁基锡(DBT)、三丁基锡(TBT),用正己烷稀释有机金属氯化丁基锡混合标准(2 000 μg/mL)制成,

4℃冰箱中避光保存,保质期6个月;

——有机金属氯化苯基锡混合标准贮备液(20 μg/mL):一苯基锡(MPT)、二苯基锡(DPT)、三苯基锡(TPT),用正己烷稀释有机金属氯化苯基锡混合标准(2 000 μg/mL)制成,4℃冰箱中避光保存,保质期6个月;

——有机金属氯化三丙基锡标准贮备液(20 μg/mL):TPrT,用正己烷稀释有机金属氯化三丙基锡标准(2 000 μg/mL)制成,4℃冰箱中避光保存,保质期6个月;

——海洋生物样中有机锡标准参照物CEM-477;

——海洋沉积物中有机锡标准参照物BCR-462。

5.4.3.4 仪器与设备

仪器与设备如下:

——气相色谱-火焰光度检测器;

——毛细管色谱柱(30 m×0.25 mm×0.25 μm):DB-5MS或相当;

——氮吹仪;

——超声波清洗器;

——具杯层析柱(30 cm×5 mm),特氟龙塞;

——冷冻干燥机;

——高速离心机;

——旋转蒸发仪;

——真空浓缩仪;

——恒温水浴锅;

——分液漏斗;

——其他实验室辅助设备。

5.4.3.5 样品预处理

1. 样品的采集

采集1L的水样于预先处理过的棕色样品瓶中,4℃保存分析。

在实验室,所有的生物样分析前必须-20℃冷冻保存,所有的沉积物和土壤样品必须低于零度保存,做好记录。现场采集的生物、沉积物样品放入已在450℃灼烧过的铝箔袋中,并做好标记,置装有冰袋的保温箱中冷藏尽快运回实验室冷冻。

2. 样品萃取,净化

(1)样品冻干:生物样从冰箱取出后立即放入冻干机中冻干3~4 d至恒重。沉积物在冻干机中低于0℃冷冻干燥5~7 d至恒重。取出样品至搅拌器中研磨成粉末状,沉积物需过80目筛。

(2)萃取：水样萃取：取1 L海水样品于2 L的分液漏斗中，加入60 mL甲苯和24 mL冰醋酸，充分振荡10 min，静置分层；将萃取液转移至另一干净的分液漏斗中，重复萃取2次，合并萃取液。在萃取液中加入20 mL APDC 0.5%水溶液，为防止乳化现象，可加入60 mL的20%氯化钠振摇萃取3 min，合并有机相并用无水硫酸钠除去水分，水浴35℃旋转蒸发浓缩至1 mL左右，转移至衍生瓶中待衍生。

生物样、沉积物萃取：称取0.1～0.5 g的冻干后的生物样，或10 g冻干研磨后沉积物样品，加入500 ng的替代物TPrTCl丙酮溶液，轻轻摇匀后静置避光过夜，随后加入10 mL甲苯和4 mL冰醋酸超声萃取10 min，在3 000 r/min下离心3 min，取上清液，重复萃取两次，合并上清夜至分液漏斗中，加入20 mL APDC 0.5%水溶液，为防止乳化现象，可加入60 mL的20%氯化钠振摇萃取3 min，合并有机相并用无水硫酸钠除去水分，水浴35℃旋转蒸发浓缩至1 mL左右，转移至衍生瓶中待衍生。

(3)衍生

①无水乙醚的制备：分析纯的无水乙醚溶液150 mL于250 mL单口圆底烧瓶中，加入少量的金属钠和一片二苯甲酮，40℃水浴下回流重蒸3 h后收集馏分。

②正戊基(正丙基)溴化镁乙醚溶液的制备：称取镁粉8.0 g，加入50 mL重蒸的无水乙醚及一粒碘，滴液漏斗中加入40 mL的溴代正戊(丙)烷和20 mL重蒸的无水乙醚，混匀。高纯氮气保护下，缓慢滴加约1 mL的溴代正戊(丙)烷的无水乙醚溶液以引发反应，片刻微沸，反应开始比较激烈，待反应平缓后，开动搅拌并滴加剩下的溴代正戊(丙)烷的无水乙醚溶液，控制滴加速度1.5滴/s以维持乙醚溶液的微沸状态。滴加完毕，可适当水浴温热回流4 h，直至镁粉作用完全。最后将反应好的格式试剂快速地转入密封瓶中，密封，存于干燥器中备用。

③样品萃取液的衍生：取10 mL玻璃注射器吸取2 mL新鲜制备的正戊(丙)基溴化镁格式试剂乙醚溶液，注入衍生瓶中，轻摇1 min后置于40℃的恒温水浴锅中反应40 min。

④去除过量的格式试剂：将反应好的衍生瓶置于冰水浴中，缓慢的滴加1～2 mL Milli－Q水，再加入10 mL 1 mol/L硫酸溶液，最后加入60 mL 20%氯化钠溶液，振摇3 min。转移上层有机相，水相分别用10 mL 10%苯正己烷溶液萃取两次，合并有机相。用450℃灼烧过的无水硫酸钠除去水分，再用真空浓缩仪浓缩至1 mL。

(4)净化：在30 cm×5 mm的具杯层析柱中底部塞少许脱脂棉，注入15 mL左右的正己烷。称取5.0 g弗罗里士于50 mL烧杯中，加入10 mL正己烷，用玻璃棒搅拌均匀后，稍微打开层析柱的活塞，快速的倾入弗罗里士，敲打柱管使弗罗里士均匀压实，再加入2 g的无水硫酸钠。

用滴管转移1mL的衍生试液至层析柱，而后分别用10%苯正己烷溶液40 mL、50%苯正己烷溶液10 mL淋洗。

3. 浓缩

淋洗液再旋转蒸发仪上浓缩至1 mL后,转移至10 mL离心管中,并用少量的正己烷淋洗浓缩瓶的内壁,合并至离心管中。在低速高纯氮气下浓缩定容至100 μL,转移至内有衬管的进样瓶中,待测。

5.4.3.6 质量控制

(1)方法空白:方法空白除不加样品外,其余与实际样品相同步骤的前处理过程,如匀浆(研磨)、萃取、衍生、净化等。须做平行样。

(2)基底添加回收率测试:海水采用添加一定量氯化钠的MilliQ水,加入已知浓度的有机锡标准品,进行液液萃取、衍生、净化和分析,需做平行样。

采用已冷冻干燥的生物、沉积物样品进行测试,以未添加有机锡标准品的样品和添加已知量有机锡标准品的样品,同时进行样品的前处理,如萃取、衍生化、净化以及定量分析。①

(3)标准参考物质测定:分析方法的可靠性通过测定标准参考物质CRM477、BCR-462来验证,须做平行样。标准参考物质的实验测定值平均值应在保证值范围之内。

5.4.3.7 样品测定

(1)仪器条件

GC-FPD

——滤光片:波长610 nm;

——色谱柱:HP-5MS,(5%-苯基)-甲基聚硅氧烷,弹性毛细管气相色谱柱(30 m×0.25 mm×0.25 μm);

——进样口温度:250℃;

——检测器温度:250℃;

——载气:氦气,流速为2.0 mL/min;

——辅助气:氮气;

——点火用气:氢气和空气,流速分别为120 mL/min和100 mL/min;

——进样方式:无分流进样;

——进样量:1 μL;

——GC升温程序:80℃保持1 min,以5℃/min升温至190℃,再以10℃/min升温至280℃,恒温5 min。

(2)定性:按上述分析条件对有机锡混合标准溶液(TPrT、MBT、DBT、TBT、MPhT、DPhT、TPhT)进行分析,根据色谱峰保留时间进行定性。

---

① 因本方法对有机锡六种化合物进行萃取,而目前的标准参考物仅提供一丁基锡、二丁基锡和三丁基锡的参考值,并不足以满足本规程进行的其他苯基锡类回收率的测定。故采用基底添加样品分析进行6种OTs的回收率测试。

(3)定量和质控要求

a. 内标法定量

内标法定量的公式如下：

$$M_{OT} = \frac{m_{OT} \times A_{TPrT} \text{标准 B} \times (A_{OT} \times m_{TPrT}) \text{样品 i}}{(A_{TPrT}) \text{样品 i} \times (m_{TPrT} \times A_{OT})}$$

其中：B—标准；i—样品；OT—有机锡某形态；A—有机锡某形态的峰面积；m—有机锡某形态标准添加的量或样品中添加的量。

$$m_{OT-Sn} = m_{OT} \times \frac{M_{Sn}}{M_{OT}}$$

其中：m_{OT-Sn}—有机锡某形态以 Sn 来表示；M：有机锡某形态的摩尔分子量。

b. 基底添加回收率的计算

基底添加回收率的计算公式如下：

$$\text{基底添加回收率}(\%) = \frac{S_1 - S_0}{S_a} \times 100\%$$

其中：S_1 为添加标准品的样品测定值；S_0 为添加标准品的样品测定值；S_a 为添加有机锡标准的量。

c. 质控要求

(1)所有的样品均要做平行样；

(2)信噪比大等于三；

(3)标准认证参考物质的测定值应在参考值范围之内。

d. 精密度与准确度

方法回收率 80% ~140%，相对标准偏差(RSD)为 7.9% ~13.4%。

5.4.3.8 注意事项

实验室应使用全玻璃仪器，严格避免使用塑料制器皿。

所有玻璃器皿在临用前必须洗净。可按洗涤剂、水、MilliQ 水顺序洗涤后置 450℃ 马弗炉中灼烧 4 h。

进行衍生化反应时，由于格式试剂与水反应剧烈，故进行此反应前须除水，以避免萃取溶液中含水量过多而消耗格式试剂，从而导致与有机锡反应效率降低。

本研究方法中使用的各种试剂均可能对人体健康产生危害，故应尽可能的避免暴露。如苯为一类溶剂，对人体产生致癌毒性、格式试剂具有神经毒性。

OTs 可能对人体产生不良的影响，故配制标准溶液时应在通风橱中操作。

5.4.3.9 OTs 标准谱图(图 5.21 和图 5.22)

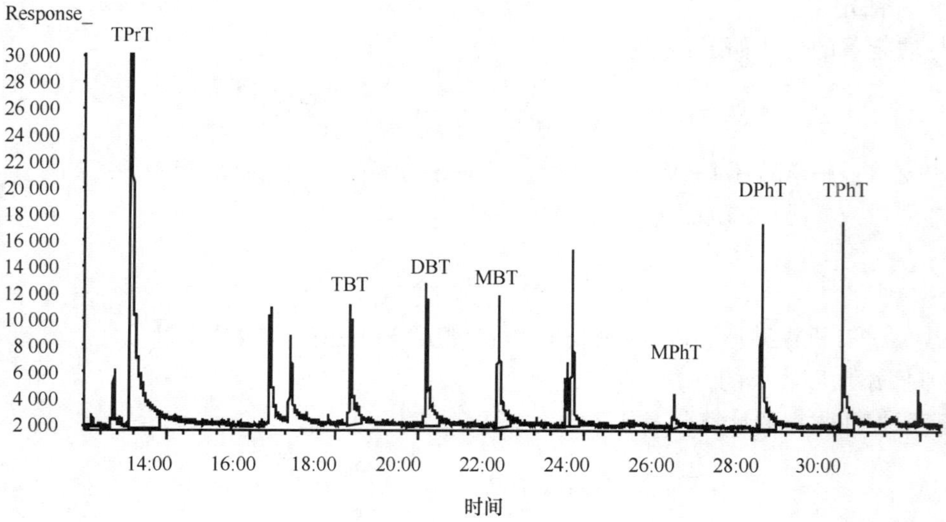

图 5.21 戊基化 OTs 标准谱图

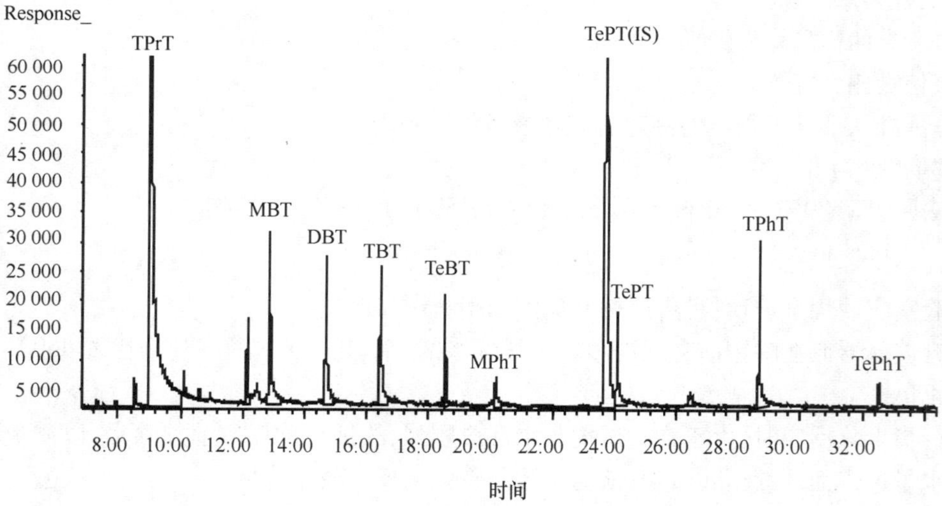

图 5.22 丙基化 OTs 标准谱图

5.4.4 海洋生物和沉积物中 OCPs 的测定——气相色谱法(GC/MS、GC/ECD)

从 20 世纪 30 年代,我国就大量的生产和使用 OCPs,如六六六、DDT、艾氏剂、狄氏剂等。

OCPs 作为杀虫剂被广泛用于农业、疾病控制领域，故这类农药在我国广泛分布，特别是在农业、居住地区、河流、沿海水域和生物组织中。

本方法是在美国罗得岛大学海洋研究生院地球化学实验室测定方法和美国环保局(EPD，USA)方法的基础上，结合香港城市大学生物及化学系(AoE)实验室实际情况建立起来的，用于调查 OCPs 在我国环境中的残留状况。方法介绍了生物或沉积物样品经冷冻干燥、均质、提取和净化后用 GC－MSD 或 GC－ECD 测定 OCPs。本方法适用于所有的生物、沉积物和土壤样品。该法重点是样品使用混合溶剂(二氯甲烷: 正己烷: 丙酮为 1: 1: 1)索氏抽提，生物样提取液用浓硫酸除脂，沉积物或土壤样品提取液用硅胶柱或凝胶渗透色谱(GPC)净化，然后用 GC/MSD，用 EI 离子源(SIM)。由于 GC－ECD 对含氯化合物非常灵敏，因此，GC－ECD 更经常用于 OCPs 测定。

5.4.4.1　适用范围

虽然此方法只介绍了贻贝、鱼类和海洋沉积物，但它可以扩大到其他生物样，包括哺乳动物和鸟类等动物体，还可包括土壤、河流或湖泊沉积物、水、焚烧灰尘(如电子废物回收焚烧)。

5.4.4.2　方法原理

本方法采用混合溶剂(二氯甲烷: 正己烷: 丙酮为 1: 1: 1)索氏抽提样品，生物样提取液用浓硫酸除脂，沉积物或土壤样品提取液用硅胶柱或凝胶渗透色谱(GPC)净化，然后用 GC/MSD、GC－ECD 测定。GC/MSD 采用 EI 离子源(SIM 模式)；由于 ECD 对含氯化合物非常灵敏，因此，GC－ECD 更常用于 OCPs 测定。

5.4.4.3　试剂与处理

除非另有说明，分析时均须使用色谱级试剂，有机溶剂浓缩 300 倍不得检出有机氯类物质。水为 MilliQ 水或等效超纯水。

(1)试剂

——丙酮(色谱纯)；

——甲醇(色谱纯)；

——二氯甲烷(色谱纯)；

——正己烷(色谱纯)；

——无水硫酸钠(分析纯，经 450℃灼烧 4 h)；

——铜粉(分析纯，50 g 铜粉在 2NHCl 中浸泡 2 h，然后用 20 mL 丙酮、20 mL 正己烷洗涤，浸泡在正己烷中待用)；

——硅胶 70 ~ 230 目(60 ~ 200 μm)，400℃活化 5 h；

——中性氧化铝(50 ~ 200 目)，160℃活化 24 h，10% 水去活化；

——石英砂，50 ~ 70 目，混合溶剂(丙酮，二氯甲烷 1: 1)中浸泡 2 h，放入 450℃的马弗炉中灼烧 5 h。

(2)标准

——内标八氯萘 Octachloronaphthalene,OCN;

——内标十氯联苯,PCB209,DCB;

——同位素标准:萘 - D8,菲 - D10,䓛 - D12 和苝 - D12;

——OCPs 混合标准(pesticide mix1),1 mL,10 μg/ml 于甲苯;

——标准参考物质:2261,OCPs(正己烷相)(标称浓度 2 g/mL);

——标准参考物质:1941、1941b,海洋沉积物组织;

——标准参考物质:2974、2977、2978,有机物冻干贻贝组织(贻贝)。

(3)标准溶液的配制

a. OCP 混标:直接从标准 OCPs 混合物配制的标准混合溶液。混合系列标准曲线制备用的标准溶液浓度分别是:1.0,5.0,10.0,20.0,50.0,100,200,500 和 1 000 ng/mL(正己烷相)。

b. 内标 OCN 或 DCB:将内标用正己烷配制成约 2.000 μg/mL(准确至 0.001 μg/mL)的储备液。

c. 配制氘代同位素标准混合物

将同位素混合标准萘 - D8,菲 D10,䓛 - D12 和苝 - D12 配于正己烷中,每种同位素标准的准确浓度为 6.400 μg/mL。在每个样品进样前加入 10 μL 的同位素标准混合溶液定容至 200μL,这样四种同位素标准的浓度为 320 ng/mL,当溶液体积变化时,仍以 200 μL 的体积计算。

注:两种内标:OCN 或 DCB,选择其中之一加入到样品中一同萃取用于定量计算回收率。D10 和 D12 同位素混标加入样品提取净化后,气相色谱进样前用于体积校准。标准曲线计算应以最后样品溶液体积 0.2 毫升和事先在化学工作站上建立的标准曲线程序为基准。

d. 标准存储:OCP 混标和单标(溶液和粉末)应储存在 0℃以下。所有不同浓度的标准系列、内标和同位素标准都应存放在 -10℃的冰箱中。①

5.4.4.4 仪器和设备②

——天平(精确至 0.001 g);

——不锈钢组织匀浆机;

—— -20℃冰箱(生物样品保存);

——0℃冰箱(沉积物或土壤样品保存);

——聚四氟乙烯有机溶剂洗瓶(二氯甲烷、正己烷);

——洗涤剂;不锈钢粉碎器;

——玻璃瓶和聚丙烯容器;

---

① 分析人员应将所有的标准、内标、同位素标准在室温中恒温 1 h 后方可使用。

② 玻璃仪器和聚丙烯容器使用前应用清洁剂浸泡过夜,自来水洗 3 次,*MilliQ* 水洗 3 次,然后用甲醇、二氯甲烷各荡洗 3 次,注射器用丙酮洗 9 次后用二氯甲烷洗 5 次。

——搅拌器；
——陶瓷研钵；
——索氏提取装置；
——玻璃纤维套筒；
——水浴设备，含加热器和温度控制；
——氮气钢瓶；
——定时器；
——旋转蒸发仪；
——10 mm×50 cm 的广口玻璃管下端带旋纽开关；
——螺口样品瓶；
——注射器；
——凝胶渗透色谱系统（GPC）。

5.4.4.5 样品预处理

（1）设备清洗

所有玻璃器皿、聚丙烯托盘、搅拌器、不锈钢汤匙均需要在洗涤剂浸泡过夜，然后用自来水冲洗彻底后，由 Milli-Q 水洗 3 次，然后用甲醇和二氯甲烷分别荡洗 3 次。

处理完每个样品后，搅拌器都需要加以清理。其设计出于安全原因无法用有机溶剂冲洗所有部件。然而，所有可拆卸的部件（如钢板、刀片、螺旋泵）应取下用清洁剂清洗，然后用自来水冲洗后，由 Milli-Q 水洗 3 次，然后用甲醇和二氯甲烷分别荡洗 3 次。其余样品处理工具以相同的程序清洗。

（2）样品采集和保存

生物样品采集后需铝箔包好装入塑料袋中，如果现场采集的沉积物样品，需放入预先清洗干净容器中。生物样和沉积物样品都需标明采集地点、时间并立即放入冰盒中，尽快运回实验室保存。

在实验室，所有的生物样分析前必须 -20℃冷冻保存，所有的沉积物和土壤样品必须低于 0℃保存，做好记录。

（3）样本匀浆、萃取和净化

a. 样本匀浆和水分测定：生物样品，如贝类、鱼类从冰箱中取出在室温下解冻 1 h 后。记录好每个样品的重量和大小，然后用匀浆机把整体匀浆，贻贝和鱼类的单独组织器官也用此法匀浆，大约 8~12 个贻贝组织放入到预先准备好的干净带盖不锈钢研磨器中匀浆10 min。鱼应刮去鱼鳞、除去胃后用同样的方法匀浆，鱼体可分为腹、背两部分。每个样品的匀浆液收集在玻璃或聚丙烯托盘中，如果个别鱼或贻贝样品量不足，可合并匀浆液并充分混匀。匀浆组织水分用重量法测定，将一定量的组织包在铝箔中，然后放入烘箱 105℃过夜直到恒重，再次称量计算湿度。

沉积物、土壤和其他如灰尘样品从冰箱中取出在室温下解冻 1 h 后，然后将样品研磨混匀。每个采样点需要至少取三点的样品平均后才能代表该采样点的污染负荷。湿度测定采用重量法，取出一定量的样品放置烘箱中 105℃过夜至恒重，重新称重并计算水分含量。记录每个样品的重量、颜色和湿度。

b. 除水可采用无水硫酸钠或冷冻干燥法

称 10 g(精确到 0.001 g)生物湿样或 15 ~ 20 g 沉积物样到陶瓷研钵中，加入 1.00 mL 内标(OCN 或 DCB 2.000 μg/mL 正己烷相)，然后将 30 g 无水硫酸钠和样品一起研磨至粉末。

在冻干机中低于零度冷冻干燥 5 ~ 7 d 至恒重。取出样品至不锈钢粉碎器中研磨成粉末状，沉积物过 80 目筛，称 1 g 生物样粉末或 10 g 沉积物或土壤样品粉末(精确至 0.001 g)至玻璃纤维套管中进行索氏提取。

c. 索氏提取

每批样做 6 个样品和 2 个全程空白，加 150 mL 混和溶剂(丙酮: 正己烷: 二氯甲烷 1:1:1)至圆底烧瓶中，水浴加热 70℃调整至溶剂微沸萃取 18 h。如果做沉积物和土壤样品，需加 2 g 活化铜粉除硫。生物样提取液旋转蒸发至 20 mL，取出 2 mL 至预先称重过的试管中自然挥发，恒重后再次称重用重量法计算脂肪含量。剩下的 18 mL 再旋转蒸发至 1 mL。沉积物或土壤样品提取液旋转蒸发至 1 mL。

d. 层析柱或 GPC 和浓硫酸净化

1 mL 的生物样提取浓缩液用以下 3 种方法去除脂肪：过硅胶柱层析；凝胶渗透色谱(GPC)或浓硫酸。层析柱和 GPC 适用于沉积物样品，浓硫酸适用于生物样品。

柱层析法：多层玻璃硅胶柱(1 cm i. d × 50 cm)由下到上铺玻璃毛、5 g 中性氧化铝(160℃活化24 h，10% 水去活)、8 g 硅胶(350℃活化 5 h)、5 g 无水硫酸钠。用前用 20 mL 二氯甲烷和20 mL的正己烷淋洗并弃用。加 1 mL 浓缩液至层析柱中，用 15 mL 正己烷淋洗弃用，然后用 20 mL 混合溶剂(正己烷: 二氯甲烷为20 : 80)、15 mL 二氯甲烷洗脱，合并洗脱液(约 35 mL)旋转蒸发浓缩至 200 μl 待分析。

凝胶渗透色谱(GPC)：凝胶渗透色谱也可用来去除残留的脂肪，1mL 浓缩液加入到 GPC 玻璃柱中(2 cm/h × 50 cm)，填料为 Bio - Beads S - X3，二氯甲烷淋洗，转移溶剂至正己烷(只有正己烷可用于 GC/ECD 进样)，旋转蒸发至 200 μl 待分析。

浓硫酸去除生物脂肪：1 mL 的浓缩液用浓硫酸净化。将 1 mL 的浓缩液转移至 50mL 的梨形瓶中，加 15 mL 正己烷，用滴管滴加 3 ~ 5 滴浓硫酸，轻轻摇匀。10 mL 后，黑色或棕色液体沉降至瓶底，用另一根滴管移去硫酸层，再加 5 mL 浓硫酸，剧烈摇匀 1 min，0.5 h 后，再移去黑色硫酸层，剩下的溶液将变澄清。如需要可再次加入浓硫酸，重复操作。旋转蒸发溶液至 200 μl 待分析。①

---

① 如果用浓硫酸去除提取液中的脂肪，所有的 PAHs 将被完全破坏，但 PBDEs、PCBs 和 OCPs 不受影响。浓硫酸及其废液需倒入大量的水中，切勿将水倒入硫酸或其废液中。

5.4.4.6 质量控制

每组 20 个样品做质量控制,其中包括溶剂空白、方法空白平行,样品加标平行样测定。

(1)溶剂空白:包括二氯甲烷、正己烷和丙酮(每个约 10 mL,共 30 mL),150 mL 的混合溶剂用于索氏提取(丙酮: 正己烷: 二氯甲烷 1: 1: 1)和柱层析——20 mL 的二氯甲烷,20 mL 的正己烷冲洗硅胶柱,20 mL 的正己烷和 20 mL 的混合溶剂(正己烷: 二氯甲烷 1: 1)为洗脱液,所有这些溶剂(总数应正己烷 110 mL + 二氯甲烷 90 mL + 丙酮 60 mL = 260 mL)浓缩至体积约 0.2 mL 进样,看看是否有任何干扰。

(2)现场空白:现场采样是容易引入周围环境的干扰,每个步骤和容器都应真实样品一样做现场空白,但不放入样品,每个采样点至少做一个现场空白。

(3)方法空白:方法空白就是不放入样品,但处理过程等同于真实样品包括匀浆、索氏抽提、层析柱净化、进样前浓缩等,需做平行样测定。

(4)样品加标或标准参考物质(SRM)的测定

a. 样品加标实验:本方法只有沉积物样品进行样品加标试验。生物样采用 SRM 做回收率检测。加标样品需采用非常干净的沉积物或土壤样品,如石英砂或外海沙滩砂,用混合溶剂(丙酮: 二氯甲烷 1: 1)浸泡 2 h,放入 450℃的灼烧 5 h 的去除可能的 OCPs,然后加入已知量的 OCPs 混标,按正常的样品操作步骤提取 OCPs,计算每种 OCPs 的回收率。每种 OCPs 的回收率应大于 80%,在 80~110% 之间均可接受。

b. 标准参考物质(SRM)的测定:SRM 中每种 OCPs 的浓度已知,所以标准参考物质和实际样品同时检测以确定方法回收率。贻贝组织中 SRM2974、2977 和 2978 可用于测定生物样品方法回收率,而 SRM1941、1941b 可用于土壤样品回收率的测定。贻贝组织和海洋沉积物中各种 OCPs 的回收率应大于 80%。

5.4.4.7 用 GC/MS(EI/SIM 模式)或 GC/ECD 检测

(1)GC/MS:安捷伦 6890N,5975C 质谱检测器,EI 模式,30 m DB-5 柱子(0.25 mm × 0.25 μm)用于检测 22 种 OCPs 和内标(OCN 和 DCB),载气:氦,流速 1 mL/min,EI/SIM 模式。进样量 2 μL,无分流进样。进样口温度 250℃,炉温:80℃保持 2 min,6℃/min 升至 200℃,4℃/min 升至 250℃保持 18 min,全程 52.5 min。

(2)GC/ECD:由于 GC/ECD 对含氯化合物如 OCPs,PCBs 等非常敏感,所以检测 OCPs 通常采用 GC/ECD。本方法用安捷伦 6890N-u-ECD,30 m OV-17 柱子(0.25 mm × 0.25 μm)检测 22 种 OCPs,载气:He,流速 1 mL/min,EI/SIM 模式。进样量 1 μL,无分流进样。进样口温度 250℃,炉温 80℃保持 2 min,6℃/min 升至 200℃,4℃/min 升至 250℃保持 18 min,全程 52.5 min。

(3)标准曲线定量,内标校准

a. 目标化合物:25 种 OCPs 分别为:α-HCH,HCB,β-HCH,γ-HCH,δ-HCH,Heptachlor,Aldrin,Isodrin,Heptachlor epoxide A,oxychlordane,Heptachlor epoxide B,Chlordane A,

OP'_DDE、Endosulfate Ⅰ, Chlordane B, Dieldrin, PP' - DDE, OP' - DDD, Endrin, Endosulfate Ⅱ, PP' - DDD, OP' - DDT, PP' - DDT, Methoxychlone, Mirex。

b. 内标：索氏提取前加入到样品中的内标 OCN 和 DCB 回收率确定：一是直接进样，另一是加入到样品中经过了索氏提取、硅胶分离和仪器进样，计算方法回收率。

c. 进样前添加同位素标准：根据溶液体积建立的标准工作曲线。需保证仪器进样前每个样品的体积均为 200 μL，10 μL 同位素标准 Naphthalene - d10, Phenanthrene - d10, Chersene - d12 and Perylene - d12（6.4×10^{-6}正己烷相）在进样前加入至样品中，体积 200 μL 时浓度为 320×10^{-9}。

d. 标准工作曲线：配制一系列不同浓度的 OCPs 标准溶液，浓度分别为 1.0×10^{-9}、5.0×10^{-9}、10.0×10^{-9}、20.0×10^{-9}、50.0×10^{-9}、100×10^{-9}、200×10^{-9}、500×10^{-9}和$1\,000 \times 10^{-9}$。GC/MS 或 GC/ECD 仪器条件确定后按照浓度由低到高的顺序进系列标准溶液，标准曲线的相关性 $r = 0.998$ 或更大。

5.4.4.8　定量和质控要求

（1）定量：用标准曲线（$1.0 \sim 1\,000 \times 10^{-9}$, $r = 0.998$）计算样品中 22 种 OCPs 浓度，计算的原理为：每个化合物的峰面积和其浓度成正比。结果除以样品干重或组织脂肪含量，单位为 ng/g 干重或 ng/g 脂重。计算公式为：

$$C = \frac{Cs \times V(0.2\ \text{mL}) \times F}{\text{干重或脂重}}$$

式中：C 为组织中 OCPs 的浓度；Cs 为标准曲线计算出的浓度；$F = 11$（20 mL/18 mL，2 mL 用做脂肪测定）。

如果是沉积物样品，OCPs 浓度用同样的公式计算，但 $F = 1$，因为沉积物没有脂肪，所以：

$$C = \frac{Cs \times V(0.2\ \text{mL})}{\text{干重}}$$

内标 OCN 或 DCB 校准标准曲线计算的结果。比较内标本身（原始的）峰面积和萃取、净化和检测后的峰面积，面积大于原始面积的 80% 表示方法回收率大于 80% 符合要求。

（2）质控要求：所有的样品都需做平行样，QC 要求如下：①信噪比大于 3；②仪器保留时间误差 ± 0.05 min；③每种 OCPs 溶剂空白低于 0.05 ng/g（干重）；④检出限应达到 0.005 ng/g（干重）；⑤每种 OCPs 的回收率应大于 80%；⑥平行样取平均值，相对偏差小于 20%。

5.4.4.9　注意事项和安全

整个分析过程包括溶剂空白、现场空白、方法空白、基底加标和 SRM 样品。主要分析人员姓名应标注在样品标签上，试验记录本上的记录应与样品标签一致。应标注任何试验异常和误差。所有的原始记录和计算数据应做详细记录。

所有安全方面的考虑将根据实验室安全条例和安全手册，本方法尤其需要考虑以下各方面。

(1)由于 OCPs 的强毒性,人员防护设备,包括实验室工作服、钢化玻璃、乳胶手套等。在处理 OCPs 标准、样品和进样前浓缩萃取液时应全程佩戴防护设备。

(2)所有用于切割和混匀样品的设备均存在潜在危险。试验人员使用这些设备时必须意识到这些危险和必须严格按照制造商的安全程序操作设备。

(3)需谨慎处理用于荡洗设备、玻璃仪器的有机溶剂和混合提取溶剂,这些溶剂对操作人员具有潜在危险,如刺激眼睛和皮肤,甚至容易引起火灾。

(4)OCPs 作为杀虫剂比其他 POPs,如 PAHs、PBDEs,更具有急性毒性,如对人造成恶心、腹泻、增加肝脏酶活性、扰乱步态等。曾报道 DDT 对试验动物有致畸作用、肝肿大、肺肿瘤,使鸟类的蛋壳变薄和胚胎死亡。虽然我们不确定 OCPs 对人体的"三致"机理,但它们对人类健康都存在潜在不利影响。因此,任何人员处理 OCPs 单标、混标和浓缩样品时需在通风橱中进行。

(5)需谨慎操作浓硫酸。强酸易灼伤皮肤,所以处理时务必带上手套,如果一旦触及皮肤需立即用大量的水清洗。硫酸废液需要轻轻倒入水中,绝不允许把水泼向硫酸,这将使水遇到大量酸时过热而发生爆炸。

注意:为避免低分子量的 OCPs 挥发到实验室中,不允许将办公室和化学处理室设在同一个房间。试验全程使用玻璃和聚丙烯容器,并拧紧容器瓶盖。

5.4.4.10 OCPs 的 GC/ECD 谱图(图 5.23)

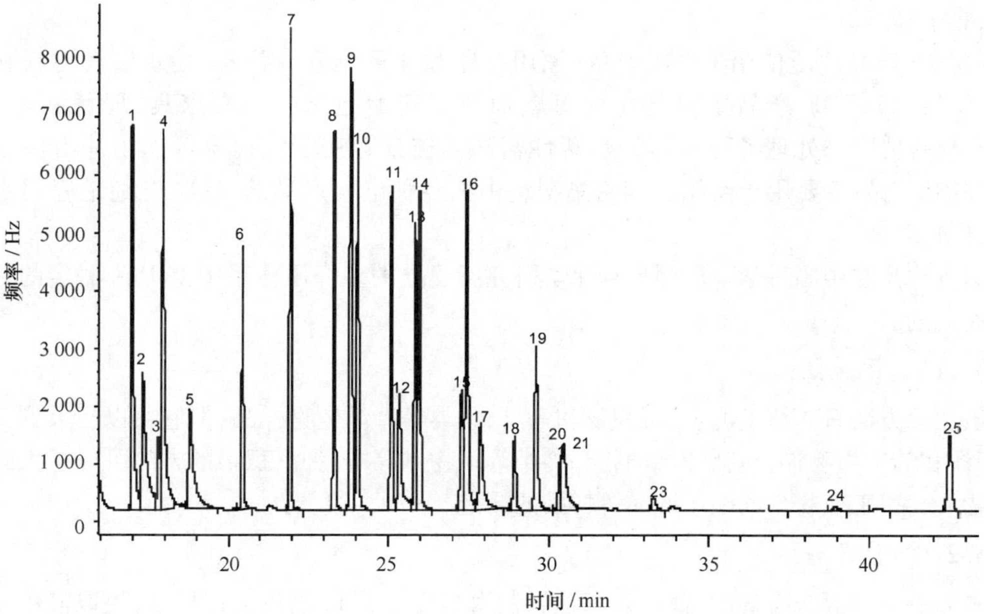

图 5.23 OCPs 的 GC/EC 谱图

图5.23为25种OCPs的气相色谱谱图,图中各峰依次为:1. α－HCH;2. HCB;3. β－HCH;4. γ－HCH;5. δ－HCH;6. Heptachlor;7. Aldrin;8. Isodrin;9. Heptachlor epoxide A＋oxychlordane; 10. Heptachlor epoxide B; 11. Chlordane A; 12. OP’_DDE; 13. Endosulfate Ⅰ; 14. Chlordane B; 15. Dieldrin; 16. PP’－DDE; 17. OP’－DDD; 18. Endrin; 19. Endosulfate Ⅱ; 20. PP’－DDD;21. OP’－DDT;22. PP’－DDT;23. Methoxychlone;24. Mirex。

5.4.5 PBDEs在海洋环境样品(海水、沉积物、生物样)中的萃取、净化和GC/MS(NCI)仪器分析

多溴联苯醚(polybrominated diphenyl ethers,PBDEs)作为溴化阻燃剂广泛使用在工业生产和日常生活中,通过添加PBDEs或与塑料和合成纤维反应可提高产品的阻燃能力。PBDEs在20世纪70年代作为PCBs(PCBs)的替代物在电器制造中开始使用,20世纪80年代发现环境中存在PBDEs污染,随后的监测发现环境中PBDEs暴露水平逐年升高,其对环境以及人类健康的影响已经引起了全球的关注。

PBDEs的化学通式为$C_{12}H_{(0-9)}Br_{(10-1)}O$,其中氢原子和溴原子之和为10。PBDEs共有209种同系物,主要包括五溴联苯醚(PeBDE)、八溴联苯醚(OBDE)和十溴联苯醚(DeBDE)。DeBDE占目前PBDEs总产量的80%以上,PeBDE和OBDE分别占12%和6%。PBDEs具有高亲脂性、水溶性低,在水中的含量低,但易于在沉积物中积累等特性。PBDEs在环境中相当稳定,难于降解。

PBDEs产品广泛使用于电子设备(家用电器和计算机等)、汽车、建筑装潢材料和纺织品中。其中,PeBDE产品主要是作为阻燃剂聚亚安酯泡沫应用在家具、地毯和被褥中;OBDE产品被用来处理各种各样的热塑性塑料并被推荐用于注射浇铸如耐冲击性聚苯乙烯;DeBDE产品主要用于纺织品和密集塑料中如各种电气产品的机架,特别是应用于电视机和计算机等。

本方法是在中国科学院广州地球化学研究所建立的多介质体系中PBDEs测定的基础上综合而成的。

5.4.5.1 适用范围

虽然此方法只介绍了海水、沉积物和贻贝、鱼类等海洋生物样品,但它可以扩大到其他水体、海洋和陆地生物样,包括哺乳动物和鸟类等动物体等样品,沉积物的方法可以扩大到河流沉积物、土壤、工业粉尘和电子产品等样品的测定。

5.4.5.2 方法原理

本方法采用混合溶剂(二氯甲烷:正己烷:丙酮为1:1:1)索氏抽提样品,提取液浓缩后用复合硅胶柱净化,然后用GC/MSD采用NCI离子源(SIM模式)测定。

5.4.5.3 试剂与处理

(1)试剂

除非另有说明,分析时均须使用色谱级试剂,有机溶剂浓缩 300 倍不得检出 PBDEs 类物质。水为 MilliQ 水或等效超纯水。

——丙酮(色谱纯);

——二氯甲烷(色谱纯);

——正己烷(色谱纯);

——甲醇(色谱纯);

——无水硫酸钠(分析纯,经 450℃灼烧 4 h)。

硅胶(8 ~ 100 目)和中性氧化铝(100 ~ 200 目)分别用甲醇、二氯甲烷索式抽提 48 h,真空干燥,分别于 180℃和 250℃活化 12 h,加入 3% 去离子水平衡过夜后于正己烷中保存。

碱性硅胶:向活化后的硅胶加入一定量的 25% 1 mol/L NaOH,摇匀平衡过夜后于正己烷中保存。

酸性硅胶浓 H_2SO_4: 100 g 活化硅胶加入 44 g 浓硫酸,摇匀平衡过夜后于正己烷中保存。

(2)标准

PCB209 购自 Aecustnadards; ^{13}CMBDE139 IS 购自 Wellington 实验室,加拿大。

BDE - MIX 多溴联苯醚混合标准: BDE - 3, BDE7, BDE15, BDE17, BDE28, BDE47, BDE49, BDE66, BDE71, BDE85, BDE99, BDE100, BDE119, BDE126, BDE138, BDE153, BDE154, BDE156, BDE183, BDE184、BDE191、BDE196、BDE197、BDE206、BDE207、BDE209(Wellington 实验室,加拿大)。

5.4.5.4 仪器和设备

——天平(精确至 0.001 g);

——不锈钢组织匀浆机;

—— -20℃冰箱(生物样品保存);

——0℃冰箱(沉积物或土壤样品保存);

——聚四氟乙烯有机溶剂洗瓶(二氯甲烷、正己烷);

——洗涤剂;

——玻璃瓶和聚丙烯容器;

——搅拌器;

——陶瓷研钵;

——索氏提取装置;

——玻璃纤维套筒;

——水浴设备,含加热器和温度控制;

——氮气钢瓶;

——定时器；
——旋转蒸发仪；
——10 mm×50 cm 的广口玻璃管；
——螺口样品瓶；
——注射器；
——凝胶渗透色谱系统（GPC）；
——层析柱 1 cm/h，氮吹仪。

5.4.5.5 样品预处理

（1）样品萃取

a. 海水萃取：水样采集后经 0.7 μm 孔径玻璃纤维滤膜过滤分离溶解相与颗粒相。滤液用 XAD2 和 XAD4 的混合树脂柱（质量比 1∶1）富集有机组分，添加回收率指示物（^{13}C－PCB139），然后依次 5 mL/min 用 50 mL 甲醇和 50 mL 二氯甲烷淋洗树脂柱。淋洗后的混合树脂用 2∶1（体积比）的二氯甲烷∶甲醇混合溶液超声萃取 3 次，每次 100 mL。将超声液和淋洗液合并，加入与甲醇等量的饱和氯化钠溶液，用 50 mL 二氯甲烷反相萃取 3 次。萃取液过无水硫酸钠小柱除去水分后旋转蒸发并置换溶剂为正己烷，定量转移至多级复合硅胶/氧化铝层析柱净化。

b. 生物样萃取：生物样贻贝或鱼体组织用绞碎机匀浆，匀浆组织水分用重量法测定，将一定量的组织包在铝箔中称量，然后放入 105℃烘箱过夜直到恒重，再次称量计算湿度。

生物样经冷冻干燥去除水份后研磨至粉状，加入替代物内标^{13}C－BDE139，用 150 mL 正己烷∶二氯甲烷∶丙酮（1∶1∶1，体积分数）索式抽提 72 h。抽提液浓缩为 10 mL，转换溶剂为正己烷并定容为 4 mL，取 2 mL 样品以重量法测定脂肪含量，另 2 mL 样品转移至凝胶渗透色谱柱，凝胶渗透色谱柱用正己烷/二氯甲烷（1∶1，体积比）淋洗，前 0～120 mL 废弃，收集 120～280 mL 组分，然后用 100 mL 溶剂冲洗净化凝胶渗透色谱柱。收集的样品浓缩为 1 mL，定量转移至复合硅胶柱净化。

凝胶渗透色谱柱是内径为 2.5 cm 的硬质玻璃柱，填料为 40 g Biobeads S－X3，即二乙烯基苯和苯乙烯的共聚物。Biobeads S－X3 使用前先用正己烷/二氯甲烷（1∶1，体积比）浸泡 24 h，湿法装柱。柱子装完后，用 300 mL 正己烷与二氯甲烷（1∶1，体积比）冲洗净化，放置一段时间待柱子稳定后进行相关实验。淋洗速度控制在 3 mL/min 左右。

c. 沉积物萃取：沉积物样品进行冷冻干燥、研磨、过 80 目后，贮存在棕色磨口瓶中，避光保存。准确称重 10g 过筛后的沉积物样品放入索氏玻璃纤维套筒中，用 150 mL 正己烷∶二氯甲烷∶丙酮（1∶1∶1，体积分数）索式抽提 72 h。抽提前样品中加入回收率指示物，并在圆底烧瓶中加入活化铜粉用于脱硫，将抽提液旋转蒸发浓缩至 1 mL，然后过多层硅胶氧化铝复合柱净化。

a)浓缩液净化

复合柱采用湿法装柱(如图 5.24 所示),内径为 1 cm 的层析柱,从柱底部到顶部依次装入 1 cm 无水硫酸、6 cm 氧化铝、2 cm 中性硅胶、5 cm 碱性硅胶、2 cm 中性硅胶和 8 cm 酸性硅胶、1 cm 无水硫酸。用 70 mL 正己烷与二氯甲烷(1∶1,体积比)洗脱,洗脱液旋转浓缩后柔和氮气吹定容为 200μL,加内标(PCB209)进行仪器分析。

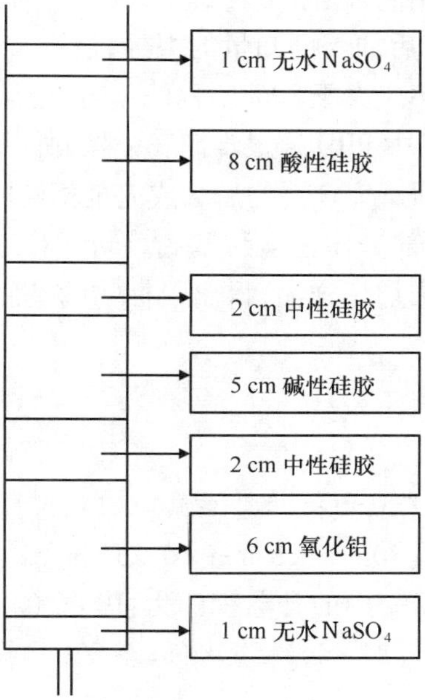

图 5.24　复合性装柱顺序

5.4.5.6　质量控制

每组 20 个样品做质量控制,其中包括溶剂空白、方法空白平行,样品加标平行。

(1)溶剂空白

包括 150 mL 的混合溶剂用于索氏提取(丙酮∶正己烷∶二氯甲烷为 1∶1∶1)和 GPC 的 160 mL的正己烷和二氯甲烷,柱层析——70 mL 的正己烷和二氯甲烷,所有这些溶剂(总数应正己烷 165 mL + 二氯甲烷 165 mL + 丙酮 50 mL = 380 mL)浓缩至体积约 0.2 mL 进样,看看是否有任何干扰。

(2)现场空白

现场采样是容易引入周围环境的干扰,每个步骤和容器都应真实样品一样做现场空白,但不放入样品,每个采样点至少做一个现场空白。

(3)方法空白

方法空白就是不放入样品,但处理过程等同于真实样品包括匀浆、索氏抽提、GPC、层析柱净化、进样前浓缩等,需做平行。

(4)样品加标

a. 空白加标实验:海水加标样品用 MilliQ 水,沉积物加标样品需采用非常干净的沉积物或土壤样品替代物,如石英砂,用混合溶剂(丙酮: 二氯甲烷为 1:1)浸泡 2 h,放入 450℃灼烧 5 h,去除可能的 PBDEs 污染,然后加入已知量的混标,按正常的样品操作步骤提取 OCPs,计算回收率。每种目标物的回收率应大于 80%。

b. 样品加标试验:生物样品中 PBDEs 很难彻底去除,所以生物样品的加标回收率用样品加标减去样品来计算。将样品研磨完全混匀后分成完全相同的几份子样品,将已知浓度的标准加入一部分组织样品中,另一部分作为样品基底。同试验过程处理方法一致进行分析,做平行样。将样品加标结果减去未加标样品,得出目标物的基底加标回收率,每种目标物的回收率应大于 80%。

5.4.5.7 用 GC/MS(NCI/SIM 模式)

(1)GC－MS

——Agilent 6890N GC 和 5975,负化学离子源(NCI),选择离子监测模式;

——色谱柱为 HP－5MS 柱(30m × 025 mm × 0.25 μm);

——三溴至七溴联苯醚分析采用的升温程序为:100℃(2 min),10℃/min 至 230℃,2℃/min 至 247℃,20℃/min 至 280℃(24 min),5℃/min 至 320℃(13 min),全程 70.15 min;

——载气为高纯氦;

——反应气为甲烷;

——柱流速为 1.0 mL/min;

——离子源温度 150℃;

——进样口温度 280℃;

——1 μL 无分流进样;

——八溴至十溴联苯醚采用 10～15 m HP－1 或 HP－5 色谱柱气相色谱;

——进样温度 290℃;

——升温程序 120℃保持 2 min,然后以 8℃/min 至 300℃保持 15 min,总共 42 分钟;

——三溴一七溴联苯醚扫描离子为 M/Z = 79、81;

——八至十溴联苯醚也为 M/Z = 79、81(十溴加 487);

——PCB209 为 M/Z = 497。

(2)标准曲线

a. 目标化合物

BDE3, BDE7, BDE15, BDE17, BDE28, BDE47, BDE49, BDE66, BDE71, BDE85, BDE99,

BDE100，BDE119，BDE126，BDE138，BDE153，BDE154，BDE156，BDE183，BDE184、BDE191、BDE196、BDE197、BDE206、BDE207、BDE209。

b. 内标

索氏提取前加入到样品中的内标^{13}BDE139 回收率确定：一是直接进样，另一是加入到样品中经过了索氏提取、复合硅胶柱分离和 GC/MS 仪器进样，计算方法回收率。

c. 进样前添加 PCB_{209} 标准

根据溶液体积建立的标准工作曲线。需保证仪器进样前每个样品的体积均为 200 μl，加入一定量的内标，用于校准进样前样品体积。

d. 标准工作曲线

配制一系列不同浓度的 PBDEs 系列标准曲线，浓度分别为 0.5×10^{-9}、1.0×10^{-9}、2.0×10^{-9}、5.0×10^{-9}、10.0×10^{-9}、20.0×10^{-9}、50.0×10^{-9}。GC/MS（NCI，SIM 模式）仪器条件确定后按照浓度由低到高的顺序进系列标准，标准曲线的相关性应大于 0.99。

5.4.5.8　定量和质控要求

（1）定量：用标准曲线（$0.5\sim50\times10^{-9}$，$r=0.99$）计算样品中 PBDEs 浓度，计算的原理为：每个化合物的峰面积和其浓度成正比。结果除以样品体积为 ng/L、干重或组织脂肪含量为 ng/g 干重或 ng/g 脂重。计算公式为：

如果是水样，则 $C=\dfrac{Cs\times V(0.2\ \text{mL})}{\text{水样体积}}$

如果是沉积物或生物样

$$C=\frac{Cs\times V(0.2\ \text{mL})\times F}{\text{干重或脂重}}$$

式中，C 为组织中 OCPs 的浓度；$F=2$（4 mL/2 mL，2 mL 用做脂肪测定）。

如果是沉积物样品，目标物浓度用同样的公式计算，但 $F=1$，因为沉积物没有脂肪，所以：

$$C=\frac{Cs\times V(0.2\ \text{mL})}{\text{干重}}$$

比较替代物本身（原始的）峰面积和萃取、净化和检测后的峰面积，面积大于原始面积的 80% 表示方法回收率大于 80% 符合要求。

（2）质控要求：所有的样品都需做平行样，QC 要求如下：①信噪比大于 3；②仪器保留时间误差 ± 0.05 min；③每种目标物溶剂空白低于 0.05 ng/g dw；④检出限应达到 0.1 ng/g（干重）；⑤每种目标物回收率应大于 80%；⑥平行样取平均值，相对偏差小于 20%。

5.4.5.9 PBDEs 标准谱图（图 5.25）

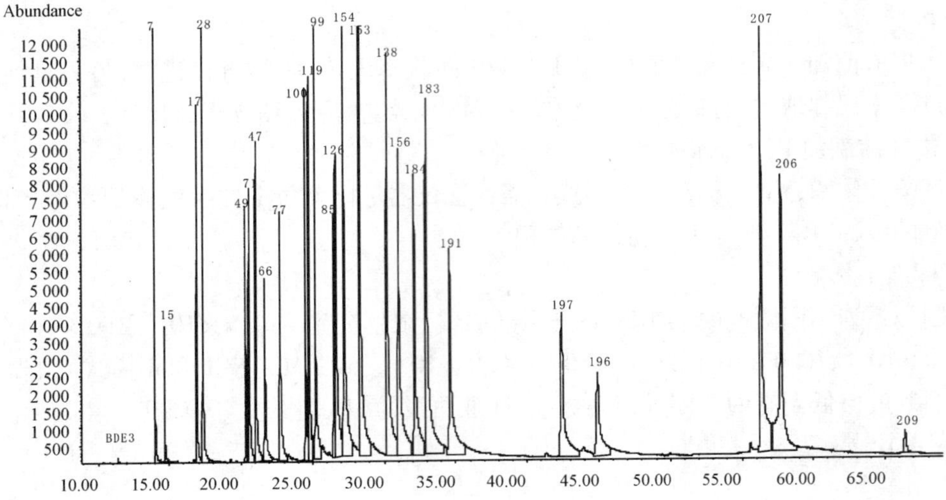

图 5.25 PBDEs 标准谱图

5.4.6 PBDEs 在海洋生物样和沉积物样品中的萃取、净化和 GC/MS(EI) 分析

PBDEs 作为通用防火材料被广泛应用汽车工业、计算机制造、塑胶家俱、电器、电讯器材、纤维和建筑材料上，由于不是化学反应结合，而混和进入材料，所以可脱离混合体进入环境，而成为有机污染物。PBDEs 可通过食物链进入人体，造成神经损害，干扰甲状腺分泌和影响繁殖系统，而且可能引起肿瘤和癌变。在继 PCBs 之后又一个引起科学家和公共的极度关注的有机污染物。

PBDEs 具有神经毒害，干扰甲状腺分析，影响生殖系统，可疑的致畸、致癌污染物。作为防火剂，大量地生产 PBDEs（主要是 Deca PBDE），2001 年世界总产量为 67 440 t。在风化后逐步降解为 207，206，197，196 以及随后的六溴，五溴和四溴联苯醚，但在江，河，湖，海沉积物中可以 8～10 溴分子量的同类化合物长期存在。所以在分析调查沉积物、土壤、工业产品时，必须测定包括高分子量的 PBDEs 在内的所有同类化合物，以期得到污染状况的全貌。

由于 PBDEs 在环境中浓度通常比 PCBs 低 10 倍以上，所以需改进测定方法，进一步提高灵敏度方能检测出环境中痕量的 PBDEs。本测定方法是结合美国罗得岛大学海洋研究生院地质化学实验室（奎恩教授），日本松山的爱媛大学海洋环境研究中心（田边信介教授）和香港城市大学生物及化学系（林群声教授，胡绍燊教授）实验室操作步骤总结而成，用以测定生物样品和沉积物中 PBDEs,但不包括高分子量的 BDE－197,196,207,206 和 209。若测定海洋、江、河、湖沉积物、灰尘、工业产品时需测定高分子量的 PBDEs,因为高分子量 PBDEs 可能占 PBDE 污染中较大的比例,在生物体中则不然。

5.4.6.1　适用范围

虽然此方法只介绍了贻贝、鱼类肉质样品,但它可以扩大到其他海洋和陆地生物样,包括哺乳动物和鸟类等动物体等样品,沉积物的方法可以扩大到河流沉积物、土壤、工业粉尘和电子产品等样品的测定。

5.4.6.2　方法原理

本方法采用混合溶剂(二氯甲烷: 正己烷: 丙酮 1:1:1)索氏抽提样品,提取液浓缩后用浓硫酸除脂,然后用 GC/MSD 采用 EI 离子源(SIM 模式)。

5.4.6.3　试剂与处理

(1)试剂

除非另有说明,分析时均须使用色谱级试剂,有机溶剂浓缩 300 倍不得检出 PBDEs 类物质。水为 MilliQ 水或等效超纯水。

——丙酮(色谱纯);

——二氯甲烷(色谱纯);

——正己烷(色谱纯);

——甲醇(正己烷);

——无水硫酸钠(分析纯,经 450℃灼烧 4h);

——浓硫酸,98%;

——硅胶:70～230 目(60～200 μm),直径 60 nm。

(2)标准

——同位素标准 MBDE－MXE$^{13}C_{12}$: $^{13}C_{12}$ BDE3, $^{13}C_{12}$BDE15, $^{13}C_{12}$BDE28, $^{13}C_{12}$BDE47, $^{13}C_{12}$BDE99, $^{13}C_{12}$BDE153, $^{13}C_{12}$BDE154, $^{13}C_{12}$BDE183, $^{13}C_{12}$BDE197, $^{13}C_{12}$BDE207, $^{13}C_{12}$BDE209 (Wellington 实验室,加拿大);

——BDE－MIX 多溴联苯醚混合标准: BDE3, BDE7, BDE15, BDE17, BDE28, BDE47, BDE49, BDE66, BDE71, BDE85, BDE99, BDE100, BDE119, BDE126, BDE138, BDE153, BDE154, BDE156, BDE183, BDE184, BDE191, BDE196, BDE197, BDE206, BDE207, BDE209 (Wellington 实验室,加拿大);

——^{13}CMBDE139 IS 购自 Wellington 实验室,加拿大;

——标准参考物质 SRM2585,室内灰尘制品,美国国家标准和技术研究所,盖塞斯堡,马萨渚塞州,美国 20899;

——亚标准物质 SRM2977,2978(贻贝),1945(鳟鱼制品),1946 和 1947(鳟鱼制品),

1974b,1974bb(贻贝制品)。

(3)标准溶液配制

——标准溶液 BDE－MIX 标准:1.0/2.0/5.0 $\times 10^{-6}$ 被稀释配制成一系列浓度,1.0/2.0/5.0 $\times 10^{-9}$、5.0/10.0/25.0 $\times 10^{-9}$、10/20/50 $\times 10^{-9}$、50/100/250 $\times 10^{-9}$、100/200/500 $\times 10^{-9}$、500/1 000/2 500 $\times 10^{-9}$,此系列溶液可用注射制作标准工作曲线,高浓度 500/1 000/2 500 $\times 10^{-9}$ 可用作外加试验,计算其回收率;

——同位素标准溶液 ^{13}C MBDE－MIX,配制成 50/100/250 $\times 10^{-9}$ 用作"同位素稀释法"中作内标;

——单项标准 ^{13}CMBDE139 IS 用作回收率内标;

——所有的标准溶液配制后贮存在－10℃冰箱中,使用前在实验室室温下保持 1 h。

5.4.6.4　仪器和设备①

——天平(精确至 0.001 g);

——不锈钢组织匀浆机;

——－20℃冰箱(样品保存);

——聚四氟乙烯有机溶剂洗瓶(二氯甲烷、正己烷);

——洗涤剂;

——玻璃瓶和聚丙烯容器;

——搅拌器;

——陶瓷研钵;

——索氏提取装置;

——玻璃纤维套筒;

——水浴设备,含加热器和温度控制;

——氮气钢瓶;

——定时器;

——旋转蒸发仪;

——10 mm × 50 cm 的广口玻璃管;

——螺口样品瓶;

——注射器。

5.4.6.5　样品预处理

(1)设备清洗

所有玻璃器皿、聚丙烯托盘、搅拌器、不锈钢汤匙均需要在洗涤剂浸泡过夜,然后用自来

① 玻璃仪器和聚丙烯容器使用前应用清洁剂浸泡过夜,自来水洗 3 次,MilliQ 水洗 3 次,然后用甲醇、二氯甲烷各荡洗 3 次,注射器用丙酮洗 9 次后用二氯甲烷洗 5 次。

水冲洗彻底后，由 MilliQ 水洗 3 次，然后用甲醇和二氯甲烷分别荡洗三次。

处理完每个样品后，搅拌器都需要加以清理。其设计出于安全原因无法用有机溶剂冲洗部件外，所有可拆卸的部件（如钢板、刀片、螺旋泵）应取下用清洁剂清洗，然后用自来水冲洗后，由 MilliQ 水洗 3 次，然后用甲醇和二氯甲烷分别荡洗 3 次。其余样品处理工具以相同的程序清洗。

（2）样品采集和保存

生物样品采集后需铝箔包好装入密实袋中，如果现场采集的沉积物样品，需放入预先清洗干净容器中。样品需标明采集地点、时间并立即放入冰盒中，尽快运回实验室保存。在实验室，所有生物样品分析前必须 -20℃ 冷冻保存至分析。沉积物等样品应放在广口瓶或聚丙烯塑胶袋内储存在 0℃ 或 -4℃ 冰箱中，化学处理前应在实验室内室温放置至解冻后进行。

（3）样本匀浆、萃取和净化

a. 水分测定：生物样贻贝或鱼体组织用绞碎机匀浆，匀浆组织水分用重量法测定，将一定量的组织放在铝箔中称量，然后放入烘箱，105℃ 过夜直到恒重，再次称量计算湿度。

沉积物、土壤和其他如灰尘样品从冰箱中取出在室温下解冻 1 h 后，然后将样品研磨混匀。每个采样点需要至少取三点的样品平均后才能代表该采样点的污染负荷。将每个样品的匀浆液收集到一个合适的玻璃或聚丙烯容器中待萃取。湿度测定采用重量法，取出一定量的样品放置烘箱中 105℃ 过夜至恒重，重新称重并计算水分含量。记录每个样品的重量、颜色和湿度。

b. 萃取和净化：称取约 10 g（准确至 0.001 g）匀浆组织到陶瓷研钵中或者 15 ~ 20 g 沉积物样品，加入约 30 g 无水硫酸钠，用研棒反复研磨至粉末待萃取。或者在冻干机中低于 0℃ 冷冻干燥 5 ~ 7 d 至恒重。取出样品至搅拌器中研磨成粉末状，沉积物过 80 目筛，称 1 g 生物样粉末或 10 g 沉积物或土壤样品粉末（精确至 0.001 g）至玻璃纤维套管中进行索氏提取。

索氏提取时水浴加热 70℃ 调整至溶剂微沸萃取 18 h，溶剂为丙酮、正已烷、二氯甲烷混合液（1∶1∶1）150 mL。如果做沉积物和土壤样品，需加 2 g 活化铜粉除硫。

萃取液用旋转减压蒸馏器浓缩至 20 mL。生物样需取出 2 mL 用自然蒸发至干，残渣量当作脂肪含量，并记录在此样品栏内。浓缩液（沉积物 20 mL，生物样 18 mL 用浓硫酸除去脂肪或色素类大分子化合物，即用 3 ~ 5 滴浓硫酸滴入溶液，摇动后，待棕黑色沉淀用滴管转移出后弃去。再加入浓硫酸 5 mL，激烈摇动，待分层后，取出上层清液至另一 25 mL 烧瓶中，浓缩至 0.5 mL，转移至棕色小瓶内，自然蒸发或氮气吹至约 200 mL，再转移至带三叉脚的小套管内（Insert），加入 10 μL 同位素标准作为内标加到 200 μL 样品溶液，用以 GC/MS 联机测定 PBDEs 各类化合物。

5.4.6.6 质量控制

每组 20 个样品做质量控制，其中包括溶剂空白、方法空白平行，样品加标平行样测定。

(1)溶剂空白

包括150 mL的混合溶剂用于索氏提取(丙酮:正己烷:二氯甲烷为1:1:1)和GPC的160 mL的正己烷和二氯甲烷,柱层析——70 mL的正己烷和二氯甲烷,所有这些溶剂(总数应正己烷165 mL + 二氯甲烷165 mL + 丙酮50 mL = 380 mL)浓缩至体积约0.2 mL进样,看看是否有任何干扰。

(2)现场空白

现场采样是容易引入周围环境的干扰,每个步骤和容器都应真实样品一样做现场空白,但不放入样品,每个采样点至少做一个现场空白。

(3)方法空白

方法空白就是不放入样品,但处理过程等同于真实样品包括匀浆、索氏抽提、GPC、层析柱净化、进样前浓缩等,需做平行样测定。

(4)样品加标和标准参考物质

a. 空白加标实验:沉积物加标样品需采用非常干净的沉积物或土壤样品替代物,如石英砂,用混合溶剂(丙酮:二氯甲烷为1:1)浸泡2 h,放入450℃的灼烧5 h的去除可能的PBDEs污染,然后加入已知量的混标,按正常的样品操作步骤提取OCPs,计算回收率。每种目标物的回收率应大于80%。但高分子PBDEs如196,197,206,207应大于60%,209应大于50%则可接受。

b. 标准参考物质(SRM)的测定:SRM中每种PBDEs的浓度已知,所以标准参考物质和实际样品同时检测以确定方法回收率。室内灰尘标准参照物质可用于土壤和沉积物标准回收率的测定,而生物样亚标准参照物质可用于生物样品回收率的测定。标准参考物质中各种PBDEs的回收率应大于80%。

5.4.6.7 GC - MSD 测定

(1)GC - MS

用岛津QP2010 GC/MS或Agilent 6890N GC和5975质谱系统,对质谱仪中的质荷比M/Z需达到1 000的新型质谱仪才可以用以测定。日本岛从QP - 2010,Agilen + 6890N GCt 5975系列质谱检测器M/Z范围为70 ~ 1 027。BDE 3 - 191测定此采用装有30 m HP - 5MS或HP - 1MS熔蝠石英毛细管色谱柱则可以用于测定的PBDEs,氦气作为气载,流速50 mL/min,炉温90℃保持2 min,升温程序:以20℃/min,升至230℃,接着升2℃/min至247℃,最后20℃升/min至280℃保持25 min,整个运行时间为46.15 min,注射口温度280℃,自动进样,质谱以离子源/选择离子监测(EI/SIM)运行。

BDE 197,196,207,206和209按下述方法进行,10 ~ 15 m短的HP - 1MS或HP - 5MS熔蝠石英色谱柱联接GC注射口和质谱输入口。气相色谱注射口温度290℃,炉温120℃保持2 min,然后以8℃/min速度计温至300℃保持15 min,总共42 min。2 μL进样,质谱以离子源选择离子监测(ES/SIM)运行。

(2)标准曲线

a. 目标化合物:BDE3,BDE7,BDE15,BDE17,BDE28,BDE47,BDE49,BDE66,BDE71,BDE85,BDE99,BDE100,BDE119,BDE126,BDE138,BDE153,BDE154,BDE156,BDE183,BDE184,BDE191,BDE196,BDE197,BDE206,BDE207,BDE209。

b. 进样前添加 MBPE - $^{13}C_{12}$同位素内标:根据溶液体积建立的标准工作曲线。需保证仪器进样前每个样品的体积均为 200 μL,加入一定量的内标,用于校准进样前样品体积。

c. 标准工作曲线:配制一系列不同浓度的 PBDEs 系列标准曲线,浓度分别为 1.0/2.0/5.0 $\times 10^{-9}$,5/10/25 $\times 10^{-9}$,10/20/50 $\times 10^{-9}$,50/100/250 $\times 10^{-9}$,100/200/500 $\times 10^{-9}$,500/1 000/2 500 $\times 10^{-9}$。GC/MS(NCI,SIM 模式)仪器条件确定后按照浓度由低到高的顺序进系列标准,标准曲线的相关性应大于 0.99。

5.4.6.8　定量和质控要求

外部标准即 BDE - MIX 在相同气相色谱 - 质谱条件下运行,其相应同类化合物的气相色谱滞留时间(RT)和各同类化合物的主要离子质荷比(MIZ)可用以鉴别各个同类化合物。MBPE - $^{13}C_{12}$同位素标准作为内标及以计算各同类化合物数量。

定量分析则依据峰面积和浓度成正比,由标准计算曲线自动进行计算。外标法然后按下式进行最后计算:

$$C = \frac{Cs \times V(0.2\ \mathrm{mL}) \times F}{\text{干重或脂重}}$$

式中,C 为样品中各 PBDE 的浓度;Cs 为计算机工作曲线自动计算出的浓度值;$F = 1.11$(20 mL/18 mL,2 mL 用做脂肪测定)。

如果是沉积物样品,目标物浓度用同样的公式计算,但 $F = 1$,因为沉积物没有脂肪,所以:

$$C = \frac{Cs \times V(0.2\ \mathrm{mL})}{\text{干重}}$$

比较替代物本身(原始的)峰面积和萃取、净化和检测后的峰面积,面积大于原始面积的 80% 表示方法回收率大于 80% 符合要求。

用同位素稀释法 MBPE - $^{1}3_{C_{12}}$同位素标准作为内标,依据峰面积和浓度成正比计算各同类化合物浓度。

所有样品需平行样品进行操作,平行样各个浓度值与平均值之差不得大于 20%,生物样的检出限达到 0.1 ng/g,低分子量 PBDEs 回收率均大于 80%。沉积物的检出限达到 0.5 ng/g,高分子 PBDEs 回收率一般大于 60%,但十溴联苯醚回收率大于 50% 即可接受。

5.4.6.9 PBDEs 标准谱图(图 5.26)

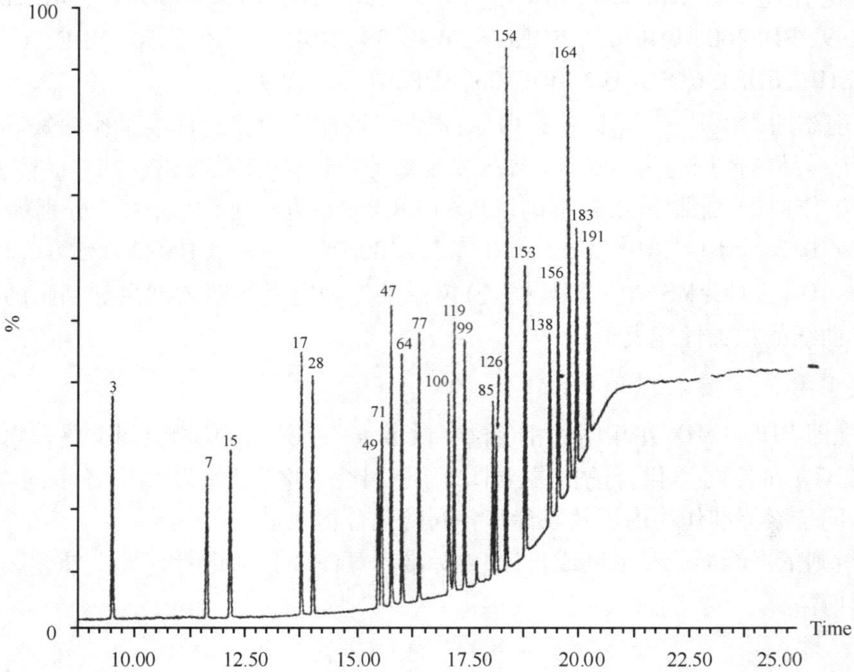

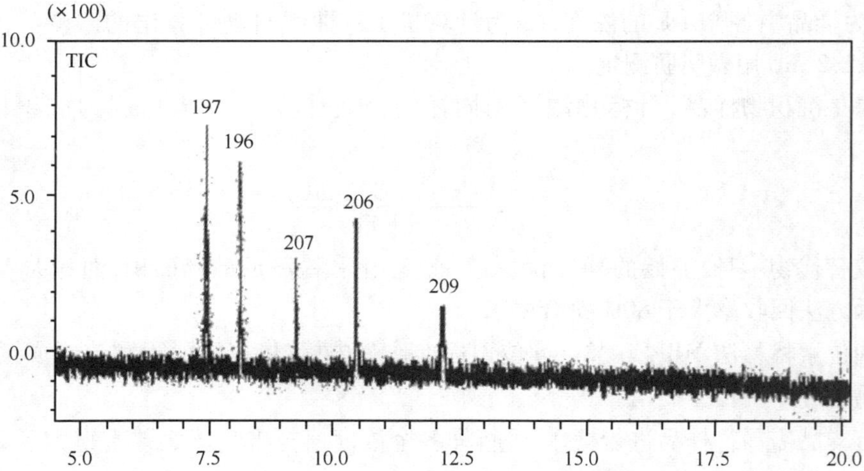

图 5.26 PBDEs 标准谱图

5.4.7 水、沉积物和生物样中 PFOS 和 PFOA 测定——HPLC/MS/MS

全氟辛烷磺酰基化合物(PFOS)及其相关化学品是一类重要的全氟表面活性剂,由于氟具有最大的电负性,使得碳-氟键具有强极性,并且是自然界中键能最大的共价键之一,这使得全氟化合物普遍具有很高的化学稳定性和生物惰性,被广泛用于纺织、皮革、涂料、农药等工业生产中。全氟辛烷磺酰基化合物(PFOS)是一类新型的环境持久性污染物,在环境中不易降解,容易蓄积和迁移。

2001 年,PFOS 已经被列入美国环境保护署(USEPA)持久性污染物黑名单,随后《优先采取行动的化学品》和《远距离跨境空气污染公约持久性有机污染物议定书》也将 PFOS 添加到其中。2003 年英国环境保护署编写的环境风险评估、2004 年加拿大环境部和卫生部发布的 PFOS 及其盐类和前体评估草案也纷纷做出对 PFOS 的风险预警。2006 年 10 月 25 日,欧盟通过决议限制在成品和半成品中 PFOS 以及相关氟化学品的使用及销售。

本方法用于测定环境样品中的 PFOs,是加拿大 Saskatchewan 大学毒理研究中心的环境毒理实验室建立的,采用 HPLC/MS/MS 对样品进行测定。

5.4.7.1 概述

本方法介绍了萃取、净化和分析测定水、沉积物和生物样中的 PFOCs。本方法可用于所有的水和液体样品、土壤和沉积物样品、生物样品,包括新鲜采集的样品、冷冻样品和保存的样品。

5.4.7.2 安全

所有安全方面的考虑要求包括:

(1)操作人员防护应包括在操作样品时试验服、防护眼镜和乳胶手套应全程佩戴;

(2)所有切割、匀浆的装置都还有潜在危险,操作这些装置设备的人员应意识到这点并严格按照安全操作手册进行操作;

(3)清洗设备、荡洗玻璃仪器和方法萃取相中使用的有机溶剂有一定潜在危害,原则上应尽量减少溶剂暴露。

5.4.7.3 设备、材料和试剂

本方法所用设备如下①。

(1)材料和设备

——1 L 窄口螺纹盖的 PP 瓶;

——PP 离心管(50 和 15 mL);

——Oasis HLB SPE 小柱(0.2 g,6 mL);

——C18SPE 小柱(500 mg);

① 试验中应完全避免材料、溶剂和试剂接触 Teflon 材质的东西,Teflon 含有些会影响 PDFS 分析的聚合体。

——SPE 真空装置；
——2 mL 样品瓶；
——研钵；
——尼龙筛网过滤器(0.1 μm,13 mm/h)；
——筛网(2.36 或 1 mm)；
——组织匀浆机；
——摇床；
——均质器；
——烘箱；
——加热超声波；
——离心机。

(2)试剂
——各类标准:包括 PFOS、PFOA 和加标溶剂；
——醋酸；
——丙酮；
——甲醇；
——超纯水；
——氢氧化铵；
——硫代硫酸钠；
——氢氧化钾(85%)；
——醋酸铵 D；
——高纯氮气。

5.4.7.4 样品采集和处理

(1)水样采集和处理

a. 采样装置用蒸馏水和甲醇清洗；

b. 采样前先荡洗 3 次；

c. 采集水样至 1 L 窄口螺纹盖的 PP 瓶中；

d. 每个样品中用一次性的注射器加入 200 μL 250 mg/mL 的硫代硫酸钠去除余氯。

(2)沉积物或土壤样品采集

a. 对于土壤样品,采样时应用不锈钢铲子在每个采样点(按 S 或 X 法)随机采集 5 个点样品。采集的土壤混合均匀后收集部分于预先处理干净的 PP 袋或 PP 管中,样品应尽快冷冻,细节参考土壤采集规范。

b. 沉积物样品应采集到 PP 袋或 PP 管中,冰袋保存尽快运回实验室冷冻。采样细节参考沉积物采样规范。

c. 所有的样品应在 –20°C 冷冻保存直至分析萃取；

d. 要萃取的样品都应在室温下解冻并风干；

e. 应用研钵或均质器处理样品；

f. 如果需要风干的样品可过 2.36 mm 或 1 mm 筛网去除碎石和植物残体。

(3)生物样品采集

a. 参考各种生物样品采集的标准操作规程；

b. 所有的样品在萃取前都应保存在 –20℃；

c. 要萃取的样品都应在室温下解冻；

d. 组织匀浆应用研钵或组织匀浆机。

5.4.7.5 质量保证和质量控制

每 20 个样品应包括一个溶剂空白、方法平行空白、样品加标平行、标准参考物质平行。所有的样品都应加同位素内标 PFOS – 18O_2 和 PFOA – ^{13}C。

(1)标准制备

a. 将 PFOS – $^{18}O_2$和 PFOA – ^{13}C 配制标准曲线，配制储备液做样品加标；

b. 制备 FOCs 标准，也可制备多组分混标；

c. 称重约 100 mg PFOS 或 PFOA 到 100 mL PP 管中，记录实际重量；

d. 配制液用甲醇钠，浓度约为 1 000 μg/mL($1\ 000 \times 10^{-6}$)；

e. 将储备液配用甲醇制成工作液，浓度约 10 μg/mL(10×10^{-6}) or 1.0 μg/mL(1×10^{-6})。

f. 用作基底加标或基底加标平行的 FOC 混合标准可配制以下浓度。将 FOC 用甲醇稀释成 0.1 μg/mL(100×10^{-9})。

表 5 基底加标或基底加标单行的 7℃混合标准配置

标准浓度	加入体积	加入量	样品最终体积	最终浓度
1.0 μg/ml	10 μl	10 ng	2 ml	5 ng/ml
1.0 μg/ml	5 μl	5 ng	1 ml	5 ng/ml
0.1 μg/ml	100 μl	10 ng	2 ml	5 ng/ml
0.1 μg/ml	50 μl	5 ng	1 ml	5 ng/ml

注：样品中标准最终浓度应为 5 ng/mL(5×10^{-9})，用密封 PP 管在 4℃保存加标溶液。使用前应将加标溶液在室温下平衡。每次室温下开封时，都有少量溶剂在 PP 管顶部挥发，这对标准浓度影响很大，因此，PP 管顶部应尽可能小，开封的瓶口尽可能小。

(2)替代物①

a. 所有样品、方法空白、现场空白和基底加标、SRM 在溶剂萃取前都应加入替代物内标，

① 对基底加标、基底加标平行、SRM 用加标溶剂时不需再加入内标。

即：PFOS - $18O_2$ 和 PFOA - 13C；

b. 样品中加入替代物用于检测实验过程中损失，确定组分回收率。

（3）方法和现场空白

a. 方法空白（包括溶剂空白和方法空白）和现场空白需要和样品一同萃取以确定样品制备和现场操作是所引入的沾污；

b. 以 1.0 mL 甲醇用作溶剂空白；

c. 按净化程序萃水样取 1 L 超纯水、沉积物取 1 g 硫酸钠、生物样取 1 g 生物样品（如牛肝）用作基底空白；

d. 每次采样点至少做一个现场空白；

e. 每 6 个样品应作一个方法空白。

（4）基底加标/基底加标平行

a. 做基底加标和基底加标平行用于检测试验的精密度。加标混标用于检测基底所带入的影响。

b. 选择样品做加标基底，这主要用于实验室毒理试验做对照样品。如果是环境样品应选择参考点的样品。

c. 预期的浓度应居于标准曲线的中部。额外加标的浓度也应在标准曲线内但在初始校准曲线的低浓度部分。

d. 每 20 个样品做一个加标和加标平行，每批样品至少做 2 个基底加标。

（5）标准参考物质

目前尚无商品化的 FOCs 标参物，可采用超纯水、干净的土壤或沉积物、干净的生物样品（如市场上的牛肝）加入已知浓度和组成的标准来替代的标参物。

替代标参物应加入同样的替代物和用于基底加标和基底加标平行的加标溶剂，每 20 个样品应做一个替代标参物。

5.4.7.6 样品萃取

实验室所有的仪器应用自来水、超纯水和甲醇洗，以避免可能的沾污。

（1）水样萃取净化

a. 先将萃取小柱用 10 mL 甲醇淋洗，再用 10 mL 超纯水洗，流速为 1 滴/s；

b. 将 500 mL 水样（加入内标）转移至萃取小柱中，流速为 1 滴/s，弃用洗出液；

c. 在样品过柱前勿让柱子干掉；

d. 淋洗前让柱子干燥至少 2 h；

e. 用 5 mL 40% 的甲醇（水溶液），流速 1 滴/s 淋洗小柱；

f. 用 10 甲醇淋洗目标组分，流速为 1 滴/s，收集至 15 mL PP 离心管中；

g. 用高纯氮气柔和吹至 0.5 mL；

h. 转移这 0.5 mL 浓缩液至 2 mL 自动进样样品瓶中；

i. 4℃保存至分析。

(2)沉积物萃取和净化

a. 干样在105℃烘箱过夜;

b. 转移1 g研磨后样品至50 mL PP管中,加入内标;

c. 加入10 mL 1%醋酸到PP管中;

d. 60℃超声水浴中超声15 min;

e. 3 000 rpm离心2 min,上清液倒入另一50 mL PP管中;

f. 加2.5 mL 90%甲醇和10%(V/V)的1%醋酸溶液(超纯水),再次60°C超声萃取15 min,离心,合并萃取液;

g. 重复c. 和f.,最后用10 mL醋酸洗(见f);

h. 合并所有的萃取液35 mL;

i. 为浓缩萃取液,为去除醋酸、盐和其他潜在的干扰,需过500 mg C18 SPE柱;

j. 先将萃取小柱用10 mL甲醇淋洗,再用10 mL 1%醋酸洗,流速为1滴/s;

k. 用真空泵将萃取液转移至萃取小柱中,流速为1~2 mL;

l. 萃取液过完后,用10 mL超纯水洗填充物;

m. 淋洗前让柱子干燥至少2 h;

n. 用4 mL的甲醇,流速1滴/s淋洗小柱至一新的15 mL pp管中;

o. 用高纯氮气柔和吹至4 mL;

p. 转移这1 mL溶液至2 mL自动进样样品瓶中;

q. 4℃保存至分析。

(3)生物样的萃取和净化

a. 转移1 g匀浆组织至50 mLPP管中;

b. 加入30 mL 0.01 mol/L氢氧化钾(甲醇溶剂)到PP管中;

c. 在室温下以250 r/min摇16 h;

d. 转移1 mL加入内标的组织溶液到还有100 mL超纯水的250 mL pp瓶中;

e. 将新的混合物充分摇匀;

f. 先将萃取小柱用10 mL甲醇淋洗,再用10 mL超纯水洗,流速为1滴/s;

g. 将组织混合液转移至萃取小柱中,流速为1滴/s,弃用洗出液;

h. 淋洗前让柱子干燥至少2 h;

i. 用15 mL 100%的甲醇,流速1滴/秒淋洗小柱至一新的15 mL pp管中;

j. 用高纯N2柔和吹至1 mL;

k. 将洗出液用0.1 μm尼龙筛网过滤(事先将筛网用0.5 mL甲醇洗过2次).收集在另一根15 mL pp管中;

l. 残留在筛网上的洗出液用少量100%甲醇洗,合并洗出液,浓缩至1 mL;

m. 转移这 1 mL 溶液至 2 mL 自动进样样品瓶中。

n. 4℃保存至分析。

5.4.7.7　用 LC/MS/MS 分析

a. 色谱流动相为 2 mmol/L 醋酸铵水溶液和甲醇梯度洗脱 250 μL/min；

b. 进样 20 μL 样品，柱子为 40 mm × 2.1 mm C18 柱（孔径 5 μm），配有 C18 保护柱；

c. 初始条件为 5% 甲醇；

d. 5% 甲醇升至 60%，7.5 分钟内线性增加，再 10 分钟升至 100%，保持 1.5 分钟，再 12.5 分钟内从 100% 降至 5%；

e. 用三级四级杆串联质谱，电喷雾负源多反应监测模次；

f. 每种离子监测 2 次转变；

g. 用驻留时间为 80 ms 没有转变；

h. 离子源参数：离子喷雾电压为 -2800V，气帘气流速为 8 个单位（au），碰撞气流速为 14 au，涡轮气流速为 8 au，离子源温度为 425℃。

5.4.8　水和沉积物中壬基酚和双酚 A 的 GC/MS 测定

壬基酚（nonylphenol，NP）是一种典型的内分泌干扰物（是指能够干扰生物体内激素的合成、输送、转化和降解等过程从而影响生物体的生长、发育、繁殖等生理功能的外源性化学物质），具有雌激素活性。壬基酚在工业中主要作为中间体原料合成一类非离子表面活性剂壬基酚聚氧乙烯醚（nonylphenol ethoxylates，NPEOs），后者广泛应用于洗涤剂、乳化剂、润滑剂、橡胶抗氧化剂、纺织助剂以及农用化学品中。环境中的壬基酚主要来源于其母体化合物 NPEOs 的降解。NPEOs 的产量和使用量巨大，中国 NPEOs 的年产量约为 40 000 t，约占世界总产量的 10%，由此带来的环境污染尤其是水体污染问题引起广泛关注。

双酚 A（bisphenol A，BPA）属双酚类化合物，分子式 $C_{15}H_{16}O_2$，分子量 228.28，化学名 4 - 二羟基二苯基丙烷，白色至淡褐色片状或粉末，在水中的溶解度为 1 mg/mL，易溶于醇、醚、丙酮、脂类等有机溶剂。BPA 是塑料工业生产碳酸聚酯、环氧树脂、聚苯乙烯树脂的前体物质，广泛用于食品包装材料、婴儿用品、牙科填充剂等塑料制品以及杀真菌剂、抗氧化剂、染料等高分子材料的生产过程中。随着 BPA 新用途的不断开发，含 BPA 的污染物在环境中的排放量逐渐增加，它们在环境中降解释放出 BPA，造成严重的环境污染。在职业生产和日常生活中，BPA 可通过皮肤、呼吸、消化道等多种途径与人体接触而进入体内，干扰机体的内分泌，产生不良影响。研究表明，BPA 是一种激素活性物质，具有弱雌激素活性（为雌激素活性的 1/10 000）与强的抗雄激素活性。

壬基酚（NPs）和双酚 A（BPA）具有一定的疏水性，进入水环境中的 NPs 和 BPA 大部分分配到沉积物中，对水生生物产生潜在的危害，并缓慢释放进入水体，影响人体健康。本方法主要参考中国海洋大学傅明珠的博士毕业论文整理而成。

5.4.8.1　适用范围

此方法可用于海洋水体和沉积物中壬基酚和双酚 A 的测定，也可以扩大到其他水体，如河流、污水等，还可包括土壤、河流或湖泊沉积物。

5.4.8.2　方法原理

采用有机溶剂将水、沉积物中的壬基酚和双酚 A 等提取后，加入过量的试剂衍生，样品经浓缩、净化后用气相色谱－质谱法进行检测（GC/MSD）。

5.4.8.3　试剂与处理

（1）试剂：除非另有说明，分析时均须使用色谱级，有机溶剂浓缩 300 倍不得检出壬基酚和双酚 A 类物质。水为 MilliQ 水或等效超纯水。

——正己烷（hexane，95%）；

——丙酮（acetone）；

——Florisil（60～100 目）；

——甲醇；

——二氯甲烷；

——无水硫酸钠；

——氯化钠；

——浓盐酸。

（2）标准

——壬基酚（n－nonulphenol）（t－NP）；

——双酚 A（Bisphenol A，97%）（BPA）；

——2，4－二氯酚（2，4－dichlorophenol，99%）（DCP）；

——五氯酚（Pentachlorophenol，98%）（PCP）；

——4－正丁基酚（4－n－butylphenol）（4－n－BP）；

——4－正戊基酚（4－n－pentylphenol）（4－n－PP）；

——4－正己基酚（4－n－hexylphenol）（）4－n－HP）；

——4－正辛基酚（4－n－octylphenol）（4－n－OP）；

——4－叔丁基－辛基酚（4－（tert－octyl）phenol，97%）（4－t－OP）；

——4－叔丁基酚（4－tert－Butylphenol，>99.0%）（4－t－BP）；

——内标物萘－d8（Naphthalene－d8，2000 μg/ml in isooctane）、芘－d10（Pyrene，98.6%）、菲－d10（phenanthrene－d10，100 μg/ml in methanol）；

——衍生化试剂 BSTFA（bis（trimethyl－silyl）acetamide）；

——替代标准正庚基酚（n－heptylphenol）、氘代双酚 A（bisphenol A－d14）。

（3）标准溶液的配制

a. 标准储备液的配制：用天平分别秤取 4 - n - BP，4 - t - BP，4 - n - PP，4 - n - HP，4 - n - OP，4 - t - OP，t - NP，DCP，PCP，BPA 标准物质各 0.1 g 于洁净的小烧杯中，用少量体积比为正已烷：丙酮 = 8：2 的混合溶剂溶解，转移入 100 mL 容量瓶，用正已烷：丙酮 = 8：2 的混合溶剂定容，得到浓度为 1 000 mg/L 的各个单标储备液。

b. 母液、中间液与使用液的配制：用移液管分别移取各单标储备液 1 mL 于同一 100 mL 的容量瓶中，用体积比为正已烷：丙酮 = 2：8 的混合溶剂稀释定容，得到浓度为 10 mg/L 的混标母液；用移液管移取 5 mL 混标母液于 100 mL 容量瓶中，用正已烷：丙酮 = 2：8 的混合溶剂稀释定容，得到浓度为 500 μg/L 的混标中间液；根据内标（internal standard，IS）的商品标识浓度，先用正已烷：丙酮 = 8：2 的混合溶剂配制 100 mg/L 的内标混合母液，然后移取 1 mL 母液于 50 mL 容量瓶用正已烷：丙酮 = 2：8 的混合溶剂定容，得到 2 mg/l 的内标使用液。

替代标准（surrogate standard）的配制方法同内标的配制方法，最终得到 2 mg/L 的替代标准使用液。

c. 混标标准溶液系列的配制：配制标准所用容量瓶均为 10 mL，稀释用溶剂为正已烷：丙酮 = 2：8 的混合溶剂。

标准 1：200 μL 混标中间液 + 1 mL 内标使用液 + 1 mL 替代标准使用液，稀释定容得浓度为 10 μg/L 的标准溶液 1；

标准 2：400 μL 混标中间液 + 1 mL 内标使用液 + 1 mL 替代标准使用液，稀释定容得浓度为 20 μg/L 的标准溶液 2；

标准 3：1 mL 混标中间液 + 1 mL 内标使用液 + 1 mL 替代标准使用液，稀释定容得浓度为 50 μg/L 的标准溶液 3；

标准 4：200 μL 混标母液 + 1 mL 内标使用液 + 1 mL 替代标准使用液，稀释定容得浓度为 200 μg/L 的标准溶液 4；

标准 5：500 μL 混标母液 + 1 mL 内标使用液 + 1 mL 替代标准使用液，稀释定容得浓度为 500 μg/L 的标准溶液 5。

5.4.8.4 仪器与设备

仪器与设备如下。

——气相色谱 - 质谱检测器（EI）；

——毛细管色谱柱（30 m × 0.25 mm × 0.25 μm）：DB - 5MS 或等效色谱柱；

——氮吹仪；

——冷冻干燥机；

——大体积离心机；

——旋转蒸发仪；

——10 mL 玻璃注射器；

——分液漏斗；

——其他实验室辅助设备。

5.4.8.5　样品预处理

(1)样品的采集：水样采集使用1 L的玻璃采样瓶，采样瓶预先用1∶3的优级纯盐酸浸泡过夜，洗净后在450℃马弗炉中烘烤6 h以上冷却备用。每个站位采集表层水1 L，用6 mol/L的盐酸调节至pH≤2，以抑制微生物活动。表层沉积物的采集使用箱式采泥器，用不锈钢匙将表层3 cm以内的沉积物装入预先洗净的棕色玻璃瓶中。水样用GF/F(Whatman)玻璃纤维膜现场过滤，滤液于4℃保存并于3日内完成萃取。滤膜作为悬浮物样品与沉积物样品一起于-20℃的冰柜中保存，并于一个月内完成萃取和分析工作。采集沉积物样品，不低于1 kg，放入洁净的不锈钢容器中，装入干净的密实袋中密封，-20℃保存备用。沉积物冷冻干燥，玛瑙研钵中研磨过80目筛，准确称取10 g样品。

(2)样品萃取，净化

a. 水样的处理：过滤后的水样萃取前加入100 μL浓度为2 μg/L的替代标准混标(n-heptelphenol和bisphenol A-d14)，加入氯化钠(马弗炉中450℃烧6 h以上)以增加水相的离子强度，防止形成乳化现象，有利于分层。加入60 mL DCM，剧烈剧烈晃动摇匀，萃取10 min，静置分层，经过铺有无水硫酸钠的漏斗除水，收集有机相。重复以上萃取步骤，合并DCM相于250 mL磨口玻璃烧瓶。

用旋转蒸发仪(35℃水浴加热)将萃取液浓缩至小于2 mL，加入无水硫酸钠进一步除去可能存在的残留水分，转移至8 mL玻璃试管中(瓶塞有Teflon涂层)；用温和氮气气流下浓缩至小于0.3 mL，加入1 mL丙酮置换溶剂，继续用氮气浓缩至体积小于0.5 mL；用微量注射器加入100 μL衍生化试剂BSTFA，混匀；加入100 μL浓度为2μg/L的内标，用正己烷定容至0.5 mL。

b. 沉积物的处理

湿样处理：称取3 g的沉积物样品，加入约5 mL浓度为0.1 mol/L的盐酸进行消化，使得pH≤1；加入5 mL DCM萃取10 min，之后以4 000 r/min的速度离心10 min，取出有机相，重复以上萃取过程3遍，合并萃取液于50 mL磨口玻璃烧瓶中；用旋转蒸发仪(35℃水浴加热)将萃取液浓缩至小于0.5 mL，加入活化的铜片除硫约30 min，加入无水硫酸钠除去残留的水，将萃取液转移入8 mL试管(瓶塞内衬Teflon涂层)；用温和氮气气流将萃取液浓缩至小于0.3 mL，加入1 mL丙酮进行溶剂置换，加入100 μL BSTFA进行衍生化反应；用自行制作的Florisil固相萃取柱净化样品。

铜片活化方法：将分析纯铜片用剪刀剪成边长1 mm左右的矩形，加入优级纯浓盐酸浸没约30 min，除去表面氧化物，弃去盐酸用Milli-Q水反复冲洗至中性，加入HPLC级甲醇冲洗3~5遍除去水分，用HPLC级丙酮冲洗3~5遍除去甲醇，最后用DCM冲洗3遍(图5.28)，除去丙酮，将处理好的铜片保存于DCM中。

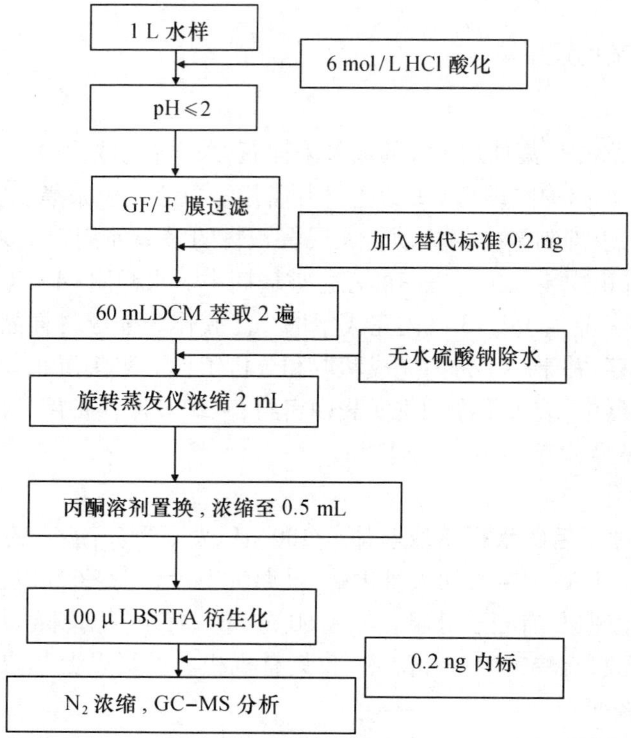

图 5.27　水样前处理流程

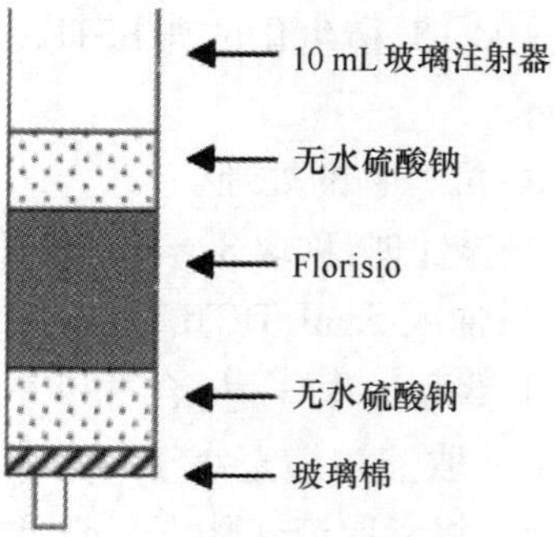

图 5.28　净化柱填冲次序

净化柱制作和前处理：在 10 mL 玻璃注射器底部放入适量玻璃棉用于承载填充材料，装入体积约 0.4 cm^3 的无水硫酸钠，调整界面平整，然后装入体积为 0.8 cm^3（约 1 g）的 Florisil 吸附剂（无水硫酸钠和 Florisil 在使用前均在 450℃马弗炉中烘培 6 h 以上），调整界面平整后，依次用 5 mL 丙酮和正己烷淋洗系统，除去可能的污染物和润湿吸附剂界面，然后加入 3 mL 正己烷立即加入 0.4 cm^3 无水硫酸钠使其以悬浮状态覆盖于 Florisil 层之上，最后加入 2 mL 正己烷，调整界面平整无气泡，完成净化柱前处理过程。

上样，将衍生化后的样品用玻璃滴管缓慢滴加于净化柱上层无水硫酸钠上界面，用约 0.2 mL正己烷淋洗原试管 2 次，洗涤液一并转入净化柱；洗脱，待样品液面接近于上层无水硫酸钠上界面时，先加入 1 mL 正己烷，之后再加入 5 mL 正己烷进行洗脱，此系统中 Florisil 作为极性吸附剂，将样品中的极性干扰物吸附于净化柱上，经过衍生化后的非极性目标化合物随洗脱液收集于另一支 8 mL 试管中。

净化后的样品用温和氮气气流浓缩至小于 0.5 mL，加入 100 μL 浓度为 2 μg/L 的内标，用正己烷定容至 0.5 mL。

干样处理：准确称取 10 g 冻干研磨后的样品，加入替代物（BPA－d14），用 200 mL 的二氯甲烷：丙酮＝1：1，V/V 作为溶剂进行索氏提取 72 h，提取液旋转蒸发浓缩，柔和氮吹至 1 mL 后用乙酸乙酯定容至 10 ml，GPC 净化，以乙酸乙酯/环己烷（1：1，V/V）为洗脱剂，收集 8～20 min组分流出液，浓缩到 0.5 mL，在氧化铝柱上进行净化，用 20 mL 的二氯甲烷/甲醇（9：1，V/V）作为洗脱剂，收集洗脱液，柔和氮气吹近干，加入 50 μL 衍生化试剂 BSTFA，并加入氘代芘（芘－d16）作为内标，用正己烷定容到 0.5 mL，使定容后的内标浓度为 50 μg/L。

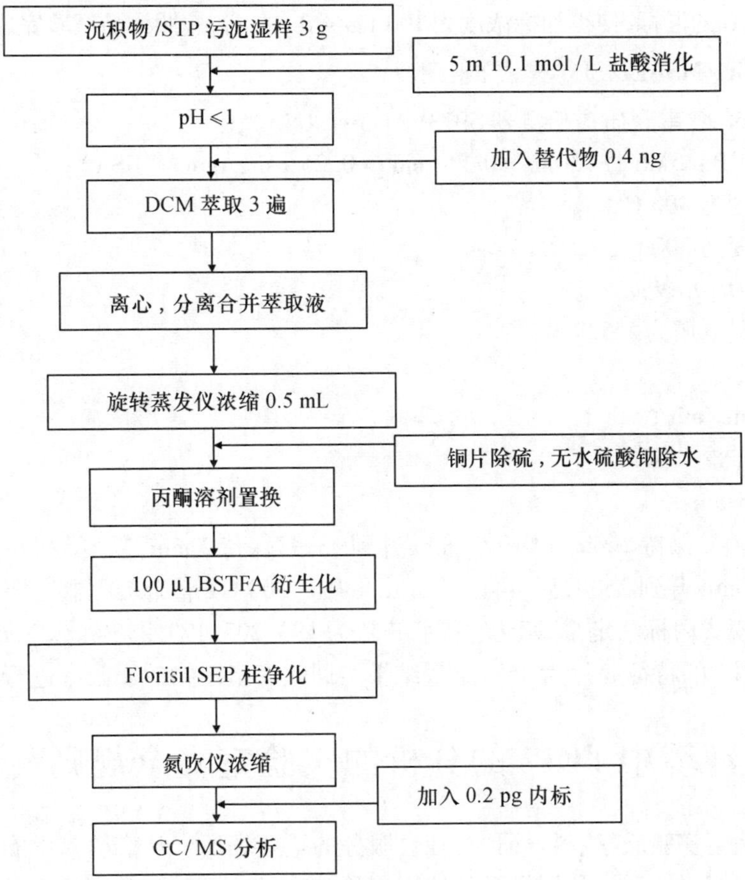

图 5.29　干样处理流程

5.4.8.6 质量控制

每组 20 个样品做质量控制，其中包括溶剂空白、方法空白平行，样品加标平行。

（1）溶剂空白：将所用到的溶剂相加，浓缩至体积约 0.2 mL 进样，看看是否有任何干扰。

（2）现场空白：现场采样是容易引入周围环境的干扰，每个步骤和容器都应真实样品一样做现场空白，但不放入样品，每个采样点至少做一个现场空白样测定。

（3）方法空白：方法空白就是不放入样品，但处理过程等同于真实样品包括液液萃取、索氏抽提、衍生、SPE 柱净化、进样前浓缩等，需做平行样测定。

（4）基底加标、基底加标平行：水样采用 1 L MilliQ 水，沉积物采用经 DCM 提取 3 遍后洁净的海砂代替环境沉积物样品。秤取约 1 ~ 2 g 洁净海砂于 50 mL 的 Teflon 离心管中，加入 200 μL 浓度为 500 μg/L 的混标，使得加标浓度为 100 ng/g dw 左右，按照样品试验完成前处理。[①]

5.4.8.7 用 GC/MS（EI/SIM 模式）检测

气相色谱 6890 串联质谱检测器 5973（Agilent，USA）；

色谱柱为 DB－5MS 柱（30m ×0.25 mm ×0.25 μm，Agilent，USA）；

进样口温度为 300℃；

检测器温度为 300℃；

电子能量为 70 eV；

电子倍增器电压为 1 529 V；

载气为 N_2；

流量为 1 mL/min；

无分流进样量 1 μL；

溶剂延迟 8 min；

初始温度 50℃保持 2 min，以 10℃/min 升到 150℃保持 2 min，以 5℃/min 升到 200℃保持 2 min，以 10℃/min 升到 260℃后，再以 5℃/min 升到 300℃1 整个流程共需要 45 min；

采用 SIM 模式内标法定量，NPs 的特征碎片为 193，207，179，235 和 221，BPA 的特征碎片为 357，BPA－d14 的特征碎片为 368，定量结果经回收率指示物的回收率进行校正。

5.5 海洋环境中 POPs 的分析的实验室安全规则

实验室是从事实验教学、科学研究、社会服务的重要场所。从实验室的布局、设备的维护保养，到危险化学品的存放、仪器设备的使用记录、安全检查记录，到实验室的管理模式、管理制度等许多方面都应该严格管理。实验室中潜伏着许多危险因素，稍有疏忽，极易出现安全

① 实验过程中所使用的玻璃器皿，均需要用有机溶剂、自来水、和 MilliQ 水洗涤干净（严格禁止使用任何的表面活性剂，防止带来污染）用铝箔封口，在 450℃马弗炉中灼烧 6 h 以上，在使用前用二氯甲烷或丙酮洗涤三遍除去污染物。

事故。每个化学实验室都有其规定的实验室安全操作指南，除了一般实验室安全要求防火、防毒品溢漏、防酸碱腐蚀、防触电、防粉碎、切割、匀浆时割伤等基本要求外，POFs 质分析要有以下特殊安全规则。

（1）PBDEs 类化合物会伤害脑神经，干扰甲状腺分泌，影响生殖系统；多环芳香烃有致突变和致癌或加速促进瘤生长；PCBs 会引起黄胆，肝功能衰退，肝萎缩，类似二噁英平面结构的 PCBs，77，81，126，169，105，114，118，123，156，157，167，189 有的强致癌毒性；OCPs 和有机磷农药有强急性毒性；三丁苯锡有强毒性和破坏人体防疫体系及引起生物变性等毒性。所有这些高浓度标准品分装、配制和在实验室储存标准和使用标准时需穿戴所有个人防护装置、需精力集中，十分小心地在通风橱内操作。

（2）实验室人员和学生个人均需实验服，防酸、碱和有机溶剂的丁腈橡胶手套和防护眼镜，凡进入实验室人员均需穿戴所有防护器材，然后才准许进行实验操作，离开实验室即除去防护设备。

3. 所有用以粉碎、割、匀浆的高速旋转机械装置均存在伤害身体的潜在危险。实验室人员均需了解其危险性，并应严格按照制造商的安全操作步骤进行，切忌不可在通电情况下进行拆卸、安装、填样等危险动作。

（4）在加热有机溶剂如丙酮、甲醇、正已烷、二氯甲烷、苯等易燃易爆品时需用封闭式加热器加热或水浴加热，绝对禁止用明火加热，需远离火源，且防止溢漏，溅触人体。若有甲醇、丙酮溅及手、脚、脸等，则需立即用大量自来水冲洗，二氯甲烷、苯等触溅到人体需尽快让其挥发，手指间溶液要及时擦洗吸干。

（5）有机溶剂可通过皮肤接触呼吸进入人体，实验人员均需在通风橱中进行操作，不允许在无通风设备下有强烈溶液气味空间中长时间操作。

（6）仪器分析涉及高压氮气、氢气和氧气等钢瓶，需严格防止倾斜倒地引起爆炸，氢气瓶须固定阴凉处并和氧气瓶分开两处放置。

（7）GC－ECD 涉及 Ni63 放射源，不能长时间站立近处，更不能擅自折卸清洗，以防放射性沾污。

参考文献

陈尚芹. 1999. 环境污染物监测．第二版. 北京：冶金工业出版社.

陈社军，麦碧娴，曾永平，等. 2005. 沉积物中多溴联苯醚的测定. 环境化学，24(4)：474－477.

陈正夫，朱坚，周亚康，等. 2004. 环境激素的分析与评价. 北京：化学工业出版社.

程雪梅. 2002. 色谱分析样品前处理技术——固相萃取法. 热带农业工程，1：14－16.

樊祥科，魏爱泓，花卫华，等. 2008. 超声萃取－佛罗里土净化－气相色谱法测定沉积物中的多氯联苯. 海洋环境科学，27(增刊)1：95－97.

冯丽君，张凡，王军. 2006. 环境检测实验室质量保证与质量控制. 环境科学与管理，31(2)：149－151.

傅明珠. 2007. 烷基酚在近海海洋及河口环境中的浓度分布与初步生态风险评估[博士学位论文]. 中国海洋

大学. 高贤文. 2007. 液相微萃取技术在监测水中有机污染物的研究[硕士毕业论文]. 中国海洋大学.
海洋检测规范 GB17378. 3. 1998. 第三部分:样品采集、贮存与运输.
胡冠九. 2003. 美国环境有机污染物监测中的质量控制技术. 环境监测管理与技术,15(6):44 - 47.
江桂斌,等. 2004. 环境样品前处理技术. 北京:化学工业出版社.
蒋鹏忠. 2008. 一种新型的样品前处理技术——液相微萃取. 化学与化工,4:58 - 60.
解天民. 2008. 环境分析化学实验室技术与运营管理. 北京:中国环境科学出版社.
金丽莎,刘玉,刘荣,等. 2007. 气相色谱 - 质谱测定环境样品的质量控制与质量保证. 化学分析计量,16(3):56 - 58.
雷炳莉,骆坚平,查金苗,等. 2008. 温榆河沉积物中壬基酚和双酚 A 的分布. 环境化学,27(3):314 - 317.
李洪仁,赵军. 1999. 分析化学样品前处理方法讨论,沈阳教育学院学报,1(2):100 - 102.
李权龙,袁东星,陈猛. 2002. 替代物和内标物在环境分析样品分析中的作用及应用,海洋环境科学,21(4):46 - 49.
李钟玮,肖红,肖荣欣,等. 2007. 环境检测中实验室分析质量控制要素. 标准物质与分析技术(技术篇),3:76 - 78.
刘宗峰,郎印海,曹正梅,等. 2007. 环境中多溴联苯醚(PBDEs)预处理技术研究进展. 分析科学学报,23(5):607 - 612.
罗孝俊,余梅,麦碧娴,等. 2008. 多溴联苯醚(PBDEs)在珠江口水体中的分布与分配. 科学通报,53(2):141 - 146.
尚春林. 2004. 谈常规水质监测中采样质量保证措施,水利技术监督,4:17 - 18.
佟百红,依海波,丁丽萍. 2008. 几种环境样品前处理方法. 黑龙江环境通报,32(3):46 - 47.
奚旦立,孙裕生,刘秀英. 1995. 环境检测. 北京:高等教育出版社.
向彩红,罗孝俊,余梅,等. 2006. 珠江河口水生生物中多溴联苯醚的分布. 环境科学,27(9):1732 - 1737.
向彩红. 2006. 珠江河口水生生物中多溴联苯醚的初步研究[硕士学位论文]. 中国科学院研究生院.
叶细标,傅华. 2007. 多溴联苯醚的环境暴露及健康危害. 环境与职业医学,24(1):95 - 101.
张斌,许莉勇. 2008. 超声萃取技术研究与应用进展. 浙江工业大学学报,36(5):558 - 561.
张兰英,饶竹,刘娜,等. 2008. 环境样品前处理技术. 北京:清华大学出版社.
Alkaline Digestion and Solid Phase Extraction Method for Perfluorinated Compounds in Mussels and Oysters from South China and Japan. 2006. Arch. Environ. Contam. Toxicol. 50:240 - 248.
Christopher P Higgins, Jennifer A Field, Craig S Criddle, et al. 2005. Quantitative Determination of Perflurochemicals in Sediments and Domestic Sludge. Environ. Sci. Technol. 39:3946 - 3956.
Kristen J Hansen, Lisa A Clemen, Mark E Ellefson, et al. 2001. Compound - Specific, Quantitive Characterization of Organic Flurochemicals in Biological Matrices. Environ. Sci. Technol, 35:766 - 770.
Malherbe L. 2002. Designing a contaminated soil sampling stratege for hunman health risk assessment, Accred Quar Assur, 7:189 - 194.
Nobuyoshi Yamashita, Kurunthachalam Kannan, Sachi Taniyasu, et al. 2004. Analysis of Perfluorinated Acids at Parts - Per - Quadrillion Levels in Seawater Using Liquid Chromatography - Tandem Mass Spectrometry. Environ. Sci. Technol. 38:5522 - 5528.
So M K, Taniyasu S, Yamashita N, et al. 2004. Perfluorinated Compounds in Coastal Waters of Hong Kong, South China, and Korea. Environ. Sci. Technol, 38:4056 - 4063.